普通高等教育"十一五"国家级规划教材

制药工程原理与设备

第二版

袁其朋　梁　浩　主编

U0244175

化学工业出版社

·北京·

《制药工程原理与设备》（第二版）是普通高等教育"十一五"国家级规划教材。

本书共九章，全面系统地介绍了制药工程的原理与设备。本书内容涉及制药工业的各个环节，包括化学制药、生物制药、中药和天然药、制药分离工程、制剂工程、连续制药技术工程、药品包装工程和药品车间设计工程。在介绍各项制药工程原理的同时，还对制药设备和生产工艺予以介绍，以增强实用性。

《制药工程原理与设备》（第二版）适合全国高等学校药学、制药工程、药物制剂及相关专业师生使用，也可供制药行业从事研究、设计和生产的工程技术人员参考。

图书在版编目（CIP）数据

制药工程原理与设备/袁其朋，梁浩主编．—2 版．
北京：化学工业出版社，2017.9（2024.8重印）
普通高等教育"十一五"国家级规划教材
ISBN 978-7-122-30045-4

Ⅰ.①制⋯　Ⅱ.①袁⋯ ②梁⋯Ⅲ.①制药工业-化工原理-中医学院-教材②制药工业-化工设备-中医学院-教材　Ⅳ.①TQ460

中国版本图书馆 CIP 数据核字（2017）第 149351 号

责任编辑：杜进祥　何　丽　　　　　　　文字编辑：孙凤英
责任校对：王素芹　　　　　　　　　　　装帧设计：关　飞

出版发行：化学工业出版社（北京市东城区青年湖南街 13 号　邮政编码 100011）
印　　装：北京科印技术咨询服务有限公司数码印刷分部
787mm×1092mm　1/16　印张 18½　字数 491 千字　2024 年 8 月北京第 2 版第 4 次印刷

购书咨询：010-64518888　　　　　　售后服务：010-64518899
网　　址：http://www.cip.com.cn
凡购买本书，如有缺损质量问题，本社销售中心负责调换。

定　　价：45.00 元　　　　　　　　　　　　　　　　版权所有　违者必究

前　言

制药工业与人类的健康密切相关，是当今国际公认的发展最快、经济潜力巨大、前景广阔的高新技术产业之一。世界各国均将制药工业列为未来优先发展的优势产业，在全球化背景下成为世界各国经济实力竞争的关键。制药工业与人们生活息息相关，是一种知识密集型的高技术产业，被誉为"朝阳产业"之一。目前，作为国民经济发展的重要推动力，我国制药工业正加速驶入发展快车道。《制药工程原理与设备》自 2009 年出版以来，已受到许多兄弟院校及相关行业读者的支持与肯定。纵观全球制药行业的发展态势，新技术、新工艺和新设备层出不穷，对制药人才的专业素质也提出了更高的要求。为此，我们对该书进行了修订和更新，以体现教材的先进性、时代性和制药领域的发展前沿。

在全书结构安排方面仍保持原有特点，着重介绍了制药工业所涉及的各个环节和关键设备。为了突出教材的先进性，对第 2 章、第 3 章和第 4 章中的新进展和展望内容进行了更新和补充，并在第 3 章中新增了基因工程制药和合成生物学制药等相关内容。由于制药技术发展迅速，本书还新增了连续制药技术原理与设备作为第 7 章内容，以体现教材的前瞻性。为保证教材主体内容的完整性和系统性，第二版教材删除了制药工程中的质量管理与控制章节，新增了药厂车间工艺设计的内容。此外，为便于学生更好地掌握教学内容，新版教材各章节均增加了本章导读、进展与技术、本章小结和思考题，并对各章节的参考文献进行了更新。

本书第二版由北京化工大学袁其朋、梁浩担任主编，郑国钧、赵会英和周延担任副主编。参与各章编写人员如下：第 1 章，袁其朋、程春会；第 2 章，郑国钧；第 3 章，袁其朋、李妍；第 4 章，梁浩、张育眉、韦永琴；第 5 章，程立、梁浩；第 6 章，赵会英；第 7 章，袁其朋、陈振娅；第 8 章，谢瑞、邓炳华；第 9 章，周延、孙姗姗。全书由袁其朋、梁浩拟订编写大纲和框架，确定编写思路。书稿编写完成后，由袁其朋、梁浩统稿、定稿。另外，丁润生、刘泽勋、林菲菲、姜淑慧（按姓氏笔画排列）参与了本书的文字编辑和材料整理等工作。

虽然作者精心撰写，但是由于水平所限，不免有一些局限性和不足，恳请相关各校师生以及科技工作者在使用过程中提出批评意见，以供进一步修改。

编　者
2017 年 10 月

第一版前言

　　制药工业是我国国民经济和人民健康事业的重要支柱产业，具有广阔的发展前景。加快发展制药工业，创建具有自主知识产权的制药创新体系，对促进国民经济又好又快的发展，具有十分重要的战略意义。近年来，我国制药工业取得了长足的进步，但与发达国家相比，在新药创制、制药工艺与工程等领域仍有一定差距。

　　制药工程是建立在化学、药学、生物技术和工程学基础上的新兴交叉学科，主要解决药品生产过程中的工艺、工程问题和实施"药品生产质量管理规范"（GMP），实现药品的规模化生产和规范化管理。通过研究化学或生物反应及分离等单元操作工艺及设备，探索药物制造的基本原理及实现工业化生产的工艺、工程技术，包括新工艺、新设备、GMP改造等方面的研究、开发、放大、设计、质控与优化等。

　　本书全面介绍了制药工业所涉及的各个环节，包括化学制药、生物制药、中药和天然药、制药分离工程、制剂工程、药品包装工程、药品质量控制工程等。不仅有扎实的理论基础，而且结合典型产品的整个制造过程进行阐述，做到理论密切联系实践。力求反映现代医药行业的发展方向，努力体现生物技术制药、化学制药、中药制药领域的发展前沿。通过对本书的学习，可以系统地掌握制药工艺技术的基本原理、理论和方法，掌握制药过程的主要设备、主要工艺技术和关键操作要点，并能够运用所学知识进行制药工程的创新。

　　本书为普通高等教育"十一五"国家级规划教材，主要供全国高等学校药学专业、制药工程专业、药物制剂专业及相关专业教学使用，也可作为制药行业从事研究、设计和生产的工程技术人员参考用书。

　　本书各章编写人员如下：第1章，袁其朋、程冰；第2章，郑国钧；第3章，袁其朋、李晔；第4章，梁浩、刘宏；第5章，袁其朋、陆晶晶、杜雪岭；第6章，赵会英；第7章，梁浩、侯晓丹；第8章，李文进、邵波。

　　本书虽竭力全面介绍制药工程的原理与设备，但由于制药工业的发展日新月异，因此书中疏漏之处在所难免，敬请读者批评指正。

编　者
2009 年 7 月

目　录

第 1 章 绪 论

【本章导读】 本章阐述了制药工程和制药设备的基本概念。简要阐述了制药工程和制药设备的概况，着重阐述了制药工业的特点以及发展趋势，并将制药工业和环境保护联系在一起进行阐述，简单介绍了制药工程在人们生活中的地位、作用和制药设备的分类、特点。

制药工程原理与设备是一门建立在化学、药学、生命科学与生物技术以及工程学基础上的综合性工程学科，主要研究制药工程技术及 GMP 工程设计的原理与方法，并介绍了制药工艺生产设备的基本构造、工作原理及应用。

制药工程是应用生化反应或化学合成以及各种分离操作，实现药物工业化生产的工程技术，该工程探索和研究制药的基本原理、制药新工艺和新设备，以及在药品生产全过程中如何符合 GMP（药品生产质量管理规范）要求进行研究、开发、设计、放大与优化。

制药设备是进行原料药和药物制剂生产操作的关键因素，制药设备的密闭性、先进性、自动化程度的高低直接影响药品的质量及 GMP 制度的执行。不同剂型制剂的生产操作及制药设备大多不同，同一操作单元的设备选择也往往是多类型、多规格的。按照不同的剂型及其工艺流程掌握各种相应类型的制药设备的工作原理和结构特点，是确保生产优质药品的重要条件。

医药产业是经济增长较快的产业之一，随着国内人民生活水平的提高和对医疗保健需求的不断增加，我国医药行业越来越受到公众及政府的关注，在国民经济中占据着越来越重要的位置。为了更好地满足医药企、事业单位对于人才的需求，1998 年教育部在大量缩减专业设置的情况下，在药学教育和化学与化学工程学科中增设了制药工程专业。制药工程专业是一个化学、药学（中药学）和工程学交叉的工科类专业，旨在培养具有良好的创新意识、创业精神和职业道德，具备分析、解决复杂工程问题的能力以及创新、创业能力，能够在制药及相关领域从事科学研究、技术开发、工艺与工程设计、生产、管理与服务等工作的高素质专业人才。

1.1 制药工程概念

制药工程是研究、解决制药工业的生产工艺和工业化过程中所涉及的工程技术的一门应用科学，是人类应用药学、工程学、管理、工程经济和工程技术等相关科学理论和技术手段来具体制造药物的实践过程，是将药学、管理、工程经济和工程技术学科融为一体，交叉发展形成的一套科学体系。制药工程是工程技术的一个分支，也是药学的一个组成部分，它既具有与药学、管理、工程经济和工程技术学科共有的特性，又与制药工厂的生产实际密不可分，具有其自身的特性。离开了制药工厂，就没有制药工程的发展，制药工程是在制药工业的发展中诞生和发展起来的。制药工厂生产实践的特殊性决定了制药工程面临的任务是重点研究制药工业的生产工艺、单元操作、生产装置、产品质量控制和工程设计等方面的工程技术，提出解决办法，指导工业生产。制药工程包括新工艺、新设备、GMP 改造等方面的研究、开发、放大、设计、检控与优化[1]。

一般来说，药品的工业化生产是由两种完全不同的过程完成的。首先，要把各种原材料放进特制的设备中，经过一系列复杂的过程生产出原料药。生产原料药是以过程为主的一些化学反应或单元操作。如：氧化、还原、提取、浓缩、结晶等。在这个过程中，物质结构和形态不断变化，称为过程工业。其次，在特定的环境下（GMP），利用专门的设备把原料药加工成制剂，经过包装就成了药品。生产制剂是以工序为主，包括配料、混合、灌装、压片、包衣等。在这个过程中，药品物质结构不变，称为制剂工程，属于加工工业，其产品包括注射剂、片剂、胶囊剂等几十种。

由上可见，制药工程既包括原料药生产技术，又包括制剂生产技术。其中，原料药生产包括化学药、生化药、生物工程药、抗生素和中药，而制剂工程则是把上述原料制成供人使用的药品。制药工程研究的目的就是如何生产、制造出安全有效的原料药和药物制剂[2]。常见的几种制药技术包括：①制药过程分析技术，制药过程分析的过程中需要涉及化学、物理、生物、数学等领域的相关分析技术，以便于对影响制药质量的综合因素进行研究分析，找出可能引起药品之间发生不良反应的一些关键因素，从而采取措施避免这些问题的发生。②制药工程优化技术，是对制药工艺的各个技术进行深入剖析，解析制药工程中各个流程的具体操作步骤，在产品工艺上做到优化、精准，确保每一个环节都满足检测的要求，使制药工艺有所提升。③质量控制技术，药品质量是药品企业生产管理的主要内容，必须要建立一套健全的质量控制体系，确保药品质量符合国家规定的合格要求。

另外，制药工程是工程技术的一个分支，也是药学的一个组成部分，是两个学科交叉之后产生的新兴学科。制药工程本身又包括很多分支，如制药工艺、制剂工程、化学制药工程、中药制药工程、生物制药工程、工程设计、制药装置和设备以及药品质量管理工程等。制药工程主要包含以下过程：

(1) 选型　制药工程要为药品的工业生产选择最适宜的工业反应器形式。在选型时要考虑多种因素，如：生产技术指标要求、设备投资、能源消耗、操作费用、设备制造、材料、环保、安全、操作、控制、人员素质等。

(2) 放大　根据所选定的反应器形式，通过实验、计算或其他可以利用的一切手段在最短的时间内，用最少的投资进行设备的放大，最后提供工业反应器的设计。放大的方法有逐级放大、数学模拟放大、以"实验方法论"为基础的放大。

(3) 过程优化　过程优化是指对一定的目标函数进行优化，如产量、纯度、收率、能耗等。

工艺研究是过程优化的重要内容。工艺路线的缩短、收率的提高、操作的简化、质量的改进以及成本的降低都将创造出巨大的经济效益。

(4) 制药过程和设备　探讨原料药、中药、生物药、生化药、药物制剂等各类药品的生产过程与设备的规律，实现药品工业化大规模生产。

(5) 工程设计　工程设计是指工程师在一定工程目标的指导下，运用相应的科学原理及知识设计出对人类社会有用的产品。具体来说工程设计是根据对拟建工程的要求，采用科学方法统筹规划，制订方案，对拟建工程（如：建筑工程、水利工程、路桥工程、化工厂、化肥厂、钢铁厂、食品厂、制药厂、汽车装配厂等）或对原有工程进行扩建与技术改造时，工程师从事的一种创造性工作。他们要从科研、中试等多方面的成果出发，根据国家有关的法律、政策、法规与标准、规范，综合考虑所需原材料及能源的供给情况、生产过程的组织、质量控制、设备或装置的性能和价格、劳动资源、环境保护及三废处理、安全等多种因素，把很多想法加以综合，提出多个可行的实施方案，经过反复比较、论证，最后确定一个最佳的设计方案，绘制相应的工程图纸，编制出设计文件，通过施工、安装与调试，将项目付诸实施，实现要达到的目的。工程设计是科技成果转化为生产力进程中的一个再创造环节，在生产和研究开发之间起重要的桥梁作用，其设计思想与目标能否得到良好的体现，取决于设计者的这种再创造水平，取决于设计思想与客观实际的吻合程度。

1.2 制药工业的特点及发展

1.2.1 现代制药工业的基本特点

现代制药工业绝大部分是现代化生产，同其他工业有许多共性，但又有自己的基本特点，主要表现在以下几个方面：

(1) 高度的科学性、技术性 早期的制药生产是手工作坊和工场手工业。随着科学技术的不断发展，制药生产中现代化的仪器、仪表、电子技术和自控设备得到广泛的应用，无论是产品设计、工艺流程的确定，还是操作方法的选择，都有严格的科学要求，都必须用科学技术知识来解释，否则就难以生产，甚至产出废品，出现事故。所以，应该系统地运用科学技术知识，采用现代化的设备，才能合理组织生产，促进生产发展。

(2) 生产分工细致、质量要求严格 制药工业也同其他工业一样，既有严格的分工，又有密切的配合。原料药合成厂、制剂药厂、医疗器械设备厂等，这些厂虽然各自的生产任务不同，但必须密切配合，才能最终完成药品的生产任务。在现代化的制药企业里，根据机器设备的要求，合理地进行分工和组织协作，使企业生产的整个过程、各个工艺阶段、各个加工过程、各道工序以及每个人的生产活动，都能同机器运转协调一致，只有这样，企业的生产才能进行。由于劳动分工细致，对产品的质量自然要严格要求，如果某个生产环节出了问题，质量不合格，就会影响整个产品的质量，更重要的是药品是直接提供给患者的，必须确保其质量安全。

(3) 生产技术复杂、品种多、剂型多 在药品生产过程中，所用的原料、辅料和产品种类繁多。虽然每个制造过程大致可由回流、蒸发、结晶、干燥、蒸馏和分离等几个单元操作串联组合，但由于一般有机化合物的合成均包含较多的化学单元反应，其中往往又伴随着许多副反应，就会使整个操作变得复杂化。同时由于在连续操作过程中，因所用的原料不同，反应的条件不同，又多是管道输送，原料和中间体中有很多易燃易爆、易腐蚀和有害物质，这就带来了操作技术的复杂性和多样性。同时，随着科学技术的发展，药物品种不仅繁多，而且要求高效、特效、速效、长效的药品纯度高、稳定性好、有效期长、无毒、对身体无不良反应，这些要求促进医药工业在发展中不断创新。随着经济的发展和人们生活水平的不断提高，对产品的更新换代，特别是对保健、抗衰老产品的要求越来越强烈，疗效差的老产品被淘汰，新产品的不断产生，要满足市场和人民健康的需要，要求每个医药工作者不仅要学习和掌握现代化的文化知识，懂得现代化的生产技术和企业管理的要求，而且要加紧研制新产品，改革老工艺和老设备，以适应制药工业的发展和市场的需求。

(4) 生产的比例性、连续性 生产的比例性、连续性是现代化大生产的共同要求，但制药生产的比例性、连续性有它自己的特点。制药生产的比例性是由制药生产的工艺原理和工艺设施所决定的。制药企业各生产环节、各工序之间在生产上保持一定的比例关系是很重要的。一般来说，医药工业的生产过程中，各厂之间、各生产车间、各生产小组之间，都要按照一定的比例关系来进行生产，如果比例失调，不仅影响产品的产量和质量，甚至会造成事故，迫使停产。医药工业的生产从原料到产品加工的各个环节，大多是通过管道输送，采取自动控制进行调节，各环节的联系相当紧密，这样的生产装置连续性强，任何一个环节都不可随意停产。

(5) 高投入、高产出、高效益 制药工业是一个以新药研究与开发为基础的工业，而新药的开发需要投入大量的资金。一些发达国家在此领域的资金投入仅次于国防科研，居其他各种民用行业之首。高投入带来了高产出、高效益，某些发达国家制药工业的总产值已经跃居各行业的第五至第六位，仅次于军工、石油、汽车、化工。它的巨额利润主要来自受专利保护的创新药物，制药工业也是一个专利保护周密、竞争非常激烈的工业。

1.2.2 国内外发展概况

我国药物的生产工艺在吸取国外先进经验的基础上，尽量采用国产原料，应用新技术、新工艺，研究开发适合国情的合成路线。经过多年的发展，中国医药产业进入了较为成熟的发展阶段，是现阶段中国增长较快的产业之一。未来一段时期，随着全球医药产业发展的市场容量和需求空间进一步拓展，国内医疗体制改革逐步推进，中国医药产业将迎来难得的发展机遇。

中国医药工业组成包括：化学药（化学原药、制剂）占 46%；中药（中成药、饮片）占 30%；生物药（疫苗、生物制品）占 10%；医疗器材（医疗器械、卫生材料）占 10%；制药设备（制药机械、包装材料）占 4%。目前，中国能生产化学原料药 1500 余种，产量达 200 万吨，年产量超万吨的品种有青霉素、阿莫西林、维生素 C、维生素 E、安乃近、咖啡因、注射葡萄糖等。以青霉素、维生素 C 为代表的 20 余种化学原料药生产和出口量均居世界第一。他汀类、普利类、沙坦类特色原料药已成为新的出口优势产品，具有国际市场主导权的品种日益增多。目前，中国生产化学药品、制剂 4000 余种，基本能满足国家防病治病的需要。中国医药企业目前共拥有产品批准文号 18.7 万个，其中化学药品批准文号为 12.1 万个，绝大部分为仿制药。2014 年，中国医药工业实现主营业务收入 2.45 万亿元，同比增长 13.1%；实现利润总额 2460 亿元，同比增长 12.3%；实现出口交货值 1741 亿元，同比增长 6.6%。其中，化学制药工业实现主营业务收入 1.1 万亿元，同比增长 11.8%；实现利润总额 1046 亿元，同比增长 14.9%；实现出口交货值 752 亿元，同比增长 2.5%。2015 年 1~9 月，中国医药工业实现主营业务收入 1.9 万亿元，同比增长 8.9%；实现利润总额 1880 亿元，同比增长 12.8%；实现出口交货值 1259 亿元，同比增长 2.7%。其中，化学制药工业实现主营业务收入 8245 亿元，同比增长 9.3%；实现利润总额 807 亿元，同比增长 12%；实现出口交货值 531 亿元，与上年同期持平。2014 年，中国批准上市药物 507 个，其中化药 466 个，占 91.9%。化药批准上市品种中：仿制药 220 个，占 47%；新药 127 个，占 27%；进口药 63 个，占 14%。批准上市的前三治疗领域是：抗感染用药，占 16.3%；神经系统用药，占 11.0%；心血管系统用药，占 11.0%。2014 年国际原料药市场总销售额高达 1340 亿美元，中国原料药出口总金额 160 亿美元，进口总金额 85 亿美元。"小剂量、高效价"是今后原料药的发展方向。中国化学药制剂出口额为 29.4 亿美元，同比增长 8.4%；进口额为 127.8 亿美元，同比增长 15.6%。中国制剂企业通过欧美日认证的超过 50 家，通过 WHO 认证的也有 7 家，近 50 个制剂产品获得美国 ANDA 文号。中国化学药制剂对美国、欧盟高端市场出口实现增长，尤其对美国出口增幅高达 24%；对东盟、巴西和俄罗斯新兴市场出口分别增长 20%、21.6% 和 16.5%；对多个中非和东非国家的出口增幅超过 40%[3]。

改革开放以来，我国制药业有了迅速的发展。国内医药经济年均增长 18% 左右，医药行业成为国内高速增长的行业，这一速度也高于世界发达国家中主要制药国家的发展速度。尤其是 20 世纪 90 年代，制药产业的增长速度更是高达 20% 左右。

另一方面，近十年来，全球医药产业销售总规模不断扩大，但是增速逐步放缓。2002 年，全球药品销售总额为 4330 亿美元，之后十年，全球药品销售的年增长率在 6.6% 左右，2011 年达到 8945 亿美元，较之 2002 年增长了 1 倍以上。应该说，医药行业年增长率 6.6%，大大高于此期间世界经济规模（总产出）的年均增长速度（2.6%）。但是，相较于其他行业，这个速度只能处于中等偏下的位置，增长速度大大落后于 IT、电子等行业。同时，相比于 1970～2000 年全球药品销售 8.5％ 的增速以及 1990～2000 年近 10％ 的增速来说，医药行业的销售规模增速正在逐步放缓。2011 年，全球药品销售额增长速度为 4.5％，创自 1990 年以来的最低水平。从企业销售情况来看，排前十五位公司的销售额在全球药品销售额的占比也在逐步增加，医药产业集中度不断提升。近年来，包括辉瑞、诺华、赛诺菲和兰素史克等在内的国际医药龙头企业的销售额不断增长，其整体销售额占全球药品销售额的比例也稳步上升。2005 年，前十五大医药企业占全球销售额的比例不到 60％，2010 年则达到了 66.8％。从药品销售区域增长速度看，近年来，欧美医药市场药品销售额的增长速度正在放慢，而新兴市场国家医药市场的规模正在高速扩张。2010 年，北美和欧洲国家药品市场销售额增长率分别下跌到 1.9％ 和 2.4％ 的较低水平，而新兴市场国家的增速却保持 16％ 的较高水平。

近年来，新药研发竞争加剧。新药层出不穷，产品更新快。如喹诺酮酸类抗菌药，近 30 年来已化学合成了 20000 多个化合物并进行抗菌筛选。1962～1969 年间研究开发成功的有萘啶酸、恶喹酸吡咯酸等。1970～1977 年间被氟甲喹和吡哌酸所取代。新药创制的难度越来越大，管理部门对药品的疗效和安全性的要求越来越高，使研究开发的投资剧增。同时，新药研究开发是长期的、连续性的，具有极大的风险性。新药研究开发要适应在高技术领域竞争，就需要耗费巨额资金。在经济发达的国家，研究开发费用约占营业额的 6.3％，超过营业额利润率约 5.2％。

全球制药企业在世界范围内出现大规模结构调整和转移生产的趋势，这对我国医药产业发展的影响正在逐步显现。如美国默克公司曾是阿维菌素的专利发明人，现在转向我国采购阿维菌素。美国通用电气公司也计划把 GE（梯度回波）在世界各地的 X 射线机、CT 和 B 超三大类普通医疗产品生产转移到中国来。跨国制药公司"转移生产"的趋势，有可能使我国医药产业成为世界制药产业的加工中心，带来新一轮世界范围内的医药产销格局和利益的变化。

1.2.3 现代制药工业的发展

制药工程技术发展包括以下几个方向：

（1）生物技术方向 生物技术是新世纪的新型发展的关键领域，在医药行业占据着非常重要的地位，对未来制药业的发展起方向指引的作用，其中基因工程、细胞工程和微生物工程都是比较前沿的科学技术领域。

（2）材料技术方向 材料技术是制药工程中最为关键的技术，科学的进步为现代制药业提供了丰富的材料基础，让制药工程有更多选择的机会，从而也产生了更多的研究方向，目前最常见的有复合材料、生物材料、药用高分子材料、新型药用包装材料等。

（3）自动控制 与石油、化工的自动化相比，制药业的自动化存在更多内容，之前的工艺流程的运用方法和策略有大量人工参与的环节，这就需要大量的人力资源来满足企业的发展，因此，自动化控制的研究方向是制药工业的一项重要工程。

（4）信息化技术 自进入 21 世纪以来，我国的制药工业取得了很大的进步和发展，在逐渐重视企业自动化过程和信心化建设的道路上，做出了不小的贡献。建立一条高新技术的制药企业链是现在大多数制药企业发展的方向，通过对国外技术的学习和借鉴来实现我国制药工业自动化、信息化的建设，推动我国整体制药工业的进步和发展。

21 世纪的世界经济形态正处于深刻转变之中，以消耗原料、能源和资本为主的工业经济，正在向以知识和信息的生产、分配、使用的信息经济转变。这也为制药行业的发展提供了良好的机遇和巨大的空间。"十五"新世纪的第一个五年计划，此后的十五年是我国国民经济和社会发展承前启后、继往开来的重要历史时期，是以完成产业结构、企业组织结构和产品结构调整为主要内容的制药经济结构调整的关键阶段。

我国制药行业进入 WTO 以后，将融入全球经济一体化，面临着严重的挑战与发展机遇。从长远来看，加入 WTO，有利于我国医药管理体制与国际接轨，有利于医药新产品的研究开发及知识产权的保护，有利于获得医药发展所需的国际资源，有利于我国比较优势的化学原料药、中药、常规医疗器械进一步扩大市场份额，同时有利于我国医药企业转化经营机制与体制创新，总之，制药行业加入 WTO 有利于提高医药行业的整体素质和国际竞争力。综观当前世界制药业发展的新形势，我国医药行业的发展趋势是依靠创新提高竞争力，加快速度由医药大国向医药强国的目标迈进。

1.2.4 制药工业与环境保护

制药工业属于精细化工，具有品种多、工艺复杂、原材料利用率低、排放物量大、排放物危害性高等特点。在制药工业中，从原料药的生产到制剂的成品包装，整个生产过程都存在造成环境污染的因素，其中，原料药的生产是制药工业中对环境影响最为严重的部分。在原料药的合成、分离和纯化等生产工艺中，以及药品生产和清洁过程中均会产生大量的废水，由于这些废水中含有各种化学溶剂、未反应物料、中间体、残留药物，可污染河流、小溪和地下水。同时，制药工业还会产生大量的反应残渣、天然产物被提取后的残渣、废弃过滤器、发酵废物、粉尘、废弃包装以及生产药物过程中产生的不合格片剂和胶囊等制剂，这些废弃物如果处理不当，都会对周围的环境和人产生影响[4]。

多年来，许多制药企业往往重视增加品种和产量，只注重粗放式的经济增长指标，致使我国制药工业一直存在着"高污染、高能耗"的特点，严重制约该行业的持续发展。国家环境保护部出台的《环境保护"十二五"科技发展规划》已将环境保护看作制药工业转型升级成功与否的关键指标之一。在国家环保"十二五"规划中，已经将化学需氧量、二氧化硫、氨氮和氮氧化物 4 种主要污染物纳入约束性指标，其中新增的氨氮和氮氧化合物指标都是制药工业污染物中的主要控制物质，这一要求对制药工业产生了直接的约束。同时，随着《制药工业水污染物排放标准》（以下简称"标准"，2008 年 8 月发布，两年过渡期）这一与世界接轨的环保新标准全面实施，政府监管力度将会进一步加强。因此，制药企业除了关注产品质量、经济效益外，对企业周围生态环境的关注度必将越来越高。促进制药工业加强环境保护的措施包括以下几个方面：

（1）制定完善的监管制度和推行积极性的政策引导 从广义讲，制药工业中的环境保护不只是制药企业一个主体的事情，制药工业的健康发展离不开与环境保护有关的完善的监管制度和积极性的政策引导，需要政府监管部门的切实参与。

（2）新建项目引入环境监理体系 制药工业是一个对专业知识和技术水平要求很高的行业，尤其是针对品种多、工艺复杂、危险性高及污染性大的原料药项目，仅靠环保部门的监察部门有限的定期或不定期的现场监管抽查，已难以适应当前的环境管理现状。因此，有必要强制性推行环境监理制度，借助社会中的第三方中介机构力量对项目建设过程中的环境保护及"三同时"措施的落实实施全程监理。

（3）提高制药企业的环境保护意识和社会责任 在环境保护为主题的经济时代，制药企业需认清自己的社会责任，树立科学发展观，不断提高企业全体员工的环保意识，使企业走上经济效益与环境效益协调的发展道路。

（4）发展绿色制药与创新工艺技术 制药工业是化学工业的一个重要分支和不可分割的一部分，绿色制药是绿色化学的重要子项目。所谓"绿色制药"，其特征是考虑药品的生产路线与一般的传统生产路线不同，它把治理污染作为设计、筛选药品生产工艺的首要条件，研究和发展无害化清洁工艺，推行清洁生产。

（5）成立制药工业绿色联盟　为科学应对污染物减排的挑战，需要整个行业的各个环节共同努力，在制药行业中成立"制药行业绿色联盟"（以下简称"绿色联盟"），整合全行业优势，实现行业的经济增长与环境达标的和谐发展。

1.3　制药工程技术的作用和创新

医药业作为一个重要行业，关系着民生和人们的生命健康。随着社会发展以及国民经济水平的不断提升，当人们的生命受到更多疾病威胁时，人们就会越发深入地关注与重视医药业的发展。作为医药业内一个重要组成部分，制药工程承担着医学研究以及医学治疗的制药、供药工作，是医学事业积极健康发展的重要基础。制药工程的发展不仅关系着制药产业的发展，也关系着医疗水平的提升。制药工程是一项涉及众多学科领域的综合性科学，随着众多新技术的发展，制药工程的技术创新也迎来了机遇。制药工程的技术创新对于促进制药产业的发展有着重要的作用，作为制药企业，应当积极主动进行制药工程技术创新。

制药工程技术的创新包括[5]：

（1）加强高新技术制药人才的培养　实施制药工程技术创新，首先应当给予充分的人才保障。这不仅要求制药企业积极引进相关的创新人才，还要求我国高等教育院校加大对创新人才的培养力度，重视创新人才的培养。

（2）注重理论和实际的结合　在实施制药工程技术创新中，应当注重理论与实践的结合。制药工程的作用对象是人，因而对于质量和效用有着更高的要求，只有通过反复试验，确认药品的安全性，才能将大量制剂推向市场。

（3）引进国际先进技术　对于制药工程技术创新来说，引进国际先进技术同制药工程技术创新并不矛盾，在国际先进技术的引进中只是借鉴先进技术的特点，而不是全盘应用，否则就失去了创新的功效。同时，结合国外先进技术，进行有效的延伸和扩展，实现制药新技术的全方位应用，包括在其他药品制备方面的应用，这对于制药工程技术创新实施有着重要的作用。

另外，实施制药工程技术创新有助于促进制药产业的发展，提高医疗水平，有助于新药品的研发、制备。同时，实施制药工程技术创新，还能够提高制药企业的药物研发能力，从而降低同类国外药品的价格，给患者带来切实的惠利。

1.4　制药设备的分类及发展

1.4.1　制药设备的分类

制药设备指的是生产、加工和包装药品、保健品的机械和设备。制药设备水平和质量好坏、数量能否适应需要以及售后服务水平都直接关系到制药厂的药品质量、经济效益、能源消耗、出口创汇和药品能否到达 GMP 需求等，因而制药设备的发展对医药工业稳定发展起着举足轻重的作用，并被越来越多的人认识到它的重要性。制药设备是实施药物制剂生产操作的关键因素[6]。

制药设备通常分为以下几类：

（1）原料药机械类制药设备　原料药机械与设备是实现生物、化学物质转化，使用动物、植物、矿藏制取医药原料的工艺设备。包括摇瓶机、发酵罐、搪玻璃设备、结晶机、离心机、分离机、过滤设备、获取设备、蒸发器、收回设备、换热器、干燥箱、筛分设备、淀粉设备。

(2) 制剂机械类制药设备　　制剂机械与设备是将药物制成各种剂型的机械与设备。包含片剂机械、水针（小容量打针）剂机械、粉针剂机械、输液（大容量打针）剂机械、硬胶囊剂机械、软胶囊剂机械、丸剂机械、软膏剂机械、栓剂机械、口服液剂机械、滴眼剂机械、冲剂机械。

(3) 药用破坏机械类制药设备　　药用破坏机械指用于药物破坏（含研磨）并契合药品出产需求的机械。包含全能破坏机、超微破坏机、锤式破坏机、气流破坏机、齿式破坏机、超低温破坏机、组合式破坏机、针形磨、球磨机。

(4) 饮片机械类制药设备　　饮片机械指对天然药物、动物、植物、矿藏采用选、洗、润、切、烘、炒、煅等方法制取中药饮片的机械。包含选药机、洗药机、润药机、切药机、烘干机、炒药机。

(5) 制药用水设备类制药设备　　制药用水设备指选用各种办法制取药用水的设备。包含多效蒸馏水机、热压式蒸馏水机、电渗析设备、反渗透设备、离子交换纯水设备、纯蒸汽发生器、水处理设备。

(6) 药用包装机械类制药设备　　药用包装机械指完成药品计量、充填（灌装）、容器、印字、贴标签、装盒等的机械与设备。包含小袋包装机、泡罩包装机、瓶装机、印字机、贴标签机、装盒机、捆扎机、拉管机、安瓿制作机、制瓶机、吹瓶机、铝管冲挤机、硬胶囊壳出产自动线。

(7) 药物检测设备类制药设备　　药物检测设备指检测各种药物成品或半成品质量的仪器与设备。包含测定仪、崩解仪、溶出实验仪、融变仪、脆碎度仪、冻力仪。

(8) 其他制药机械设备类制药设备　　其他制药机械设备指执行非首要制药工序的有关机械与设备。包含空调净化设备、部分层流罩、送料传输设备、提高加料设备、管道弯头卡箍及阀门、不锈钢清洁泵、冲头冲模。

1.4.2　制药设备的现状及发展趋势

目前我国制药设备企业已达 800 余家，年产值约 150 亿元，能够生产 8 大类、3000 多个品种规格的制药设备产品，产品出口到 80 多个国家和地区[7,8]。在许多技术方面，我国已达到了世界先进水平，比如袋装/塑料瓶注射剂生产设备、压片机、水针机、冻干机等。许多业内专家认为，我国已经成为名副其实的制药机械生产大国。但制药设备行业整体上与国际水平仍有差距，是生产大国，却不是生产强国。我国制药设备发展趋势主要有以下几个方面：

(1) 符合 GMP 验证要求的制药设备　　新版 GMP 对制药设备的要求：设备的设计、选型、安装、改造和维护必须符合预定用途，便于操作、清洁和维护，以及必要时进行消毒或灭菌。与药品直接接触的设备表面应光洁、平整、易清洗或消毒、耐腐蚀，不与药品发生化学反应、吸附药品或向药品中释放物质。对于中药制剂的生产，主要从中药材前处理设备和后续的制剂生产设备的设计与效能等方面来考察。重点应考虑易清洗、不污染药物，同时要符合国家低碳节能的战略发展要求。

(2) 鼓励节能降耗，提高生产效率，降低制造成本　　高效能、低能耗、环境友好型企业是制药行业的标杆。高效节能型制药设备的开发与研制不仅切实地响应了国家节能减排的战略号召，也是自身企业实现可持续发展壮大的重要源泉，是未来制药设备企业发展的战略方向。

(3) 机械化程度提高，产品生产过程自动检测　　加强中药提取、分离、浓缩、干燥、灭菌等制剂生产技术集成创新的研究，借鉴现代制造技术、信息技术和质量高控制技术，提高制药设备的机械自动化程度，同时对符合中成药生产特点的新工艺、新技术进行系统研究开发，并将这些技术融入制药新设备的设计与开发中，实现制药过程的机械化和自动化检测是未来制药设备的一大趋势。

【本章小结】 本章涉及制药工程以及制药设备的相关内容。重点包括：①了解制药工程和制药设备的基本概念；②掌握现代制药工业的基本特点以及发展趋势；③重点了解制药工业与环境保护的关系，如何在制药技术中实现创新；④掌握制药设备分类以及未来发展趋势。

通过对本章的学习，掌握制药工程相关的一些基础必备知识，为后面各章节深入具体的学习奠定了理论基础。

思 考 题

1. 什么是制药工程？制药工程与化学工程的异同点有哪些？
2. 现代制药工业的基本特点有哪些？
3. 我国的制药工业发展以及所面临的问题？我们应该从哪些方面进行改进？
4. 制药工程技术在人们生活中的地位和作用。
5. 什么是制药设备？制药设备未来的发展趋势。

参 考 文 献

[1] 宋航，彭代银，侯长军，等．制药工程技术概论 [M]．北京：化学工业出版社，2006.
[2] 张洪斌．药物制剂工程技术与设备 [M]．北京：化学工业出版社，2010.
[3] 潘广成．中国制药工业发展现状与展望 [M]．广州：中国化学制药工业协会，2007.
[4] 余江勇，梅素娟．制药工业的发展与环境保护 [J]．北方环境，2011，23 (11)：25-26.
[5] 张新．制药工程技术创新浅探 [J]．河南科技，2014 (06)：41.
[6] 蔡凤，解彦刚．制药设备与技术 [M]．北京：化学工业出版社，2011.
[7] 李泮海，尹爱群．中国制药企业制药设备存在的问题与对策 [J]．中国药事，2013，27 (3)：252-257.
[8] 王静雅．2010—2011 年我国制药机械设备行业发展前景分析 [J]．产业经济，2011，17：259.

第2章 化学制药原理与设备

【本章导读】 本章重点介绍化学制药的原理，包括化学反应类型的选择，药物合成工艺的优化方法，化学反应的影响因素；同时介绍了化学制药设备的类型、维护方法以及化学制药技术的新进展。

2.1 化学药物概述[4]

药物按其制备生产方法可分为化学药物、中药、天然药物和生物药物，其中化学药物在医药行业中占有重要地位。就利润而言，化学药物的制药技术成熟性高于另外类型的药物，竞争也更为激烈，即便如此，其利润总额仍然较为可观。尽管化学药物在医药市场总额的比重有所下降，但仍然占市场 80％的份额，市场主体地位没有动摇。

化学合成药物分为全合成药物和半合成药物。全合成药物一般由化学结构比较简单的化工原料经一系列化学合成和物理处理制得；半合成药物由已知具有一定基本结构的天然产物经化学结构改造制得。在多数情况下，一种化学合成药物往往有多种合成途径，通常将具有工业生产价值的合成途径称为该药物的工艺路线。合成药物要进行工业生产时，首先是工艺路线的设计和选择，以确定一条最经济、最有效的生产工艺路线。

化学药品生产的一般特点是：①生产流程长、工艺复杂；②每一产品所需的原辅材料种类多，许多原料和生产过程中的中间体是易燃、易爆、有毒或腐蚀性很强的物质，对防火、防爆以及工艺和设备等方面有严格的要求；③产品质量标准高，对原料和中间体要严格控制质量；④物料净产率很低，某些药物合成流程长，往往几吨至上百吨的原料才能生产 1t 产品，因而副产品多，"三废"也多；⑤药物品种多、更新快，新药开发工作的要求高、难度大、代价高、周期长。制剂生产则需要有适合条件的人员、厂房、设备、检验仪器和良好的卫生环境以及各种必需的制剂辅料和适用的内、外包装材料相配合。

药物生产工艺路线取决于两个方面：一是药物生产技术的基础和依据，二是决定产品质量的关键。它的技术先进性和经济合理性是衡量生产技术水平高低的尺度。理想的药物生产工艺路线应该具备以下几点：

① 化学合成路线简短；

② 原辅材料品种少、易得；

③ 中间体纯化、分离容易、质量易达标；

④ 操作条件易于控制、安全、无毒；

⑤ 设备要求不苛刻；

⑥ "三废"少且易治理；

⑦ 操作简便，易分离、纯化；

⑧ 收率佳、成本低、效益好。

药物品种多、结构复杂、产品更新快，新产品研制时需合成大量化合物供筛选，老产品工艺路线也在不断进行技术革新，原辅材料、设备等也在发生变化，所以工艺路线设计与选择、改造、新技术应用总是存在的。

药物合成工艺的改进包括合成路线的改进以及反应条件的改进两方面。工艺路线的设计和选择必须先对类似化合物进行国内外文献资料的调查研究和论证工作。反应条件的改进包括反应温度、压力、催化剂等，要在对反应机理有清晰认识的基础上对药物合成条件进行优化。优选一条或若干条技术先进、操作条件切实可行、设备条件容易解决、原辅材料易得的技术路线。

2.2 化学药物合成及工艺基本原理[5~10]

2.2.1 化学反应类型的选择

药物的化学合成中，同一种化合物往往有很多种合成路线，每条合成路线由许多化学单元反应组成。不同反应的条件及收率、"三废"排放、安全因素都不同。有些反应是属于"平顶型"的，有些是属于"尖顶型"的。见图 2-1、图 2-2。所谓"尖顶型"反应是指具有反应难控制以及反应条件苛刻、副反应多等特点的反应，如需要超低温等苛刻条件的反应。所谓"平顶型"反应是指反应易于控制，反应条件易于实现，副反应少，工人劳动强度低，工艺操作条件较宽的反应。

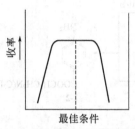

图 2-1 "平顶型"反应示意图

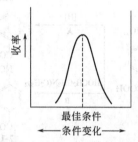

图 2-2 "尖顶型"反应示意图

根据这两种类型的反应特点，在确定合成路线，制订工艺实验研究方案时，必须考察工艺路线到底是由"平顶型"反应还是由"尖顶型"反应组成，为工业化生产寻找必要的生产条件及数据。在工艺路线设计时应尽量避免"尖顶型"反应，因为化学制药行业以间歇生产为主。

但并不是说"尖顶型"反应不能用于工业化生产，现在计算机的普及，为自动化控制创造了条件，可以实现"尖顶型"反应。如在氯霉素的生产中，对硝基乙苯在催化剂下氧化为对硝基苯乙酮时的反应为"尖顶型"反应，现已工业化生产。

被选择的工艺路线应当是合成步骤少，操作简便，而且各步收率高的。一般来说，药物或有机化合物的合成方式主要有两种，即直线型合成和汇聚型合成。

在直线方式的合成工艺路线中，一个由六步反应组成的反应流程，是从原料 A 开始至最终产品 G。由于六步反应各步收率不可能为 100%，其总收率是六步反应的收率之积。

假如每步收率为 90%。

A—B—C—D—E—F—G

直线方式总收率为 53.1%。

在汇聚方式合成的工艺路线中，先以直线方式分别构成几个单元，然后各单元再反应成最终产品。

如有六步反应，组成一个单元为从 A 起始 A—B—C，另一个单元为 D—E—F，假如每单元中各步反应收率为 90%，则两个单元汇聚组装反应合成 G。

$$\begin{array}{c} A-B-C \\ D-E-F \end{array} \longrightarrow G$$

汇聚方式总收率为 65.6%。

根据两种方式的比较，要提高总收率应尽量采用汇聚方式，减少直线方式的反应。而且汇聚方式装配的另一个优点是：如果偶然失误损失一个批号的中间体，比如 A—B—C 单元，不至于对整个路线造成影响。在路线长的合成中应尽量采用汇聚方式，也就是通常所说的侧链和母体的合成方式。

2.2.2　单元反应的顺序安排

在药物的合成工艺路线中，除工序多少对收率及成本有影响外，工序的先后顺序有时也会对成本及收率产生影响。单元反应虽然相同，但由于反应物料的化学结构与理化性质不同，进行的次序不同会使反应的难易程度和条件等随之不同，故最终导致不同的反应结果，即在产品质量和收率上可能产生较大差别。这时，就需研究单元反应的顺序如何安排最为有利。从收率角度看，应把收率低的单元反应放在前头，而把收率高的放在后边。这样做符合经济原则，有利于降低成本。最佳的安排要通过实验和生产实践验证。

例如，应用对硝基苯甲酸为起始原料合成局部麻醉药盐酸普鲁卡因时就有两种单元反应排列方式：一是采用先还原后酯化的 A 路线，二是采用先酯化后还原的 B 路线。

$$
\begin{array}{c}
\text{NO}_2\text{-C}_6\text{H}_4\text{-COOH}
\xrightarrow[\text{A}]{[\text{H}]}
\text{H}_2\text{N-C}_6\text{H}_4\text{-COOH} \\[2mm]
\xrightarrow{\text{HOCH}_2\text{CH}_2\text{N(C}_2\text{H}_5)_2} \\[2mm]
\text{NO}_2\text{-C}_6\text{H}_4\text{-COOCH}_2\text{CH}_2\text{N(C}_2\text{H}_5)_2 \quad \mathbf{2\text{-}1}
\xrightarrow{[\text{H}]}
\text{H}_2\text{N-C}_6\text{H}_4\text{-COOCH}_2\text{CH}_2\text{N(C}_2\text{H}_5)_2 \quad \mathbf{2\text{-}2}
\end{array}
$$

A 路线中的还原一步，若在电解质存在下用铁粉还原，则芳香酸能与铁离子形成不溶性沉淀，混于铁泥中，难以分离，故对硝基苯甲酸的还原不能采用较便宜的铁粉还原法，而要用其他价格较高的还原方法进行，这样就不利于降低产品成本。其次，下一步酯化反应中，由于对氨基苯甲酸的化学活性比对硝基苯甲酸的化学活性低，故酯化反应的产率也不高，这样就浪费了较贵重的中间体二乙氨基乙醇。但若按 B 路线进行合成时，由于对硝基苯甲酸的酸性强，有利于加快酯化反应速率，而且两步反应的总收率也较 A 路线高 25.9%，所以采用 B 路线的单元反应排列次序较好。

此外，在考虑合理安排工序次序的问题时，应尽可能把价格较贵的原料放在最后使用，这样可降低贵重原料的单耗，有利于降低生产成本。

需要注意，并不是所有单元反应的合成次序都可以交换，有的单元反应经前后交换后，反而较原工艺路线的情况更差，甚至改变了产品的结构。对某些有立体异构体的药物，经交换次序后，有可能得不到原有构型的异构体。所以要根据具体情况安排操作次序。

一种药物可以由多种原料经过不同的工艺路线合成，而原料不同，合成路线也不同，所得产品的产率、质量亦各异，这就需要设计出合理的符合工业生产要求的工艺路线。

药物工艺路线设计的基本内容是研究如何应用化学合成的理论和方法，对已经确定化学结构的药物设计出适合其生产的工艺路线。它有以下几方面的意义：

① 具有生物活性和医疗价值的天然药物，由于它们在动植物体内含量甚微，不能满足需求，因此需要进行全合成或半合成；

② 据现代医药科学理论找出具有临床应用价值的药物，必须及时申请专利和进行化学合成与工艺路线设计研究，以便经新药审批获得新药证书后，尽快进入规模生产；

③ 正在生产的药物，由于生产条件或原辅材料变换或需提高药品质量，需要在工艺路线上改进与革新。

在设计药物的合成路线时，首先应从剖析药物的化学结构入手，然后根据其结构特点，采取相应的设计方法，美国科学家 Corey 曾创立一种有机合成的逆合成法，同样适用于药物合成，该方法对药物合成路线的设计，特别是复杂分子合成路线的设计具有极强的指导意义，在新药研究上已取得许多重大成果。药物合成方法大致分为以下几种：

① 逆合成分析法。对药物的化学结构进行整体或部位剖析，应首先分清主环与侧链、基本骨架与功能基团，进而弄清这些功能基以何种方式和位置同主环或骨架连接。

② 片段分析法。研究分子中各部位的结合情况，找出易拆键部位。将药物分子分成几个片段，先将几个片段合成出来，然后再进行片段之间的组合。如果有两个以上的取代基或侧链，则需考虑引入的先后次序。若其为手性药物时还必须同时考虑其立体构型的要求与不对称合成的问题。当然这些问题不是孤立存在的，故应针对药物化学结构的不同特点将它们综合起来加以考虑。

③ 结构类似法。借鉴已有药物的合成路线，参照与其结构类似的已知物质的合成方法或类似的有关化学反应，设计出所需要的合成路线。

具体地讲，药物合成路线的设计主要有类型反应法、追溯求源法、分子对称法等。

(1) 类型反应法　类型反应法是利用常见的典型有机化学反应与合成方法进行合成路线设计的方法。对于一些新结构的药物，往往没有现成的合成路线加以借鉴。这时可根据它们的化学结构类型和官能团性质，采用类型反应法进行药物工艺路线设计。对于有明显结构特征和官能团的化合物，可采用这种方法进行合成路线设计。

例如，抗真菌药物克霉唑的结构中，C—N 键是一个易拆键部位，即可由卤代烷与咪唑经烷基化反应形成（2-3）。这样通过确定易拆键部位找到两个关键中间体：邻氯苯基二苯基氯甲烷（2-4）和咪唑（HN⟨N⟩）。

鉴于上述情况，于是参考四氯化碳与苯通过傅-克反应生成三苯基氯甲烷（2-6）的类型反应法，设计了由邻氯苯基三氯甲烷（2-7）通过傅-克反应生成化合物（2-4）的合成路线。此法合成路线较短，原料来源方便，产率亦不低，并为生产所采用。但这条路线仍有一些缺点，主要是邻氯代甲苯的氯化一步因需引入 3 个氯原子，故反应温度高、时间长，而且有许多氯化氢气体及未反应的氯气排出，不易吸收，以致造成环境污染、设备腐蚀。

$$CCl_4 + 3C_6H_6 \longrightarrow (C_6H_5)_3CCl$$
2-6

应用类型反应法还可设计以邻氯苯甲酸为起始原料，经两步氯化、两步傅-克反应合成中间体（2-4）的路线（如下所示）。这条路线的合成步骤虽多，但无上述氯化反应的缺点，而且原料易得，反应条件温和，各步收率均较高，成本较低。

2-8

克霉唑的这三条工艺路线各有特点，生产上可根据实际情况，因地制宜加以选用。

应用类型反应法进行药物或其中间体的工艺设计时，若官能团的形成与转化的单元反应排列方法出现两种或两种以上不同选择时，不仅需从理论上考虑更为合理的排列顺序，而且要从实践上着眼于原辅材料、反应条件等进行研究，经过试验，反复比较来选定。因为两者的化学单元反应虽相同，但进行顺序不同或所用原辅材料不同，将导致反应的难易程度和反应条件等随之变化，产生不同的结果，在药物质量、收率等方面均会有较大差异。

(2) 分子对称法　非甾体类雌激素药物己烯雌酚（diethylstilbestrol，2-8）和己烷雌酚（hexestrol，2-9）等分子结构存在明显的分子对称性。具有分子对称性的化合物往往可由两个相同的分子经化学合成反应制得，或可以在同一步反应中将分子的相同部分同时构建起来，这就是分子对称法。分子对称法也是药物合成工艺路线设计中可采用的方法。

例如，己烷雌酚（2-9）的合成路线，两分子的对硝基苯丙烷在氢氧化钾存在的条件下与水合肼作用，经缩合反应与还原反应，生成 3,4-二对氨基苯基己烷（2-10），经重氮化、水解反应，转变官能团制得己烷雌酚。

2-8　　　　**2-9**

2-10　　　　**2-9**

骨骼肌松弛药肌安松（paramyonum，2-11）也是类似的对称分子，化学名称为内消旋3,4-二(对甲氨基苯基)己烷双碘甲烷盐。同样也可应用分子对称法合成。

2-11

从中药川芎中分离出来的川芎嗪（ligustrazine，2-12），又名四甲基吡嗪（2,3,5,6-tetramethylpyrazine），可用于治疗闭塞性血管疾病、冠心病、心绞痛。根据其分子内对称性和杂环吡嗪合成法，以 3-氨基丁酮为原料，经互变异构使两分子烯醇式原料自身缩合，再氧化制得川芎嗪。

2-12

有些药物分子乍看起来不是对称分子，但仔细剖析却存在潜在的分子对称性。例如，抗麻风病药氯法齐明（clofazimine，2-13），可看作吩嗪亚胺类化合物，即是 2-对氯苯氨基-5-

对氯苯基-3,5-二氢-3-亚氨基吩嗪（2-14）的衍生物。2-对氯苯氨基-5-对氯苯基-3,5-二氢-3-亚氨基吩嗪（2-14）可看成对称分子。

因此，可以用两分子对氯苯基邻苯二胺在三氯化铁存在下进行缩合反应，收率可达98％。接着与异丙胺进行加压反应，即可得氯法齐明。

（3）追溯求源法　追溯求源法，又称倒推法或逆向合成分析（retrosynthesis analysis）法。研究药物分子的化学结构，寻找其最后一个结合点，考虑它的前体可能是什么和经什么反应构建这个连接键，逆向切断、连接、消除、重排、官能团的形成与转换等，如此反复追溯求源直到最简单的化合物，即起始原料为止。起始原料应该是方便易得、价格合理的化工原料或天然化合物，最后是各步反应的合理排列与完整合成路线的确立。

药物分子中 C—N、C—S、C—O 等碳-杂键的部位，通常是该分子的拆键部位，亦即分子的连接部位。如抗真菌药益康唑（econazole，2-15）分子中有 C—O 和 C—N 两个拆键部位，可从 a、b 两处追溯其合成的前一步中间体。

按虚线 a 处断开，益康唑的前体为对氯甲基氯苯和 1-(2,4-二氯苯基)-2-(1-咪唑基）乙醇（2-16）；剖析 1-(2,4-二氯苯基)-2-(1-咪唑基）乙醇（2-16）的结构，进一步追溯求源，断开 C—N 键，1-(2,4-二氯苯基)-2-(1-咪唑基）乙醇（2-16）的前体为 1-(2,4-二氯苯基)-2-氯代乙醇（2-17）和咪唑。按虚线 b 处断开，益康唑的前体则为 2-(4-氯苯甲氧基)-2-(2,4-二氯苯）氯乙烷（2-18）和咪唑，2-(4-氯苯甲氧基)-2-(2,4-二氯苯）氯乙烷（2-18）的前体为对氯甲基氯苯和 1-(2,4-二氯苯基)-2-氯乙醇（2-19）。这样益康唑的合成有 a、b 两种连接方法。C—O 键与 C—N 键形成的先后次序不同，对合成有较大影响。若用上述 b 方法拆键，1-(2,4-二氯苯基)-2-氯乙醇（2-19）与对氯甲基氯苯在碱性试剂存在下反应制备中间体2-(4-氯苯甲氧基)-2-(2,4-二氯苯）氯乙烷（2-18）时，不可避免将发生2-(4-氯苯甲氧基)-2-(2,4-二氯苯）氯乙烷（2-18）的自身分子间的烷基化反应；从而使反应复杂化，降低2-(4-氯苯甲氧基)-2-(2,4-二氯苯）氯乙烷（2-18）的收率。因此，采用先形成C—N键，然后再形成C—O键的a方法连接装配更为有利。

2-15　　2-18

2-18　　2-19

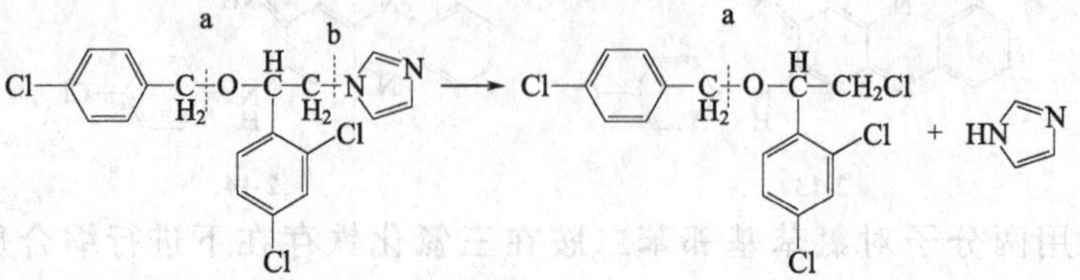

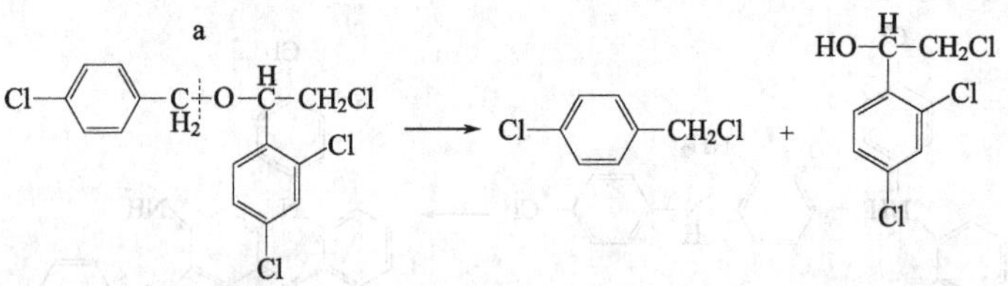

再剖析1-(2,4-二氯苯基)-2-氯乙醇（2-19），它是一个仲醇可由相应的酮还原制得，故其前体化合物为氯代-2,4-二氯苯乙酮（2-20），它可由2,4-二氯苯与氯乙酰氯经Friedel-Crafts反应制得。

2-19　　2-20

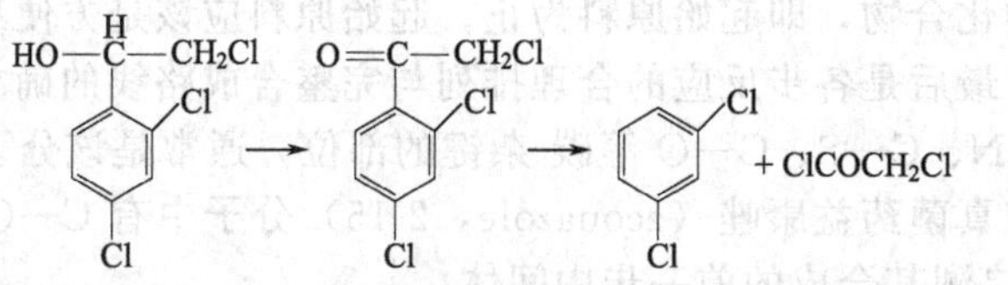

而间二氯苯可由间二硝基苯还原得间二氨基苯，再经重氮化、Sandmeyer反应制得。

对氯甲基氯苯可由对氯甲苯经氯化制得。这样，以间二硝基苯和对氯甲苯为起始原料合成益康唑（2-15）的合成路线可设计如下：

2-20　　2-19　　2-16

2-15

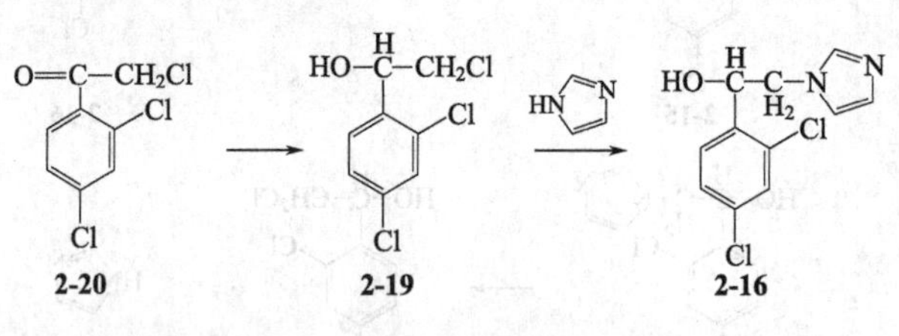

在设计合成路线时，碳骨架形成和官能团的运用是两个不同的方面，二者相对独立但又相互联系，因为碳骨架只有通过官能团的运用才能连接起来。通常碳-杂键为易拆键，也易于合成。因此，先合成碳-杂键，再建立碳-碳键。追溯求源法也适合于分子中具有碳碳三

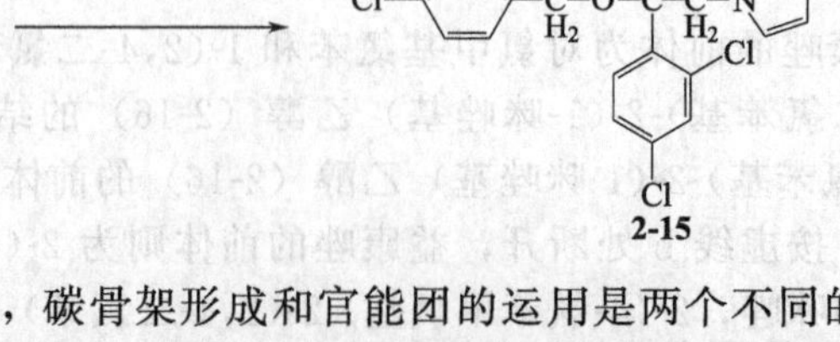

键、碳碳双键和碳碳单键化合物的合成设计。

2.3　药物合成工艺的优化[5~10]

药物合成工艺优化的目的是提高收率，降低成本，简化操作，减少"三废"等。在确定合成路线后，接下来的工作是对各步反应的合成工艺进行优化。药物合成工艺的改进是没有止境的。

药物合成工艺的最后确定必须通过实验室小试、中试和放大几个阶段，每个阶段都有自己的特点，实验室小试是为了优化和选择最佳的工艺条件；中试是从小试实验到工业化生产必经的过渡环节；在模型化生产设备上基本完成由小试向生产操作过程的过渡，确保按操作规程能始终生产出预定标准质量的产品；中试是利用在小型的生产设备进行生产的过程，其设备的设计要求、选择及工作原理与大生产基本一致；在小试成熟后，进行中试，研究工业化可行工艺，设备选型，为工业化设计提供依据。所以，中试放大的目的是验证、复审和完善实验室所研究确定的合成工艺路线是否成熟、合理，合成工艺路线主要经济技术指标是否接近生产要求；研究选定的工业化生产设备的结构、材质、安装和车间布置等，为正式生产提供数据和最佳物料量和物料消耗。总之，中试放大要证明各个化学单元反应的工艺条件和操作过程，在使用规定的原材料的情况下，在模型设备上能生产出预定质量指标的产品，且具有良好的重现性和可靠性。

药物合成工艺受外因和内因支配。化学反应的内因是指反应的机理，是设计和选择药物合成工艺路线的理论依据。化学反应的外因，即反应条件，也就是各种化学反应需要考虑的一些共同点：配料比、反应物的浓度与纯度、加料次序、反应时间、反应温度与压力、溶剂、催化剂、pH 值、设备条件以及反应终点控制、产物分离与精制、产物质量监控等。反应条件的优化需以反应机理为依据。

药物合成工艺及其影响因素可以概括为以下 6 个方面：

(1) 配料比　参与反应的各物料之间质量的比例称为配料比（也称投料比）。

(2) 溶剂　主要作为化学反应的介质，反应溶剂的性质和用量直接影响反应物的浓度、加料次序、反应速度等。

(3) 温度和压力　化学反应常伴随着能量的转换，在化学合成药物工艺研究中要注意考察反应温度和压力的变化，选择合适的搅拌器和搅拌速度。

(4) 催化剂　现代化学工业中，80% 以上的反应涉及催化过程。化学合成药物工艺路线中也经常见到催化反应，如酸碱催化、金属催化、相转移催化、生物酶催化等，利用催化剂来加速化学反应、缩短生产周期、提高产品的纯度和收率。

(5) 反应时间　反应物在一定条件下通过化学反应转变成产物所需的时间。

(6) 后处理　由于药物合成反应常伴随着副反应，因此反应完成后，需要从副产物和未反应的原辅材料及溶剂中分离出主产物；分离方法基本上与实验室所用的方法类似，如结晶、蒸馏、过滤、萃取、干燥等。

2.3.1　反应物的浓度与配料比

凡反应物在碰撞中一步转化为生成物的反应称为基元反应。凡反应物要经过若干步，即若干个基元反应才能转化为生成物的反应，称为非基元反应。基元反应是最简单的反应，而且其反应速率具有规律性。对于任何基元反应来说，反应速率总是与其反应物浓度的乘积成正比。如伯卤代烷的碱性水解，此反应是按双分子亲核取代历程（S_N2）进行的，在化学动力学上为二级反应，在反应过程中，碳氧键（C—O）的形成和碳卤键（C—X）的裂解同时进行，化学反应速率与伯卤代烷和 OH^- 的浓度有关，这个反应实际上是一步完成的。

叔卤代烷的碱性水解速度仅依赖于叔卤代烷的浓度，而与碱的浓度无关：

$$-dc(R_3CX)/dt = kc(R_3CX)$$

由此可见，叔卤代烷的水解反应历程与伯卤代烷并不相同，它属于一级反应。这个反应实际上是分两步完成的，反应的第一步是叔卤代烷的离解过程：

$$R_3CX \longrightarrow R_3\overset{\delta^+}{C} - - \overset{\delta^-}{X} \longrightarrow R_3C^+ + X^-$$

反应的第二步是由碳正离子与试剂作用，生成水解产物。整个反应速率取决于叔卤烷的离解进程。因此，反应速率仅与叔卤代烷的浓度成正比，与碱的浓度和性质无关。

$$R_3C-X \xrightarrow{\text{慢}} R_3C^+ + X^-$$

$$R_3C^+ + OH^- \xrightarrow{\text{快}} R_3C-OH$$

$$R_3C^+ + H_2O \xrightarrow{\text{快}} R_3C-OH + H^+$$

由于伯卤代烷和叔卤代烷的碱水解反应机理不同，欲加速伯卤代烷水解可增加碱（OH^-）的浓度；而加速叔卤代烷水解则需要增加叔卤代烷的浓度。

2.3.2　化学反应过程

化学反应按照其过程可分为简单反应和复杂反应两大类。由一个基元反应组成的化学反应称为简单反应；简单反应在化学动力学上是以反应分子数与反应级数来分类的。两个或两个以上基元反应构成的化学反应则称为复杂反应。复杂反应又分为可逆反应、平行反应和连续反应等。

简单反应可以应用质量作用定律来计算浓度和反应速率的关系，即温度不变时，反应速率与直接参与反应的物质的瞬间浓度的乘积成正比，并且各反应浓度的指数等于反应式中各反应物的系数。例如

反应 $aA + bB \longrightarrow cC + dD$，用化合物 A 或者 B 的浓度变化来表示反应速度时，可以用下式表示：

$$-dc(A)/dt = kc(A)^a c(B)^b$$

或

$$-dc(B)/dt = kc(A)^a c(B)^b$$

各浓度项的指数称为级数，所有浓度项的指数总和称为反应级数。

（1）简单反应

① 单分子反应　在基元反应过程中，若只有一分子参与反应，则称为单分子反应。多数一级反应为单分子反应。反应速率与反应物浓度成正比。

$$-dc/dt = kc$$

属于这一类反应的有：热分解反应（如烷烃的裂解）、异构化反应（如顺反异构化）、需要催化剂的分子内重排反应（如 Beckman 重排、联苯胺重排等）以及羰基化合物酮型和烯醇型之间的互变异构等。

② 双分子反应　当相同或不同的两分子碰撞时相互作用而发生的反应称为双分子反应，即为二级反应，反应速率与反应物浓度的乘积成正比。

$$-dc/dt = kc(A)c(B)$$

在溶液中进行的大多数有机化学反应属于这种类型，如加成反应（羰基的加成、烯烃的加成等），取代反应和消除反应等。

③ 零级反应　若反应速率与反应物浓度无关，仅受其他因素影响的反应为零级反应，其反应速率为常数。

$$-dc/dt = k$$

如某些光化学反应、表面催化反应、电解反应、不需要催化剂的分子内反应等。它们的反应速率常数与反应物浓度无关，而分别与光的强度、催化剂表面状态、通过的电量及溶剂等有关。

（2）复杂反应

① 可逆反应　可逆反应是常见的一种复杂反应，方向相反的反应同时进行。对于正方向的反应和反方向的反应，质量作用定律都适用。例如乙酸和乙醇发生的酯化反应：

$$CH_3COOH + C_2H_5OH \underset{k_2}{\overset{k_1}{\rightleftharpoons}} CH_3COOC_2H_5 + H_2O$$

若乙酸和乙醇的最初浓度各为 $c(A)$ 及 $c(B)$，经过时间 t 后，生成物乙酸乙酯及水的浓度为 x，则该瞬间乙酸的浓度为 $[c(A)-x]$，乙醇的浓度为 $[c(B)-x]$。按照质量作用定律，在该瞬间：

正反应速率＝$k_1[c(A)-x][c(B)-x]$

逆反应速率＝k_2x^2

反应总的速率为

$$dx/dt = k_1[c(A)-x][c(B)-x] - k_2x^2$$

可逆反应的特点是正反应速率随时间逐渐减小，逆反应速率随时间逐渐增大，直到两个反应速率相等，反应物和生成物的浓度不再随时间发生变化。对这类反应，可以用移动平衡的办法（除去生成物或加大某一反应物的量）来破坏平衡，以利于正反应的进行，即设法改变某一物料的浓度来控制反应速率。例如酯化反应可采用边反应边蒸馏的办法，使酯化生成的水共沸蒸出，从而促使化学平衡向正方向移动，提高反应收率，缩短反应时间。

影响化学平衡的因素主要有：反应物浓度和生成物的浓度，温度，催化剂等，对不同的反应可以采用不同的策略来改变化学平衡。

② 平行反应，又称竞争性反应，即反应物同时进行几种不同的化学反应。在生产上将所需要的反应称为主反应，其余称为副反应。这类反应在有机反应中经常遇到，如氯苯的硝化：

若反应物氯苯的初始浓度为 a，硝酸的初始浓度为 b，反应时间 t，生成邻位和对位硝基氯苯的浓度分别为 x、y，其反应速率分别为 dx/dt，dy/dt，则有

$$-dx/dt = k_1(a-x-y)(b-x-y)$$
$$-dy/dt = k_2(a-x-y)(b-x-y)$$

反应的总速率为两式之和。

$$-dc/dt = dx/dt + dy/dt = (k_1+k_2)(a-x-y)(b-x-y)$$

式中，$-dc/dt$ 为反应物氯苯或硝酸的消耗速率。

若将两式相除则得：$(dx/dt)/(dy/dt) = k_1/k_2$，将此式积分得：$x/y = k_1/k_2$。这说明级数相同的平行反应，其反应速率之比为一常数，与反应物浓度及时间无关。也就是说，无论反应时间多长，各生成物的比例是一定的。通常平行反应的各个反应的速率是不一样的，例如上述氯苯的硝化反应，由于位阻的原因邻位产物的生成速率通常小于对位产物的生成速率。对于这类反应，不能用改变反应物的配料比或反应时间来改变生成物的比例，但可以通过改变反应温度、溶剂、催化剂等来调节生成物的比例，尽量减少副产物的生成。

不对称合成反应均为平行反应，通常可以通过改变催化剂的配体、反应温度、反应溶剂等条件来改变反应的选择性。研究反应的热力学和动力学对减少副反应的发生具有重要意义。

2.3.3　反应物浓度与配料比的确定

为了提高产物的生成率，有机反应很少按理论值定量完成。反应配比关系，也就是物料

的浓度关系。一般可以从以下几个方面来考虑：

① 凡是可逆反应，可采取增加反应物之一的浓度（即增加其配料比），或从反应系统中不断除去生成物之一的办法，来提高反应速率和增加产物的收率。

② 当生成物的生成量取决于反应液中某一反应物的浓度时，则应增加其配料比。最适合的配料比应在收率较高，同时又是单耗较低的某一范围内。

③ 当反应物中有一种是廉价的时候，为了使贵重的一种反应物尽可能转化，可以考虑增加廉价反应物的用量。如当一种反应物既为溶剂又为反应物的时候。

④ 当参与主、副反应的反应物不完全相同时，应利用这一差异增加某一反应物的用量，以增加主反应的竞争能力。

2.3.4　反应溶剂和重结晶溶剂

在药物合成中，绝大部分化学反应都是在溶剂中进行的，溶剂可以帮助反应传热，并使反应分子均匀分布，增加分子间碰撞的机会，从而加速反应进程。

采用重结晶法精制反应产物也需要溶剂。无论是反应溶剂，还是重结晶溶剂，都要求溶剂具有不活泼性，即在化学反应或在重结晶条件下，溶剂应是稳定且惰性的。尽管溶剂可能是过渡状态的一个重要组成部分，并在化学反应中发挥一定的作用，但是总体来说，尽量不要让溶剂干扰反应。

2.3.4.1　常用溶剂的性质和分类

(1) 常用溶剂的性质

① 溶剂的毒性　药品和其他化学品不同，药典对溶剂的残留量有严格的要求，在选择溶剂的时候应尽量选用毒性小的溶剂。

第一类溶剂是指已知可以致癌并被强烈怀疑对人和环境有害的溶剂。

在可能的情况下，应避免使用这类溶剂。假如在生产治疗价值较大的药品时不可避免地使用了这类溶剂，除非能证实其合理性，残留量必须控制在规定的范围内，如苯（2mg/kg）、四氯化碳（4mg/kg）、1,2-二氯乙烷（5mg/kg）、1,1-二氯乙烷（8mg/kg）、1,1,1-三氯乙烷（1500mg/kg）。

第二类溶剂是指无基因毒性但有动物致癌性的溶剂。

按每日用药10g计算的每日允许接触量如下：乙腈（410mg/kg）、氯苯（360mg/kg）、氯仿（60mg/kg）、环己烷（3880mg/kg）、二氯甲烷（600mg/kg）、二氧杂环己烷（380mg/kg）、1,1,2-三氯乙烯（80mg/kg）、1,2-二甲氧基乙烷（100mg/kg）、2-乙氧基乙醇（160mg/kg）、2-甲氧基乙醇（50mg/kg）、环丁砜（160mg/kg）、1,2,3,4-四氢化萘（100mg/kg）、嘧啶（200mg/kg）、甲苯（890mg/kg）、甲酰胺（220mg/kg）、1,2-二氯乙烯（1870mg/kg）、N,N-二甲基乙酰胺（1090mg/kg）、N,N-二甲基甲酰胺（880mg/kg）、乙烯基乙二醇（620mg/kg）、正己烷（290mg/kg）、甲醇（3000mg/kg）、甲基环己烷（1180mg/kg）、N-甲基吡咯烷酮（4840mg/kg）、二甲苯（2170mg/kg）。

第三类溶剂是指对人体低毒的溶剂。

急性或短期研究显示，这些溶剂毒性较低，基因毒性研究结果呈阴性，但尚无这些溶剂的长期毒性或致癌性的数据。在无需论证的情况下，残留溶剂的量不高于 0.5% 是可接受的，但高于此值则须证实其合理性。这类溶剂包括戊烷、甲酸、乙酸、乙醚、丙酮、苯甲醚、1-丙醇、2-丙醇、1-丁醇、2-丁醇、戊醇、乙酸丁酯、三丁甲基乙醚、乙酸异丙酯、甲乙酮、二甲亚砜、异丙基苯、乙酸乙酯、甲酸乙酯、乙酸异丁酯、乙酸甲酯、3-甲基-1-丁醇、甲基异丁酮、2-甲基-1-丙醇、乙酸丙酯。

② 溶剂的极性　溶剂的极性常用偶极矩（μ）、介电常数（ε）和溶剂极性参数 EF（30）

等参数表示。有机溶剂的永久偶极矩值在 $0 \sim 18.5 \times 10^{-30} C \cdot m$ （$0 \sim 5.5D$）之间，从烃类溶剂到含有极性官能团（$C\!=\!O$，$C\!=\!N$，$N\!=\!O$，$S\!=\!O$，$P\!=\!O$）的溶剂，偶极矩值呈增大趋势。

介电常数也是衡量溶剂极性的重要数值。介电常数是分子的永久偶极矩和可极化性的函数，它随着分子的偶极矩和可极化性的增大而增大。有机溶剂的介电常数 ε 值范围为 2 （烃类溶剂）~ 190 （如二级酰胺）。介电常数大的溶剂可以解离，称为极性溶剂，介电常数小的溶剂称为非极性溶剂。

由于偶极矩（μ）和介电常数（ε）具有重要的互补性，根据有机溶剂的静电因素 EF（Electrostatic Factor），即 μ 和 ε 的乘积，对溶剂进行分类颇有道理。根据溶剂的 EF 值和溶剂的结构类型，可以把有机溶剂分为四类：烃类溶剂（EF$=0 \sim 2$）、电子供体溶剂（EF$=2 \sim 20$）、羟基类溶剂（EF$=15 \sim 50$）和偶极性非质子溶剂（EF$\geqslant 50$）。

虽然偶极矩和介电常数常作为溶剂极性的特征数据，但是如何准确地表示溶剂的极性，是一个尚未完全解决的问题。研究溶剂的极性，目的在于了解其总的溶剂化能力，用宏观的介电常数和偶极矩来度量微观分子间的相互作用力是不准确的，例如，位于溶质附近的溶剂分子，其介电常数要低于体系中其他部分溶剂分子的介电常数，这是因为在溶剂化层中的溶剂分子不容易按带电极溶质所驱使的方向进行定向。

(2) 溶剂的分类　将溶剂分类的方法有多种，如根据化学结构、物理常数、酸碱性或者特异性的溶质-溶剂间的相互作用等进行分类。按溶剂发挥氢键给体作用的能力，可将溶剂分为质子性溶剂（Protic Solvent）和非质子性溶剂（Aprotic Solvent）两大类。

质子性溶剂含有易取代氢原子，可与含负离子的反应物发生结合，产生溶剂化作用，也可与正离子的孤对电子进行配位结合，或与中性分子中的氧原子或氮原子形成氢键，或由于偶极矩的相互作用而产生溶剂化作用。介电常数（ε）>15，EF(30)$=47 \sim 63$。质子性溶剂有水、醇类、乙酸、硫酸、多聚磷酸、氢氟酸-三氟化锑（HF-SbF$_3$）、氟磺酸-三氟化锑（FSO$_3$H-SbF$_3$）、三氟乙酸等，以及氨或胺类化合物。

非质子性溶剂不含易取代的氢原子，主要是靠偶极矩或范德华力的相互作用而产生溶剂化作用。偶极矩（μ）和介电常数（ε）小的溶剂，其溶剂化作用也很小，一般将介电常数（ε）在 15 以上的溶剂称为极性溶剂，介电常数（ε）在 15 以下的溶剂称为非极性溶剂。

非质子极性溶剂具有高介电常数（$\varepsilon > 15 \sim 20$）、高偶极矩（$\mu > 8.34 \times 10^{-30} C \cdot m$）和较高的 EF(30)（$40 \sim 47$），非质子极性溶剂有醚类（乙醚、四氢呋喃、二氧六环等）、卤代烃类（氯甲烷、二氯甲烷、氯仿、四氯化碳等）、酮类（丙酮、甲乙酮等）、含氮化合物（硝基甲烷、硝基苯、吡啶、乙腈、喹啉）、亚砜类（如二甲基亚砜）、酰胺类（甲酰胺、N,N-二甲基甲酰胺、N-甲基吡咯酮、N,N-甲基乙酰胺、六甲基磷酸三酰胺等）。

非质子非极性溶剂的介电常数（$\varepsilon < 15 \sim 20$）低，偶极矩（$\mu < 8.34 \times 10^{-30} C \cdot m$）小，EF(30)较低（$30 \sim 40$），非质子非极性溶剂又被称为惰性溶剂，如芳烃类（氯苯、二甲苯、苯等）和脂肪烃类（正己烷、庚烷、环己烷和各种沸程的石油醚）。

2.3.4.2　反应溶剂的作用和选择

(1) 溶剂对反应速率的影响　有机化学反应按其反应机理来说，大体可分成两大类：一类是游离基反应，另一类是离子型反应。在游离基反应中，溶剂对反应无显著影响；然而在离子型反应中，溶剂对反应影响很大。

极性溶剂可以促进离子反应，显然这类溶剂对 S_N1 反应最为适合。例如盐酸或对甲苯磺酸等强酸，它们的质子化作用在溶剂甲醇中受到甲醇分子的破坏而遭削弱；而在氯仿或苯中，酸的强度将集中作用在反应物上，因而质子化作用得到加强，结果加快反应速率，甚至发生完全不同的反应。

对 S_N2 反应来说，偶极非质子溶剂常可加快反应速率，这类溶剂主要有：乙腈，N,N-二甲基甲酰胺，二甲亚砜等。

(2) 溶剂对反应方向的影响 溶剂不同，反应产物可能不同。例如，甲苯与溴反应时取代反应发生在苯环上还是在甲基侧链上，可用不同极性的溶剂来控制。若二硫化碳为溶剂，甲基侧链溴代，反应收率为 85.2%；若硝基苯为溶剂，溴代发生在苯环上，邻、对位溴代的收率为 98%。

(3) 溶剂对产品构型的影响 溶剂极性不同，某些反应顺反异构体产物的比例也不同。Wittig 试剂与醛类或不对称酮类反应时，得到的烯烃是一对顺反（syn，anti）异构体。实验表明，当反应在非极性溶剂中进行时，有利于反式异构体的生成；在极性溶剂中进行时则有利于顺式异构体的生成。

2.3.4.3　重结晶溶剂的选择

重结晶的目的是精制最终产品和得到所需要的剂型。

由于不同晶型的药物可能会影响其在体内的溶出、吸收，进而可能在一定程度上影响药物的临床疗效和安全性；尤其是一些难溶性口服固体或半固体制剂，晶型的影响会更大。因此，对于多晶型药物，在研制成固体口服制剂时，对晶型进行研究有利于选择一种在临床治疗上有意义且稳定可控的晶型。例如，棕榈酸氯霉素（Chloramphenicol Palmitate）有 A、B、C 三种晶型及无定形，其中 A、C 为无效型，而 B 及无定形为有效型。原因是口服给药时 B 及无定形易被胰脂酶水解，释放出氯霉素而发挥其抗菌作用，而 A、C 型结晶不能为胰脂酶所水解，故无效。世界各国都规定棕榈酸氯霉素中的无效晶型不得超过 10%。

晶型现象，晶态物质又被称为晶体，当晶体结构测定发现样品分子中存在溶剂或水分子时，该样品晶体存在多晶型现象的可能性就会增大，因为样品分子容易与溶剂或水分子形成氢键，当被测样品的分子与不同的溶剂分子结合时，将会形成不同晶型的物质。不含溶剂的晶体也可能由于分子的对称排列规律的不同而存在多晶型现象。因此，晶型是化合物的一个重要的理化性质，对于多晶型药物，因晶格结构不同，某些理化性质（如熔点、溶解度、稳定性）可能不同；且在不同条件下，各晶型之间可能会发生相互转化。究其是否存在多晶型现象，考虑可能影响晶型的各种因素（温度、重结晶溶剂及重结晶条件），设计不同的重结晶方案。

应用重结晶法精制最终产物时，一方面要除去由原辅材料和副反应带来的杂质；另一方面要注意重结晶过程对精制品结晶大小、晶型和溶剂化等的影响。

理想的重结晶溶剂应对杂质有良好的溶解性；对于待提纯的药物应具有所期望的溶解性，即室温下微溶，而在该溶剂的沸点时溶解度较大，其溶解度随温度变化曲线斜率大。

选择重结晶溶剂的经验规则是"相似相溶"。若溶质的极性很大，就需用极性很大的溶剂才能使它溶解；若溶质是非极性的，则需用非极性溶剂。

重结晶溶剂的选择同样要考虑溶剂的毒性。

2.3.5　反应温度

反应温度是决定化学反应的关键因素，如何来寻找适当的反应温度，并进行控制是合成工艺研究的一个最重要内容。常用类推法选择反应温度，即根据文献报道的类似反应的温度初步确定反应温度，然后根据反应物的性质做适当的改变，如与文献中的反应实例相比，立体位阻是否变大，或其亲电性是否变小等，综合各种影响因素，进行设计和试验。如果是全新反应，不妨从室温开始，用薄层色谱法追踪发生的变化，若无反应发生，可逐步升温或延长时间；若反应过快或激烈，可以降温或控温使之缓和进行。当然，理想的反应温度是室温，但室温反应毕竟是极少数的，而冷却和加热才是常见的反应条件，在选择温度的时候应该注意，冷却所消耗的能量远大于升温的能量消耗。

温度高有利于热力学平衡，低温有利于动力学平衡。对于平行反应，温度的控制是控制副产物量的重要条件。

2.3.6 催化剂

催化学科已经成为化学领域里的一个重要前沿，现代化学工业最重要的成就是在生产过程中广泛采用催化剂和催化工艺技术。在药物合成中 80%～85% 的化学反应需要用催化剂。酸碱催化、金属催化、酶催化（微生物催化）、相转移催化等技术都已广泛应用于药物合成过程。现代有机合成化学的核心是研究新型、高选择性的有机合成反应，而这些反应离不开催化剂的参与。一个理想的催化反应应具有如下特点：①反应条件温和；②高选择性，包括化学选择性、立体选择性和对映体选择性等；③高效，具有较大的 S/C（底物和催化剂用量比）。

2.3.6.1 催化剂与催化作用

(1) 催化作用的基本特征 某种物质在化学反应中能改变反应速率，而其本身在反应前后的化学性质并无变化，这种物质称为催化剂（Catalyst）。有催化剂参与的反应称为催化反应。当催化剂的作用是加快反应速率时称为正催化作用；减慢反应速率时称为负催化作用。负催化作用的应用比较少，如有一些易分解或易氧化的中间体或药物，在后处理或储藏过程中，为防止物质变质失效，可加入负催化剂，以增加药物的稳定性。

在某些反应中，反应产物本身就具有加速反应的作用，称为自动催化作用。如游离基反应或反应中产生过氧化物中间体的反应都属于这一类。

对于催化作用的机理，可以归纳为以下两点：

① 催化剂能使反应活化能降低，但不影响化学平衡。

大多数非催化反应的活化能平均值为 $167～188kJ/mol$，而催化反应的活化能平均值为 $65～125kJ/mol$。氢化反应就是这样，使用催化剂时，活化能大大降低。又如烯烃双键的氢化加成，在没有催化剂时很难进行；在催化剂作用下，反应速率加快，室温下反应即可进行。

众所周知，反应的速率常数与平衡常数的关系为 $K=k_{正}/k_{逆}$。因此，催化剂对正反应速率常数 $k_{正}$ 与逆反应速率常数 $k_{逆}$ 发生同样的影响；所以正反应的优良催化剂，也应是逆反应的催化剂。例如金属催化剂钯（Pd）、铂（Pt）、镍（Ni）等既可以用于催化加氢反应，也可用于催化脱氢反应。

② 催化剂具有特殊的选择性。催化剂的特殊选择性主要表现在两个方面：一是不同类型的化学反应各有其适宜的催化剂。例如，加氢反应的催化剂有铂、钯、镍等；氧化反应的催化剂有五氧化二钒（V_2O_5）、二氧化锰（MnO_2）、三氧化钼（MoO_3）等；二是对于同样的反应物系统，应用不同的催化剂，可以获得不同的产物。

(2) 催化剂的活性及其影响因素 工业上对催化剂的要求主要有催化剂的活性、选择性和稳定性。催化剂的活性就是催化剂的催化能力，是评价催化剂好坏的重要指标。在工业上，催化剂的活性常用单位时间内单位质量（或单位表面积）的催化剂在指定条件下所得的产品量来表示。

影响催化剂活性的因素较多，主要有如下几点：

① 温度 温度对催化剂活性的影响较大，温度太低时，催化剂的活性小，反应很慢；随着温度升高，反应速率逐渐增大；但达到最大速率后，又开始减小。绝大多数催化剂都有活性温度范围，温度过高，易使催化剂烧结而破坏活性，最适宜的温度要通过实验确定。

② 助催化剂（或促进剂） 在制备催化剂时，往往加入某种少量物质（一般少于催化剂量的 10%），这种物质对反应的影响很小，但能显著提高催化剂的活性、稳定性或选择性。例如，在合成氨的铁催化剂中，加入 45% Al_2O_3、1%～2%K_2O 和 1%CuO 等作为助催化剂，虽然 Al_2O_3 等本身对合成氨无催化作用，但是可显著提高铁催化剂的活性。又如在铂催化下，苯甲醛氢化生成苯甲醇的反应中，加入微量三氯化铁可加速反应。

③ 载体（担体） 在大多数情况下，常常把催化剂负载于某种惰性物质上，这种惰性物质称为载体。常用的载体有石棉、活性炭、硅藻土、氧化铝、硅胶等。例如用空气氧化对硝基乙苯制备对硝基苯乙酮，所用的催化剂为硬脂酸钴，载体为碳酸钙。

使用载体可以使催化剂分散，增大有效面积，既可提高催化剂的活性，又可节约其用量，还可增加催化剂的机械强度，防止其活性组分在高温下发生熔结现象，延长其使用寿命。

④ 催化毒物 对催化剂的活性有抑制作用的物质称为催化毒物或催化抑制剂。有些催化剂对于毒物非常敏感，微量的催化毒物即可使催化剂的活性减小甚至消失。

毒化现象，有的是由反应物中含有的杂质如硫、磷、砷、硫化氢、砷化氢、磷化氢以及一些含氧化合物如一氧化碳、二氧化碳、水等造成的；有的是由反应中的生成物或分解物所造成的。毒化现象有时表现为催化剂部分活性消失，呈现出选择性催化作用。如噻吩对镍催化剂的影响，可使其对芳香核的催化氢化能力消失，但保留其对侧链及烯烃的氢化作用。这种选择性毒化作用，生产上也可以加以利用。

(3) 酸碱催化剂 有机合成反应大多数在某种溶剂中进行，溶剂系统的酸碱性对反应的影响很大。对于有机溶剂的酸碱度，常用布朗斯台德共轭酸碱理论和路易斯（Lewis）酸碱理论等广义的酸碱理论解释。

根据各类反应的特点，可以选择不同的酸碱催化剂。常用的酸性催化剂有无机酸，如盐酸、氢溴酸、氢碘酸、硫酸、磷酸等；强酸弱碱盐类，如氯化铵、吡啶盐酸盐等；有机酸类，如对甲苯磺酸、草酸、磺基水杨酸等。常用酸的强度顺序如下：

$$HI > HBr > HCl > ArSO_3H > RCOOH > H_2CO_3 > H_2S > ArSH > ArOH > RSH > ROH$$

氢卤酸中，盐酸的酸性最弱，所以醚键的断裂常用氢溴酸或氢碘酸催化；硫酸也是常用的酸性催化剂，但浓硫酸常伴有脱水和氧化的副作用，故选用时应注意。对甲苯磺酸因性能较温和，副反应较少，常为工业生产所采用。

卤化物作为 Lewis 酸类催化剂，应用较多的有：三氯化铝、氯化锌、三氯化铁、四氯化锡、三氟化硼、四氯化钛等，这类催化剂常用于无水条件下的催化过程。

稀有金属、金属氧化物或金属配体作为催化剂，常见的有钯（钯/碳），镍（兰尼镍），钌的配合物，铂氧化物及其配合物，铑的配合物，金的配合物，钼的配合物，锇的配合物，钛的配合物等，这些稀有金属在催化氢化、氧化、不对称反应等方面占有重要地位。

碱性催化剂的种类很多，常用的有：金属氢氧化物、金属氧化物、强碱弱酸盐类、有机碱、醇钠、氨基钠和金属有机化合物。常用的金属氢氧化物有氢氧化钠、氢氧化钾、氢氧化钙；强碱弱酸盐有碳酸钠、碳酸钾、碳酸氢钠及醋酸钠等；常用的有机碱有吡啶、N,N-二甲基氨基吡啶（DMAP）、三甲基吡啶、三乙胺和 N,N-二甲基苯胺等；常用的醇钠有甲醇钠、乙醇钠、叔丁醇钠等。氨基钠的碱性比醇钠强，催化能力也强于醇钠。常用的有机金属化合物有三苯甲基钠、2,4,6-三甲基苯钠、苯基钠、苯基锂、丁基锂，它们的碱性更强。一些碱的强度顺序如下：$RCH_2 -> RNH — RO —> RNH_2 > NH_3 > ArNH_2$

为了便于将产品从反应系统中分离出来，可采用强酸性阳离子交换树脂、强碱性阴离子交换树脂或改性的分子筛等来代替酸或碱性催化剂，反应完成以后，很容易将这些催化剂分离除去。这样做易于实现连续化和自动化生产。

（4）相转移催化　相转移催化技术是 20 世纪 70 年代初发展起来的应用在有机合成中的技术。由于 PTC 能使反应速率加快，产率明显提高，反应条件温和，以及能在非均相系统中进行，因此近年来相转移催化这一技术发展得很快。相转移催化是指用少量物质作为一种反应物的载体，将此反应物通过相界面迁移至另一相，使反应得以顺利进行的过程，此物质称为相转移催化剂。与其他催化剂相比，相转移催化剂的用量一般较大，通常为反应物的 5%～20%。

① 相转移催化剂　常用的相转移催化剂可分为阳离子型相转移催化剂和中性相转移催化剂两大类。

阳离子型相转移催化剂主要为季铵盐类，常用的包括：三乙基苄基氯化铵（TEBAC），又称为 Mokosza 催化剂。TEBAC 在苯-水两相体系中没有催化作用，这可能是由于此催化剂在苯中溶解度小。TEBAC 的主要特点是容易制备；三辛基甲基氯化铵（trioctylmethyl ammonium chloride，TOMAC 或 TCMAC）又称为 Starks 催化剂（aliguat336）。Herriott-Picker 研究结果表明，TOMAC 比 TEBAC 或 Brfindstrom 催化剂更有效；四丁基硫酸氢铵，即 Brandstrom 催化剂，它的硫酸氢根离子亲水性强，容易转移到水相，因而不参与任何反应。当硫酸氢根离子被其他阴离子所置换，则形成其他阴离子的铵盐，因此在离子对提取烷基化作用中多选用此催化剂。

中性相转移催化剂包括冠醚类和非环多醚类。

冠醚类的形状似皇冠，故称冠醚。冠醚具有特殊的络合性能，能与碱金属形成络合物。冠醚的氧原子的未共用电子对位于环的内侧，当适合于环的大小的金属阳离子进入环内时，由于偶极的形成，电负性大的氧原子和金属阳离子借静电吸引而形成络合物。疏水性的亚甲基均匀排列在环的外侧，使金属络合物仍能溶于非极性有机介质中，这样就使原来与金属阳离子结合的阴离子形成非溶剂化的阴离子，即"裸阴离子"（naked anion），这种阴离子存在于非极性溶剂中，具有较高的化学活性。冠醚类相转移催化剂特别适用于固-液相转移催化，可用于氧化、还原、取代反应等相转移催化反应。常用的冠醚有 18-冠-6、二苯基-18-冠-6、环己基-18-冠-6 等。

近年来，人们还研究了非环聚氧乙烯衍生物类相转移催化剂，又称为非环多醚或开链聚醚类相转移催化剂，这是一类非离子型表面活性剂。非环多醚为中性配体，具有价格低、稳定性好、合成方便等优点，主要类型如下：

聚乙二醇：$HO(CH_2CH_2O)_nH$

聚乙二醇脂肪醚：$C_{12}H_{25}O(CH_2CH_2O)_nH$

聚乙二醇烷基苯醚：$C_3H_7C_6H_4O(CH_2CH_2O)_nH$

非环多醚类可以折叠成螺旋型结构，与冠醚的固定结构不同，可折叠为不同大小，可以与不同直径的金属离子络合。催化效果与聚合度有关，聚合度增加，催化效果提高，但总体来说催化效果比冠醚差。

② 相转移催化的影响因素　影响相转移催化反应的主要因素有：催化剂、搅拌速度、溶剂和水含量等。

a.催化剂　相转移催化剂的结构特点和物理特性是影响反应速率的决定性因素之一。Herriott 对常用的 23 种盐进行研究，比较它们在苯-水两相反应中的催化效果，反应速率常数相差达 2 万倍之多，可初步得出以下结论：

ⅰ.相转移催化剂的催化能力与本身的亲脂性有很大的关系，分子量大的镦盐比分子量小的镦盐催化作用好，例如低于 12 个碳原子的铵盐没有催化作用；

ⅱ.具有一个长碳链的季铵盐，其碳链越长，催化效率越好；

ⅲ.与具有一个长碳链的季铵离子相比，对称的季铵离子的催化效果较好，例如四丁基

铵离子的催化能力优于三甲基十六烷基铵离子,尽管后者比前者多 3 个碳原子;

ⅳ. 在同一结构位置,含有芳基的铵盐催化作用低于烷基铵盐。

相转移催化剂具有一定的选择性,针对不同的体系,应选择不同的催化剂。䥯盐类,特别是季铵盐类,应用较多;冠醚和非环多醚等化合物的制备较麻烦,且只在少数情况下才显示出优于季铵盐。

b. 搅拌速度 在讲述反应速率时,还必须指出搅拌速度的影响。相转移催化反应,整个反应体系是非均相的,存在传质过程,搅拌速度是影响传质的重要因素。搅拌速度一般可按下列条件选择:对于在水/有机介质中的中性相转移催化,搅拌速度应大于 200r/min,而对固-液反应以及有氢氧化钠存在的反应,则应大于 750～800r/min,对某些固-液反应应选择高剪切式搅拌。

c. 在一些有离子参与的反应中,即使是均相反应,加入相转移催化剂也具有提高反应速率的效果。

d. 溶剂 在固-液相转移催化过程中,应用冠醚或叔胺进行相转移催化时,一般均使用助溶剂。原则上,任何一种溶剂都可用于这种场合,只要它本身不参与反应即可。在固-液相转移催化过程中,最常用的溶剂是苯(和其他的烃类)、二氯甲烷、氯仿(和其他的卤代烃)以及乙腈。乙腈可以成功用于固-液相系统,但不能用于液-液相系统,这是因为它与水互溶。虽然氯仿和二氯甲烷有时参加反应,但是氯仿易发生脱质子化作用,从而产生三氯甲基阴离子或产生卡宾,而二氯甲烷则可能发生亲核置换反应,但它们仍是常用且有效的溶剂。

在液-液相转移催化系统中,即反应底物为液体时,可用该液体作为有机相。原则上,许多有机溶剂都可应用,但溶剂不与水互溶这一点特别重要,以确保离子对不发生水合作用,即溶剂化。烃类和氯代烃类已成为常用的溶剂,而乙腈则完全不适合。要确定在某一情况下,究竟哪种溶剂最好,首先要考虑所进行的反应类型,这样可以获得一个总概念。若用非极性溶剂,如正庚烷或苯,除非离子对有非常强的亲油性,否则离子对由水相进入有机相的量是很少的。例如,TEBA 在苯-水体系中催化效果极差,即使在二氯乙烷-水体系中也是如此。所以使用这些溶剂时,应采用四丁基铵盐或更大的离子,如四正戊基铵、四正己基铵等。一般来说,二氯甲烷、1,2-二氯乙烷和三氯甲烷等非质子极性溶剂是最适合的溶剂,有利于离子对进入有机相,提高反应速率;另外,这些溶剂价格较低,容易除尽,易于回收。

2.4 化学制药设备[3]

化学药物生产设备可分为机械设备和化工设备。原料药生产最主要的设备是反应釜。反应釜的材质随反应的介质、反应温度、压力的不同而不同。常用的反应釜的材质主要有金属材料和非金属材料,金属材料可耐高压、高温及低温但不耐酸碱腐蚀;非金属材料耐酸碱腐蚀但不耐压力和低温。不同反应时要用不同材质的反应釜。

2.4.1 设备材质及其防腐

GMP 规定制造设备的材料不得对药品性质、纯度、质量产生影响,其所用材料需要有安全性、可辨别性及使用强度。因而在选用材料时应考虑设备与药物等介质接触时,或在有腐蚀性、有气味的环境条件下不发生反应,不释放微粒,不易附着或吸湿等,无论是金属材料还是非金属材料均应具备这些性质。

2.4.1.1 非金属材料

在制药设备中普遍使用非金属材料,选用这类材料的原则是无毒性、不污染,即不应是松散状的材料或掉渣、掉毛的材料。特殊情况还应结合所用材料的耐热、耐油、不吸附、不吸湿等性质考虑，封填材料和过滤材料尤应注意卫生性能的要求。

(1) 化工陶瓷 化工陶瓷具有良好的耐腐蚀性、足够的不透性、耐热性和一定机械强度。它的主要原料是黏土、瘠性材料和助熔剂。用水混合后经过干燥和高温焙烧，形成表面光滑、断面像细密石质的材料。陶瓷导热性差，热膨胀系数较大，受碰击或温差急变易破裂。

化工陶瓷产品有：塔、贮槽、容器、泵、阀门、旋塞、反应器、搅拌器和管路、管件等。

(2) 化工搪瓷 化工搪瓷由含硅量高的瓷釉通过 900℃ 左右的高温煅烧，使瓷釉密着在金属表面。化工搪瓷具有优良的耐腐蚀性能、力学性能和电绝缘性能，但易碎裂。

搪瓷的热导率不及钢的 1/4，热膨胀系数大。故搪瓷设备不能直接用火焰加热，以免损坏搪瓷表面，可以用蒸汽或油浴缓慢加热。使用温度为 -30~270℃。

目前我国生产的搪瓷设备有反应釜、贮罐、换热器、蒸发器、塔和阀门等。

(3) 辉绿岩铸石 辉绿岩铸石是用辉绿岩熔融后制成的，可制成板、砖等材料作为设备衬里，也可作管材。铸石除对氢氟酸和熔融碱不耐腐蚀外，对各种酸、碱、盐都具有良好的耐腐蚀性能。

(4) 玻璃 常用硼玻璃（耐热玻璃）或高铝玻璃，它们有良好的热稳定性和耐腐蚀性，可用来作管路或管件，也可以作容器、反应器、泵、热交换器、隔膜阀等。

玻璃虽然具有耐腐蚀性、清洁、透明、阻力小、价格低等特点，但其质脆、耐温度急变性差，不耐冲击和振动。目前已成功采用在金属管内衬玻璃或用玻璃钢加强玻璃管路来弥补其不足。

2.4.1.2 金属材料

凡与药物或腐蚀性介质接触的及潮湿环境下工作的设备，均应选用低含碳量的不锈钢材料、钛及钛复合材料或铁基涂覆耐腐蚀、耐热、耐磨等涂层的材料制造。非上述设备可选用其他金属材料，原则上用这些材料制造的零部件均应做表面处理，还需要注意的是同一部位（部件）所用材料的一致性，不应出现不锈钢配件配用普通螺栓的情况。

金属防腐的方法有很多，主要有改善金属的品质，对金属表面进行处理，改善外部环境及其电化学保护等。

金属腐蚀是金属和周围介质接触时，由于发生化学和电化学作用而引起的破坏作用。从热力学观点看，除了少数贵金属（如金、铂）外，各种金属都有转变成离子的趋势，就是说金属腐蚀是自发的、普遍存在的现象。金属被腐蚀后，在外形、色泽以及机械性能方面都将发生变化，甚至会造成设备破坏、管道泄漏、产品污染，酿成燃烧或爆炸等恶性事故以及资源和能源的严重浪费，遭受巨大的经济损失。据估计，世界各发达国家每年因金属腐蚀而造成的经济损失占其国民生产总值的 3.5%~4.2%。因此，研究金属的腐蚀机理，采取必要的防护措施，具有十分重大的意义。

(1) 改善金属的本质 根据不同的用途选择不同的材料组成耐蚀合金，或在金属中添加其他元素，提高其耐蚀性，可以防止或减缓金属的腐蚀。例如，在钢中加入镍制成不锈钢可以增强防腐蚀能力。

(2) 形成保护层 在金属表面覆盖各种保护层，把被保护金属和腐蚀性介质隔开，是防止金属腐蚀的有效方法。工业上普遍使用的保护层有非金属保护层和金属保护层两大类，通常采用以下方法形成保护层：

① 金属的磷化处理 钢铁制品去油、除锈后，放入特定组成的磷酸盐溶液中浸泡，即可在金属表面形成一层不溶于水的磷酸盐薄膜，这种过程叫做磷化处理。磷化膜呈暗灰色至

黑灰色，厚度一般为 $5\sim20\mu m$，在大气中有较好的耐蚀性。膜是微孔结构，对油漆等的吸附能力强，如用作油漆底层，耐腐蚀性可进一步提高。

② 金属的氧化处理　将钢铁制品加到 NaOH 和 $NaNO_2$ 的混合溶液中，加热处理，其表面即可形成一层厚度为 $0.5\sim1.5\mu m$ 的蓝色氧化膜（主要成分为 Fe_3O_4），以达到钢铁防腐蚀的目的，此过程称为发蓝处理，简称发蓝。这种氧化膜具有较大的弹性和润滑性，不影响零件的精度。故精密仪器和光学仪器的部件，弹簧钢、薄钢片、细钢丝等常进行发蓝处理。

③ 非金属涂层　用塑料（如聚乙烯、聚氯乙烯、环氧树脂涂料、聚氨酯涂料等）喷涂金属表面，比喷漆效果更佳。塑料覆盖层致密光洁、色泽艳丽，兼具防蚀与装饰的双重功能。搪瓷是含 SiO_2 量较高的玻璃瓷釉，有极好的耐腐蚀性能，因此作为耐腐蚀非金属涂层，广泛用于石油化工、医药、仪器等工业部门和日常生活用品中。

④ 金属保护层　这是用一种金属镀在被保护的另一种金属制品表面上所形成的保护镀层，前一种金属称为镀层金属。金属镀层的形成，除电镀、化学镀外，还有热浸镀、热喷镀、渗镀、真空镀等方法。

热浸镀是将金属制件浸入熔融的金属中以获得金属涂层的方法，作为浸涂层的金属通常是采用低熔点金属，如锌、锡、铅和铝等。热镀锌主要用于钢管、钢板、钢带和钢丝，应用最广；热镀锡用于薄钢板和食品加工等的贮存容器；热镀铅主要用于化工防蚀和包覆电缆；热镀铝则主要用于钢铁零件的抗高温氧化等。

2.4.1.3　改善环境

改善环境对减少和防止金属腐蚀具有重要作用。例如，减少腐蚀介质的浓度，除去介质中的氧，控制环境温度、湿度等都可以减少和防止金属腐蚀；也可以采用在腐蚀介质中添加能降低腐蚀速率的物质（缓蚀剂）来减少和防止金属腐蚀。

2.4.1.4　电化学保护法

电化学保护法是根据电化学原理在金属设备上采取措施，使之成为腐蚀电池中的阴极，从而防止或减轻金属腐蚀的方法，主要有以下两种：

(1) 牺牲阳极保护法　该方法是用电极电势比被保护金属更低的金属或合金作阳极，固定在被保护金属上，形成腐蚀电极，被保护金属作为阴极而得到保护。一般常用的牺牲阳极材料有铝、锌及其合金。此法常用于保护海船外壳、海水中的各种金属设备、构件和防止巨型设备（如贮油罐）以及石油管路的腐蚀。

(2) 外加电流法　将被保护金属与另一附加电极作为电池的两个极，使被保护的金属作为阴极，在外加直流电的作用下使阴极得到保护。此法主要用于防止土壤、海水及河水中金属设备的腐蚀。

2.4.2　化学制药设备

生产过程中化学反应器是生产的关键设备，反应器设计选型是否合理关系到产品生产的成败。工业反应器中进行的反应较复杂，在进行反应的同时兼有动量、热量和质量的传递发生。例如，为了进行反应，必须搅拌物料，使其混合均匀；为了控制反应温度，必须加热或冷却；在非均相反应中，反应组分还必须从一相扩散到另一相中才能进行反应。这里，传递过程和化学反应同时进行。

2.4.2.1　反应器类型

由于各单元反应特点各异，所以对反应器的要求各不相同。工业反应过程不仅与反应本身的特性有关，而且与反应设备的特性有关。反应器可以按照反应的特性分类，也可以按照设备的特性分类。

(1) 按反应物系相态分类 按反应物系相态可以把反应器分为均相与非均相两种类型。均相反应器又可分为气相反应器和液相反应器两种，其特点是没有相界面，反应速率只与温度、浓度（压力）有关；非均相反应器中有气-固、气-液、液-液、液-固、气-液-固五种类型，在非均相反应器中存在相界面，总反应速率不仅与化学反应本身的速率有关，而且与物质的传递速率有关，因而受相界面积的大小和传质系数大小的影响。

(2) 按反应器结构分类 按反应器结构可以把反应器分为釜式（槽式）、管式、塔式、固定床、流化床、移动床等各种反应器。釜式反应器应用十分广泛，除气相反应外适用于其他各类反应，常见的是用于液相的均相或非均相反应；管式反应器大多用于气相和液相均相反应过程，以及气-固、气-液非均相反应过程；固定床、流化床、移动床大多用于气-固相反应过程。

(3) 按操作方式分类 按操作方式可以把反应器分为间歇式、半间歇式和连续式。间歇式又叫批量式，一般都是在釜式反应器中进行。其操作特点是将反应物料一次加入反应器中，按一定条件进行反应，在反应期间不加入或取出物料。当反应物达到所要求的转化率时停止反应，将物料全部放出，进行后续处理，清洗反应器进行下一批生产。此类反应器适用于小批量、多品种以及反应速率慢、不宜于采用连续操作的反应过程，在制药、染料和聚合物生产中应用广泛。间歇式反应器的操作简单，但劳动量大、设备利用率低，不宜自动控制。连续式反应器，物料连续进入反应器，产物连续排出，当达到稳定操作时，反应器内各点的温度、压力及浓度均不随时间变化。此类反应器设备利用率高、处理量大，产品质量均匀，需要较少的体力劳动，便于实现自动化操作，适用于大规模的生产过程。常用于气相、液相和气-固相反应体系。介于两者之间的半间歇式（或称半连续式）反应器，各种反应物一次加入，但产物连续采出（例如连续蒸出），此种反应器适用于需要抑制逆反应的过程，可以使转化率不受平衡的限制，并降低逆反应的速率，提高反应的净速率。此类反应器还可适用于控制连串副反应的过程。采用将反应与分离结合在一起的膜式反应器，在连续操作的情况下，也可以达到抑制逆反应，提高转化率的目的。

(4) 按反应器与外界有无热量交换分类 按反应器与外界有无热量交换，可以把反应器分为绝热式反应器和外部换热式反应器。绝热式反应器在反应进程中，不向反应区释放或吸收热量，当反应吸热或放热强度较大时，常把绝热式反应器做成多段，在段间进行加热或冷却，此类反应器中温度与转化率之间呈直线关系；外部换热式反应器有直接换热式（混合式、蓄热式）和间接换热式两种，此类反应器应用甚广。此外还有自热式反应器，利用反应本身的热量来预热原料，以达到反应所需的温度，此类反应器开工时需要外部热源。各种形式反应器在制药工业中的应用见表 2-1。

表 2-1 各种形式反应器在制药工业中的应用举例

形式	适用的反应	应用举例	相态	生产药品
釜式	液相、气-液相、液-液相、液-固相、气-液-固相	乌洛托品在氯苯中与对硝基溴代苯乙酮反应生成亚甲基四胺盐 水杨酸乙酰化	液-固相 液相	氯霉素 乙酰水杨酸
管式	气相、液相	醋酸高温裂解生成乙烯酮 5-甲异唑-3-碳酰胺 Hofmann 降解制 3-氨基-5-甲基异唑	气相 液相	吡唑酮类药 新诺明
填料塔	气-液相	水吸收氯磺化反应的 HCl 与 SO$_2$	气-液相	磺胺
板式塔	气-液相	尿素与甲胺加热甲基化制二甲脲	气-液相	咖啡因
鼓泡塔	气-液相	糠醛用氯气氯化制糠氯酸甲苯氯化制氯苄	气-液相	磺胺嘧啶 苯巴比妥

形式	适用的反应	应用举例	相态	生产药品
搅拌鼓泡釜	气-液相 气-液固(催化剂)相	α-甲基吡啶氯化制 α-氯甲基吡啶	气-液相 固(催化剂)相	扑尔敏
固定床	气-固相	癸酸与醋酸在催化下缩合生成壬甲酮	气-固相	鱼腥草素
流化床	气-固相	硝基苯气相催化氢化制苯胺 甲基吡啶空气氧化制异烟酸	气-固相	磺胺类药 异烟肼

2.4.2.2 反应器计算的基本方程式

反应器计算可以采用经验计算法和数学模型法。经验计算法是根据已有的装置生产定额,进行相同生产条件、相同结构生产装置的工艺计算。经验计算法的局限性很大,只能在相近条件下进行反应器体积的估算。

如果改变反应过程的条件或改变反应器的结构,以改进反应器的设计,或者进一步确定反应器的最优结构、操作条件,经验计算法是不适用的,这时应该用数学模型法计算。根据小型实验建立的数学模型(一般需经中试验证),结合一定的求解条件——边界条件和初始条件,预计大型设备的行为,实现工程计算。数学模型法计算的基础是描述化学过程本质的动力学模型以及反映传递过程特性的传递模型。基本方法是以实验事实为基础,建立上述模型,并建立相应的求解边界条件,然后求解。

反应器计算的基本方程包括:描述反应速率变化的动力学方程式;描述浓度变化的物料衡算式;描述温度变化的热量衡算式。

(1) 动力学方程式　动力学方程式是定量描述反应速率与影响反应速率因素之间的关系式。对于均相反应,需要有本征动力学方程;对于非均相反应,应该有包括相际传递过程在内的宏观动力学。

(2) 物料衡算式　物料衡算式以质量守恒定律为基础,是计算反应器体积的基本方程。它给出反应物浓度或转化率随反应器位置或反应时间变化的函数关系。对任何型式的反应器,若已知其传递特性,都可以取某一反应组分或产物做物料衡算。如果反应器内的参数是均一的,则可取整个反应器建立衡算式。如果反应器内参数是变化的,可认为在反应器的微元体积内参数是均一的,则微元时间内取微元体积建立如下衡算式:

$$\begin{bmatrix} \text{微元时间} \\ \text{内进入微} \\ \text{元体积的} \\ \text{反应物量} \end{bmatrix} = \begin{bmatrix} \text{微元时间} \\ \text{内离开微} \\ \text{元体积的} \\ \text{反应物量} \end{bmatrix} + \begin{bmatrix} \text{微元时间微} \\ \text{元体积内转} \\ \text{化掉的反应} \\ \text{物量} \end{bmatrix} + \begin{bmatrix} \text{微元时间} \\ \text{微元体积} \\ \text{内反应物} \\ \text{的累积量} \end{bmatrix} \tag{2-1}$$

式(2-1)是个普遍式,对流动系统或间歇系统都适用,不同情况下可作相应简化。

(3) 热量衡算式　热量衡算式以能量守恒与转换定律为基础,它给出了温度随反应器位置或反应时间变化的函数关系,反映换热条件对过程的影响。当过程恒温时,反应器有效体积的计算不需要热量衡算式,但是要维持恒温条件而应交换的热量和所需的换热面积却必须有热量衡算式。微元时间对微元体积所做的热量衡算如下式所示:

$$\begin{bmatrix} \text{微元时间} \\ \text{内进入微} \\ \text{元体积的} \\ \text{物料所带} \\ \text{进的热量} \end{bmatrix} = \begin{bmatrix} \text{微元时间} \\ \text{内进入微} \\ \text{元体积的} \\ \text{物料所带} \\ \text{进的热量} \end{bmatrix} - \begin{bmatrix} \text{微元时间内} \\ \text{进入微元体} \\ \text{积的物料所} \\ \text{带进的热量} \end{bmatrix} + \begin{bmatrix} \text{微元时间内} \\ \text{进入微元体} \\ \text{积的物料所} \\ \text{带进的热量} \end{bmatrix} + \begin{bmatrix} \text{微元时间内} \\ \text{进入微元体} \\ \text{积的物料所} \\ \text{带进的热量} \end{bmatrix} \tag{2-2}$$

式(2-2)也是普遍式,不同情况下也可做相应简化。

物料衡算式和动力学方程式是描述反应器性能的两个最基本的方程式。

2.4.3　间歇操作釜式反应器

间歇操作釜式反应器如图 2-3 所示。反应物料按一定配比一次加入釜内，开动搅拌器，使物料的温度、浓度保持均匀。通常这种反应器都配有夹套或蛇管，以控制反应在指定条件下进行。经过一段时间，反应达到所要求的转化率后，将物料排出反应器，完成一个生产周期。这种反应器主要用于液相反应和液-固相反应，也用于液体与连续鼓入的气泡之间的气-液相反应。由于药品和精细化学品的生产，反应条件复杂，原料品种多样，而间歇釜式反应器操作灵活，适应性强，所以其广泛用于制药和精细化工生产中。

间歇操作釜式反应器是化学工业中广泛采用的反应器之一，尤其在精细化学品、高分子聚合物和生物化工产品、药品的生产中，间歇操作釜式反应器约占反应器总数的 90%。其应用广泛是因为这类反应器的结构简单，加工方便，传质效率高，温度分布均匀，便于控制和改变工艺条件（如温度、浓度、反应时间等），操作灵活性大，便于更换品种、进行小批量生产。它可用于均相反应，也可用于非均相反应。如非均相液相、液-固相、气-液相、气-液-固相等。在精细化工生产中，几乎所有的单元操作都可以在釜式反应器内进行。设备生产效率低，间歇操作的辅助时间有时所占比例较大是间歇操作釜式反应的缺点。

图 2-3 是一种典型的间歇操作釜式反应器。

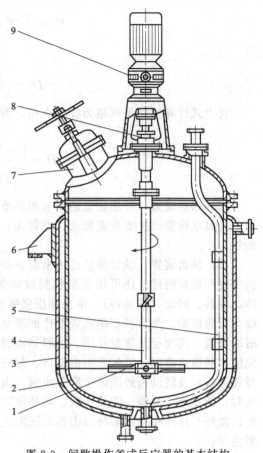

图 2-3　间歇操作釜式反应器的基本结构
1—搅拌器；2—釜体；3—夹套；4—搅拌轴；
5—压料管；6—支座；7—人孔；8—轴封；
9—传动装置

由图可见间歇操作釜式反应器的结构主要由以下几部分构成：

（1）釜体　由钢板卷焊成圆桶体再焊上钢板压成釜底，配上釜盖。釜体提供了足够反应器有效体积以保证完成生产任务，并且有足够的强度和耐腐蚀能力以保证运行可靠。制药行业所使用的介质种类较多，大多数为腐蚀性的，这就要求设备材质能耐腐蚀。釜体用金属材质和非金属材质，金属材质多用碳钢、不锈钢，非金属材质多用玻璃钢、塑料、耐酸搪瓷、工业玻璃、陶瓷、不透性石墨等。制药设备的操作压力通常不是太高，多属于常低压设备，故对设备材料强度要求不太苛刻。釜底和釜盖常用的形状有平面形、碟形、椭圆形和球形、锥形。平面形结构简单，容易制造，一般在釜体直径小、常压（或压力不大）条件下操作时采用；椭圆形或碟形应用较多；球形多用于高压反应器；当反应后物料需用分层法使其分离时可用锥形底。

由于搅拌功率在一定条件下与搅拌器直径的 5 次方成正比，所以从减少搅拌功率的角度考虑，应采用高径比。若采用夹套传热结构，从传热角度看，也希望尽量采用高径比；当容积一定时，高径比大、罐体就高，盛料部分表面积大、传热面积也就大。

若物料在反应过程中产生泡沫或呈沸腾状态，取装料系数为 $0.6\sim0.7$；若物料反应较平稳，则取装料系数为 $0.8\sim0.85$。

在初步确定 H/D_i 后，可先忽略封头的容积，近似计算出罐体的容积：

$$V \approx \frac{\pi}{4}D_i^2 H = \frac{\pi}{4}D_i^3\left[\frac{H}{D_i}\right]$$

得

$$D_i = \sqrt[3]{\frac{4V_0}{\pi(H/D_i)\eta}}$$

将上式计算的结果调整为标准直径，再代入下式中计算出罐体的高度：

$$H = \frac{V - V_k}{\frac{\pi}{4}D_i^2} = \frac{\frac{V_0}{\eta} - V_k}{\frac{\pi}{4}D_i^2}$$

(2) 换热装置 换热装置是用来加热或冷却反应物料，使之符合工艺要求的温度条件的设备。其结构型式主要有夹套式、蛇管式、列管式、外部循环式等，也可用直接火焰或电感加热。

(3) 轴封装置 轴封装置是用来防止釜的主体与搅拌轴之间的泄漏。轴封装置主要有填料密封和机封两种，还可用新型密封胶密封。填料密封的结构如图 2-4 所示。填料箱由箱体、填料、衬套（或油环）、压盖和压紧螺栓等零件组成。旋紧螺栓时，压盖压缩填料（一般为石棉织物，并含有石墨或黄油作润滑剂），填料变形紧贴在轴的表面上，阻塞了物料泄漏的通道，从而起到密封作用。填料箱密封结构简单，填料装卸方便，但使用寿命较短，难免使物料微量泄漏。机械密封由动环、静环、弹簧加荷装置（弹簧、螺栓、螺母、弹簧座、弹簧压板）及辅助密封圈四个部分组成。由于弹簧力的作用使动环紧紧压在静环上，当轴旋转时，弹簧座、弹簧、弹簧压板、动环等零件随轴一起旋转，而静环则固定在座架上静止不动，动环与静环相接触的环形密封端面阻止了物料的泄漏。机械密封结构较复杂，但密封效果甚佳。

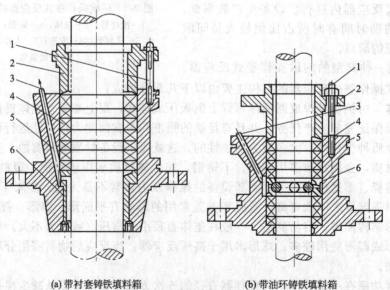

(a) 带衬套铸铁填料箱   (b) 带油环铸铁填料箱

图 2-4 填料密封的结构

1—螺栓；2—压盖；3—油环；4—填料；5—箱体；6—衬套

（4）传动装置　包括电机、减速器、联轴节和搅拌轴。此装置使搅拌器获得动能以强化液体流动。传动装置结构如图 2-5 所示。

（5）工艺接管　为了适应工艺需要，反应器中必须有各种加料管、出料管、视镜、人孔、测温孔及测压孔等。进料管或加料管应做成不使料液的液沫溅到釜壁上的形状，以避免由于料液沿反应釜内壁向下流动而引起釜壁局部腐蚀。视镜的安装主要是为了观察设备内部物料的反应情况，具有比较宽阔的视察范围为其结构确定的原则。人孔或手孔的安设是为了检查设备内部空间以及安装和拆卸装备内部构件。手孔的直径一般为 0.15～0.20m，它的结构一般是在封头上接一短管，并盖以盲板。当釜体直径较大时，可以根据需要开设人孔。人孔的形状有圆形和椭圆形两种。圆形人孔的直径一般为 0.40m，椭圆形人孔的最小直径为 0.40m×0.30m。除出料管口外，其他工艺接口一般都开在顶盖上。

（6）搅拌装置　搅拌装置由搅拌轴和搅拌电机组成，其根本目的是加强反应釜内物料的均匀混合，以强化传质和传热。

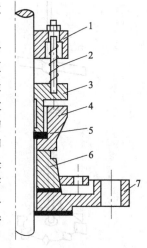

图 2-5　传动装置的结构
1—弹簧座；2—弹簧；
3—弹簧压板；4—动环；
5—密封圈；6—静环；
7—静环座

搅拌器又称搅拌桨或搅拌叶轮，是搅拌反应器的关键部件，其功能是提供过程所需要的能量和适宜的流动状态。搅拌器旋转时把机械能传递给流体，在搅拌器附近形成高湍动的充分混合区，并产生一股高速射流推动液体在搅拌容器内循环流动。这种循环流动的途径称为流型。

搅拌器的流型与搅拌效果、搅拌功率的关系十分密切。搅拌容器内的流型取决于搅拌器、搅拌容器和内构件的几何特征，以及流体性质、搅拌器转速等因素。在搅拌机顶安装的立式圆筒有三种基本流型：

① 径向流。流体的流动方向垂直于搅拌轴，沿径向流动，碰到容器壁面分成两股流体分别向上、下流动，再回到叶端，不穿过叶片，形成上、下两个循环流动。

② 轴向流。流体的流动方向平行于搅拌轴，流体由桨叶推动，使流体向下流动，遇到容器底面再翻上，形成上、下循环流。

③ 切向流。无挡板的容器内，流体绕轴做旋转运动，流速高时液体表面会形成漩涡，这种流型称为切向流。此时流体从桨叶周围周向卷吸至桨叶区的流量很小，混合效果很差。

上述三种流型通常同时存在，其中轴向流与径向流对混合起主要作用，而切向流应加以抑制，采用挡板可削弱切向流，增强轴向流和径向流。

除中心安装的搅拌器外，还有垂直偏心式、底插式、侧插式、斜插式、卧式等安装方式。显然，不同方式安装的搅拌器产生的流型也各不相同。按流体的流动形态，搅拌器可分为轴向流搅拌器、径向流搅拌器和混合流搅拌器。按搅拌器的结构可分为平叶、折叶和螺旋面叶（如图 2-6 所示）。桨式、涡轮式、框式和锚式搅拌器的桨叶都有平叶和折叶两种结构；推进式、螺杆式和螺带式搅拌器的桨叶为螺旋面叶。按搅拌的用途可分为：低黏流体用搅拌器和高黏流体用搅拌器。用于低黏流体的搅拌器有：推进式、长薄叶螺旋桨式、开启涡轮式、圆盘涡轮式、布鲁马金式、板框桨式、三叶后弯式、MIG 和改进 MIG 等。用于高黏流体的搅拌器有：锚式、框式、锯齿圆盘式、螺旋桨式、螺带式（单螺带、双螺带）、螺旋-螺带式等。搅拌器的径向、轴向和混合流型分类图谱如图 2-7 所示。

桨式、推进式、涡轮式和锚式搅拌器在搅拌反应设备中应用最为广泛，据统计占搅拌器总数的 75%～80%。

根据搅拌过程的特点和主要控制因素，可参照表 2-2 进行选型。

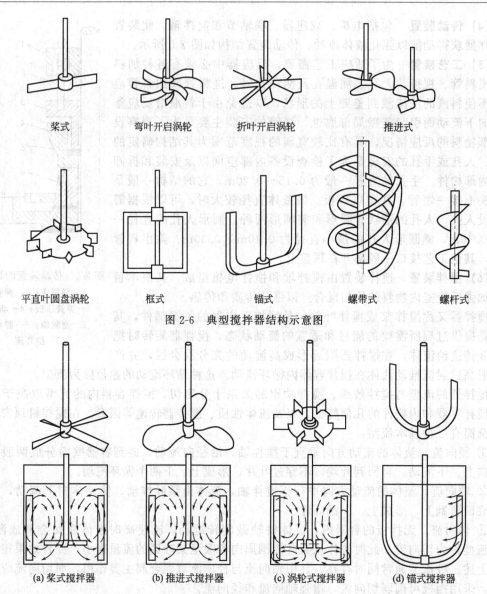

图 2-6　典型搅拌器结构示意图

图 2-7　常用搅拌器及流型示意图

表 2-2　搅拌器选型

搅拌过程	主要控制因素	搅拌器型式
混合（低黏度均相液体）	循环流量	推进式、涡轮式，要求不高时用桨式
混合（高黏度液体）	①循环流量；②低转速	涡轮式、锚式、框式、螺带式
分散（非均相液体）	①液滴大小（分散度）；②循环流量	涡轮式
溶液反应（互溶体系）	①湍流强度；②循环流量	涡轮式、推进式、桨式
固体悬浮	①循环流量；②湍流强度	桨式、推进式、涡轮式
固体溶解	①剪切作用；②循环流量	涡轮式、推进式、桨式
气体吸收	①剪切作用；②循环流量；③高转速	涡轮式
结晶	①循环流量；②剪切作用；③低转速	按控制因素采用涡轮式、桨式
传热	①循环流量；②传热面上高流速	桨式、推进式、涡轮式

（7）搅拌器附件　对低黏度液体，当搅拌器转速较高时，容易产生切向流，它将影响搅拌效果，尤其对多相系物料的混合或乳化，由于离心力的作用，不仅达不到混合效果，而且会使系统的物料分离或分层。另外，剧烈旋转的液体结合旋涡作用，会对搅拌轴产生冲击作用，从而影响搅拌器的使用寿命。为此通常在釜体内增设如图 2-8 所示的挡板或如图 2-9 所示的导流筒，以改善反应器内流体的流动状态。

① 挡板　一般在容器内壁均匀安装 4 块挡板，其宽度为容器直径的 1/12～1/10。挡板的安装如图 2-8 所示。搅拌容器中的传热蛇管可部分或全部代替挡板，装有垂直换热管时一般可不再安装挡板。

② 导流筒　导流筒是上下开口圆筒，安装于容器内，在搅拌混合中起导流作用。对于涡轮式或桨式搅拌器，导流筒刚好置于桨叶的上方。对于推进式搅拌器，导流筒套在桨叶外面，或略高于桨叶，如图 2-9 所示。通常导流筒的上端都低于静液面，且筒身上开孔或槽，当液面降落后流体仍可从孔或槽进入导流筒。导流筒将搅拌容器截面分成面积相等的两部分，即导流筒的直径约为容器直径的 70%。当搅拌器置于导流筒之下，且容器直径较大时，导流筒的下端直径应缩小，使下部开口小于搅拌器的直径。

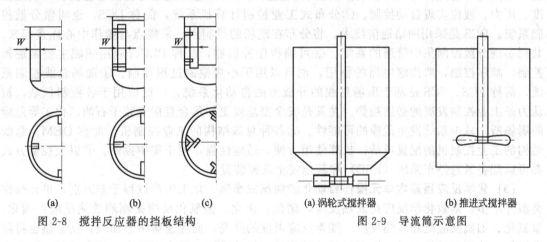

图 2-8　搅拌反应器的挡板结构　　　　　　　　图 2-9　导流筒示意图

2.5　化学制药技术的新进展与展望

2.5.1　概述

在我国，制药工业是一个传统产业。由于行业的特殊性，相对于其他行业来说，长期以来总体上存在着"一小"（企业规模小）、"二多"（企业数量多、产品数量多）和"三低"（产品技术水平低、新药研发力量低、管理水平低）的现象，制药行业生产自动化水平处在相对落后的状态。制药工业原料药生产的自动化与石油化工相比，虽然具有小规模、单元化、批量化和间歇性的特点，但是生产方式基本还是可以实现管道化和连续化，它的自动化方式也基本上是采用过程自动化形式为主[1]。

2.5.2　自动化技术在化学制药生产中的应用[2]

化工企业的高危险工艺生产装置主要是指含有硝化、磺化、卤化、强氧化、重氮化、加氢等化学反应过程和存在高温（≥300℃）、高压（≥10MPa）、深冷（≤−29℃）等极端操作条件的生产装置。据初步调查，中小型化工企业的生产装置一般以人工手动控制为主要操作手段。从制药生产的特点分析，人工手动控制的有害因素有：①现场人工操作人多，一旦发生事故会直接造成人员伤亡。②人的不安全行为是事故发生的重要原因。在温度、压力、液位、进料量的控制中，阀门开关错误或指挥错误将会导致事故的发生。③人工手动控制中很难严格控制工艺参数，稍有不慎即会出现投料比控制不当和超温、超压等异常现象，引发溢料、火灾甚至爆炸事故。④作业环境对人体健康的影响不容忽视，很容易造成职业危害。⑤设备和环境的不安全状态及管理缺陷，增加了现场人员机械伤害、触电、灼伤、高处坠落及中毒等事故的发生，直接威胁现场人员的安危。因此，自动化控制和安全联锁方式在保证制药过程的安全具有现实意义。

(1) 自动控制和安全联锁的作用　化工生产过程中高温、高压、易燃、易爆、易中毒、有腐蚀性、有刺激性臭味等危险危害因素是固有的。自动化操作不仅能严格控制工艺参数、避免手动操作的安全隐患，还能降低劳动强度、改善作业环境，从而更好实现高产、优质、长周期的安全运行。对高危险的工艺装置，在既不能消除固有的危险、危害因素又不能彻底避免人为失误的情况下，采用隔离、远程自动控制等方法是最有效的安全措施。

(2) 常用的自动控制及安全联锁方式　对高危作业的化工装置最基本的安全要求应该是实行温度、压力、液位超高（低）自动报警、联锁停车，最终实现工艺过程自动化控制。目前，常用的工艺过程自动化控制及安全联锁主要有：①智能自动化仪表。智能仪表可以对温度、压力、液位实现自动控制。②分布式工业控制计算机系统，简称 DCS，也叫做分散控制系统。DCS 是采用网络通信技术，将分布在现场的控制点、采集点与操作中心连接起来，共同实现分散控制集中管理的系统。③可编程序控制器，简称 PLC。应用领域主要是逻辑控制，顺序控制，取代继电器的作用，也可以用于小规模的过程控制。④现场总线控制系统，简称 FCS。FCS 是基于现场总线的开放型的自动化系统，广泛应用于各控制领域，被认为是工业控制发展的必然趋势。尤其是安全型总线更加适合直接安装于石油、化工等危险防爆场所，减少系统发生危险的可能性。⑤各种总线结构的工业控制机，简称 OEM。总线结构的工业控制机的配置灵活，扩展使用方便，适应性强，便于集中控制。⑥以上控制方式都可以配备紧急停车系统（ESD）和其他安全联锁装置。

(3) 化学反应器基本单元操作自动化控制模式举例　化工生产过程千差万别，单元操作类型并不多。多数化学反应是放热反应，硝化、卤化、强氧化反应是剧烈放热反应；磺化、重氮化、加氢反应是强放热反应。随着反应温度的升高，反应速率将会加快，反应热也将随之增加，使温度继续上升，没有可靠的移除反应热的措施，反应不稳定，将会超温，引发事故。化学反应器的控制指标有温度、压力、流量、液位等，是各单元操作中较复杂，也是最危险的操作。多数反应器应当配置超温、超压、超液位报警和联锁系统。

①流量控制，通过控制进料量使系统反应配比及反应过程稳定。此种情况也可以根据实际情况采用比值调节来控制进料配比。②温度调节，通过控制冷媒流量来调节反应器的温度。当反应器温度上升时，系统自动调大调节阀开度使冷媒流量加大。反之亦然。③温度超高连锁，当温度超高时系统报警，同时关闭紧急切断阀切断进料。④液位控制，通过控制出料阀的开启度来控制出料量使反应器液位保持恒定。同时可设液位高低限报警。

制药工业涉及化学合成制药过程、生物代谢制药过程、天然药物分离纯化过程以及各种药物制剂配置加工等过程，具有工艺复杂、设备种类繁多、高温高压、腐蚀、易燃、易爆、有害等特性，为了保证生产人员、生产设备、生产环境以及生产原料和产品的安全，更为了用药人的权益和安全，必须有可靠有效的检测与控制手段来确保所需的全部安全。

【本章小结】　化学制药是目前制药工业的主体。化学制药过程复杂，每个药物所涉及的反应类型各不相同，在选择合成工艺和设备的时候需要区别对待。随着国家对安全、环保、制药过程控制要求的日益严格，对制药工业提出了新的挑战。过程可控、质量可控是生产工艺成熟稳定一个标志。同时，由于人们对制药过程安全、劳动保护、生产效率等要求的提高，新的制药技术如自动化控制也在不断出现并得到应用。

思　考　题

1. 选择药物合成路线的原则是什么？
2. 药物合成工艺的优化主要考虑哪些问题？
3. 请查阅常用溶剂毒性的分类方法。
4. 常用化学制药设备的种类和结构特点。
5. 化学制药设备的防腐有哪些方法？
6. 如何进行化学制药过程中的物料衡算和能量衡算？
7. 常用的制药过程自动化控制有哪些方法？
8. 简述间歇式反应釜的结构特点。
9. 常见的搅拌器有哪些类型？各有什么特点？
10. 简述常见的反应器的类型及其应用范围。

参　考　文　献

[1]　汤继亮. 自动化和信息化——制药工业现代化必由之路. 自动化博览，2014.
[2]　http://www.docin.com/p-335393714.html.
[3]　姚日生. 制药工程原理与设备. 北京：高等教育出版社，2007.
[4]　宋航. 制药工程技术概论. 北京：化学工业出版社，2006
[5]　赵临襄. 化学制药工艺学. 北京：中国医药科技出版社，2003
[6]　王效山，等. 制药工艺学. 北京：北京科学技术出版社，2003.
[7]　元英进，等. 制药工艺学. 北京：化学工业出版社，2007.
[8]　计志忠. 化学制药工艺学. 北京：化学工业出版社，1980.
[9]　张珩，等. 制药工程工艺设计. 北京：化学工业出版社，2006.
[10] 宋宏吉，等. 制药设备与工艺设计. 北京：化学工业出版社，2004.

第3章　生物制药工程原理与设备

【本章导读】　生物技术药物是现代生物技术生产的重要产品，同时它也能衡量一个国家现代生物技术的发展水平。它是以天然材料为主，主要运用科学方法改变生物体内基因和DNA，进行加工和提取的药物。本章着重介绍生物制药的原理和实例，并对设备、工艺研究进行简单介绍，主要分析了生物制药技术在制药工艺中的应用，以供参考和借鉴。

3.1　生物制药概述

3.1.1　生物制药定义

生物制药是指利用现代生物技术发现、筛选或生产得到药物。这种界定既包括利用生物技术作为发现药物的研究工具而发现小分子药物，如利用基因敲除技术或高通量药物筛选技术等确定药物靶标，筛选得到小分子药物；又包括利用生物技术作为药物生产新技术方法得到药物。目前生物制药比较流行的界定是狭义的生物技术药物，主要指基因重组的蛋白质分子类药物。广义的生物技术药物是指利用基因工程、抗体工程或细胞工程技术生产的源自生物体内的天然物质，用于体内诊断、治疗或预防的药物。

3.1.2　生物制药发展史

世界上第一家生物制药公司于1971年诞生，之后世界各国就开始重视生物制药方面的发展。目前，美国是生物制药方面的领军者，欧洲和日本等地区在此方面的研究也比较先进。美国的生物制药企业现已有千余家，其数目大约占世界总数的2/3，每年应用的生物科研经费已经超出50亿美元。日本在此方面仅次于美国，欧洲比起日本来稍微落后一些。现今欧洲已经拥有300余家较好的生物制药公司，不过他们仍然处于初步发展阶段，俄罗斯、法国、德国、英国也在生物技术方面表现出良好的发展趋势。生物技术药物已经成为生产研发战略的重要组成部分。从1993年到2004年，美国食品药物管理局（FDA）批准的新药中，351种化学药物中有82种是生物技术药物。欧盟科技发展中心现已将45%的研究开发费用用于生物技术方面的研究。日本在生物技术药物方面发展居于亚洲首位，当局政府高度重视并且号召国民"生物技术立国"，其资金投入也相应加大。

目前，许多大型制药公司面临着大量制药专利即将过期的问题。与此同时，生物制药产品的储备量匮乏，人们不得不从生物科技公司中寻求新药。特殊药靶的寻找在使用了新的药物技术之后变得越来越经济、精确、迅捷。国家的科技实力和人民的生活水平对生物制药的发展起决定性作用，导致各国的生物制药产业发展水平很不平衡。少数发达国家在生物制药方面起主导作用。由此可见，现代医药产业的集中程度日益加大，跨国企业的垄断程度在不断加大，在生物制药市场方面，单品种销售的集中度也在日益增高。

未来，世界生物制药的发展前景将会非常广阔，其中最有前途的生物药品主要为以下五类：可溶性蛋白质类药物、生物疫苗、反义药物、基因治疗药物和单克隆抗体。单克隆抗体以其专一性强和定向作用于靶细胞、靶器官的特点备受人们关注，现在已经有约100多个单克隆抗体处于临床试验中，是所有正在研究的生物技术药品的1/4。美国采用克隆技术大量研发的以干细胞为基础的再生药物会对治疗心脏病、癌症、衰老引起的退化症、软骨损伤、骨折愈合不良有良好的效果。另外，基因治疗药物必将成为另一个市场需求的焦点。据权威报道，2008 年基因类药物的销售总额达 48 亿元，目前开发此类药物产品主要针对以下几个方面：心血管疾病、囊纤维变性、癌症、艾滋病、血友病 A 和高歇氏病。西方国家生物制药发展的最新趋势主要在克隆技术、动植物变种技术、用于治疗癌症的血管发生抑制因子技术、艾滋病疫苗、药物基因组、人类基因组计划、基因治疗以及利用生物分子、细胞、遗传性过程生产药物等方面。从未来几年生物制药的焦点来看，研究和开发最集中的领域主要有以下六个：细胞疗法、重组人体蛋白、干扰素、疫苗、单克隆抗体、基因治疗。

3.1.3　现行生物制药产业的特点

传统的制药方式是根据已掌握的药理知识和治疗经验，从天然及人工合成物质中提取所需药物。这种方法有一定的优点，同时也存在着盲目、随机的缺点，导致浪费大量资源，而且研发结果也有很大不确定性。现代生物制药与传统制药迥然不同，在制药过程中的理念是将药物作用作为研究目标，将药物作用机理作为研究基础，通过综合的科学有效的方式进行探索。目前生物制药行业的产业特征有以下三点：①抗经济周期能力更强；②市场较以往更长久；③有较大的经济机会。

3.1.4　生物制药设备

按工程的定义，它是将自然科学的原理应用于生产的某一具体方面并研究该生产领域中有共性技术规律的科学。生物制药设备是为生物反应过程服务，生物反应过程常把生物反应器作为过程的中心，而分别把反应前与反应后的工序称为上游和下游加工（upstream and down stream processing）。本书将分别围绕反应器上游加工和下游加工来阐明生物制药设备的内容。在上游加工中最重要的是提供、制备高产优质和足够量的生物催化剂（由常规选育或经现代生物技术方法获得的菌株、细胞系或从中提取的酶，必要时可进行固定化）。

生物反应器是整个生物反应过程的关键设备。所谓生物反应过程，若采用活细胞（包括微生物、动物、植物细胞）为生物催化剂时称为发酵或细胞培养过程；若采用游离或固定化酶时称为酶反应过程。两者的区别在于发酵或细胞培养过程中除得到产品外，还可能得到更多的生物细胞；而酶反应过程中，酶不会增长。生物反应器是为特定的细胞或酶提供适宜增殖或进行特定生化反应环境的设备。它的结构、操作方式和操作条件与产品的质量、转化率和能耗都有着密切的关系。在生物反应器中存在气-液-固三相的混合、传热、传质问题，不少发酵液还呈有非牛顿的流变学特性，因此同样存在大量化学工程问题。若把生物反应器中的每个细胞都看成一个微型反应器，并使每个细胞都处于同一最佳环境下才能使整个生物反应器维持最佳状态。可见生物反应器中的混合、传热、传质是何等的重要。另外，还要考虑搅拌对不同细胞机械剪力的影响。生物反应器的设计和放大不完全是化学工程问题，它还与细胞的生理特性、繁殖规律、代谢途径等密切相关。总之，生物反应器的设计和放大是一个非常复杂，但又必须研究解决的工程技术问题。

由于生物反应过程受环境（温度、pH、溶解氧等）影响明显，同时存在反应时间一般较长等问题，反应过程一般是分批操作，各种反应参数随时间变化。因此，生物反应过程的参数检测和控制显得十分重要。较理想的控制策略是建立在过程模型化（指单反应过程）或专家系统（复杂反应过程）的基础上利用计算机在线数据检测、数据处理和参数控制。这些内容没有列入该课程之内，在学习其他专业课时应给与足够的重视。

下游加工的任务是将目标产物从反应液中提取出来并加以精制以达到规定的质量要求。应该说这一系列的提取精制是比较难的。因为在反应液中目标产物的浓度是很低的，最高的乙醇也仅在10%左右，抗生素一般不超过5%，一些基因工程产品或杂交瘤产品则更低，如胰岛素一般不超过0.01%，单克隆抗体一般不超过0.0001%。另外，则是反应液杂质多并与目标产物有相似的结构，还有一些具有生物活性的产品对温度、酸碱度及日光都十分敏感，一些药物或食品类产品对纯度、水分、有害物质含量、无菌及洁净程度都有严格的要求。总之，下游加工的工序多，要求高，往往占生物工程产品成本的一半以上。

一些典型的化工单元操作，如液-固分离、液-液萃取、蒸馏、蒸发、结晶、离子交换、干燥等常用于下游加工。虽然这些单元操作在化工原理课程中已作了介绍，但生物反应产品要求所用的设备一般必须满足高效、快速、低温、洁净等特殊要求，因此有些设备还要结合专业特点重新详细论述。

随着DNA重组技术和原生质体融合技术等新一代技术的出现，今后生化工程研究的内容包括新型生物反应器的研究开发，特别是针对基因工程产品和动、植物细胞产品的新型反应器的投产研制。还有对分离方法和设备的研究开发，特别是针对蛋白质、多肽的分离设备。目前用于上述产品的分离方法虽较多，但某些只能用于实验室规模，有关分离方法的原理和设备设计、放大问题还不够成熟。同时，还应该多学科协作，建立各种描述生物反应过程的数学模型，以利于过程的控制、优化及计算机的应用等。总之，生化工程还有很多研究课题和发展余地。

本章将在各节中介绍有关生物反应器的类型、基本理论、应用实例等。

3.2　微生物发酵制药的原理与设备

3.2.1　微生物发酵制药概述

我国作为中医药的发源地，拥有系统的中医药理论和大量经实践证明了的成药验方，几千年来中医药历尽沧桑仍造福于人类的生命健康。中药是中华民族的瑰宝，在预防和治疗疾病方面发挥着重要的作用。从国际范围来看，中药作为天然药物正逐步引起世界的关注。利用微生物强大的分解转化物质的能力，依靠微生物发酵来生产发酵中药已被积极关注，并为中药的发展开辟了新空间。微生物制药就是利用微生物技术，通过高度工程化的新型综合网、技术，以利用微生物反应过程为基础，依赖于微生物机体在反应器内的生长繁殖及代谢过程来合成一定产物，通过分离纯化进行提取精制，并最终制剂成型来实现药物产品的生产。

当今的生物制药工艺与传统的生物制药技术相比，已有了更深的内涵。传统的制药思路是依据人类已经了解的药物知识以及治病经验，运用化学方法从天然或人工合成的资源中提取药物。这种方法存在盲目、随机等缺点，不仅会浪费大量资源，还不能保证制药研究成果。而现代生物制药工艺，在制药过程中以药物作用机理为理论基础，将药物作用作为研究目标，通过综合的科学研究方式进行药物研究，再运用科学合理的制药工艺加工出成熟的生物制药。这使传统制药工艺的缺点，得到了改善。目前，这种工艺已经取代了传统的生物制药工艺，成为生物制药的重要方法。

3.2.2　微生物发酵制药原理

3.2.2.1　制药工业中的微生物菌种筛选和纯培养技术

(1) 发酵制药工业重要菌种的筛选与改良

① 菌株筛选要求　菌种不能是病原菌，且要发酵周期短，生产能力强，发酵过程中不产或少产与目标产物性质相似的副产物。以原料来源广、价格低廉，菌种能高效地将原料转化成产品为原则，所选菌种应对需添加的前体有耐受能力，且不能将前体作为一般碳源利用

菌种，遗传性能稳定，不易变异退化，菌种最好可以在易于控制的条件下发酵。

② 菌株选育和改良方法

a. 自然选育：在生产过程中，不经过人工处理，利用微生物的自然突变进行菌种筛选的育种手段。多个可以引起自然突变的因素包括多因素低剂量的诱变效应、互变异构效应等。

b. 诱变育种：人工采用物理、化学和生物方法促使微生物发生突变的育种手段。首先，选择出发菌株的原则是要对诱变剂的敏感性强，变异幅度大，产量高。培养方式采用同步培养，使其生理状态一致。其次，制备单细胞或单孢子菌悬液，使其能均匀接触诱变剂，调整诱变剂的种类、剂量大小、处理时间进行诱变处理。筛选变异菌株有平皿快速检测法、形态变异的菌株利用高通量筛选等。

杂交育种的方式是微生物杂交，本质是基因重组、原生质体融合，原生质体融合和杂交育种都是在细胞水平上的操作。原生质体融合可以在种间、种内、属间发生；基因工程育种是采用基因操作手段培育种株。

③ 菌株常用的保藏方法　采用低温、干燥、缺氧、缺营养等手段使微生物的代谢处于不活泼、生长繁殖受抑制的休眠状态。包括斜面低温保藏法（定期移植保藏法）、液体石蜡覆盖保藏法、砂土管保藏法、冷冻干燥保藏法、液氮超低温保藏法等。

(2) 改良菌种的新型基因工程技术

① 组合生物合成技术　组合生物合成技术是在微生物次级代谢产物生物合成基因和酶学基础上形成的，通过对微生物代谢产物合成途径中涉及的一些酶的编码基因进行操作（如替换、阻断、重组等）来改变生物合成途径产生新的代谢旁路，利用天然产物生物合成机制获得大量新的"非天然"天然产物的技术。

组合生物合成技术通过对天然产物代谢途径的遗传控制来生物合成新型的复杂化合物：一方面，特异性地遗传、修饰天然产物的生物合成途径，以此获得基因重组菌株，生产所需要的天然产物及其结构类似物；另一方面，将不同来源的天然产物生物合成基因进行重组，在微生物体内建立组合的新型代谢途径，由此重组微生物库，所产生的新型天然产物构成了类似物库，有利于从中发现和发展更具有应用价值的药物。

② 基于微排的基因组技术　基因组重排技术是 2002 年 Y. X. Zhang 等人提出的一种极其高效的育种方法。此技术是分子定向进化在全基因组水平上的延伸，它将重组的对象从单个基因扩展到整个基因组。育种对象是整个细胞，把通过不同方法得来的优良突变株进行原生质体融合杂交育种，使得不同菌株来源的基因组能够充分重组，从而可以从中筛选不同正向突变组合到一起的重组子。基因组重排技术被称为菌种选育和代谢工程技术中的重要里程碑。

③ RNA 聚合酶功能修饰技术　RNA 聚合酶（RNA polymerase）：以一条 DNA 链或 RNA 链为模板催化由核苷三磷酸合成 RNA 的酶。催化转录的 RNA 聚合酶是一种由多个蛋白亚基组成的复合酶。细菌的 RNA 聚合酶，像 DNA 聚合酶一样，具有很复杂的结构。其活性形式（全酶）为 15S，由 5 种不同的多肽链构成。

真核生物的 RNA 聚合酶分三类：RNA 聚合酶Ⅰ存在于核仁中，转录 rRNA 顺序；RNA 聚合酶Ⅱ存在于核质中，转录大多数基因，需要"TATA"框；RNA 聚合酶Ⅲ存在于核质中，转录很少几种基因如 tRNA 基因如 5SrRNA 基因。有些重复顺序如 Alu 顺序可能也由这种酶转录。上面提到的"TATA"框又称 Goldberg - Hogness 顺序，是 RNA 聚合酶Ⅱ的接触点，是这种酶的转录单位所特有的。它在真核生物的转录基因的 5′端一侧，在转录起点上游 20～30 个核苷酸之间有一段富含 AT 的顺序。如以转录起始点为 0，则在 -33 到 27 核苷酸与 -27 至 21 核苷酸之间，有一个"TATA"框。一般是 7 个核苷酸。原核生物中也有类似"TATA"框的结构。RNA 聚合酶作用在"TATAAT"（Pribnow）盒和

"TTGA-CA"框附近。

(3) 纯培养技术　纯培养（pure culture）是指在同一培养物或一管菌种中，所有的细胞或孢子都是生物分类中的同一种。严格说，是在培养基上由一个细胞分裂（cell pision）、繁殖所产生的后代。

自然界的微生物均混杂存在，为获得某种微生物，需采取一系列措施将其从混杂菌群中分离为纯培养；由于周围环境、空气、用具、操作者体表中均有大量微生物存在，为获得和保持纯培养，在分离、培养过程中，必须严格操作，以防止杂菌污染。纯培养技术包括灭菌技术、消毒技术和分离接种过程的无菌操作技术。

(4) 染菌的原因和防止

① 染菌的检查与判断。在发酵过程中对杂菌污染的及早发现、及时处理，是免除染菌造成严重损失的重要问题。因此，要求有确切、迅速的方法来检出杂菌的污染。

② 发酵染菌率和染菌原因分析。发酵的总染菌率是指一年内发酵染菌的批数与总投料发酵批数之比。在发酵染菌之后，必须分析染菌原因，总结发酵染菌的经验教训。把发酵染菌消灭在发生之前，防患于未然，是积极克服发酵染菌的最重要措施。

造成发酵染菌的原因有很多，但总结起来，其主要原因有：无菌空气带菌、设备渗漏、灭菌不彻底、操作失误和技术管理不善。在发生染菌后，根据无菌试验结果，参考以下方法进行分析，找出原因，杜绝污染。

显微镜检查：通常用革兰氏染色法，染色后在高倍显微镜下观察，根据生产菌与杂菌的特征区别，判断是否染菌。

平板划线培养或斜面培养检查法：先将经灭菌的固体培养基倒入灭菌的平板中，在培养箱37℃，保温至少24h检查无菌即可使用。将需要检查的样品，在无菌平板上划线，分别在37℃、27℃培养，以适应嗜中菌和低温菌的生长，一般在8h后即可观察（但准确率较低）。

肉汤培养检查法：将需要检查样品接入经灭菌并经过检查无菌的肉汤培养基中，放到37℃和27℃分别培养24h，进行观察，并取样镜检。此法常用于检查培养基和无菌空气是否带菌，此时使用生产菌作为指示菌。

③ 杂菌污染途径及预防

a. 种子带菌及防止

ⅰ. 培养基及用具灭菌不彻底。

ⅱ. 菌种在移种过程中受污染。

ⅲ. 菌种在培养过程或保藏过程中受污染。

b. 无菌空气带菌及防止　无菌空气带菌是发酵染菌的主要原因之一。要杜绝无菌空气带菌，必须从空气净化流程和设备的设计、过滤介质的选用和装填、过滤介质的灭菌和管理等方面完善空气净化系统。

c. 培养基和设备灭菌不彻底导致的染菌及防止　培养基和设备灭菌不彻底主要与原料性状、实罐灭菌时未充分排除罐内空气、培养基连续灭菌时蒸汽压力波动大、培养基未达到灭菌温度、设备、管道存在"死角"等因素有关。

d. 设备渗漏引起染菌及防止　发酵设备、管道和阀门的长期使用，由于存在腐蚀、摩擦和振动等，往往会造成渗漏。例如，设备的表面或焊缝处有砂眼，由于腐蚀逐渐加深，最终导致穿孔；冷却管受搅拌器作用，长期磨损，焊缝处受冷热或振动产生裂缝而造成渗漏。为了避免设备、管道、阀门渗漏，应选用优质材料，并经常进行检查。冷却蛇管的微小渗漏不易被发现，可以压入碱性水，在罐内可疑的地方，用浸湿酚酞指示剂的白布擦，如有渗漏时白布显红色。

e.操作问题引起染菌及防止　上面已指出,在菌种培养过程中,如操作不当会引起染菌。在发酵过程中如操作不当也会引起染菌,如移种时或发酵过程中罐内压力跌零,使外界空气进入而染菌;泡沫顶盖而造成污染;压缩空气压力突然下降,使发酵液倒流入空气过滤器而造成污染;等等。防止操作失误引起的染菌,要加强对技术工人的技术培训和责任教育,提高工人素质,加强管理措施。

3.2.2.2　微生物代谢调节的控制手段

(1) 基因水平的调控　基因的表达实质上就是遗传信息的转录和翻译。在个体生长发育过程中,生物遗传信息表达具有时序调节、环境调控。基因表达调控研究主要表现在三个方面:信号转导研究、转录因子研究、RNA 剪接研究。

随着基因工程的发展,有了比传统的通过基因突变、粗筛、细筛更合理的方法,通过代谢调控可实现有反馈调控的初、次级代谢产物的高产,代谢工程涉及经典微生物遗传学方法、结合细胞生物学和基因工程筛的方法,代谢工程的主要特性在于它是涉及研究、设计和重建细胞网以控制代谢流程的工程,在有基因修饰和细胞功能分析的合适工具时,代谢工程可成功应用于菌种改良。

(2) 酶分子水平的调控　随着酶工程的发展,目前已知的酶已不能满足人们的需要,研究和开发新酶已成为酶工程发展的前沿课题。新酶的研究与开发,除采用常用技术外,还可借助基因组学和蛋白质组学的最新知识,借助 DNA 重排和细胞、噬菌体表面展示技术。目前最令人瞩目的新酶有核酸类酶、抗体酶和端粒酶等,已开展部分研究,有望在这些新酶的研究中取得突破性进展。

(3) 营养供需的调控　营养物质的限制性浓度:当某一种营养物质的浓度下降到一定程度后,就会影响细菌的生长,此时的浓度为营养物质的限制性浓度;营养物质的最大浓度:当某一种营养物质的浓度超过一定程度后,也会对细菌的生长产生抑制作用。

通过添加高浓度的营养物质,培养罐内的细胞浓度可以达到非常高的程度,这对细胞产物的生产十分有利,通过补料和放料的连续进行,能够解除某些基质、产物对细胞的抑制作用。通过补料,能够解除某些营养物的低浓度限制效应提高产物的合成效率。

(4) 培养条件的调控　摇瓶发酵条件:培养基组成、初始 pH 值、通风量(装液量)、接种量、培养温度等;小型台式发酵罐发酵工艺条件:溶解氧控制、pH 值控制、原料添加模式、消泡剂。

3.2.3　微生物发酵制药的相关设备

微生物发酵的主体设备是发酵罐(图 3-1)。发酵罐的设计主要考虑单批的生产能力、发酵周期、罐内发酵液的流动性(主要是满足传质和传热的需要)、搅拌功率的大小和发酵在逐级放大时能保证罐内的气液流变特性不变。因此,与设计发酵罐有关的几个基本概念是:a.流体的性质,与发酵有关的流体的基本性质是流体的密度、重度,流体中各成分的浓度、压强、流速和黏度;b.牛顿型与非牛顿型流体;c.物料

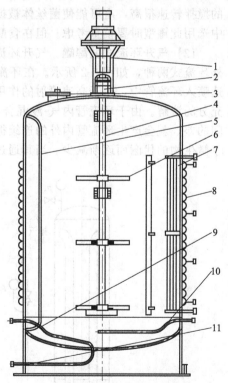

图 3-1　发酵罐的示意图

1—立式减速装置;2—三分式联轴器;
3—人孔;4—搅拌轴;5—扶梯;6—搅拌叶;
7—挡板;8—半圆冷却管;9—出料管;
10—空气进气管;11—排污管

衡算，发酵罐是一个开放式系统，在发酵过程中时刻存在着系统内外的物质交换，因此需要根据质量守恒定律建立发酵罐系统的物料衡算方程式；d. 能量衡算；e. 发酵参数变化速率，不同发酵品种，微生物的代谢强度是不一样的，由此引起的物料变化速率和能量变化速率也是不一样的，研究这种变化速率是发酵罐设计的重要内容之一。典型的需氧发酵的发酵罐如图 3-1 所示。位于罐顶的人孔是为了让人能进入发酵罐内进行安装维修和清洗；罐外的半圆盘管用于维持罐内温度；挡板的作用是改变发酵液在罐内的流动方向。对于不同的发酵产品在设计发酵罐时一般还要考虑适当调整罐体的高径比。另外，发酵设备除了发酵罐之外，还有空气除菌设备、培养基配制罐、种子罐、补料罐、微量可控的补料计量装置、各种贮罐、管道等。从蒸汽灭菌这个角度考虑，对整个发酵设备系统的要求是没有"死角"。为了调控发酵过程，在发酵设备还应安装各种发酵参数（如温度、压力、搅拌转速、pH 值、溶解氧浓度、通气量、发酵液体积、泡沫量、补料量等）的检测器，其中大部分检测器被安装在发酵罐上。压力表是安装部位最多也是最简单的一种检测器。

广义发酵罐是指为一个特定生物化学过程提供良好而满意的环境的容器。工业发酵中一般指进行微生物深层培养的设备。

(1) 自吸式发酵罐　自吸式发酵罐的轴是下伸入式，不需要空气压缩机，利用改变搅拌的形式，在搅拌过程中自行吸入空气的发酵罐。这种发酵罐是在 20 世纪 50 年代开始研究，70 年代我国在自吸式发酵罐研究方面取得了很大成绩，并在抗生素、酵母等发酵生产上得以应用，取得较好的效果。

自吸式发酵罐的最大缺点是进罐空气处于负压，因而增加了染菌的机会；其次是发酵罐的搅拌转速很高，有可能使菌丝体被搅拌器切断，使正常生长受到影响。所以在抗生素生产中选用此罐型时要慎重考虑。但在食醋和酵母培养等方面已有成功使用的实例。

(2) 气升环流式发酵罐　气升环流式发酵罐根据环流管的安装位置又可分为内环流式与外环流式两种，如图 3-2 所示。在环流管底部安装气体喷嘴，空气在喷嘴口以 250m/s 的高速喷入环流管中，由于高速喷射的作用会产生细小的气泡并快速分散到液体中去，氧气得到充分的溶解。由于环流管内气-液混合后使液体密度变小，利用与发酵罐主体中液体密度之间的差，就会产生环流管内外的连续循环流动。循环流动的结果会使罐内培养基的溶解氧由于微生物的代谢而逐渐减少。当其通过环流管时，气-液再次接触使溶解氧得到补充。

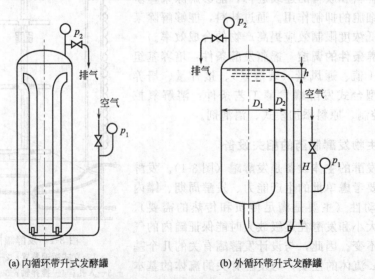

(a) 内循环带升式发酵罐　　　　　　(b) 外循环带升式发酵罐

图 3-2　气升环流式发酵罐

　　由于设备简单，该类型发酵罐在生产规模较大的单细胞蛋白和好氧微生物的废水处理中都得到广泛应用。气升式发酵罐不适于高强度或含大量固体的培养液。

　　(3) 高位塔式发酵罐　这是一种类似于塔式反应器的发酵罐见图 3-3，其高径比 H/D 值约为 7，罐内装有若干块筛板，压缩空气由罐底导入，经过筛板鼓泡逐渐上升，气泡上升的过程中带动发酵液同时上升，上升后的发酵液又通过筛板上有液封作用的降液管下降而形成循环。这种发酵罐的特点是省去了机械搅拌装置，有节约能源、减少污染的优点，如果培养液浓度适当，操作得当，在不增加空气流量的情况下，基本上可达到通用式发酵罐的效果。

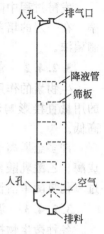

图 3-3　高位塔式发酵罐

　　高位筛板式发酵罐因液层深度大，罐底部液柱静压力较大，与普通发酵罐相比，要求压缩机应有较大的出口压力。又因罐体很高，给操作带来不便，单独为其建造厂房又不经济，因此，一般将其置于室外，配备必要的自控装置进行操作。

　　(4) 搅拌釜反应器　适用于各种物性（如黏度、密度）和各种操作条件（温度、压力）的反应过程，应用于合成塑料、合成纤维、合成橡胶、医药、农药、化肥、染料、涂料、食品、冶金、废水处理等行业。可用于化学反应、生物反应、混合、分散、溶解、结晶、萃取、吸收或解吸、传热等操作。搅拌釜反应器由搅拌容器和搅拌机两大部分组成。

　　搅拌釜反应器具有适宜的高径比，罐身较长，氧利用率较高，能耐受一定的压力，搅拌通风装置，有足够的冷却面积。但是罐内要减少死角，搅拌器的轴封要严密，以减少泄漏。

　　培养微生物的巨大容器是密闭式的。在发酵过程中要保持一定的罐压，通常灭菌的压力约为 2.5×10^5 Pa，容器一般采用圆柱形，两端椭圆形，受力均匀，减少死角，物料容易排除，高度与直径比 $(1.7:1) \sim (4:1)$，有利于空气利用率。

3.2.4　发酵过程的影响因素及调控

3.2.4.1　菌体浓度

　　菌体（细胞）浓度（cell concentration）是指单位体积培养液中菌体的含量。无论在科学研究上，还是在工业发酵控制上，它都是一个重要的参数。菌浓的大小，在一定条件下，不仅反映菌体细胞的多少，而且反映菌体细胞生理特性不完全相同的分化阶段。在发酵动力学研究中，需要利用菌浓参数来计算菌体的比生长速率和产物的比生成速率等有关动力学参数，以研究它们之间的相互关系，探明其动力学规律，所以菌浓仍是一个基本参数。

　　菌浓的大小与菌体生长速率有密切关系。比生长速率 μ 大的菌体，菌浓增长也迅速，反之就缓慢。而菌体的生长速率与微生物的种类和自身的遗传特性有关，不同种类的微生物的生长速率是不一样的，它的大小取决于细胞结构的复杂性和生长机制，细胞结构越复杂，分裂所需的时间就越长。典型的细菌、酵母、霉菌和原生动物的倍增时间分别为 45min、90min、3h 和 6h 左右，这说明各类微生物增殖速率的差异。菌体的增长还与营养物质和环境条件有密切关系。在微生物发酵的研究和控制中，营养条件（含溶氧）的控制至关重要。影响菌体生长的环境条件有温度、pH 值、渗透压和水分活度等因素。

　　菌浓的大小，对发酵产物的产率有着重要的影响。在适当的比生长速率下，发酵产物的产率与菌浓成正比关系，菌浓愈大，产物的产量也愈大，如氨基酸、维生素这类初级代谢产物的发酵就是如此。而对抗生素这类次级代谢产物来说，若菌浓过高，则会产生其他影响，如营养物质消耗过快，培养液的营养成分发生明显的改变，有毒物质发生积累，就可能改变菌体的代谢途径，特别是对培养液中的溶氧，影响尤为明显。菌浓增加而引起的溶氧下降，会对发酵产生各种影响。早期酵母发酵，会出现代谢途径改变、酵母生长停滞、产生乙醇的现象；抗生素发酵中，也受溶氧限制，使产量降低。

发酵过程中除要有合适的菌浓外，还需要设法控制菌浓在合适的范围内。菌体的生长速率，在一定的培养条件下，主要受营养基质浓度的影响，所以要依靠调节培养基的浓度来控制菌浓。

3.2.4.2　营养物质

生物素的作用主要是影响细胞的渗透性，同时影响菌体的某些代谢途径的流量。生物素的用量直接影响着生产菌细胞的生长、增殖、代谢和细胞壁、细胞膜的渗透性和产酸的高低。

许多金属离子都是微生物代谢途径上酶的激活剂或是辅助因子。如 Mn^{2+} 是乙酰乳酸合成酶、乙酰乳酸异构还原酶、二羟基脱水酶等许多酶的激活剂；Fe^{2+} 是细胞色素氧化酶和过氧化氢酶中活性基因的辅助因子。此外 K^+ 对产酸的影响也很大。

3.2.4.3　温度

各种微生物按照其生长速度的适宜温度可分为最低温度、最适温度和最高温度。在最适生长温度时，如果其他条件适当，则微生物生长最快，增代时间最短；低于最低生长温度或高于最高生长温度，微生物就会停止生长甚至死亡。微生物对低温的适应性又比高温强，在低温往往停止生长发育，而在高温下易死亡。

微生物生长的最适温度不一定是发酵产物形成的最适温度，因此利用微生物进行发酵时，还必须寻找该菌种的最适发酵温度。最适发酵温度是指生产工艺上发酵速度最快时的温度，在此温度下，产酶及代谢产物积累量最大。

最适温度范围内，微生物生长速率随温度的升高而增加，一般每升高 10℃，生长速率大致增加一倍，当温度超过微生物的最适生长温度时，生长速率随温度升高而迅速下降。另一方面，不同生长阶段的微生物对温度的反应不同。

分阶段温度控制策略：从单一温度控制的分批发酵过程可以看出，某些产品的发酵过程中，生长的最适温度与产物合成的最适温度不同。发酵前期适当降低温度可缩短细胞生长的延滞期，有利于菌体的生长；在发酵中后期，可适当提高温度促进产物生成，提高整个产物发酵过程的生产水平。

3.2.4.4　pH 值

pH 值影响酶的活性，使菌体的代谢途径发生某些改变。pH 值可能改变培养基的氧化还原条件等，影响生活环境中营养物质的可给态和有毒物质的毒性；影响某些组合和中间代谢产物的解离，从而影响微生物对这些物质的吸收、利用。同时，pH 值影响微生物细胞膜可带电荷的状况，改变膜的渗透性，从而影响微生物的营养吸收及代谢产物的分泌。pH 值还会影响菌体的形态，一定范围的介质 pH 值还可造成菌体表面蛋白变性或水解。

3.2.4.5　溶氧

氧的供应是发酵能否成功的重要限制因素之一。供氧不足，不仅影响发酵产物的积累，而且还可能导致微生物代谢途径的改变，影响产品的质量。转速的提高对发酵体系的通风条件影响很大，转速越高，通风条件越好，微生物生长越旺盛，底物代谢越完全。在不同的持液量下，转速增加后，各发酵参数表现出了相同的变化规律。而在同一个转速条件下，菌量增加缓慢，产物浓度积累量更多；在高转速条件下，挥发性产物随着转速提高而增多，因此当超过一定转速时，某些产物得率迅速降低。在培养过程中并非维持溶解氧越高越好。

溶解氧是发酵正常与否的重要标志，发酵过程中引起溶氧异常下降的原因可能是污染好气性杂菌，大量溶氧被消耗；菌体代谢发生异常，需氧要求增加；某些设备或工艺控制发生故障或变化，如搅拌功率消耗变小或搅拌速度变慢或消泡剂加入过多。

3.2.4.6　泡沫

搅拌能把大气泡打成微小气泡，增加了接触面积，而且小气泡的上升速度要比大气泡慢，接触时间变长。如果超过一定的通气量限度，搅拌器就不能有效地将空气泡分散到液体中。在发酵过程中加入消泡剂，其分布在气液界面会增大传递阻力，气泡直径会有一定减小，导致比表面积增大，而若产生泡沫，会对发酵产生许多不利影响，综合考虑添加消泡剂对改善发酵液通气效率，利大于弊。

3.2.4.7　发酵终点的判断

微生物发酵终点的判断，对提高产物的生产能力和经济效益是很重要的，不同类型的发酵，要求达到的目的也不同，对发酵终点的判断也不同。发酵终点判断需考虑的因素有：经济因素，产品质量因素，特殊因素。

3.2.5　微生物发酵制药的应用实例

3.2.5.1　初级代谢产物

初级代谢产物是指微生物通过代谢活动所产生的、自身生长和繁殖所必需的物质，如氨基酸、核苷酸、多糖、脂类、维生素等。通过初级代谢，能使营养物质转化为结构物质，初级代谢产物是具有生理活性的物质或为生长提供能量的物质，因此初级代谢产物，通常都是机体生存必不可少的物质，只要在这些物质的合成过程的某个环节上发生障碍，轻则引起生长停止，重则导致机体发生突变或死亡，是一种基本代谢类型。

初级代谢产物包括氨基酸、核苷酸、维生素、有机酸。

3.2.5.2　次级代谢产物

次级代谢产物种类繁多，结构特殊，含有不常见的化合物和化学键。如氨基糖、苯醌、香豆素、环氧化合物、生物碱、内酯、核苷等，这些产物中可能含有聚乙烯不饱和键、大环、环肽等键和基团。分类学上相同的菌种能产生不同结构的抗生素，如灰色链霉菌既可以产生氨基环醇类抗生素，又可以产生大环内酯类抗生素；分类学上不同的菌种能产生相同结构的抗生素，如霉菌和链霉菌均可产生头孢菌素 C。一种微生物的不同菌株产生结构不同的多种次级代谢产物，而同一菌株会产生一组结构类似的化合物。次级代谢产物是在细胞生长后期开始形成，当生长受限制时被启动。完成菌体营养生长期（trophophase）之后，出现次级代谢物合成期（idiophase），其生物合成比生长对环境更敏感，要求更高。次级代谢产物是以初级代谢产物为前体，受到初级代谢的调节。可能是缺乏某种营养成分，菌体生长受到抑制，启动了次级代谢产物合成。菌体内中间代谢物积累，抑制了初级代谢酶，使之消失或活性下降，诱导了新酶的出现，转入生产期。芽孢杆菌形成芽孢，放线菌和真菌形成孢子，抗生素合成可能是细胞分化的伴随现象。次级代谢产物是结构相似的一组混合物，但活性差异较大。参与反应的酶的底物特异性不强。产生菌利用一种或两种以上的初级代谢产物合成一种主要的次级代谢产物，并继续对该产物进行修饰生成多种衍生物。一种次级代谢产物可由两种或两种以上代谢途径合成。次级代谢产物的合成受多基因控制。往往以基因簇形式存在。除染色体外，还有细胞质遗传物质，可能存在于质粒、线粒体内。遗传物质的变异和丢失是导致菌种退化和生产不稳定的重要因素，所以具有代谢不稳定性。微生物发酵制药的应用实例如下：

(1) 微生物发酵生产麦角固醇　麦角固醇，又称麦角甾醇，为无色晶体，是一种 28 碳甾族化合物，存在于酵母菌、青霉菌和黑曲霉的菌丝体中，其中尤以酵母菌为多。麦角固醇经紫外线照射可得到维生素 D_2，麦角固醇是维生素 D_2 的前体，具有重要的经济价值。麦角固醇在确保膜结构的完整性、确保与膜结合酶的活性、膜的流动性、细胞活力及物质运输等方面起着重要作用，是一种重要的医药化工原料，可用于"可的松""黄体酮"药品的生产。"黄体酮"是雌性激素之一，"可的松"具有抗炎症、抗过敏、抗病毒、抗休克等药理作用，临床上多用于控制严重中毒性感染和风湿病等。

麦角固醇最早是从麦角中提取出来的，目前国内外均采用酵母发酵法生产麦角固醇。所用菌种有酵母菌、曲霉和青霉等，其产量分别可达细胞干重的 2.7%、2.0% 和 1.8% 左右。Eugene 选育了生产麦角固醇的不同酵母菌，麦角固醇产量可达细胞干重的 2%～3%。国内从 20 世纪五六十年代起研究从酵母菌中提取麦角固醇，也有一些酵母厂投入生产。但普遍存在的问题是菌种麦角固醇含量低，提取率也较低。国内外对麦角固醇的研究很多，主要集中于菌种、培养基、发酵条件等方面，具有重要现实意义。麦角固醇结构式如图 3-4 所示。

如图 3-5 所示，发酵法得到产物麦角固醇过程中，为提高麦角固醇产量，在优化了发酵操作条件的基础上，对酵母流加培养过程中最优控制参数进行了研究，确定了以比生长速率为控制参数的流加培养方案。这一方案可实现酵母发酵生产麦角固醇培养过程高生物量和高含量的统一。

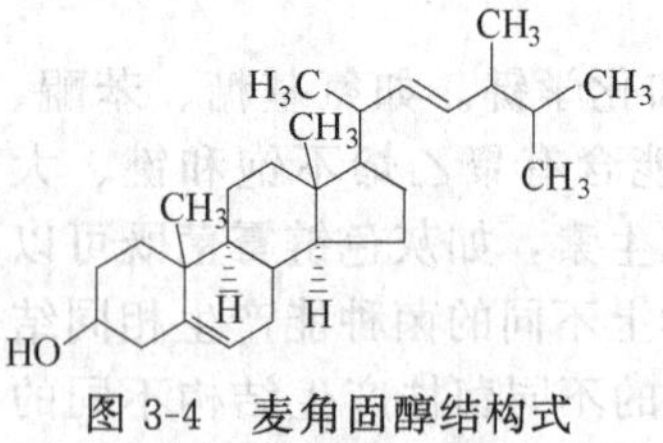

图 3-4 麦角固醇结构式

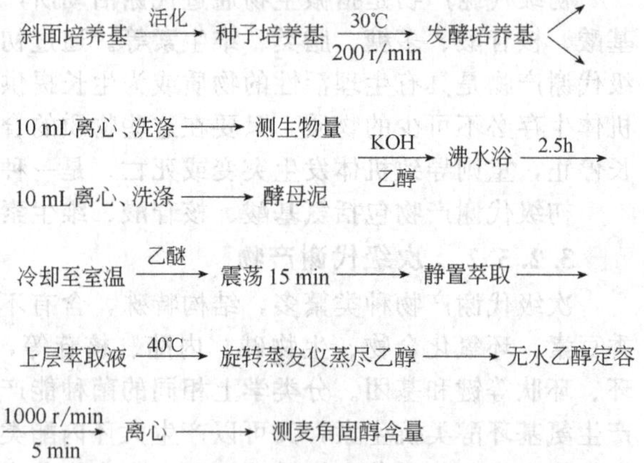

图 3-5 酿酒酵母发酵法测定麦角固醇产量

发酵工艺：菌种活化→种子制备→分批补料发酵。

pH 变化：有机酸的消耗造成 pH 的升高。此时开始适当流加葡萄糖。酵母的糖代谢逐渐旺盛，产生的有机酸等代谢产物导致 pH 的持续下降。在发酵过程终了前伴随大量菌体自溶，内含物被释放，pH 会明显回升。

溶氧：在发酵初始过程可以明显看到溶氧急剧下降，摄氧率增加，这是由于菌体开始代谢的结果。随着培养基中葡萄糖的耗尽，摄氧率开始趋于平缓并开始下降。与此同时溶氧开始上升。

生物量：在发酵初期，生物量生长缓慢，细胞处于延迟期，合成新的酶系以适应环境。同时由于初始糖浓度较高，细胞主要进行厌氧代谢，产生大量的乙醇，当糖被消耗至较低的浓度时，酵母就会由于缺乏碳源而生长停滞；此时如不及时补糖，酵母就会逐渐合成新的酶系以利用乙醇进行二次生长；如及时根据乙醇浓度反馈补糖，则溶氧值会随着糖的消耗而逐渐下降。

酿酒酵母摇瓶生产麦角固醇的最佳发酵条件是：温度为 28℃，pH 值为 6.0，接种量为 8%，装液量为 45mL。

提取工艺流程：酿酒酵母干菌体→细胞破碎→加丙酮萃取→过滤→浓缩结晶→低温干

燥→产品麦角固醇。

　　乙酸酐与麦角固醇的反应快慢与麦角固醇的浓度有关，麦角固醇含量高的反应速度快，颜色较深，含量低的溶液反应速率慢，颜色也较浅。经多次实验验证，这种方法是比较简便快捷的，因此可以用来筛选麦角固醇浓度不同的溶液。

　　如图 3-6 所示，Keasling 等[1] 团队也采用生物合成途径打通麦角固醇途径，并尝试提高其产量。途径中各基因表达活性均被测得，将合成途径分成几个模块，通过调整模块间的表达水平，平衡途径的通量，避免中间产物的过多积累。通过简单改变每一个模块质粒的拷贝数，调换启动子和 mRNA 稳定区域来调节表达，提供更多的前体进入生物合成途径，提高麦角固醇终产量。

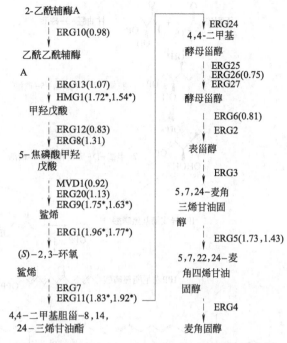

图 3-6　酿酒酵母中 MVA 途径生物合成麦角固醇[1]

　　（2）微生物发酵生产番茄红素　番茄红素（lycopene）是类胡萝卜素（carotenoid）的一种，是由 11 个共轭碳碳双键及 2 个非共轭碳碳双键构成的高度不饱和直链型烃类化合物，分子式：$C_{40}H_{56}$。分子量：536.85。番茄红素的晶体为暗赤色针状或柱状，熔点：175℃，易溶于氯仿、苯，可溶于乙醚、石油醚、己烷、丙酮，难溶于甲醇、乙醇，不溶于水。在自然界中番茄红素主要存在于番茄、西瓜等蔬菜水果中。1903 年 Schundc 发现番茄中提取的番茄红素的吸收光谱不同于胡萝卜素，将其命名为 lycopene，其结构式如图 3-7 所示。

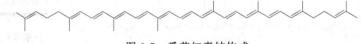

图 3-7　番茄红素结构式

　　番茄红素是类胡萝卜素生物合成途径中的一个中间代谢产物。在植物及细菌中通过 MEP（2-methyl-derythritol-4-phosphate，2-甲基-D-赤鲜糖醇-4-磷酸）途径合成，在真菌中以 MVA（mevalonic acid，甲羟戊酸）途径合成。生物合成途径如图 3-8 所示。

　　番茄红素具有清除氧自由基、抑制细胞增殖、增加免疫力等作用，具备如下生理功能：

　　① 预防癌症。番茄红素具有消除致使癌细胞扩散的活性氧的作用，能够促进细胞间正常结合蛋白合成，并抑制癌症细胞转移增殖因子 a-TGF 的遗传表达，从而对前列腺癌、胰腺癌、乳腺癌和淋巴肿瘤等具有预防作用。

　　② 防治心血管疾病。番茄红素能阻止低密度脂蛋白的氧化、抑制 DNA 和脂蛋白氧化物的形成，从而防止心血管疾病的发生。

　　③ 缓解骨质疏松症。番茄红素作为抗氧化剂可以抑制骨骼系统发病诱因（氧化应激反应），从而降低骨质疏松的发病水平。

　　④ 提高机体免疫力。番茄红素强抗氧化作用维持了免疫细胞结构和功能的完整性，从而提高机体免疫力。

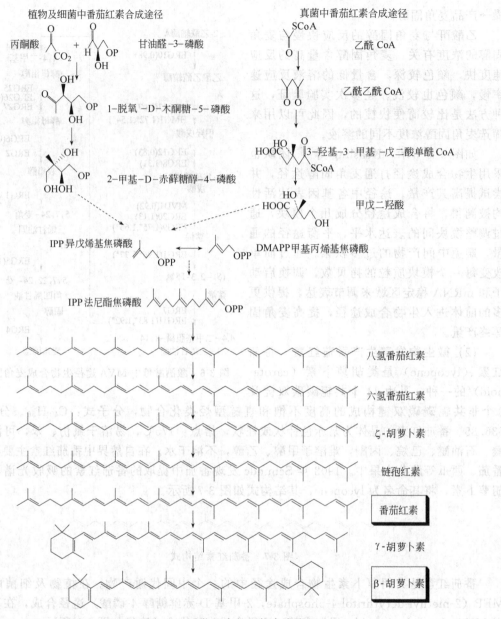

图 3-8 番茄红素的生物合成途径

⑤ 其他功能。番茄红素还具有抗衰老、预防帕金森综合征和通过缓解视网膜色斑退化而防止视力下降，并对口腔黏膜白斑病、紫外线致使的皮肤损伤具有治疗作用。

番茄红素的生产方法主要有提取法、化学合成法及发酵法。

提取法：在自然界中番茄红素主要存在于番茄、番石榴及西瓜等蔬菜水果中。尤其在番茄中，番茄红素主要存在于番茄的表皮中，含量为 $(8.8 \sim 42.0) \times 10^{-3}$ mg/g（鲜重）。用提取法从番茄中提取番茄红素产率低，且生产受季节影响明显，加之价格昂贵，无法满足市场需求。

提取工艺：番茄 → 预处理 → 浸提 → 提取液 → 浓缩 → 精制 → 成品。

有机溶剂萃取法生产工艺流程：萃取 → 分离 → 饱和氯化钠溶液洗涤 → 10%碳酸钾溶液洗涤 → 水洗涤 → 硫酸钠干燥 → 真空浓缩 → 色谱分离。

化学合成法：化学合成番茄红素主要是 Wittig 反应法，以假紫罗兰酮为原料合成三苯基氯化磷，三苯基氯化磷与辛三烯二醛、甲醇在 2-丙醇中反应[2]。化学合成法由于双键立体选择性难以控制，致使产物不可控，且使用的化学试剂在产品中会有不同程度的残留。番茄红素作为一种药或功能食品，对纯度有较高的要求。而且大量化学试剂的使用会造成环境污染，从而限制了产品质量及适用范围。

发酵法：利用特定微生物的代谢将淀粉、葡萄糖、黄豆饼粉等廉价原料转化为番茄红素，不受原材料、地理环境和气候等因素影响，工艺简单、生产周期短、生产效率高、生产成本低。且产物质量可控，并减少了对环境的污染。最重要的是发酵法生产的番茄红素属于天然型产品，其活性与天然植物提取的活性成分一致，且与合成法生产的相比易于人体吸收。

发酵法生产番茄红素：

a. 菌种选育。主要为三孢布拉氏霉菌，经基因改造的酵母菌，红色细菌，以及革兰氏阴性非光合菌。

菌种选育通常采用诱变育种的方法，Mehta 等[3] 采用亚硝基胍对野生三孢布拉氏霉菌（*B. trispora*）：菌株（＋）F986 和菌株（－）F921 进行突变改良，获得两性突变体菌株，番茄红素的含量为 15mg/g，较出发菌株提高了 1.2 倍。

b. 发酵工艺优化

碳源：组成培养基的主要成分之一，三孢布拉氏霉菌在以玉米糖化液为碳源的培养基中生长情况良好，因该物质有利于氧的溶解，利于菌种的生长。

氮源：酪蛋白和玉米浆对于菌体的生长都比较有利，但是酪蛋白难溶，不适合工艺生产，故选用比较廉价的玉米浆作为后续实验种子培养基的氮源。

培养方法：将混合好的正、负菌株的孢子悬液直接接到发酵培养基的一级培养工艺，使用营养成分简单且价格低廉的培养基，确定正负菌株的接种种龄及混合配比。

接种量：接种量的大小决定于生产菌种在发酵过程中生长繁殖的速度。采用较大的接种量可以缩短菌丝体到达高峰的时间，使得产物提早形成。同时，种子液中含有大量体外水解酶类，有利于基质的利用。但是，如果接种量过多，往往使菌体生长过快、培养液黏度增大，造成溶解氧不足而影响产物合成。

种子培养时间：种子培养时间最佳为 34～36h，在这段时间内，菌体形态主要以细长菌丝体为主，当培养 40h 时，形成菌丝聚集体，这种菌丝形态不利于发酵过程中物质的传递。

pH 值：发酵液的初始 pH 值 7.5 时较利于番茄红素的积累，但在发酵过程中控制恒定的 pH 值 7.5。对发酵极为不利，原因为不调节 pH 值时，菌体能产生多种有机酸，作为自身利用的碳源，而调节恒定的 pH 值，影响代谢流向。

温度：产生番茄红素的最佳温度为 25℃，较高的温度（28～30℃）将会增加 β-胡萝卜素和 γ-胡萝卜素的含量，降低番茄红素的产量。

溶氧：三孢布拉霉代谢进入稳定期后开始合成番茄红素，此时溶氧不再是番茄红素合成的限制因素。采用较低搅拌速度（150r/min）会使番茄红素的产量降低，主要是因为低搅拌速度致使菌体在生长阶段供氧不足，发酵液的黏度增加，菌丝细长。搅拌速度为 300r/min 时，菌丝短粗，番茄红素产量增加，转速大于 300r/min 时，由于剪切力过大，番茄红素和菌体量都降低。增加空气流速，提高空气中的氧气浓度，能够增加溶氧水平并降低二氧化碳浓度，因此能促进番茄红素的合成。

选择适当的原材料和加入促进因子，能够提高溶氧水平，降低发酵液的黏度，从而促进番茄红素的合成。在发酵培养基中加入卵磷脂或者柑橘渣时，能够使产量分别提高 26%、

58％，并增加菌体的生物量。用油菜籽油或葵花籽油来替代大豆油，能增加番茄红素的产量，使用葡萄糖替代油类或者延时加入油类，都使得番茄红素的产量降低。

此外还可通过基因工程技术，构建高产工程菌株生产番茄红素。Alper 等[4] 采用基于化学计量学模型的系统方法结合基于转座子的组合法的靶基因敲除技术构建了一个番茄红素过量表达大肠杆菌工程菌株，在摇瓶中经过 48 h 培养番茄红素含量达 18mg/g，较出发重组菌株 E. coli K12 增加了 8.5 倍。系统化组合化目的基因敲除鉴定如图 3-9 所示。

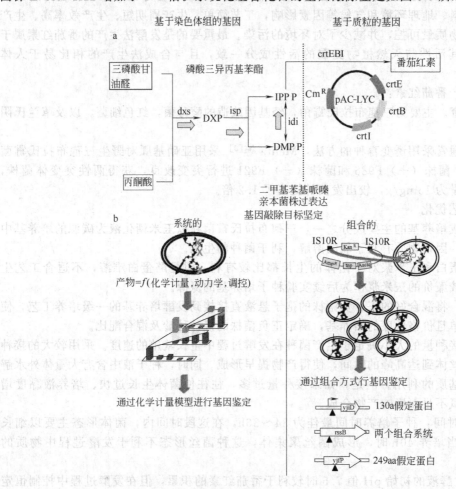

图 3-9　系统化组合化目的基因敲除鉴定示意图[4]

Yoon 等[5] 利用质粒 pBAD24 建立携带欧文氏菌（crtE，crtB，crtI）和雨生红球藻（ipi HP1）控制番茄红素合成基因的载体 pT-LYCm4 和 pSSNl2Didi，将其转入大肠杆菌（*Escherichia coli*）后，使番茄红素的含量达 22mg/g，产量达 102mg/L，较出发菌株（crtE，crtB，crtI，ipi HP1，pT-LYCm4）（17mg/g）含量提高 0.3 倍。为目前文献报道基因工程菌最高的番茄红素含量。大肠杆菌中天然 MEP 途径和外源甲羟戊酸途径合成 IPP 和 DMAPP 生物合成番茄红素如图 3-10 所示。

Nicolas-Molina 等[6] 通过遗传修饰破坏卷枝毛霉（*Mucor circinelloides*）MU202 中的crgA 基因（编码胡萝卜素形成的负调控蛋白），进而得到组合菌株 MU224 使番茄红素含量达到 5mg/g，较出发菌株 MU202 增加了 7 倍，在摇瓶中培养番茄红素产量达 54mg/L。cr-gA 基因干扰如图 3-11 所示。

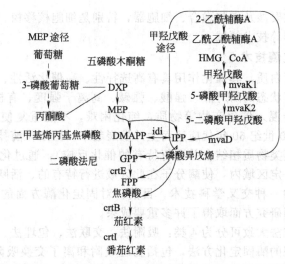

图 3-10 大肠杆菌中天然 MEP 途径和外源甲羟戊酸途径合成 IPP 和 DMAPP 生物
合成番茄红素示意图[5]

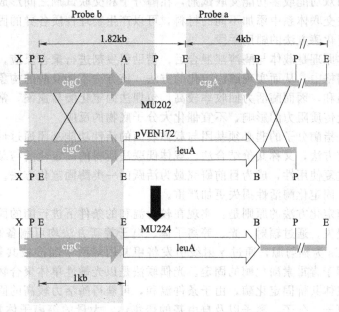

图 3-11 crgA 基因干扰示意图[6]

3.3 动植物细胞制药的原理与设备

3.3.1 动植物细胞制药概述

3.3.1.1 细胞工程

细胞工程是以细胞为单位，利用细胞和分子生物学等理论和技术，依照人们的意志，精心进行有目的的设计和操作，改变细胞的某些遗传特性，达到改良新品种或生产新品种的目的，以及增加细胞或者重新获得产生某种特定产物的能力，并且在离体的条件下大量进行培养、增殖，从而提取出有利于人类的产品的一门应用科学和技术。它主要由细胞的培养、遗传操作和保藏等上游工程和将已转化的细胞应用到生产实践中用以生产生物产品的下游工程构成。细胞工程当前主要涉及细胞融合、细胞器，特别是细胞核移植、染色体改造、转基因动植物和细胞大量培养等技术领域。

3.3.1.2　固定化酶技术

酶的化学本质是蛋白质，其催化作用具有高选择性、高催化活性、反应条件温和、环保无污染等特点。但游离状态的酶对热、强酸、强碱、高离子强度、有机溶剂等稳定性较差，易失活，并且反应后会混入催化产物等物质，纯化困难，不能重复使用。为了克服这些问题，酶固定化技术于20世纪60年代应运而生并发展起来。固定化酶技术是模拟体内酶的作用方式（体内酶多与膜类物质相结合并进行特有的催化反应），通过化学或物理手段，用载体将酶束缚或限制在一定区域内，使酶分子在此区域进行特有的、活跃的催化作用，并可回收及长时间重复使用的一种交叉学科技术。目前，对固定化酶方面的研究已得到了长足发展，在理论研究和应用研究方面取得了许多重要成果。

传统的酶固定化方法大致可分为4类：吸附法、交联法、包埋法、共价结合法。

吸附法是最早出现的酶固定化方法，包括物理吸附和离子交换吸附。该方法条件温和，酶的构象变化较小或基本不变，因此对酶的催化活性影响小，但酶和载体之间结合力弱，在不适pH、高盐浓度、高温等条件下，酶易从载体脱落并污染催化反应产物等。

交联法是利用双功能或多功能交联试剂，在酶分子和交联试剂之间形成共价键，采用不同的交联条件和在交联体系中添加不同的材料，可以产生物理性质各异的固定化酶。交联法一般作为其他固定化酶方法的辅助手段。

包埋法的基本原理是载体与酶溶液混合后，借助引发剂进行聚合反应，通过物理作用将酶限定在载体的网格中，从而实现酶固定化的方法。该方法不涉及酶的构象及酶分子的化学变化，反应条件温和，因而酶活力回收率较高。包埋法固定化酶易遗漏，常存在扩散限制等问题，催化反应受传质阻力的影响，不宜催化大分子底物的反应。

载体偶联法是指酶分子的非必须基团与载体表面的活性功能基团通过形成共价键实现不可逆结合的酶固定方法，又称共价结合法。载体偶联法所得的固定化酶与载体连接牢固，有良好的稳定性及重复使用性，成为目前研究最为活跃的一类酶固定化方法。但该法较其他固定方法反应剧烈，固定化酶活性损失更加严重。

开发新型酶固定化方法的原则是：实现在较为温和的条件下进行酶的固定化，尽量减少或避免酶活力的损失。通过辐射、光、等离子体、电子等新方法均可制备高活性固定化酶。Mohy 等[7] 以 ^{137}Cs 为辐射源，通过 γ 射线引发将甲基丙烯酸甲酯接枝共聚于尼龙膜表面，经进一步活化，用于青霉素酰化酶的固定。光偶联法是以光敏性单体聚合物包埋固定化酶或带光敏性基团的载体共价固定化酶，由于条件温和，可获得酶活力较高的固定化酶。等离子体是高度激发的原子、分子、离子以及自由基的聚集体，大量的等离子体常在室温下存在。载体材料表面可以由等离子体进行有用修饰，从而引入活性基团。Puleo 等[8] 将钛合金 Ti-6Al-4V 表面用丙烯酸胺等离子体处理引入氨基，然后将含碳硝化甘油接枝于钛合金表面，或者将等离子体处理的钛合金先用琥珀酸酐处理，再用含碳硝化甘油接枝，进而将溶菌酶和骨形态蛋白进行固定，实现了生物分子在生物惰性金属上的固定化。

3.3.1.3　基因工程技术

基因工程制药主要是指人们按照既定的意图，在主基因组中整合入宿外源基因，生产具有生物学活性的蛋白药物。利用基因工程制药技术生产的工程药物，能够有效治疗一些临床的疑难病症，有力促进了人们的体质健康。在制药产业中，基因工程制药已经成为一个崭新的领域。

基因工程是一项复杂的技术，主要是在分子水平上操作基因，具体来说就是：在体外剪切、组合和拼接目的基因及其载体，继而利用载体转入微生物、植物或植物细胞、动物或动物细胞（受体细胞），在细胞中目的基因得以表达，从而使人类需要的产物产生，或者新的生物种类诞生。自从 20 世纪 70 年代基因工程问世以后，在医药领域最早被采用，同时也是目前该技术应用最活跃的领域，特别是其已经被广泛应用于研发和生产新药。

3.3.2　动植物细胞制药原理

3.3.2.1　动物细胞制药原理

(1) 动物细胞生理特征、种类及细胞库类型　生理特征：细胞的分裂周期长，一般为 12～48h，细胞分裂周期＝间期(G1 期＋S 期＋G2 期)＋分裂期(M 期)；细胞生长需贴附于基质，并有接触抑制现象；正常二倍体细胞的生长寿命是有限的；动物细胞对周围环境十分敏感；动物细胞对培养基要求高；动物细胞蛋白质的合成途径和修饰功能与细菌的不同。

种类：

WI-38：1961 年来源于女性高加索人正常胚肺组织的二倍体细胞系，核型为 $2n＝46$。

MRC-5：从正常男肺组织中获得的人二倍体细胞系，核型为 $2n＝46$。

CHO-K1：从中国地鼠卵巢中分离的一株上皮样细胞。

BHK-21：从 5 只无性别的生长 1 天的地鼠、幼鼠的肾脏中分离的。

Vero：来源于正常的成年非洲绿猴肾。

Namalwa：来源于肯尼亚患有 Burkitt 淋巴瘤的病人体中。

SP2/0-Ag14：通过融合的方法，从具有抗羊红细胞活性的 BALB/c 小鼠的脾细胞和骨髓瘤细胞系 P3X63Ag8 融合的杂交瘤 SP2/HL-Ag 亚克隆中分离得到。

Sf-9：从亲代 IPLB-SF21 AE 中克隆形成。

细胞库类型：原始细胞库和生产用细胞库或工作细胞库。

(2) 动物细胞培养所用合成培养基　细胞种系不同对培养基的要求亦有差异，主要有三类：天然培养基、合成培养基和无血清培养基。

(3) 动物细胞大规模培养技术　从生产实际来看，动物细胞大规模培养主要可分为悬浮培养、贴壁培养、贴壁-悬浮培养。

(4) 动物细胞培养的操作方式　a.分批式操作；b.半不连续式操作；c.灌流式操作。

3.3.2.2　植物细胞制药原理

(1) 植物次级代谢产物特征　由初级代谢产物衍生而来，与生物的生存、生长、繁殖无关的那类代谢产物。

(2) 植物细胞培养特征　外植体的选择：取自活体植物体、接种在培养基上的无菌细胞、组织、器官等，用于直接分离细胞、愈伤组织诱导、分离原生质体。

(3) 植物细胞大规模培养技术　a.细胞成批培养；b.半不连续培养；c.连续培养；d.固定化培养。

(4) 植物细胞培养的操作方式　平板培养、看护培养、微室培养、条件培养（双层滤纸培养）。

3.3.3　动植物细胞制药的相关设备

3.3.3.1　动物细胞制药的相关设备

动物细胞生物反应器的种类通常可按操作方式（分批操作和连续操作）、存在的相态（均相、非均相）、流动形态和接触方式来加以划分。本节主要定性介绍几种已经应用并具有应用前景的生物反应器。对于动、植物培养这个现代生物技术，不断开发新型反应器以适应生产需要始终是一项重要的研究任务。

(1) 气升式细胞培养生物反应器　空气提升式（常简称为气升式）细胞培养生物反应

器，其构造和工作原理在前面作为其他类型发酵罐已经作了介绍。该类反应器最初用于大型生产单细胞蛋白，后来发现可用于动植物细胞培养，特别是用于生产次级代谢产物的分泌型细胞等得到良好的效果。杂交瘤细胞能在气升式反应器中进行培养，也能在搅拌槽式反应器中培养，但是在生产中采用气升式反应器有以下优点：首先，它的结构简单，避免了使用轴封而造成的微生物污染；其次，气升式反应器传质性能好，尤其是氧的传递速率高，更主要的是气升式反应器产生的湍流温和且均匀，剪切力相当小，对细胞破坏作用小；而且液体循环量大，使细胞和营养成分能均匀分布在培养基中。由于气升式反应器具有上述优点，因此，其已广泛应用于大规模细胞培养。

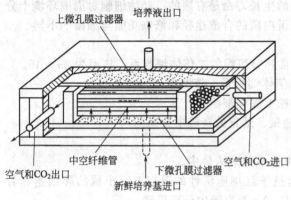

图 3-12　中空纤维管生物反应器

（2）中空纤维管生物反应器　中空纤维管生物反应器（图 3-12）是膜式反应器中有代表性的一种，应用较为广泛，即可培养悬浮生长的细胞，又可培养贴壁依赖性细胞。如能控制系统不受污染，则能长期运转。这种反应器已用于多种细胞培养和生产分泌产物。

如前所述，动物细胞培养时间要比一般微生物培养时间长得多，其灭菌要求也更严格，这一点对中空纤维管培养器而言更为重要。如果因该装置操作不当而污染杂菌，将导致整个装置无法灭菌再生而报废，这是中空纤维管培养器的最大缺点。

（3）通气搅拌生物反应器　各种搅拌式生物反应器的主要区别在于搅拌器的结构不同。根据动物细胞培养的特点，要求搅拌器转动时产生的剪切力要小，混合性能还要好，围绕这两项要求，已开发了不少型式的搅拌器。

图 3-13 是一种用于动物细胞微载体悬浮培养反应器。反应器内有一个旋转圆筒，在圆

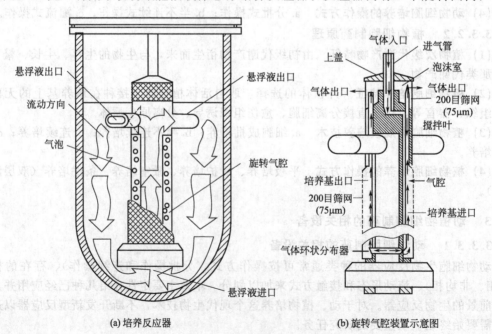

(a) 培养反应器　　　　　　　　(b) 旋转气腔装置示意图

图 3-13　气腔式动物细胞微载体悬浮培养反应器

筒的上部有 3～5 个中空的导向搅拌桨叶,在圆筒外壁上用不锈钢丝制成一个环状气腔。反应器运转时,圆筒由轴联动一起旋转,培养液由于中空导向桨叶的搅拌作用。液体与微载体的悬浮液会由圆筒下部吸入。从中空导向桨叶流出,形成循环流动。在气腔内气体由分布管鼓泡进入,可溶解的气体溶解于液体中,依靠气腔丝网外的循环流及扩散作用,使溶于液体的气体能均匀分布在反应器内。用网的作用是保证载体不能进入气腔中,而气泡也不能流入培养总浮液中,避免了气泡直接与动物细胞接触。

该反应器还带有一个进入气腔的混合气体(氧气、氮气、二氧化碳和空气)调节系统,用来自动控制溶氧和使该反应器操作方便,转速可调控。

另一种结构比较简单的带机械搅拌的气腔动物细胞反应器见图 3-14 所示。其外壳是一个圆锥形筒体,锥体内装有一个可旋转的塑料丝网腔,在腔的尖端带有一个螺旋桨搅拌器,靠螺旋桨的推动作用使培养液得到循环流动,同时也使微载体悬浮于培养液中。在塑料丝网气腔内,有一气体鼓泡管,同样也有 4 种气体通过配比调节来调节培养液的 pH 值和溶氧浓度,以满足动物细胞生长所需的条件。这样的反应器可在 5L 开始进行流加培养,直到培养液体积达 150L。

(4) 流化床生物反应器 流化床生物反应器的基本原理是支持细胞生长微粒呈流化状态,这种微粒的直径为 $500\mu m$ 左右,具有像海绵一样的多孔性,可由胶原制备,再用无毒性物质增加其密度达到 $1600 kg/m^3$ 或更高些,目的是使它能在向上流动的培养液中呈流态化。细胞接种于这种微粒之中,通过反应器中垂直向上循环流动的培养液使之成为流化床,并不断供给细胞必要的营养成分,使细胞得以在微粒中生长。同时,新鲜的培养液不断加入,培养产物或代谢产物不断排除。图 3-15 为生产中应用的流化床反应器示意图。这种反应器的传质性能很好,而且在循环系统中采用了膜气体交换器,能快速提供高密度细胞所需要的氧,同时又可及时排出代谢产物和二氧化碳。反应器中的流体流速应是能足以使微粒悬浮,又不会损坏脆弱细胞为宜。因此,反应器应满足如下要求:

① 培养的细胞密度要高;

② 使高产细胞长时间停留在反应器中;

③ 优化细胞生长与产物合成的环境。

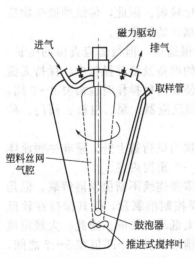

图 3-14 锥形动物细胞培养反应器

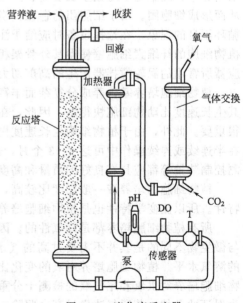

图 3-15 流化床反应器

（5）细胞培养灌注系统　当高密度培养动物细胞时，必须确保补给细胞足够的营养，同时还要及时排除有毒的代谢产物。在分批培养中，可以采用取出部分培养液和加入新鲜培养液的方法来实现。这种分批部分培养液方法的缺点是：当细胞浓度达到一定量时，废代谢物的浓度可能在换液前就已达到了产生抑制作用的浓度。一种有效的方法就是用新鲜的培养液进行连续灌注。通过调节灌注速度，可以把培养过程维持在废代谢物处于抑制水平状态以下。灌注系统的示意图如图 3-16 所示。一般在分批培养中，细胞密度为 $2 \times 10^6 \sim 4 \times 10^6$ 个/mL，在灌注系统中可达 $2 \times 10^7 \sim 5 \times 10^7$ 个/mL。灌注技术目前已经应用于许多不同的培养系统中，规模已达到几十升到几百升。

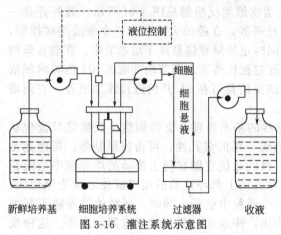

新鲜培养基　　细胞培养系统　　过滤器　　收液
图 3-16　灌注系统示意图

图 3-16 所示的灌注系统通常是由反应器与一个新鲜的培养液贮罐、一个培养液上清液贮罐、三台蠕动泵和一个分离器组成。在微载体培养系统中，分离器经常为一个特别的澄清器，微载体在澄清器中由于密度差而沉降分离后，再返回反应器内；上清液由蠕动泵输送入上清液贮罐。在杂交瘤等悬浮培养系统中，分离器常用一个中空纤维管分离器。由中空纤维管滤出的培养上清液由蠕动泵输入贮罐内，经处理的培养液及细胞悬浮液由另一台蠕动泵送回反应器内，完成整个操作。

3.3.3.2　植物细胞制药的相关设备

植物细胞比微生物细胞大得多，和动物细胞大小基本相同。与动物细胞培养不同的是其很少以单一细胞悬浮生长，通常是一团细胞的非均相集合体。细胞数一般在 2～200 之间，直径为 2mm 左右，其值主要取决于细胞系的来源、培养基和培养时间。这种细胞团至少由两种方式产生：第一种也是常见的一种，在细胞分裂之后没有进行细胞分离；第二种是在间歇培养中，细胞处于对数生长后期、开始分泌多糖和蛋白质或者以其他方式形成熟性表面，从而形成细胞团。由于细胞团的存在，当细胞密度高，黏性大时，就容易产生设备内混合和循环不良的现象，在选择设备时应给予注意。另一值得注意的是植物细胞结构形态的特性。植物细胞的纤维素细胞壁使得其外骨架相当脆，抗剪切能力比较弱。因此，传统的微生物反应器所常用的涡轮搅拌器产生的高剪切力容易破坏有些植物细胞的细胞壁。

植物细胞培养基营养成分复杂而丰富，虽然对细菌不是很适应，但很适应真菌的生长，其生长速度比动物细胞快得多。因此，在植物细胞培养系统的准备及培养操作中，保持无菌很重要。此外，由于植物细胞生长速度慢，操作周期长，即使在间歇操作时也需要 2～3 周，在半连续或连续操作中可达 2～3 个月，这就要求所有设备如反应器、泵、电极、阀门、检测控制装置等都应具有良好的质量和高度的稳定性。

植物细胞的培养液一般黏度比较高，其黏度随细胞的增加而呈指数上升，呈非牛顿流体特性。所以流变学特性也是植物细胞培养领域中值得研究的一个重要内容。

所有植物细胞培养都是好氧性的。因此，在培养过程中需要连续不断提供溶解氧。但是与微生物不同的是其并不需要过高的气-液传质系数，而是要控制溶氧量，使其保持在较低的溶氧水平。植物细胞培养对氧的变化比较敏感，氧太高或太低均有影响。因此，大规模植物细胞培养对供氧和尾气氧的检测十分重要。大多数植物细胞培养要求 pH 值在 5～7 之间，为保证此条件，若通气速率过高会驱除二氧化碳，反而会抑制细胞的生长。为了解决这个问题，可在进气中加入一定量的二氧化碳来缓解。

植物细胞培养过程中，产生泡沫的特性与微生物不同。其气泡比微生物系统要大得多，而且多覆盖有蛋白质等物质，气泡大，使细胞极易包埋在泡沫中，有被带出设备外的可能性。如果不采用化学或机械方法加以控制，就会给过程带来损失。

植物细胞培养过程中，表面黏附也是应注意的问题。由于细胞的黏性很大，它往往会黏附于反应器的器壁上或电极和挡板的表面上。对于表面上黏附的细胞可用机械手段去除，但对于黏附在电极的细胞，往往会造成电极的损坏或检测不准确，解决这个问题的方法是在容器表面或电极表面涂上硅油，可起一定的作用。也有通过改变培养基中某些离子的成分取得成功的实例。

通过上面的论述，可以得出结论：从培养系要求的复杂性、对环境变化的敏感性、对剪切作用的耐受性等几方面来看，植物细胞培养要求应是介于微生物和动物细胞之间。也就是说，能够进行动物细胞培养的设备，就可以进行植物细胞培养；不能用于动物细胞培养的设备也有可能用于植物细胞培养。表 3-1 中列举了一些植物细胞培养反应器的实例说明了这一点。

表 3-1　大规模植物细胞培养反应器实例

容量/L	结 构 形 式	材 质	细胞来源
57	带有搅拌器的倒置三角瓶	玻璃	番薯属
5	带有搅拌器的圆底烧瓶	玻璃	欧亚碱
10	转瓶系统	玻璃	欧亚碱
10	普通微生物发酵罐	玻璃	海载
10	带有通气管道的气升式反应器	玻璃	海载
30	普通微生物发酵罐	不锈钢	黑麦草属
			蔷薇属
65	鼓泡柱反应器	玻璃	烟草
		不锈钢	烟草
100	气升环流式	玻璃	长春花
1500	鼓泡柱反应器	不锈钢	烟草
20000	通用式发酵罐	不锈钢	烟草

3.3.4　动植物细胞制药的应用实例

3.3.4.1　动物细胞制药的应用实例

(1) 动物细胞生产人胰岛素　人胰岛素（human insulin，bINS）是由人胰岛 β 细胞分泌产生的一种蛋白类激素，主要生理作用是促进血液中的葡萄糖进入细胞并被利用，从而降低血糖，调节糖、蛋白质及脂肪代谢。一旦人体缺少胰岛素或胰岛素的作用不能充分发挥，就会引起糖尿病，并引起脂肪、蛋白质代谢紊乱，导致各种并发症发生。据世界卫生组织估计，到 2020 年全球糖尿病患者数可达 3 亿，它已成为严重威胁人类健康的常见病和多发病。目前，我国糖尿病病人已超过 3000 万，而胰岛素作为一线治疗药物具有广阔的市场前景。胰岛素的制备方法有：

① 微生物发酵法：胰岛素及其类似物基因在许多系统如大肠杆菌、酵母、枯草杆菌及链球菌中都得到了表达，其中某些系统得到相当高的表达。根据表达产物不同分为两类：第一类是分别合成人胰岛素的 A 链和 B 链基因，把这些基因插入带有原核启动子（如 β-半乳

糖苷酶基因）的载体质粒中，并将此重组质粒转入大肠杆菌或酵母菌中，克隆化的基因将受启动子的控制，转录并表达胰岛素 A 链和 B 链的融合蛋白，两者经过化学处理、二硫键连接而形成有活性的人胰岛素；第二类是将人胰岛素原基因或经过基因改造的人胰岛素原基因类似物转入微生物中进行发酵，经诱导表达，从表达产物中分离出胰岛素原，再将其复性，恢复形成正确的二硫键及空间结构，再在蛋白水解酶和羧肽酶作用下将 C 肽切除，产物纯化后获得有活性的人胰岛素。目前国内和国外都有采用这两种方法生产人胰岛素的报道。如我国的申同健等[9] 于 1987 年将人胰岛素原基因在酵母 a 因子系统中进行分泌表达，表达产量为 2mg/L；而我国北京大学的陈来同将胰岛素的 35 个氨基酸的 C 肽改为只有 2 个氨基酸的小 C 肽，在大肠杆菌中得到了高效表达，表达产量达到 20mg/L。

②哺乳动物细胞培养法：哺乳动物细胞表达系统主要是 CHO 细胞、C127、骨髓瘤细胞等。通过将人胰岛素、胰岛素原基因或其类似物构建真核表达载体，基因转染进哺乳动物细胞，经过药物筛选后获得阳性细胞克隆，再通过激素或药物进行诱导表达。如李华等[10]按常规法构建重组人胰岛素基因质粒 pEFla-ImINS，转染幼仓鼠肾（BHK）细胞，经 G418筛选，阳性克隆传至 20 代，RIA 检测细胞上清中胰岛素的表达量最高为 7.984μIU/mL。由于普通真核非内分泌细胞缺乏限制性内肽酶 PC2、PC3/PC1 不能在细胞内将表达的胰岛素原加工成有活性的胰岛素。但真核细胞内富含 Furin 蛋白酶；能识别 Arg-X-Lys-Arg 序列，将此序列引入人胰岛素原基因的 C 肽两端，真核细胞就可以在 Furin 酶的作用下将胰岛素原加工成成熟的胰岛素。胰岛 β 细胞中胰岛素的加工途径如图 3-17 所示：

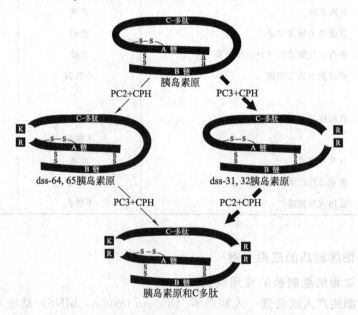

图 3-17　胰岛 β 细胞中胰岛素的加工途径示意图

(2) 动物细胞生产抗 HBsAg 的单克隆抗体　乙型肝炎是一种世界范围的流行性传染病，临床缺乏有效治疗方法。基因工程生产的人源性小分子抗体，如抗 HBsAg Fab 抗体或其单链抗体可代替血源性抗体，在临床上防治新生儿乙型肝炎病毒的垂直传播、肝脏移植病人的病毒控制等；同时，在其 3′端接上细胞因子如 a 干扰素、白细胞介素 2 等构建双功能抗体，在乙型肝炎的导向治疗中有着广泛的应用前景。陈文吟成功构建了稳定表达抗 HBsAg Fab抗体、抗 HBsAg 单链抗体、抗 HBScFv 与 IFN-a 融合蛋白、抗 HBScFv 与 IL-2 融合蛋白的工程菌。

3.3.4.2　植物细胞制药的应用实例

(1) 红豆杉细胞生产紫杉醇　紫杉醇（taxol）是四环二萜酰胺类化合物，是从红豆杉科红豆杉属植物的树皮和针叶等相关组织中提取出来的一种次生代谢产物，是世界公认的广谱、活性强的天然抗癌新药。它能够促进微管蛋白的合成，而微管蛋白可以和微管蛋白质相结合形成稳定的维管，从而阻止维管的解聚，"冻结"有丝分裂过程中的纺锤体，让肿瘤细胞停留在 G2 期和 M 期中间，抑制肿瘤细胞的复制，进而阻止癌细胞的增殖，逐渐缩小肿瘤的体积，而不是直接把癌细胞杀死。它是现阶段唯一可以控制癌细胞生长的植物药物。迄今为止，紫杉醇及其类似物只发现于裸子植物红豆杉科红豆杉属及澳洲红豆杉属植物中。具体结构如图 3-18 所示。

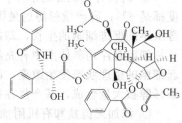

图 3-18　紫杉醇结构示意图

红豆杉属植物广泛分布于全球，大概有 11 种，我国有 4 个原种和 1 个变种。南方红豆杉 *Taxus chinensis* var. *mairei* 别名为美丽红豆杉，是红豆杉科红豆杉属植物，是中国红豆杉的一个变种，特产于我国，且广泛分布于我国南方各省区。由于该物种在自然界中罕见，且其自然繁殖能力很低，现已处于濒危状态，故被我国列为一级保护植物，它不仅具有重要的药用与遗产价值，还具有较高的观赏和材用价值。南方红豆杉是我国红豆杉属植物中紫杉醇含量较高的一种，其枝叶、茎皮、根、种子、果肉等组织中均含有紫杉醇，其根皮中紫杉醇的含量最高，达到 0.017 8%。前人的大量实验结果证明，南方红豆杉细胞悬浮培养效果以 B5 培养基为基本培养基的为最佳。有关细胞悬浮培养高产紫杉醇的研究涵盖面广，主要包括前体饲喂、添加抑制剂、添加诱导子、调整植物生长调节剂的比例和有机碳源的浓度、添加无机盐和有机附加物及促进剂组合等方面。

① 前体饲喂：前体饲喂既可以通过增加底物量来加快反应速率和提高产量，还能通过反馈抑制其他的分支路径来促进反应的顺利进行，从而有效地提高紫杉醇的产量。常见的前体有丝氨酸、苯丙氨酸、甘氨酸、苯甲酸等物质，有关研究结果表明，这些前体物质在红豆杉细胞悬浮培养过程中都能较好地促进紫杉醇的合成。吴兆亮等[11] 研究了南方红豆杉细胞双液相培养中前体饲喂和混合糖源这种生产培养基糖源对细胞生长和紫杉醇合成的影响情况，结果表明：前体饲喂（苯丙氨酸、苯甲酰胺和醋酸钠）或混合糖（麦芽糖和蔗糖）作为生产培养基糖源，其对提高南方红豆杉细胞双液相培养的紫杉醇产量有显著促进作用，而且前体饲喂和混合糖源的协同作用对其双液相培养中紫杉醇产量的提高也有进一步的促进作用。

② 添加抑制剂：在红豆杉细胞悬浮培养过程中可以添加一些如樟脑、松油醇、α-蒎烯等单萜合成抑制剂，这些抑制剂可在一定程度上阻止能量和物流过多地流向单萜 3 个旁路途径，使更多能量和物流集中到由单萜合成二萜的途径中来，从而提高紫杉醇的产量；且三者协同作用的效果更好。

③ 添加诱导子：在红豆杉细胞悬浮培养中经常使用的诱导子主要有两种：一种是非生物诱导子，包括化学协同物质（茉莉酸甲酯、花生四烯酸、水杨酸、甲基茉莉酮酸等物质）和一些人工合成化合物（苯甲酸等化合物）；另一种是生物诱导子，通常为经过高压灭活的细菌、真菌、酵母的细胞壁萃取物。在红豆杉悬浮培养体系中添加适量的诱导子，可有效刺激植物防卫系统，从而促进紫杉醇的代谢，同时使诱导得到的产物分泌到培养基中。臧新等[12] 研究认为，低浓度的油菜素内酯（BR）对于细胞生长具有轻微的促进作用；他们还认为，BR 在最适宜的诱导浓度范围内对培养细胞没有毒害作用。因其用量少，价格低廉，所以可以考虑将其用于大规模红豆杉细胞培养生产紫杉醇这一领域之中。

真菌诱导物大多数可以在一定程度上提高紫杉醇的含量，但其会强烈抑制红豆杉的细胞生长。张长平等人在悬浮培养南方红豆杉细胞体系研究中发现，当细胞进入指数生长末期时加入真菌诱导子，次生代谢产物中紫杉烷类的生物合成得到了加强，其中紫杉醇的含量达到67mg/L，是对照组的5倍左右。

④ 调整有机碳源的浓度：Kim 等[13] 的研究结果表明：不论使用哪种糖分，其最适浓度都是6%；高产紫杉醇的最优碳源是果糖，它对细胞的生长有较好的效果；甘露醇和山梨醇虽不能促进细胞的生长，却能促使紫杉醇的大量合成。晏琼等的实验结果表明：在南方红豆杉细胞悬浮培养体系中补充添加果糖对细胞生长状态和紫杉烷合成具有显著作用，其会引起细胞的生理状态发生改变，而且蛋白质（代表酶的含量）的含量有明显的提高，目的产物紫杉醇被大量合成，其产量在摇瓶和反应器体系中最高分别达到81.0mg/L和71.7mg/L。

⑤ 添加无机盐和有机附加物：Ketchum 等[14] 对红豆杉细胞悬浮培养中氮、磷等无机盐的吸收状况及其对细胞生长和紫杉醇产量的影响情况进行了研究，结果发现：在细胞生长初期（0～6d），培养液中的磷酸盐就被迅速、大量吸收了；到了中期（18d），几乎变成零；但到后期，在培养液中仍然可以检测到磷酸盐。该结果也说明后期细胞中的磷酸盐已逐渐渗透到外面的培养液中。

李干雄等[15] 在进行中国红豆杉细胞悬浮培养时发现：蔗糖、柠檬酸三铵、硝酸银、氨基酸前体和水杨酸组合对细胞的生长和紫杉醇的积累都有一定的影响，在悬浮培养之始加入1.67mg/L的硝酸银，第9天加入10g/L的蔗糖，第9天添加1540mg/L柠檬酸三铵时，紫杉醇含量达到最高，经过这个最优组合的处理，紫杉醇的质量浓度达到39.2mg/L，比最差组合（2.1mg/L）处理的提高了18.7倍。李干雄、李志良等人在进行中国红豆杉细胞悬浮培养时发现：氨基酸前体、水杨酸、硝酸银和D-果糖的添加时间对悬浮培养的中国红豆杉细胞的生长几乎没有什么影响，但能显著促进次生代谢产物——紫杉醇的生物合成；在悬浮培养的第14天向培养液中加入1.67mg/L的硝酸银，第18天加入0.1mg/L的水杨酸，第21天加入氨基酸前体，第21天再加入10g/L的D-果糖及2mg/L的硫酸镧时，其对紫杉醇的促进作用最为理想，经过这个最优组合的处理后，紫杉醇的质量浓度可以达到10.05mg/L，比经最差组合处理后紫杉醇的含量（1.77mg/L）提高了5.7倍。

(2) 植物细胞生产青蒿素　青蒿素（artemisinin）是继氯喹、乙氨嘧啶、伯氨喹和磺胺后最热的抗疟特效药，尤其对脑型疟疾和抗氯喹疟疾具有速效和低毒的特点，已成为世界卫生组织推荐的药品。青蒿素的抗疟机理与其他抗疟药不同，它的主要作用是通过干扰疟原虫的表膜-线粒体功能，而非干扰叶酸代谢，从而导致虫体结构全部瓦解。目前药用青蒿素是从中药青蒿即菊科植物黄花蒿的叶和花蕾（*Artemisia annua* L.）中分离获得的。由于青蒿的采购、收获，直至工厂加工提取，环节较多，费时费力，且不同采集地和不同采集期青蒿的品质有很大的差别，同时，大量采集自然资源，必然会破坏环境和生态平衡，导致资源枯竭，因此，为了增加青蒿素的资源，世界各国都在加紧开展青蒿素及其衍生物的开发研究，长期稳定、大量供应青蒿素成为各国科学家面临的严峻考验。青蒿素结构式如图3-19所示。

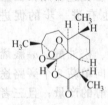

图 3-19　青蒿素结构式

到目前为止，已有十几种青蒿素衍生物的抗疟效果比青蒿素活性高出多倍。自我国开展有关青蒿素的研究后，世界各国相继开展此方面的重复性研究，获得的结果显示了抗疟的特效性。化学合成青蒿素这一复杂的天然分子是有机化学工作者所面临的挑战。中国科学院上海有机所对青蒿素及其一类物的结构和合成进行了大量的工作。1986 年，Xu 等[16] 报道了青蒿素的全合成途径，其合成以 *R*-（+)-香草醛为原料，经十几步合成青蒿素的途径如图3-20 所示。国外也以不同原料为出发点进行青蒿素一类物的化学合成研究。青蒿素全合成研究虽已取得一些明显的进展，但到目前尚未显示出商业的可行性。

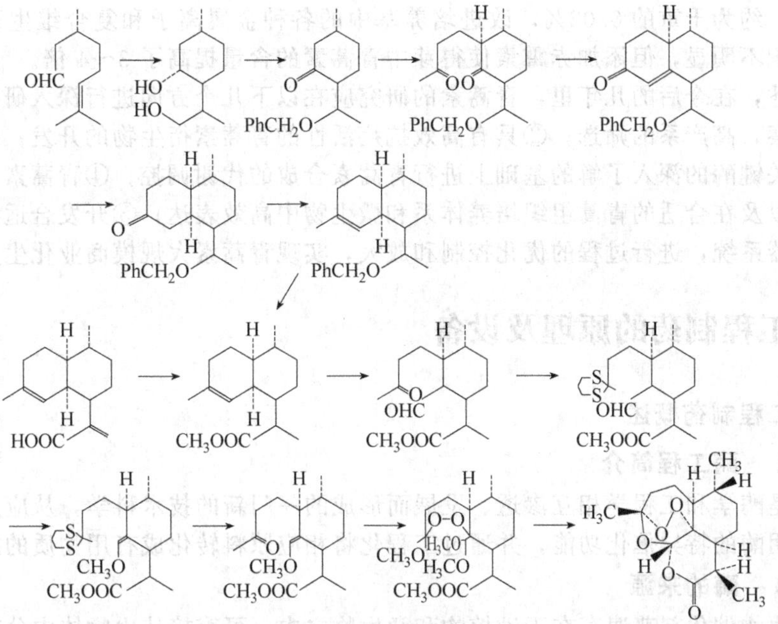

图 3-20　青蒿素化学合成途径

由于萜类化合物的生物合成途径非常复杂，因此对于青蒿素这一类低含量的复杂分子的生物合成研究就更具复杂性。对于倍半萜内酯的合成，其限速步骤一是环化和折叠成倍半萜母核的过程，另一个限速步骤为形成含过氧桥的倍半萜内酯过程。Akhila 等[17] 通过放射性元素示踪法对青蒿素的生物合成途径进行了研究，认为青蒿素的生物合成途径如下图所示：从法尼基焦磷酸出发，经牻牛儿间架（germacrane）、双氢木香交酯（dihydrocostunodile）、杜松烯内酯（cardinanolide）和青蒿素 B（arteannuin B），最终合成青蒿素。国内也进行青蒿素生物合成的研究，探索了以〔2-14C〕-MVA（乙酸钠-2-14C）为前体生物合成青蒿酸，以及以青蒿酸为前体生物合成青蒿素及青蒿素 B 的过程（图 3-21）。

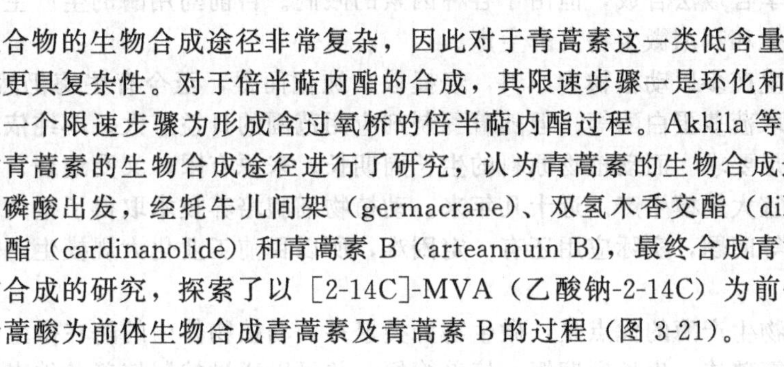

图 3-21　生物合成青蒿素示意图[17]

利用植物组织培养来生产青蒿素是目前青蒿素研究的另一热点，可能成为大规模生产青蒿素的重要手段。贺锡纯等[18] 对青蒿的愈伤组织、带芽的愈伤组织和由愈伤组织分化产生的小植株中青蒿素的合成进行分析，认为青蒿愈伤组织中不含青蒿素，在愈伤组织伴随芽分化形成时，检测到青蒿素的含量约为干重的 0.008％，而在分化苗长成的植株中，青蒿素的含量达到干重的 0.92％，高于野生植株。Paniego 等[19] 在新诱导的青蒿愈伤组织中检测到青蒿素的含量为干重的 0.08％～0.1％，此培养物经三次继代培养后，愈伤组织内青蒿素的含量几乎难以检测到。由此可见，在未分化的青蒿植物组织中不含或含有极低水平的青蒿素，而一定的组织分化则可促进青蒿素的合成。而且建立了转基因的青蒿芽培养物，其青蒿素含量稳定，约为干重的 0.02%，改进培养基中的各种金属离子和复合维生素对芽中青蒿素的合成影响不明显，但添加赤霉素使得芽中青蒿素的含量提高了 3～4 倍。

综上所述，在今后的几年里，青蒿素的研究应在以下几个方向进行深入研究：①野生青蒿资源的勘察，高产系的筛选；②具有高效抗疟活性的青蒿素衍生物的开发；③青蒿素生物合成途径及关键酶的深入了解的基础上进行青蒿素合成的代谢调控；④青蒿素合成关键酶基因的克隆，以及在合适的青蒿组织培养体系和微生物中高效表达；⑤开发合适的青蒿组织培养生物反应器系统，进行过程的优化控制和放大，实现青蒿素大规模商业化生产。

3.4 酶工程制药的原理及设备

3.4.1 酶工程制药概述

3.4.1.1 酶工程简介

酶工程是酶学和工程学相互渗透、发展而形成的一门新的技术科学，从应用的目的出发研究酶、应用酶的特异催化功能，并通过工程化将相应原料转化成有用物质的技术。

3.4.1.2 酶的来源

酶作为生物催化剂普遍存在于动植物和微生物之中，可直接从生物体中分离获得。虽然也可以通过化学合成法合成，但由于各种因素的限制。目前药用酶的生产主要是直接从动植物中提取、纯化和利用微生物发酵生产。

早期酶的生产多以动植物为原料，经提取、纯化而得，至今有些酶仍然还用此法生产，如从菠萝中提取菠萝蛋白酶等。但随着酶制剂应用范围的日益扩大，单纯依赖动植物来源的酶，已不能满足要求。而动植物原料的生长周期长、来源有限，又受地理、气候和季节等因素的影响，不宜大规模生产。近十几年来。动植物细胞培养技术取得了很大的进步。但因周期长、成本高等问题，实际应用还有一定困难，所以目前工业化大规模生产一般都以微生物为主要来源。

利用微生物生产酶的优点是：微生物种类繁多，动植物体内的酶在微生物中几乎都可以找到；微生物繁殖快、生长周期短、培养简便、并可以通过控制培养条件来提高产量；微生物具有较强的适应性，通过各种遗传变异手段能培育出新的高产菌株。

3.4.1.3 酶的生产菌

对菌株的要求：繁殖快，产酶量高，酶的性能符合使用要求，最好是胞外酶；不是致病菌、在系统发育上与病原体无关，不产生毒素；稳定，不易变异退化，不易感染噬菌体；能利用廉价原料，发酵周期短，易于培养。

生产菌的来源：从菌种保藏机构和有关研究部门获得，从自然界中分离筛选。土壤、深海、温泉、火山、森林都是菌种采集地，筛选包括菌样采集、菌种分离、初筛、纯化、复筛、生产性能鉴定。

生产菌的改良：基因突变、基因转移、基因克隆。

3.4.1.4 常用产酶微生物

大肠杆菌（分泌胞内酶）、枯草杆菌、啤酒酵母、青霉、链霉菌等。植物细胞、动物细胞也经常使用。

大肠杆菌：一半属于胞内酶，需要经过细胞破碎才能得到。谷氨酸脱羧酶，用于测定谷氨酸含量或 γ-氨基丁酸；天冬氨酸酶，催化延胡索酸加氨生成 L-天冬氨酸；苄青霉素酰化酶，生成新的半合成青霉素或头孢霉素；β-半乳糖苷酶，用于分解乳糖。

枯草杆菌：α-淀粉酶、蛋白酶、葡萄糖氧化酶、碱性磷酸酯酶。

青霉菌：产黄青霉用于生产葡萄糖氧化酶、青霉素酰化酶；橘青霉用于生产脂肪酶、葡萄糖氧化酶、凝乳蛋白酶。

黑曲霉：有胞外酶和胞内酶，糖化酶、α-淀粉酶、酸性蛋白酶、葡萄糖氧化酶、脂肪酶、纤维素酶。

米曲霉：糖化酶和蛋白酶在传统的酒曲和酱油曲中得到广泛应用。

木霉：纤维素酶，含有较强的 17α-羟化酶，常用于甾体转化。

根霉：糖化酶、α-淀粉酶、转化酶、酸性蛋白酶、脂肪酶、纤维素酶，含有较强的 11α-羟化酶，常用于甾体转化。

链霉菌：葡萄糖异构酶、青霉素酰化酶、纤维素酶、碱性蛋白酶、中性蛋白酶，含有丰富的 11α-羟化酶。可用于甾体转化。

啤酒酵母：酿造啤酒、酒精、饮料和面包制造，同时可生产转化酶、丙酮酸脱羧酶等。

植物细胞：大蒜-超氧化物歧化酶、木瓜-木瓜蛋白酶、菠萝-菠萝蛋白酶。

3.4.2　酶工程制药的原理

利用酶的催化作用制造出具有药用功效的物质的技术过程，主要技术包括：酶的催化反应，酶的固定化，酶的非水相催化。

酶作为生物催化剂普遍存在于动植物和微生物之中，可直接从生物体中分离获得。虽然也可以通过化学合成法合成，但由于各种因素的限制。目前药用酶的生产主要是直接从动植物中提取、纯化和利用微生物发酵生产。早期酶的生产多以动植物为原料，经提取纯化而得，至今有些酶仍然还用此法生产，如从菠萝中提取菠萝蛋白酶等。但随着酶制剂应用范围的日益扩大，单纯依赖动植物来源的酶，已不能满足要求，而动植物原料的生长周期长、来源有限，又受地理、气候和季节等因素的影响，不宜大规模生产，故新型的酶催化正在被开发。

酶的纯化是一个复杂的过程，不同的曲，其纯化工艺可有很大不同。评价一个纯化工艺的好坏，主要看两个指标：一是酶比活，二是总活力回收率。设计纯化工艺时应综合考虑上述两项指标。

3.4.3　酶工程制药的相关设备

3.4.3.1　搅拌罐式反应器

底物与酶一次性投入反应器，反应完成后产物一次性取出。其优点是装置较简单，造价较低，传质阻力很小；其缺点是固定化酶经反复回收使用时，易失去活性，故在工业生产中，很少用于固定化酶，主要用于游离酶反应。

3.4.3.2　填充床反应器

将固定化酶填充于反应器内，制成稳定的柱床，通入底物溶液，以一定的流速收集输出的转化液（含产物），工业生产中常采用上向方式，避免下向流动的液压对柱床的影响，目前应用最普遍，当底物溶液含固体颗粒或黏度很大时，不宜使用，因为固体颗粒易堵塞柱床。

3.4.3.3　流化床反应器

底物溶液以足够大的流速，从反应器底部向上通过固定化酶柱床，使固定化酶颗粒始终处于流化状态，适用于处理黏性强和含有固体颗粒的底物。

3.4.3.4　鼓泡式反应器

利用反应器底部通入的气体产生的大量气泡，在上升过程中起到提供反应底物和混合两种作用的反应器，无搅拌器，靠气流作用搅拌，适用于游离/固定化酶（细胞），气体入口处有气流分布器，产生分散均匀的小气泡。可用于连续反应，也可用于分批反应，剪切力小，对结构较脆弱的细胞和固定化载体有利，单位体积内催化剂密度低。

3.4.3.5 膜式酶反应器

将酶催化反应与半透膜的分离作用组合在一起形成的反应器，游离酶和固定化酶均适用。膜反应器分为：平板状或螺旋状反应器、转盘型反应器、空心酶管反应器、中空纤维膜反应器、超滤膜反应器。

3.4.3.6 喷射式反应器

利用高压蒸汽喷射作用，实现酶与底物混合，进行高温瞬时反应的一种反应器，适用面较狭窄，仅适用于耐高温游离酶的连续催化反应。

3.4.3.7 酶工程制药的应用实例

(1) 酶工程技术生产 6-APA 6-氨基青霉烷酸（6-aminopenicillanicacid，6-APA）为白色片状晶体，是合成各种半合成青霉素的重要中间体，用途很广，主要用于合成氨苄青霉素，羟氨苄青霉素，苯氧甲基青霉素，以及其他的具有更宽抗菌谱的各种半合成青霉素。其本身主要是由天然青霉素经化学法或酶法脱酰作用生成的。据测算，人类对 6-APA 的年需求量 1985 年为 4200t，1990 年为 5250t，而 2000 年已达到 7000t，人们对 6-APA 兴趣持续不减，主要是因为半合成青霉素作为首选治疗药物获得广泛应用。其结构如图 3-22 所示。

制备 6-APA 的方法有化学法和生物法两种。早期有文献报道，可以通过微生物发酵，再经过分离提取得到 6-APA，如日本学者曾在研究中发现，在青霉素发酵过程中，不加入青霉素合成前体，就可以产生无侧链的青霉素母核 6-APA。但是由于产率较低，后续分离十分困难，所以已淘汰此法。目前工业上生产 6-APA 应用较广的有化学法和酶法，均是以青霉素 G 为原料，去掉侧链的取代基而得到的。化学法生产 6-APA 过程中使用大量高毒性试剂，如吡啶、PCl_5、NOCl 等，对环境造成一定污染，现在较为流行的是酶法裂解青霉素 G 钾，酶法具有专一性，条件温和，且省去了大量高毒试剂，具有成本低、环境污染小的优点。与化学法生产 6-APA 相比较，酶法生产过程至少要节约 9%。因为 6-APA 的价格对半合成青霉素的成本有着直接影响，所以人们不断努力以改进 6-APA 的生产技术。酶法生产6-APA 的过程如图 3-23 所示。

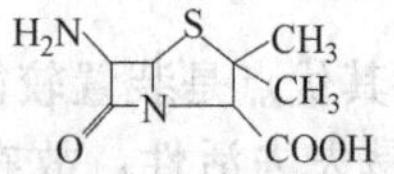

图 3-22　6-氨基青霉烷酸结构示意图 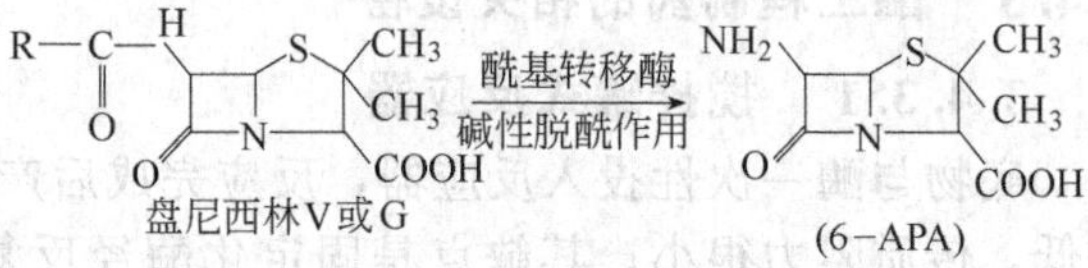　　　　　图 3-23　酶法生产 6-APA 过程

据文献报道，中科院在国际上首次利用膜生物反应器，固定化富含青霉素酰化酶的基因工程菌来生产 6-APA。Wenten 等[20] 也报道利用网状纤维膜反应器生产 6-APA 的情况。他们将青霉素酰化酶 EC.3.5.1.11 固定在膜孔上，连续水解青霉素 G。研究了不同操作条件对固定化酶反应的影响。研究结果显示，青霉素酰化酶的固定率在 90% 以上。由于 6-APA 分子比膜孔小，溶质通过自由分散进入膜孔，固定化酶截留了 35% 的溶质，而且固定化酰化酶的米氏常数 K_m（8.04mmol/L）比游离青霉素酰化酶（7.75mmol/L）的略高。低流速可以避免胶体形成或酶从膜孔释放，从而最大限度提高转化率。

(2) 酶工程技术生产 L-肉毒碱 肉毒碱是广泛存在于自然界中的一种高极性、小分子季铵类化合物，为人体必需营养物质，具有重要的生化功能和临床应用价值。人类对肉毒碱的需求主要是通过生物合成和摄入饮食来满足。近年来，L-肉毒碱在心脑血管疾病、消化道疾病、儿童疾病的预防、治疗以及血液透析病人的营养支持和运动医学及生殖医学等领域，都得到广泛研究和应用。L-肉毒碱的结构式如图 3-24 所示。

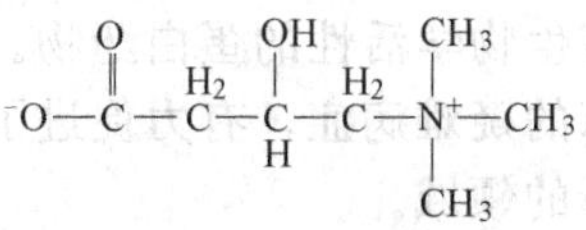

近年来，L-肉毒碱的应用、生产已经有了很大的发展。
L-肉毒碱常用的生产方法有：化学合成 D,L-肉毒碱，从中拆
分得到 L-肉毒碱；通过 D,L-肉毒碱衍生物拆分得到 L-肉毒
碱；从肉毒碱衍生物经过微生物转化得 L-肉毒碱。总的来

$$O-C-C-C-C-N^+-CH_3$$

图 3-24　L-肉毒碱
　　　　结构式

说，用生物酶法，产量和转化率较高，但反应条件要求严格、
成本高，较难商业化生产；用微生物法，产量和转化率较低，需要通过微生物的选育和方法
上的改进来加以提高。筛选高转化率的微生物菌株，寻找廉价的底物，确定最适转化条件，
将是今后生物学法生产 L-肉毒碱的技术难点。

酶法转化：

① D,L-肉毒碱衍生物的酶法拆分　将 D,L-肉毒碱进行乙酰化，制备成酰胺、腈等酯化
物，筛选动物、微生物中存在的酯酶、酰胺酶或腈水解酶等进行生物转化，如 E. D. Dropsy
等人用鳗鱼乙酰胆碱酯酶水解 D-乙酰肉毒碱，分离得到 L-乙酰肉毒碱，再水解得到 L-肉毒
碱。河村昌男等用柠檬酸细菌、变形杆菌、假单胞菌等微生物的酯酶，将甲基化、乙基化或
苯基化的 D,L-肉毒碱酯化物中的 L-肉毒碱酯化物，选择性地水解得到 L-肉毒碱。126mmol/L
底物可水解得到 56mmol/L 的 L-肉毒碱，转化率为 44%。中山清等报道了用假单胞菌的酰
胺酶选择性水解 D,L-肉毒碱酰胺或肉毒碱腈制备得光学纯度 99% 以上的 L-肉毒碱。

② 反式巴豆甜菜碱的酶法水解　反式巴豆甜菜碱是生物合成 L-肉毒碱的一种代谢途径
的前体。据研究报道，很多微生物中有这种水解酶，能够水解巴豆甜菜碱生成 L-肉毒碱，
其中产酶活力较高的菌株有变形杆菌、大肠杆菌、假单胞菌、柠檬酸杆菌等，某些霉菌、酵
母、放线菌亦有生产此酶能力。横关等用变形杆菌 AJ-2772 湿细胞作酶源程序转化 62.5g/L
巴豆甜菜碱底物，产物 L-肉毒碱的含量为 40g/L，转化率接近 50%，认为此酶反应是可逆
的，河村昌男等用变形杆菌 ATCC1253 或大肠杆菌 IF03301 的菌体作酶源，用 16g/L 巴豆
甜菜碱作底物，产物 L-肉毒碱的含量达到 6g/L，并采用卡拉胶固定化细胞分批转化 15 次，
转化率保持在 40%～50%。瑞士 H. Kulla 报道了突变菌株改变引酶特性取得了突破，用突
变菌株 HK1331，并且用分批补料法，经过 150～155h 后转化液中累积肉毒碱达 61g/L，转
化率达 90% 以上。江苏省微生物所用变形杆菌水解巴豆甜菜碱进行酶转化制备 L-肉毒碱研
究，酶转化产 L-肉毒碱 5g/L 左右，转化率为 40%，由于可利用拆分废物 D-肉毒碱作原料，
大大降低制造成本。

③ γ-丁基甜菜碱的酶法羟化　γ-丁基甜菜碱是 L-肉毒碱生物合成的直接前体。动物体
内由赖氨酸、甲硫氨酸等物质生物合成 e-三甲基-β-羟基赖氨酸，再由醛缩酶、醛氧化酶合
成 γ-丁基甜菜碱，最后由羟化酶转化 L-肉毒碱。早在 1967 年 G. Lindstedy 报道了鼠肝羟化
酶转化 γ-丁基甜菜碱制备肉毒碱的研究，并报道假单胞菌有类似的机理。1982 年，意大利
C. Cavazza 报道了用粗糙链孢霉孢子经过超声波破碎作酶液，转化 2～14mmol 的 γ-丁基甜菜碱
底物，转化率达到 80%。瑞士 S. Nobile 等 1986 年报道了由土壤分离的浓杆菌 HK47 转化 γ-丁
基甜菜碱的研究。1991 年，瑞士 H. Kulla 报道了其突变株 HK1349 在 400L 反应器中试规模
下，细胞循环方法连续转化 γ-丁基甜菜碱物制备 L-肉毒碱的结果，产 L-肉毒碱达到 60g/L，
转化率 95% 以上，连续数周生产力不减，此方法转化率高，产物容易分离，产品纯度亦高。

3.5　基因工程制药

3.5.1　基因工程制药概述

基因工程制药主要是指人们按照既定的意图，在主基因组中整合入宿外源基因，生产具

有生物学活性的蛋白药物。利用基因工程制药技术生产的工程药物，能够有效地治疗一些临床的疑难病症，有力促进了人们的身体健康。在制药产业中，基因工程制药已经成为一个崭新的领域。

基因工程是一项复杂的技术，主要是在分子水平上操作基因，具体说就是：在体外剪切、组合和拼接目的基因及其载体，继而利用载体转入微生物、植物或植物细胞、动物或动物细胞（受体细胞），在细胞中目的基因得以表达，从而使人类需要的产物产生，或者新的生物类型诞生。自从 20 世纪 70 年代基因工程问世后，在医药领域最早被采用，同时也是目前该技术应用最活跃的领域，特别是其已经被广泛应用于研发和生产新药。

3.5.2　基因工程制药的原理

基因工程制药是首先把能够预防和治疗某种疾病的蛋白质确定下来，取出能够对该蛋白质合成过程起到控制作用的基因，再对基因进行一系列的操作后，将其放入能够大量生产的受体细胞中，最后通过受体细胞持续繁殖，使对某种疾病具有预防和治疗作用的药用蛋白质得以大规模生产出来。利用基因工程技术进行药物生产具有以下优势：一是使以往很难获得的生理活性物质和多肽得以大规模生产，从而有力保障了临床应用；二是更多的内源性生理活性物质被挖掘和发现；三是改造、去除了内源生理活性物质不足的地方；四是能够生产新型化合物，使筛选药物的来源得以扩大。

3.5.3　外源基因表达系统

3.5.3.1　大肠杆菌表达系统

在各种表达系统中，最早被研究的是大肠杆菌表达系统，也是目前掌握最为成熟的表达系统，大肠杆菌表达系统以其细胞繁殖快速、产量高、IPTG 诱导表达相对简便等优点成为生产重组蛋白的最常用系统。

表达不同的蛋白需要采用不同的载体，目前已知的大肠杆菌表达载体可分为非融合表达载体和融合表达载体两种，非融合表达是将外源基因插到表达载体强启动子和有效核糖体结合位点序列下游，以外源基因 mRNA 的 AUG 为起始翻译，表达产物在序列上与天然目的蛋白一致。融合表达是将目的蛋白或多肽与另一个蛋白质或多肽片段的 DNA 序列融合并在菌体内表达。融合表达的载体包括分泌表达载体、带纯化标签的表达载体、表面呈现的表达载体、带伴侣的表达载体。

大肠杆菌表达系统的优点在于遗传背景清楚、繁殖快、成本低、表达量高、表达产物容易纯化、稳定性好、抗污染能力强以及使用范围广等。

3.5.3.2　酵母表达系统

酵母表达系统作为一种后起的外源蛋白表达系统，由于兼具原核以及真核表达系统的优点，正在基因工程领域中得到日益广泛的应用，应用此系统可高水平表达蛋白，且具有翻译后修饰功能，所以被认可为一种表达大规模蛋白的强有力的系统。

酿酒酵母表达系统：此系统在酿酒业和面包业的使用已有数千年的历史，一般不产生毒素，但是难于高密度培养，分泌效率低、几乎不分泌分子量大于 30k 的外源蛋白质，也不能使所表达的外源蛋白质正确糖基化，而且表达蛋白质的 C 端往往被截短，一般不用酿酒酵母做重组蛋白表达的宿主菌。

甲醇营养型酵母表达系统：主要有汉森酵母属、毕赤酵母属、球拟酵母属等，并以毕赤酵母属应用最多，甲醇酵母的表达载体为整合型质粒，载体中含有与酵母染色体中同源的序列，比较容易整合入酵母染色体中，大部分甲醇酵母的表达载体中含有甲醇酵母醇氧化酶基因 AOX1，在该基因的启动子作用下，外源基因得以表达。甲醇酵母一般先在含甘油的培养基中生长，培养至较高浓度，再以甲醇为碳源，诱导表达外源蛋白。与酿酒酵母相比其翻译后的加工更接近哺乳动物细胞，不会发生超糖基化。

3.5.3.3　其他表达系统

昆虫表达系统：一类广泛应用的真核表达系统，具有与大多数高等真核生物相似的翻译后修饰加工以及转移外源蛋白的能力。昆虫杆状病毒表达系统是目前国内外十分推崇的真核表达系统，利用杆状病毒结构基因中多角体蛋白的强启动子构建的表达载体，可使很多真核目的基因得到有效甚至高水平的表达，具有真核表达系统的翻译后加工功能，如二硫键的形成、糖基化及磷酸化等，使重组蛋白在结构和功能上更接近天然蛋白，其最高表达量可达昆虫细胞蛋白总量的 50%。

哺乳动物表达系统：表达外源重组蛋白可利用质粒转染和病毒载体的感染。利用质粒转染获得稳定的转染细胞需几周甚至几个月时间，而利用病毒表达系统则可快速感染细胞，在几天内就使外源基因整合到病毒载体中，尤其适用于从大量表达产物中检测出目的蛋白。哺乳动物细胞表达载体必须包含原核序列、启动子、增强子、选择标记基因、终止子和多聚核苷酸信号等控制元件。

植物表达系统：能够表达来自动物、细菌、病毒以及植物本身的蛋白质，易于大规模培养和生产，且在基因表达与修饰及安全性方面有特别的优势，利用植物生产外源蛋白质的研究展现了极其诱人的前景。多种抗体、酶、激素、血浆蛋白和疫苗等已通过基因工程的手段在植物的叶、茎、根、果实、种子以及植物细胞和器官中得到表达，然而提取与纯化始终是大规模利用植物生产重组蛋白的主要障碍。

3.5.4　基因工程菌株的构建

(1) 目的基因的引物设计与表达　引物设计：引物应用核酸系列保守区内设计并具有特异性，其产物不能形成二级结构。避开产物的二级结构区；引物长度一般在 $15\sim30$ 碱基之间；G+C 含量在 40%～60% 之间；碱基要随机分布；引物自身不能有连续 4 个碱基的互补；引物之间不能有连续 4 个碱基的互补引物 $5'$ 端可以修饰，引物 $3'$ 端不可修饰；引物 $3'$ 端要避开密码子的第 3 位。

目的基因表达：提载体质粒→PCR 并回收扩增产物→酶切质粒和 PCR 产物→回收质粒和片段酶切后产物→连接载体和目的片段→转化→验证→表达。

(2) 表达载体的选择与构建　原核载体：质粒（pBR322，pUC…）、噬菌体（M13）等；真核载体：动物病毒载体 pLXSN、BAC、YAC、PAC 等。

载体的结构特点：至少有一个复制起点，至少可在一种生物体中有效复制，稳定遗传；至少有一个限制性酶切位点，供外源 DNA 插入；至少有一个遗传标记基因，以指示载体或重组 DNA 分子是否进入宿主细胞；具有较小的分子量和较高的拷贝数；具有对受体细胞的可转移性，提高载体导入受体细胞的效率。

载体的种类：质粒、噬菌体的衍生物、柯斯质粒、人工染色体。

(3) 阳性菌株的鉴定　a. 菌落 PCR；b. 质粒 PCR。

(4) 重组菌株的保存与控制　a. 液体石蜡保藏法；b. 滤纸保藏法；c. 液氮冷冻保藏法。

3.6　合成生物学制药

3.6.1　合成生物学制药概述[21,22]

合成生物学的逐渐成熟，让科学家和工业界能够基于微生物系统合成药物分子和其他高附加值的化合物。从前些年仅仅存留于概念，即如何进行大规模的基因改造和化学分子合成路径设计，到如今进入工业应用级别，合成生物学已经取得了巨大成就。制药行业的发展注定需要倾注时间、精力和资金。如何发现并合成高效的药物分子，具有很重要的意义，这也是合成生物学关注的问题。然而，为什么是合成生物学扮演这样的角色？主要原因有两个。第一，很多有效的药物分子是纯天然产物，比如早期的抗生素类分子。这些天然分子的合成本来就是生物体的自然途径，因而通过微生物系统合成这样的产物也相对比较简单。第二，生物体的复杂性决定了分子合成的路径具有复杂的多级调控，而合成生物学的生物工程方法可以很好地研究利用这些调控机制。

合成生物学是一门工程学，它也有着工程学的基本特点。就像信息革命时代的电路板和标准元器件一样，合成生物学正逐渐发展着自己的标准元器件——"生物砖"（biobrick）（例如，iGEM 是针对大学生每年一度的合成生物学竞赛，旨在促进"生物砖"的标准化，对于合成生物学的促进起着很大作用）。通过基本元器件的组装，全新的生物合成路径将成为可能。

在发展标准化合成生物元件的过程中，有很多的方法和原则。比如，我们可以在已知生物基因组中发掘生物合成路径并加以利用，又或者，我们可以从头设计从未有过的新的合成途径。开发标准化的表达系统和基因转移系统也很重要，因为这会使表达元件在不同的生物体中转移，能使得合成的分子来源于不同生物，具有不同的生物活性。同时，复杂的生物合成路径需要很多精细的设计和"系统调校"，而借助计算生物学这一良好的工具建立模型能够让我们更加深入地认知和设计化学分子合成的"生物砖"。

3.6.2　合成生物学制药原理

通过合成生物学手段对疾病治疗能起到帮助作用，主要是由于构建出能够帮助基因治疗的工程细胞。合成生物学还可以对细菌或者病毒的生物学特性进行改造，主要是改造对这些细菌或者病毒具有能够识别和浸染特定的细胞的可引发毒害作用的生物学特性，使其失去致病性且具有能够识别机体恶性细胞的新特性。之后利用这些改造后的细菌或者病毒来传递治疗药物，这对于癌症和其他相关疾病的治疗会有更好的作用。一个杀死癌细胞的细菌应该能感觉到肿瘤环境，并能对其作出应答，一旦进入肿瘤内，细菌必须渗入癌细胞，接着就开始产生杀肿瘤的毒素。美国加州大学的 Voigt 等设计了一种可以侵入并杀死癌细胞的细菌，他们向细菌中引入了多个模块化零件，包括两个探测器、一个"与门"控制器、一个反应器，使得细菌可以探测外界环境。当细菌处于低氧环境且细菌的密度超过一定阈值时（这两者都是只有在肿瘤细胞中才有的特征），细菌将表达透明质酸酶（invasin），从而杀死癌细胞。由于这些模块可以与其他同类型零件进行替换，使得人们可以设计出针对特定癌细胞的特异性治疗的细菌，这一点充分显示了合成生物学的灵活性。

3.6.3　合成生物学调控方法

（1）多变量的模块化优化技术　多变量的模块化优化技术将代谢途径中的酶按照途径节点、酶的催化效率等分成几个模块，通过在转录（如启动子、基因拷贝数）、翻译（如核糖体结合位点）或酶的催化特性等水平对这些途径模块进行调整，对少量条件进行摸索，不需要高通量筛选就可实现途径的优化。Ajikumar 等利用该技术成功提高了紫杉醇的前体紫杉烯的产量。他们将紫杉烯合成途经分成上游 2-甲基-D-赤藓糖醇-4-磷酸（MEP）模块和下游模块，然后通过改变启动子强度和质粒拷贝数调节酶的表达水平，限制副产物吲哚的积累，最终紫杉烯的产量与对照菌株相比提高了 15000 倍，达到 1g/L。

认识到该方法的应用潜力后，许多课题组也运用这一方法，进行各种生物过程的开发和优化。Koffas 等利用模块化优化改造大肠杆菌，将大肠杆菌的中心代谢途径分成 3 个模块：

乙酰辅酶 A 的合成（GLY 模块）、乙酰辅酶 A 活化（ACA 模块）、丙二酰 ACP 消耗（FAS 模块）[23]。通过改变质粒拷贝数和核糖体结合位点的强度，能够平衡这 3 个模块，为后续的下游反应提供适量的乙酰辅酶 A，最终脂肪酸的产量达到 8.6g/L。Yuan 课题组[24] 利用该技术优化了大肠杆菌的黏糠酸合成途径，最终黏糠酸的产量提高了 275 倍，达到 1.5g/L。

Wu 等[25] 将白藜芦醇的合成途径分成 3 个模块，分别为香豆酰辅酶 A 合成模块、丙二酸辅酶 A 合成模块以及二苯基乙烯（stilbene）合成酶模块。通过调整 3 个模块的表达水平，平衡了途径的通量，避免香豆酰辅酶 A 的毒性积累，直接从葡萄糖产生 35.03mg/L 的白藜芦醇。类似地，他们还建立了四模块系统用于从葡萄糖生产（2S）-松属素。通过简单地改变每一个模块质粒的拷贝数，减少了肉桂酰辅酶 A 的毒性积累，产生了 40.02mg/L 的（2S）-松属素。除在原核系统优化中的成功应用，多变量的模块化优化技术也成功应用于真核系统。Dai 等[26] 将次丹参酮二烯（miltiradiene）合成的上游前体供应途径分为两个模块：法尼基焦磷酸的合成和异戊二烯焦磷酸的合成。通过在含有染色体整合的次丹参酮二烯合成酶的菌株中用不同的质粒表达每个模块，成功地增加了前体供应，将次丹参酮二烯产量提高到 488mg/L。

(2) 酶的支架技术 代谢途径的中间产物可能对宿主产生毒性，被竞争途径消耗，或通过分泌丢失。解决这些问题的一个新兴策略是将合成途径的酶组合成多酶复合物，该策略将途径中的酶共定位形成最优比例的复合物，可以增加途径代谢产物和酶的局部浓度，限制途径中间体的积累，减少与其他细胞成分之间不必要反应的发生。多酶复合物在自然界中是常见的，例如，催化色氨酸合成的最后两个步骤的酶可以形成复合物，中间产物吲哚通过一个通道由一个活性位点到达另一个。聚酮和脂肪酸合成相关酶是多酶复合物形成的另外例子，中间体在酶之间穿梭最终形成特定长度和化学结构的最终产物。

将酶组合成复合物的第一种方法是将催化连续反应的酶进行融合。酶-酶融合策略在某些情况下能够增强途径通量，然而，该策略有 3 个明显的缺点：①不适用于包含超过两个酶的途径；②融合之后经常会导致一个或者两个酶活性的降低；③不能轻易改变复合物中酶的比例。酶的合成支架技术为途径中两个或多个酶的共定位提供了新方法。蛋白质、DNA 和 RNA 都可以作为支架用于酶复合物的形成。

许多信号蛋白包含模块化的蛋白质相互作用域，可以特异性地与其他域或短肽结合。当这些域融合到其他蛋白的 N 端或者 C 端时，还可以保持结合功能。携带多个蛋白质相互作用域的支架蛋白可以和带有多肽配体标签的酶相互作用，用于共定位途径中连续的酶。通过改变蛋白支架上结构域的数量，可以控制不同酶的相对比例。因为只需要在每个酶上加一条短肽，因此蛋白质支架技术对酶活性的影响要低很多。甲羟戊酸的生物合成途径包括乙酰辅酶 A 转移酶（AtoB）、羟甲戊二酰辅酶 A（HMG-CoA）、合成酶（HMGS）和 HMG-CoA 还原酶（HMGR）。利用该途径，由乙酰辅酶 A 生产甲羟戊酸，存在 HMGS 和 HMGR 之间流量不平衡的问题，导致中间产物 HMG-CoA 的积累。HMG-CoA 对宿主大肠杆菌细胞具有很强的毒性。通过蛋白质支架产生 HMG-CoA 和消耗酶之间的共定位（HMGS 和 HMGR），调节两个酶的比例，使甲羟戊酸的产量提高了 10 倍；通过另一个支架分子将途经的第一个酶（AtoB）引入复合物中，使甲羟戊酸的产量较无蛋白支架时提高了 77 倍。相同的策略被应用于含有 3 个酶的葡糖二酸合成途径，在该途径中，肌醇氧化酶（MIOX）可以被其底物肌醇激活。通过蛋白支架，增加了 MIOX 周围肌醇的浓度，进而使葡糖二酸产量提高了 5 倍。

类似地，研究者对 DNA 分子作为支架用于酶的聚合进行了研究。DNA 之间可以通过杂交进行结合，DNA 和蛋白质之间可以通过锌指 DNA 结合域实现相互作用。在一项研究中，葡萄糖氧化酶和辣根过氧化物酶通过赖氨酸残基与 DNA 寡核苷酸共价交联，特异性地与多聚六面体 DNA 纳米结构杂交。当酶的间距由 4 个六面体（约 33nm）缩短到 2 个六面体（约 13 nm），产物的产量有了显著的增加，表明途径酶彼此靠近确实有利于提高产物的形成[25]。然而，将寡核苷酸共价结合到酶上以及组装 DNA 纳米结构，操作烦琐，使该策略难以实际应用。

(3) 代谢流量的动态调控技术 在菌株的代谢工程改造过程中，大多数提高产量的策略往往会减慢菌株的生长速率，进而会导致低容积生产率，增加工业设备投资费用。在接近最佳理论产量的菌株中，大部分代谢流量被导向产物合成，因此单独优化代谢网络不足以显著提升生长速率。两阶段培养策略将发酵过程分为前期生长阶段和后期产物生成阶段，该方法可以显著改善细胞生长，增加最终产物产量。例如，将乳酸生产过程分成需氧生长阶段和厌氧生长阶段。与单级厌氧策略相比，两阶段策略的生产率可以提高约 10 倍，达到 $3.32g/(L \cdot h)$。该策略还用于 1,4-丁二醇生产，细胞需氧生长至 OD_{600} 达到 10，然后切换到微好氧条件并使用 IPTG 诱导途径基因表达，1,4-丁二醇产量可达 18g/L。两阶段发酵已经证明可以成功用于厌氧产品和高价值蛋白的生产；然而，有些产品的生产途径难以与过程水平参数耦合，可能导致无法使用氧浓度或 pH 作为触发来切换培养状态，而且使用诱导剂，如 IPTG，成本过高。为了解决这些问题，研究者提出了动态控制策略，以允许两阶段发酵和基因表达的动态控制。动态代谢调控主要依靠合成生物学的进展，创造遗传传感器（sensor）和执行器（actuator）。Williams 等[27] 利用信息素和 RNA 干扰技术建立了一个群体感应系统，用于在酿酒酵母中生产对羟基苯甲酸（PHBA）。在发酵初期，通过抑制生产途径基因，表达分支酸变位酶（ARO7）基因，实现菌株正常生长。达到合适的细胞密度，使用 RNA 干扰抑制 ARO7 基因的表达，同时开启生产途径基因的表达，最终 PHBA 的产量达到 1.1mmol/L，是目前报道的酿酒酵母中的最高产量。开关基因控制也可以用温度或诱导剂作为触发器来实现。利用噬菌体 Pr 和 PL 启动子控制乳酸脱氢酶基因（ldhA），使得在 33℃生长时 ldhA 表达受到抑制，与静态策略相比生物量增加了 10%，切换到 42℃诱导 ldhA 基因的表达，最终乳酸的产量提高了 30%。类似的开关被设计用于生产异丙醇。生长阶段是通过表达柠檬酸合成酶（gltA），抑制通路基因实现高增长率。通过添加 IPTG，抑制 gltA 表达和诱导途径基因表达使流量导向异丙醇生产。

上面的例子都是简单的开-关控制策略，在整个发酵过程只开关一次。连续控制能够动态地感测环境和代谢流的变化，并使细胞对这些变化作出反应。Farmer 等[28] 利用受乙酰磷酸激活的传感器感应过量的糖酵解流量，动态地控制番茄红素合成基因的表达，提高了番茄红素的产量和生产率。最近，通过动态控制，在检测到毒性代谢物时上调外排泵相关基因的表达，利用合成反馈回路提高产量。Xu 等[29] 将动态调控策略运用到大肠杆菌脂肪酸的生产中。来自枯草芽孢杆菌的 FapR 蛋白能够感知脂肪酸合成前体丙二酸辅酶 A 的浓度，激活 pGAP 启动子的转录，抑制 T7 启动子的转录。含有代谢开关的工程菌株能够动态调节上下游基因的表达，使代谢流量有效导向脂肪酸的合成。通过动态调控，平衡细胞生长和产物合成，与野生菌株相比脂肪酸产量提高了 15.7 倍。

通过转录组分析可以寻找和鉴定动态感应器，识别对途径中间体敏感的启动子并利用它们来控制生物合成路径。虽然动态调控策略已有许多成功应用的例子，但是为目标产物寻找合适传感器和执行器可能费时费力。

3.6.4 常用的基因组编辑技术

在基因组范围内，高度特异性的消除、替换或修饰序列能力具有重要的基础和实际应用，包括关键基因的发现，植物和微生物生物工程和基因治疗等。体内靶基因的编辑可以通过人工蛋白核酸酶异位表达来实现，例如，锌指核酸酶（ZFN）或转录活化剂的效应核酸酶

(TALENS)，用于识别特定的目标 DNA 位点和引入双链 DNA 断裂。不同的 DNA 修复途径可以产生不同类型的突变。在有同源模板存在的条件下，可以通过高保真的同源重组途径进行基因替换、删除或校正。如果不存在同源模板，细胞通常通过相对易错的非同源末端连接来修复双链 DNA 断裂。这通常会导致基因插入或缺失，因此，可以产生基因的失活突变。CRISPR-Cas9 系统是最近出现的、可调节的下一代基因组编辑工具。最近几年大量研究已经成功应用该系统在不同类型的细胞和模式生物中进行 RNA 指导的基因组编辑。

3.6.4.1　RecA 同源重组技术

同源重组在胞内修改 DNA，是基因功能研究的主要策略。RecA 蛋白是一种多功能蛋白质，它参与大肠杆菌所有的同源重组途径，有单体和多聚体两种形式。多聚体由单体在单链 DNA 上从 $5' \rightarrow 3'$ 方向组装而成。

RecA 的主要功能：

① 促进 2 个 DNA 分子之间链的交换；

② 作为共蛋白酶促进 LexA 阻遏蛋白的自我水解。

RecA 蛋白在同源重组的作用原理：

① RecA 的第一个 DNA 结合位点（初级位点）与单链 DNA 结合，包被 DNA，形成蛋白质-DNA 丝状复合物；

② RecA 的第二个 DNA 结合位点（次级位点）与 1 个双链 DNA 分子结合，形成三链 DNA 中间体，随后单链 DNA 侵入双链 DNA，寻找同源序列；

③ RecA 催化链交换，由被 RecA 包被的单链 DNA 从 $5' \rightarrow 3'$ 方向取代双链 DNA 分子之中的同源旧链，形成异源双链，并发生分叉迁移。

3.6.4.2　Red 同源重组技术

传统同源重组方法，RecA 重组系统有很多不足：需要较长的靶基因同源臂，重组率很低。1998 年，Murphy 首次报道利用 λ 噬菌体 Red 重组系统在大肠杆菌染色体上进行基因替换，将 λ 噬菌体的重组功能基因 exo，beta，gam 在多拷贝质粒上表达，用于野生型 *E. coli* 宿主菌的基因替换。近年来，Red 重组以其较短的同源臂和较高的重组效率等优点广泛用于基因组改造。

基于 λ 噬菌体 Red 重组酶的同源重组系统已应用于大肠杆菌基因工程研究。Red 重组系统由三种蛋白组成：exo 蛋白是一种核酸外切酶，结合在双链 DNA 的末端，从 $5'$ 端向 $3'$ 端降解 DNA，产生 $3'$ 突出端；beta 蛋白结合在单链 DNA 上，介导互补单链 DNA 退火；gam 蛋白可与 RecBCD 酶结合，抑制其降解外源 DNA 的活性。exo 蛋白是核酸外切酶，从 DNA 双链的 $5'$ 到 $3'$ 端降解 DNA，产生 $3'$ 黏性末端。beta 蛋白是退火蛋白，结合到 $3'$ 黏性末端，防止被单链核酸酶降解，介导互补单链 DNA 的退火，beta 蛋白在同源重组中起关键作用。gam 蛋白阻止 RecBCD 降解外源双链 DNA。

3.6.4.3　MAGE 技术

MAGE 技术是一种基于单链核苷酸的基因组快速、大规模定向进化技术。该技术可在代谢通路不明确、调控机理未研究的情况下，通过反向筛选，反推其代谢瓶颈及途径。

传统方法的缺点是重组速度慢，效率低，打靶片段构建困难，不易筛选，假阳性较多，抗性基因难以消除，耗时较长。MAGE 技术的优点是外源表达重组酶，提高效率，同源臂构建较容易，抗性基因可消除，仅留下 FRT 位点；片段为单链，可直接合成，重组效率高，不依赖重组酶，改造规模大，新表型产生较多，便于筛选，不引入抗生素。MAGE 技术的缺点是耗时较长，改造速度较慢。

在 DNA 进行复制的过程中，前导链连续合成，后随链合成是将冈崎片段进行拼接。人工设计并合成带有突变、缺失或移码的单链核苷酸，可随机代替冈崎片段参与复制，导致 DNA 发生变化。哈佛 George Church 研究组发明多重自动基因组改造技术（multiplex automated genome engineering，MAGE）：首先合成许多单链 DNA 片段，每个片段携带单一突变。将靶细胞置于强电场下，电击使细胞膜形成暂时空洞，使这些 DNA 片段进入胞内，在 λ/Red 同源重组系统 beta 蛋白介导下随 DNA 复制整合到细菌基因组[30]。

为验证 MAGE 技术，研究人员定向改造大肠杆菌中番茄红素生产基因，设计相关上调和下调区段，获得了比原始菌株生产番茄红素五倍产量的突变株，最后测定高产菌基因组，锁定了导致高产的突变位点。双链突变 DNA 较单链获得较为方便，可直接利用易错 PCR 获得。将易错 PCR 获得的片段转入宿主菌，也可发生同源重组，实现菌体改造。

3.6.4.4 ZFN 技术

锌指核糖核酸酶（ZFN）：由一个 DNA 识别域和一个非特异性核酸内切酶构成。DNA 识别域：由一系列 Cys2-His2 锌指蛋白（zinc-fingers）串联组成（一般 3～4 个），每个锌指蛋白识别并结合一个特异的三联体碱基。DNA 剪切域：非特异性核酸内切酶来自 FokI 的 C 端的 96 个氨基酸残基组成的 DNA 剪切域。

3.6.4.5 TALEN 技术

转录激活样效应因子核酸酶（transcription activator-like effector nuclease，TALEN）TAL 效应因子（TAL effector，TALE）最初是在植物病原细菌黄单胞菌（Xanthomonas sp.）感染植物策略中发现的。

这些 TALE 通过细菌Ⅲ类分泌系统被注入植物细胞中，通过靶定效应因子特异性的基因启动子来调节转录，来促进细菌的集落形成。由于 TALE 具有序列特异结合能力，研究者将 FokI 核酸酶与一段人造 TALE 连接起来，形成了具有特异性基因组编辑功能的强大工具，即 TALEN。TALEN 技术的原理与步骤是通过 DNA 识别模块将 TALEN 元件靶向特异性的 DNA 位点结合，然后在 FokI 核酸酶的作用下完成特定位点的剪切，并借助细胞内固有的同源定向修复（HDR）或非同源末端连接途径（NHEJ）修复过程完成特定序列的插入（或倒置）、删除及基因融合。

3.6.4.6 CRISPR/CAS 技术

CRISPR（clustered regularly interspaced short palindromic repeats）位点存在于细菌和古生菌中，经过进化，是宿主菌抵抗外界噬菌体侵染及 DNA 入侵的有效手段。该位点一般与 Cas 基因相邻近，形成 CRISPR-CAS 系统，Cas 基因编码核酸酶。该机理经过一定的修饰，被用来对宿主菌进行分子改造，已应用到高等动物细胞中。由 RNA 介导，精确定位，最终利用核酸酶活性，改造宿主菌基因组。

CRISPR-Cas9 系统包含单一蛋白质 Cas9，是一种 RNA 指导的核酸内切酶，其催化末端双链 DNA 断裂。该系统需要两种 CRISPR RNA（crRNA）：一种通过碱基配对引导 Cas9 到达 DNA 靶序列；另一种反式激活 crRNA（tracrRNA），与 crRNA 配对，在靶 DNA 裂解过程中具有尚不明确但很重要的作用。这两种 RNA 可以通过 RNA 环连接形成单个指导 RNA（sgRNA），使系统简化成只有一个蛋白质（Cas9）和一个 RNA（sgRNA）。该系统要求目标位点下游具有一段很短的 PAM 序列。最广泛使用的 Cas9 酶来自化脓性链球菌，它所需的 PAM 序列为 $5'$-GG-$3'$（或 $5'$-AG-$3'$，活性略低）并且位于靶位点下游 1 个碱基处。Cas9 蛋白需要经过密码子优化，以促进其在异源细胞或生物体中的表达，而且在真核物种中还需使用核定位信号。与 ZFN 或 TALENS 相比，RNA 指导的 Cas9 基因组编辑在多个系统具有相近的或者更高的效率。此外，基于 Cas9 的基因组编辑，相比蛋白介导的 ZFN 和 TALEN 系统具有若干优点：Cas9 靶向新的 DNA 位点只需设计与靶 DNA 互补的

sgRNA，使该方法更快捷、更方便，并且更容易实现，相比之下需要为每个目标位点开发新的 ZNF 和 TALEN 蛋白；通过表达多个 sgRNA，Cas9 平台允许对多个位点同时进行编辑。Jiang 等利用 RNA 指导的 Cas9 基因组编辑技术能够在 *Streptococcus pneumoniae* 和大肠杆菌中引入特定突变，成功率分别为 100% 和 65%。通过引入两条 crRNAs 还可实现多位点同时突变。Keasling 课题组利用该技术同时对 5 个基因位点进行修饰。不需要通过表达任何基因，仅通过组合基因敲除，就使甲羟戊酸的产量提高了 41 倍。这些例子充分证明了该技术在原核及真核生物中的普遍适用性及高度位点特异性。

Cas9 采用不同的活性位点（RuvC 和 HNH 核酸酶结构域）切割靶 DNA 的两条链。通过突变可以使一个位点失去活性，产生只切割一条链的突变 Cas9。因此，野生型 Cas9 可用于双链 DNA 裂解，而活性位点突变体（RuvC 或 HNH）仅切割单链。这将为向基因组中引入可预测的突变提供可靠的方法。如果 Cas9 的两个核酸酶结构域同时失活，则产生了仅具有 DNA 结合功能的突变蛋白。利用这种核酸酶缺陷的 Cas9 靶向启动子元件会导致基因转录明显下降。这种新颖的平台被称为 CRISPR 干扰（CRISPRi）。核酸酶缺陷 Cas9 也能与转录抑制子结合位点作用激活基因的表达。Cas9 复合物还可以通过与特异性转录激活因子或抑制因子融合，用于激活或沉默基因的表达。这些 CRISPR 转录因子可与 sgRNAs 一起识别特定的转录控制元件，对目标位点内源基因的表达产生可预测的影响。

具体 ZFN，TALEN，CRISPR/Cas9 特征的比较如表 3-2 所示。

表 3-2　ZFN，TALEN，CRISPR/Cas9 特征比较表[31]

项目	ZFN	TALEN	CRISPR/Cas9
结构组成	3 个以上串联的 $\beta\beta\alpha$ 构型的锌指蛋白；FokI 核酸内切酶	N 端易位结构域、中央的 DNA 结合结构域、C 端核定位和转录激活结构域；FokI 核酸内切酶	tracrRNA、众多 Cas 蛋白编码基因和 CRISPR 基因座
识别靶序列的元件	锌指蛋白 α 螺旋上的 -1、$+3$、$+6$ 三个可变的氨基酸位点	TALE 蛋白每个重复序列中的 RVD	sgRNA 中的间隔序列
识别靶序列的长度	约 24bp	约 32bp	约 9bp
发挥切割作用的酶	FokI 酶是非特异性的，只有两个 ZFN（或 TALEN）单体包含的 FokI 发生二聚化才有切割活性	只需要一个 Cas9 酶即可发挥切割活性，Cas9 具有 HNH 核酸酶和 RuvC-like 结构域发挥切割作用	
切口数目	因是二聚化的 FokI 有切割活性，所以是双切口	单切口或双切口	
脱靶率	各锌指蛋白之间存在上下文效应，脱靶率极高	TALE 重复序列中的 RVD 与靶序列是一一对应关系，脱靶率相对 ZFN 来说低	依靠 RNA 与 DNA 的碱基互补配对，脱靶率低
组装和筛选	需构建庞大的锌指库；筛选出高活性锌指蛋白的过程烦琐	需构建大量 TALE 模块；筛选出高活性 TALEN 蛋白的过程复杂	只需针对目标 DNA 改变 sgRNA 中间隔序列的碱基组成

3.6.5　合成生物学制药的应用实例

3.6.5.1　重组工程菌制备达托霉素

达托霉素是从玫瑰孢链霉菌发酵液中提取出的聚环脂肽结构复合物 A21978 中的一种，由一个十碳烷侧链与一个环状 β-氨基酸肽链 N-末端的色氨酸连接组成，是一种酸性脂肽类抗生素，分子式为 $C_{72}H_{101}N_{17}O_{26}$，分子量为 1620.67。达托霉素属于钙离子依赖性抗生素，在钙离子的存在下它以独特的作用模式破坏细胞膜的完整性，进而扰乱细胞膜对氨基酸的转运，从而阻碍细菌细胞壁肽聚糖的生物合成，最终导致细胞死亡。由于其不易产生交叉耐药的问题，因此主要用于治疗耐药菌引起的感染和疾病。达托霉素的结构如图 3-25 所示。

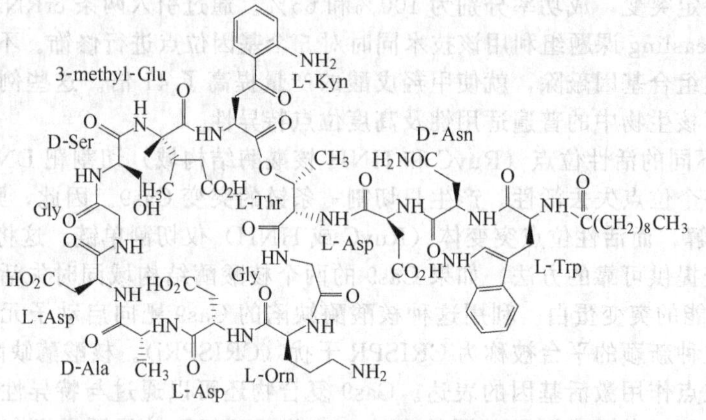

图 3-25　达托霉素结构示意图

对达托霉素发酵培养基和发酵工艺进行优化是提高达托霉素生产水平的主要方法之一。刘伟省等[32] 使用均匀设计优化了达托霉素的发酵培养基，筛选出了适用于发酵的氮源和碳源。优化后的发酵培养基可使达托霉素发酵单位提高 30% 以上。何美儒等考察了摇瓶及 2.5L 发酵罐中补加葡萄糖对达托霉素发酵的影响，并确定了分批补糖方法，为工业化生产提供了参考[33]。王蓓等对达托霉素液态发酵的工艺进行了优化并申请专利，研究确立了最佳培养基组成和培养优化条件，2t 发酵罐培养效价达到 1080μg/mL，为规模化生产奠定了基础[34]。郭朝江等经过建立玫瑰孢链霉菌发酵生产达托霉素的补料分批发酵动力学模型，为高效生产达托霉素提供了更深入的理论依据和更有效的调控手段[35]。

菌种选育是抗生素发酵生产中非常重要的一环，通过诱变和筛选获得达托霉素高产菌株是提高达托霉素发酵单位的主要方法之一。张智翔等使用链霉素和达托霉素联合抗性筛选法，筛选出可高产达托霉素的玫瑰孢链霉菌株[36]。并与原始菌株相比，筛选出的高产菌株达托霉素产量提高了 63.8%，达到 59mg/L。刘体颜等使用紫外诱变 45s，利福平 14μg/mL 和庆大霉素 1.0μg/mL 对玫瑰孢链霉菌进行筛选，得到突变株的达托霉素的最高产量为 74.99mg/L，比原始菌株提高了 42.2%。段向东采取紫外诱变、亚硝基胍 NTG 诱变、原生质体外紫外诱变和癸酸抗性处理诱变等方式对达托霉素生产菌进行诱变处理，所获得的高产菌株达托霉素摇瓶发酵单位为 428.1mL/L，比原始出发菌株提高了约 15 倍。王秀琴等使用氦氖激光辐照-亚甲基胍复合诱变对达托霉素生产菌进行筛选，得到的高产菌株发酵单位比出发菌株高 35%。

组合生物技术是在微生物次级产物合成基因簇和合成酶机理研究的基础上，将不同生物合成基因簇亚单位进行重排或替换，并经过翻译后修饰产生新的一系列天然产物衍生物，而后筛选活性优于天然化合物的现代生物工程技术。利用组合生物合成技术，通过对达托霉素的合成基因簇进行敲除、重组、替换，可以精确实现对达托霉素的结构修饰，其他链霉菌合成的大环内酯肽类抗生素与达托霉素结构类似都有十个氨基酸的内酯大环结构，而且大环内氨基酸的种类排布也很类似，且这三种酯肽抗生素的合成基因簇 NRPS 各亚基的结构和功能都很相似，这为利用组合生物技术合成达托霉素衍生物成为可能，而且利用噬菌体 RED 重组系统可以将 NRPS 亚基内的功能模块或整个亚基替换成其他 NRPS 系统的亚基或功能模块，通过将原有的亚基或模块敲除而将重新组合模块通过含有强启动子的表达载体重新导入玫瑰孢链霉菌，实现缺失功能的互补，合成具有新性质的酯肽类抗生素分子。

　　组合生物技术已经成为国外制药公司研发达托霉素相关衍生物的主要策略，其主要在亚基互换、结构域互换、氨基酸修饰及脂肪酸修饰这四个方向上对达托霉素进行衍生化，如图 3-26 所示。

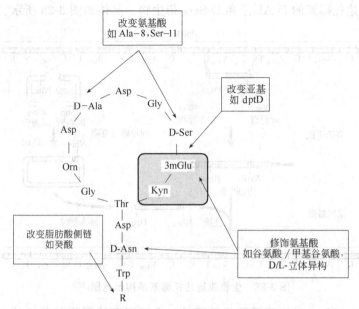

图 3-26　组合生物合成达托霉素衍生物的四个方向

　　Miao 等[37] 将达托霉素的合成基因 dptD 与来源于弗氏链霉菌 A54145 合成基因簇 lptD，来源于天蓝色链霉菌 CDA 合成基因簇 CDAPS3 进行相互替换，合成第 13 个氨基酸为 Ile 或 Trp 而不是 Kyn 的达托霉素衍生物。用 lpD 替换 dptD 后，可以保持原来产量的 25%。而用 CDAPS3 替换 dptD 可以达到原来产量的 50%，产量的降低可能是由于 dptBC 与互换的基因交流受阻。具体达托霉素基因簇生物合成如图 3-27 所示。

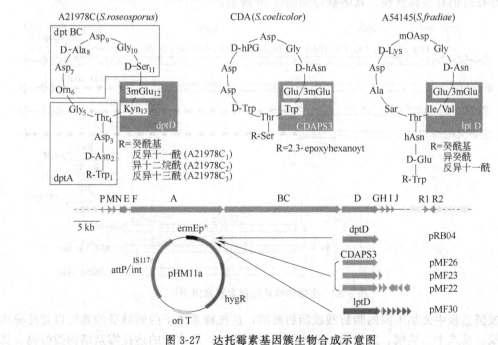

图 3-27　达托霉素基因簇生物合成示意图

Nguyen 等[38] 利用插入基因 tetA 敲除负责编码 $CA_{Ala}TE$ 的 DNA 序列，随后使用编码 $CA_{Ser}RE$ 的 DNA 序列替换 tetA，完成结构域 $CA_{Ala}TE$ 对 $CA_{Ser}TE$ 的替换。同样，也可以利用结构域 $CA_{Ser}TE$ 对 $CA_{Ala}TE$ 进行替换。将上述改造质粒导入 *S. roseospruse* UA431，可以成功表达出达托霉素的 $D\text{-}Ala_{11}$ 和 $D\text{-}Ser_8$ 衍生物。具体如图 3-28 所示。

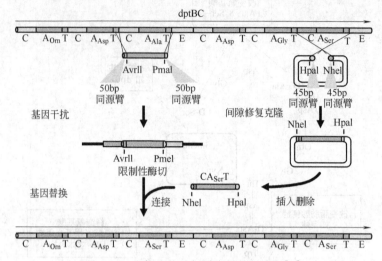

图 3-28　生物改造达托霉素结构示意图[38]

研究发现，$3mGlu_{12}$ 对抗菌活性是重要的，在不同环境下将其替换掉会导致产品 MIC 升高 8 倍或 32 倍。许多亚基或结构域的互换，都是伴随其他改造发生的，包括删除 dptI 在内的一系列手段的运用可建立一个脂肽的组合文库。所得的一些新型脂肽对革兰阳性菌有很好活性，活性最强的是修饰了第 8 或第 11 位点或两个位点都修饰了的化合物。Nguyen 等利用噬菌体重组缺陷突变型介导的组件在 A54145 生产菌株 *S. fradiae* 内部进行替换，通过异位反式互补系统，制得许多新的 A54145 和达托霉素的杂合脂肽，其中几种化合物在牛表面活性剂存在时仍有很强活性。具体修饰如图 3-29 所示：

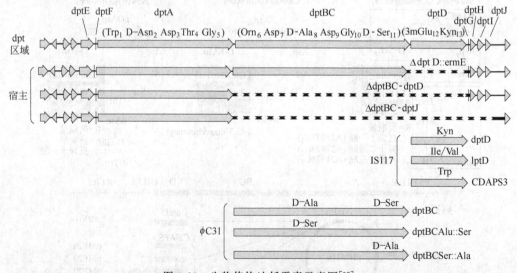

图 3-29　生物修饰达托霉素示意图[38]

在发酵过程中流加不同的脂肪酸或脂肪酸酯，达托霉素分子的侧链癸酸基可以被反异构十一烷酰、反式十二烷酰、反异构十三烷酰等基团替代，形成新的达托霉素结构类似物。具体替代方式如图 3-30 所示。

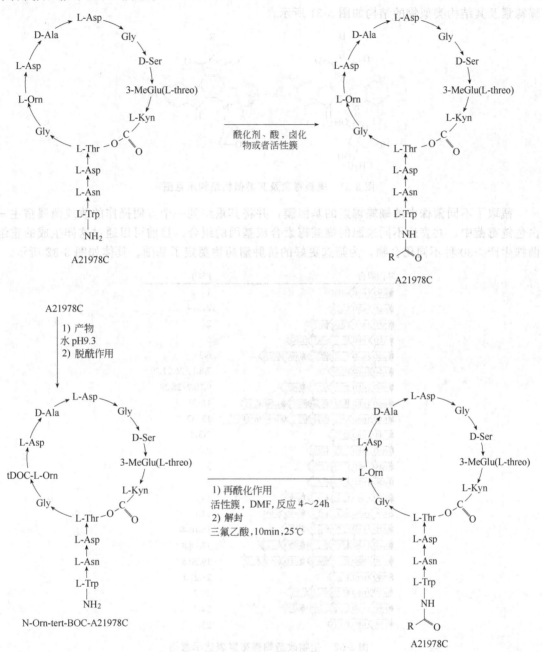

图 3-30　达托霉素生物替代方式示意图[38]

3.6.5.2　重组工程菌制备蝴蝶霉素

蝴蝶霉素于 1985 年被 Doyle 等发现，其由吲哚吡咯咔唑核和 β-葡萄糖两倍分构成，它是继喜树碱之后发现的对拓扑异构酶 I，具有一定抑制作用，从而产生特殊抗肿瘤活性的物质[39]。

蝴蝶霉素的水溶性较差导致无法对其做出进一步的药理评价。为了改善蝴蝶霉素的水溶性，同时探究其结构与生物活性间的关系，人们对其结构进行了一系列的改造和修饰，得到了大量的类似物。初步研究表明，吲哚咔唑核和 β-N 苷键的糖基对于药物活性表达是必需的，而且已经筛选出 NB-506、NSC655649 等比较理想的先导化合物，并进入临床试验。蝴蝶霉素及其结构类似物的结构如图 3-31 所示。

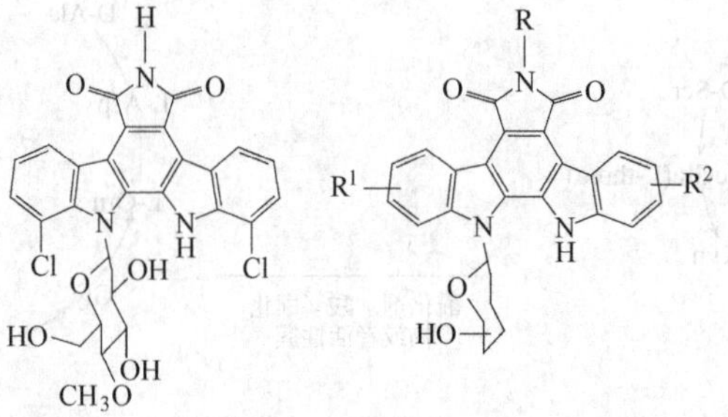

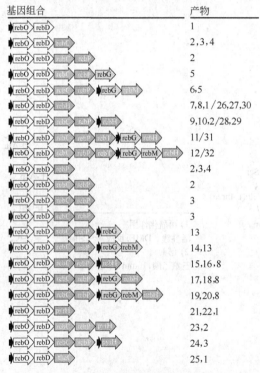

图 3-31　蝴蝶霉素及其类似物结构示意图

截取了不同菌株中的蝴蝶霉素的基因簇，并将其重组到一个方便操作的放线菌属宿主——白色链霉菌中，共表达不同来源的蝴蝶霉素合成基因的组合。目前可以通过这样生成的重组菌株生产＞30 种不同化合物，为筛选更好的抗肿瘤药物奠定了基础。具体如图 3-32 所示。

基因组合	产物
rebO rebD	1
rebO rebD rebC	2,3,4
rebO rebD rebC	2
rebO rebD rebC rebG	5
rebO rebD rebC rebG	6,5
rebO rebD rebH	7,8,1 / 26,27,30
rebO rebD rebC rebH	9,10,2 / 28,29
rebO rebD rebC rebH rebG	11/31
rebO rebD rebC rebH rebG rebM	12/32
rebO rebD rebC	2,3,4
rebO rebD rebC	2
rebO rebD rebC	3
rebO rebD rebC	3
rebO rebD rebC rebG	13
rebO rebD rebC rebG rebM	14,13
rebO rebD rebC rebH	15,16,8
rebO rebD rebC rebH rebG rebH	17,18,8
rebO rebD rebC rebH rebG rebM	19,20,8
rebO rebD rebH	21,22,1
rebO rebD rebC	23,2
rebO rebD rebC rebH	24,3
rebO rebD rebC	25,1

图 3-32　生物改造蝴蝶霉素表达示意图

3.7　生物制药技术的新进展与展望

　　广义生物技术药物包括：生物技术药物、生化药物、生物制品和基因组学药物。狭义生物技术药物也称生物工程药物，是指以基因重组技术为基础，借助生物化学、免疫学、微生物学等现代生物技术，或抗体工程、基因工程、细胞工程等现代生物工程手段，在分子、细胞或者组织、器官，以及个体水平进行设计操作，以达到发现、筛选药物分子靶标，或研制新型药物分子的目的等。

我国生物制药产业具有起步晚，发展滞后的特点，但由于我国人口基数庞大，自然资源丰富，因而对生物制药行业来说，仍然有着得天独厚的发展优势。市场是行业发展的根本动力，通过国内庞大市场的推动，我国生物制药产业仍然有着非常良好的发展前景。据分析，至 2020 年年底，全世界 60％的药物将来自生物技术，再加上我国政府对生物医药领域不断加大的投资力度和政策扶持，未来我国生物制药产业将会成为推动国民经济发展的朝阳行业。

【本章小结】 本章涉及生物制药基本原理和内容，要求在理解基本原理的基础上能有意识地在设计中关注是否能克服困难，解决生物制药产业中存在的问题。而对于基本内容则需要读者予以重点掌握。

本章重点：①了解生物制药工艺相关的基本原理和理念，掌握生物技术的基本方法；②掌握细胞、动植物培养和发酵的基本方法和步骤；③掌握基因编辑技术的基本方法；④掌握基因改造操作技术及应用实例。

思 考 题

1. 什么是生物药物？生物药物可分为哪些类型？
2. 动物细胞可应用于哪些药物的生产？
3. 植物次级代谢产物有何特征？写出植物细胞培养生产次级代谢产物的优点和缺点。
4. 酶的生产方法可分为哪几种？其中哪种方法为酶生产的主要方法，并简述该方法的优点。
5. 酶工程的生产菌应符合什么要求？
6. 基因编辑技术有哪些？各有什么优缺点？
7. CRISPR/CAS 技术作为最新、最便捷的方式，对生产菌株改造目前有什么显著性成果？
8. 举出几种除本章外的生物制药的例子，分析其是如何通过改造来提高产量的？
9. 生物制药相对于化学制药的优点有哪些？
10. 动植物细胞发酵培养设备的主要特点是什么？

参 考 文 献

[1] Dae-Kyun Ro1, Eric M Paradise, Mario Ouellet, et al. Production of the antimalarial drug precursor artemisinic acid in engineered yeast [J]. Nature, 2006: 940-943.

[2] 李卓才, 鲁波, 尹红, 等. 番茄红素化学合成的研究进展 [J]. 合成化学, 2006, 14 (2): 118-121.

[3] Mehta B J, Obraztsova I N, Cerda'-Olmedo E. Mutants and intersexual heterokaryons of Blakeslea trispora for production of β-Carotene and lycopene [J]. Appl Environ Microbial, 2003, 69 (7): 4043-4048.

[4] Alper H, Miyaoku K, Stephanopoulos G. Construction of lycopene-overproducing *E. coli* strains by combining systematic and combinatorial gene knockout targets [J]. Nat Biotechnol, 2005b, 23: 612-616.

[5] Yoon S H, Lee Y M, Kim J E, et al. Enhanced lycopene production in *Escherichia coli* engineered to synthesize isopentenyl diphosphate and dimethylallyl diphosphate from mevalonate [J]. Biotechnol Bioeng, 2006, 94 (6): 1025-1032.

[6] Nicolas-Molina F E, Navarro E, Ruiz-Vazquez R M. Lycopene over-accumulation by disruption of the negative regulator gene crgA in Mucor circinelloides [J]. Appl Microbiol Biotechnol, 2008, 78: 131-137.

[7] Mohy M Y, Bencivenga U, Rossi S, et al. Characterization the activity of penicillin G acylase immobilized onto nylon membranes grafted with different acrylic monomers by means of γ-radiation [J]. Journal of Molecular Catalysis B: Enzymatic, 2000, 8 (4-6): 233-244.

[8] Puleo D A, Kissling R A, Sheu M S. A technique to immobilize bioactive proteins, including bonemorphogenetic protein-4 (BMP-4), on titanium alloy [J]. Biomaterial, 2002, 23: 2079-2087.

[9] 申同健, 张继仁, 陈慎, 等. 人胰岛素原基因在酵母中的分泌表达 [J]. 中国生物化学与分子生物学报, 1987, 3 (2): 59-64.

[10] 李华, 王苹, 刘维全, 等. 人胰岛素基因在幼仓鼠肾细胞中的表达及降血糖实验研究 [J]. 中国医科大学学报, 2004, 33 (1): 18-21.

[11] 吴兆亮，元英进，刘家新，等.南方红豆杉细胞双液相培养中强化紫杉醇生产的研究 [J]. 植物学报，1999，41 (10)：1108-1113.

[12] 臧新，栗茂腾.BR 对红豆杉细胞的紫杉醇含量及 PAL 的影响 [J]. 华中科技大学学报：自然科学版，2003，31 (7)：103-105.

[13] Kim J H, Yun J H. A novel method of isolation taxanes in Taxus brevifolia cell Cultures：Effect of Sugar [J]. Biotechnology Letters, 1995, 17：101-106.

[14] Ketchum R E B, Gibson D M. Paclitaxel production in suspension cell cultures of Taxxus [J]. Plant Cell, Tissue and Organ Culture, 1996, 46 (1)：9-16.

[15] 李干雄，张京维，骆雪兰，等.促进剂组合对中国红豆杉细胞悬浮培养紫杉醇合成的影响 [J]. 中草药，2010，41 (9)：1552-1556.

[16] Xu X X, Zhu J, Huang D Z, et al. Tetrahedron, 1986, 42：819-828.

[17] Akhila A, Thakur R S, Popli S P. Phytochemistry, 1987, 33：1927-1930.

[18] 贺锡纯，曾美怡，李国风，等. 植物学报 (Acta Botanica Sinica)，1983，25：87-90.

[19] Paniego N B, Giulietti A M. Plant Cell Tiss Org Cult, 1994, 36：163-168.

[20] Wenten I G, Widiasa I N. Enzymatic hollow fiber membrane bioreaclor for penicillin hydrolysis [J]. Desallination, 2002, 149：279-283.

[21] Inokuma K, Liao J C, Okamoto M, et al. Improvement of isopropanol production by metabolically engineered *Escherichia coli* using gas stripping [J]. J Biosci Bioeng, 2010, 110：696-701.

[22] Becker J, Zelder O, Häfner S, et al. From zero to hero-design-based systems metabolic engineering of *Corynebacterium glutamicum* for L-lysine production [J]. Metab. Eng, 2011, 13：159-168.

[23] Xu P, Gu Q, Wang W, et al. Modular optimization of multi-gene pathways for fatty acids production in *E. coli* [J]. Nat Commun, 2013, 4：1409.

[24] Lin Y, Sun X, Yuan Q, et al. Extending shikimate pathway for the production of muconic acid and its precursor salicylic acid in *Escherichia coli* [J]. Metab Eng, 2014, 23：62-69.

[25] Wu J, Liu P, Fan Y, et al. Multivariate modular metabolic engineering of *Escherichia coli* to produce resveratrol from L-tyrosine [J]. J Biotechnol, 2013, 167：404-411.

[26] Dai Zhubo, Liu Yi, Huang Luqi, et al. Production of miltiradiene by metabolically engineered *Saccharomyces cerevisiae* [J]. Biotechnology and Bioengineering, 2012, 109 (11)：2845-2853.

[27] Williams T C, Averesch N J H, Winter G, et al. Quorum-sensing linked RNA interference for dynamic metabolic pathway control in *Saccharomyces cerevisiae* [J]. Metab Eng, 2015, 29：124-134.

[28] Farmer W R, Liao J C. Improving lycopene production in *Escherichia coli* by engineering metabolic control [J]. Nat Biotechnol, 2000, 18：533-537.

[29] Xu P, Li L, Zhang F, et al. Improving fatty acids production by engineering dynamic pathway regulation and metabolic control [J]. Proc Natl Acad Sci USA, 2014, 111：11299-11304.

[30] Wang H H, et al. Programming cells by multiplex genome engineering and accelerated evolution. Nature, 2009, 460：894-898.

[31] 周阳，等. 基因组靶向修饰技术研究进展. 生物学杂志，2015，32 (5)：70-75.

[32] 刘伟省，石磊，蒋沁.环脂肽类抗生素研究进展 [J]. 中国抗生素杂志，2007，32 (9)：520-524.

[33] Abbanat D, Macielag M, Bush K. Novel antibacterial agents for the treatment of serious Gram-positive infections [J]. Expert Opin Investig Drugs, 2003, 12 (3)：379-399.

[34] Kaatz G W, Seo S M, Lundstrom T S. Development of daptomycin resistance in experimental *Staphylococcus aureus* (SA) endocarditis [C] // Program and abstracts of the 33rd interscience conference on antimicrobial agents and chemotherapy, 1993, Abstract 155.

[35] Kelleher T J, Lai J J, DeCourcey J P, et al. High purity lipopeprides, lipopeptide micelles and processes for preparing same：US, 6696412B1 [P]. 2004-02-24.

[36] Donald D B, Francis N D, Fantini A A. Extractive purification of lipopeptide antibiotics：US, 6716962 [P]. 2004-04-06.

[37] Miao V, Brian P, Baltz R H, et al. Daptomycin biosynthesis in *Streptomyces roseosprus*：cloning and analysis of the gene cluster and revision of peptide stereochemistry [J]. Microbiol, 2005, 151：1507-1523.

[38] Nguyen K T, Ritz D, Gu J Q, et al. Combinatorial biosynthesis of novel antibiotics related to daptomycin [J]. Proc Natl Acad Sci USA, 2006, 103 (46)：17462-17467.

[39] 顾觉奋，张瑜.达托霉素制备及结构改造研究进展 [J]. 抗感染药学，2011，08 (3)：149-153.

第4章 中药与天然药物制药技术与工程

【本章导读】 中药与天然药物制药技术与工程，相较于一般化学制药技术与工程有着相似的方法和工艺，同时，作为特殊的制药技术，其生产企业必须执行我国《中华人民共和国药典》所记录的规范进行生产。本章简单介绍了中药与天然药物的基本知识，包括定义、起源、药物的分类、药性及炮制，原材料质量控制等；着重介绍了中药与天然药物制药的工业生产过程中各步骤的常用设备及其特点；并对中药与天然药物技术的现状及前景作了相关介绍。

4.1 中药与天然药物概述

中药是我国传统药物的总称，包括传统中药、民间药（草药）和民族药。天然药物是指人类在自然界中发现并可直接供药用的植物、动物或矿物，以及基本不改变其物理、化学属性的加工品。中药与天然药物的区别最主要是中药具有在中医药理论指导下的临床应用基础，而天然药物或者无临床应用基础，或者不在中医药理论指导下应用。故"中药""草药"和"民族药"除极少数（如铅丹等）为人工合成药外，绝大多数均属天然药物范围[1]。

随着生活水平的提高，人们开始关注生活质量，尤其是关注与健康长寿有关的医疗和保健消费。中药及天然产物的提取物作为一种可广泛用于医药、食品、化妆品、保健品等制品的产品[2,3]，近年来，受到特别的重视和青睐，尤其是植物药产品，在国际市场上发展迅速。未来几年随着生产技术创新力度的加强，下游市场需求的拉动，预计到2020年植物药提取物市场规模将达到62.1亿元。

4.1.1 古代药物知识的起源和积累

中国劳动人民几千年来在与疾病作斗争的过程中，通过实践，不断认识，逐渐积累了丰富的医药知识。由于药物中草类占大多数，所以记载药物的书籍便称为"本草"。现知的最早本草著作称为《神农本草经》，著者不详，根据其中记载的地名，可能是东汉医家修订前人著作而成。

《神农本草经》全书共三卷，收载药物包括动、植、矿三类，共365种，每药项下载有性味、功能与主治，另有序例简要记述了用药的基本理论，如有毒无毒、四气五味、配伍法度、服药方法及丸、散、膏、酒等剂型，可以说是汉以前中国药物知识的总结，并为以后的药学发展奠定了基础。

到了南北朝，梁代陶弘景（公元452～536年）将《神农本草经》整理补充，著成《本草经集注》一书，其中增加了汉魏以下名医所用药物365种，称为《名医别录》。每药之下不仅对原有的性味、功能与主治有所补充，而且增加了产地、采集时间和加工方法等，大大丰富了《神农本草经》的内容。

到了唐代，于显庆四年（公元659年）政府修订和颁行《新修本草》或《唐新本草》，这是中国也是世界上最早的一部药典。这部本草载药844种，并附有药物图谱，开创了中国本草著作图文对照的先例，不但对中国药物学的发展有很大影响，而且不久即流传国外，对世界医药的发展做出了重要贡献。

　　明代的伟大医药学家李时珍（公元1518~1593年），在《证类本草》的基础上进行彻底修订，编成了符合时代发展需要的本草著作——《本草纲目》。此书载药1892种，附方11000多个。李时珍在这部书中全面整理和总结了十六世纪以前中国人民的药物知识，并做了很大补充和改动。他改绘药图，订正错误，并按药物的自然属性，分为十六纲，六十类，每药之下，分释名、集解、修治、主治、发明、附方及有关药物等项，体例详明，用字严谨，是中国本草史上最伟大的著作，也是中国科学史中极其辉煌的成就。由汉到清，本草著作不下百余种，各有所长。其余关于药物的知识还收载在许多医学和方剂学的著作中。例如，东汉张仲景所著的《伤寒论》和《金匮要略》、东晋葛洪的《肘后备急方》、唐·孙思邈的《千金备急方》和《千金翼方》、宋·陈师文等所编的《太平惠民和济局方》、明·朱橚等的《普济方》等等，不胜枚举。

　　这些书籍中收载的药物和方剂，很多至今还被广泛应用着，具有很好的疗效。很多中草药的疗效不仅经受住了长期医疗实践的检验，而且也已被现代科学研究所证实。有些中草药的有效成分和分子结构等也已经全部或部分研究清楚。为了保证药物的疗效，中国劳动人民在长期的实践中，对于药物的栽培、采收、加工、炮制、贮藏保管等方面积累了极为丰富的经验。

　　反观国外药物知识的发展，以埃及和印度为最早。公元前1500年左右埃及的"papytus"（纸草本）及其后印度的"Ajurveda"（阿育吠陀经）中均已有药物的记载。希腊、古罗马、阿拉伯在医药的发展中也有悠久的历史，如希腊医生Dioscorides的"Materia Medica"（药物学），古罗马的Galen（公元131~200年）所著"Materia Medica"（药物学），阿拉伯医生Avicenna（公元980年）所著"Canon Mediclnae"（医药典）等都是专门的药物学著作，对古代医药学的发展都有较大的影响。

4.1.2　现代中药科学的发展和概况

　　中华民国（1912~1949年）建立以后，西方科技文化大量涌入的情况下，出现了中西药并存的局面。据不完全统计，现存民国时期的中药专著有260多种，大多体例新颖、类型多样、注重实用。其间综合性中药著作和讲义较多，内容多数偏于临床实用。如蒋玉柏《中国药物学集成》较有代表性。秦伯未的《药物学讲》，张山雷《本草正义》。鉴于此期中药数量众多、知识面广泛，对中药的学习与传播已有诸多不便，故不仅便读、概括一类中药入门书籍不少，而且新产生了中药辞书。其中影响较大的是1935年陈存仁编著的《中国药学大辞典》。

　　1949年中华人民共和国成立以后，由于中国共产党和中国人民政府对中医药事业的高度重视，制定了以团结中西医和继承中医药学为核心的中医政策，并采取了一系列有力措施发展中医药事业。

　　从1954年起，国家有计划地整理、出版了一批重要的本草古籍，计有《本经》、《新修本草》、《证类本草》、《纲目》等数十种。20世纪60年代以来又辑复了《吴普本草》、《别录》、《新修本草》、《本草拾遗》等十余种，对研究和保存古本草文献有重大意义。新的中药著作大量涌现，范围广、门类齐全。

　　新中国成立以来，政府先后多次组织力量资源进行大规模调查和搜集资料。现已知中药资源总有12807种，其中药用植物11146种，药用动物1581种，药用矿物80种。在中药资源调查基础上，一些进口药材国产资源的开发利用也取得了显著成绩，如萝芙木、安息香、沉香等已在国内生产。中药资源保护、植物药异地引种、药用动物的驯化及中药的综合利用也颇见成效。

　　中药的现代研究大多取得了瞩目进展：①中药的基本理论得到了系统、全面整理，对药性、归经、十八反等作了大量研究；②生药学和中药鉴定学已向用少量检品达到迅速、准确的方向发展；③通过中药炮制技术与原理的现代研究，采用了许多先进的设备与技术，提高了饮片质量；④建立了中药化学，对中药的化学成分进行了广泛的研究，多数常用中药的主要有效成分得到了明确，弄清了部分常用中药的化学结构；⑤对多数常用中药的药理进行了系统研究；⑥随着中药制剂的发展，新剂型的增多，以及质量检测控制手段的提高，中成药生产已走向现代化[4]。

为了统一制定药品标准，卫生部及早成立了药典编纂委员会，后改为中国药典委员会，于 1953 年、1963 年、1977 年、1985 年、1990 年、1995 年、2000 年、2005 年、2010 年、2015 年先后出版发行了十版《中华人民共和国药典》。与此同时，国家一直重视药政法的建设工作，先后制定了多个有关中药的管理办法，并于 1984 年通过了《中华人民共和国药品管理法》。这些都标志着中药学在中国得到前所未有的发展，同时也展示了中药事业光辉而广阔的前景。

4.1.3　关于中药和天然药物的基本知识

中草药的种类很多，根据近年的初步统计，总数约在八千种，常用中草药亦有 700 种左右。现代记载中草药的教科书所采用的分类方法，根据其目的与重点有所不同，主要有下列四种。①按药物功能分类：如解毒药、清热药、理气药、活血化瘀药等。②按药用部分分类：如根类、叶类、花类、皮类等。③按有效成分分类：如含生物碱的中草药、含挥发油的中草药、含苷类的中草药等。④按自然属性和亲缘关系分类：先把中草药分为植物药、动物药和矿物药。动植物药材再根据其原植物、原动物的亲缘关系来分类和排列次序。如麻黄科、木兰科、毛茛科等。

中药为中医药学理论体系的药物，天然药物只是药物来源于天然产物。中药可以有天然药物，也可以有人工合成药物。天然药物可为中药，亦可为西药。一句话，中药不等于天然药物，天然药物亦不等于中药。

有效成分指具有明显生物活性且有医疗作用的化学成分，如生物碱、苷类、挥发油、氨基酸等，一般指的是单一化合物。

无效成分指在中药里普遍存在，没什么生物活性，不起医疗作用的一些成分，如糖类、蛋白质、色素、树脂、无机盐等。但是，有效与无效不是绝对的，一些原来认为是无效的成分因发现了它们具有生物活性而成为有效成分。例如，灵芝、茯苓所含的多糖有一定的抑制肿瘤的作用。

生理活性成分指经过不同程度的药效或生理活性试验，包括体外试验和体内试验，证明对机体有一定的生理活性的成分。

有效部位指具有明显生物活性且具有医疗作用的一类化学物质，通常是结构相似的一类化合物的总称。如银杏叶中的黄酮类化合物有近 40 种，这些化合物都具有保护缺血神经元的活性，故又把银杏总黄酮称为银杏叶的有效部位，此外银杏萜内酯是银杏叶中的有效部位之一。

中药的药性：药物的性味和功能称药性。如四气，五味，升降沉浮，归经等。

中药的四气（四性）：中医将病分为热性病和寒性病，根据药物的性质和治疗作用将中药分为寒、热、温、凉四种药性。如，石膏、黄连、栀子等治疗热性病具有寒凉性质；附子、干姜等治疗寒性病，具有温热性质。寒性、凉性中药具有清热泻火作用；温性、热性中药具有温里散寒作用。寒凉药物属阴，温热药物属阳。寒与凉，温与热只是程度上的差别。

如果不了解药性，治疗热性病用热药，治疗寒性病用寒药，必然会产生不良后果。

中药的五味：辛、甘、酸、苦、咸称为中药的五味，不同的味有不同的治疗作用，味是表示中药作用的标志。

辛：发散、行气、行血。如麻黄、桂枝治风寒表证，木香、红花行气行血。

甘：补益、和中。如人参、黄芪补益元气，甘草、大枣调和脾胃、调和药性。

酸：收敛、固涩。如五味子、山茱萸敛汗涩精，五倍子涩肠止泻。

苦：燥湿、泻降。如黄连、黄柏清热燥湿，大黄泻下。

咸：软坚、泻下。如海藻、瓦楞子软坚散结，芒硝泻下通便。

辛散，酸收，甘缓，苦坚，咸软。

中药的气和味要综合应用，气味相同作用类似，气味不同则作用不同，气同味异或味同气异，则作用也不相同。如麻黄薄荷同为辛味药，辛能发散，具发汗解表作用。麻黄性温，用于风寒表证。薄荷性凉，用于风热表证。

中药的升降沉浮：根据药物的作用趋向又将药物分为升降沉浮。升是升提，降是下降，浮有上行发散之意，沉有下行泻利之意。

升浮的中药（属阳）具有发汗，升阳，散寒，催吐等作用。用于病变部位在上、在表，病势下降的疾病的治疗。如黄芪、升麻能治久泻脱肛，子宫下垂等气虚下陷疾病；麻黄、桂枝能治疗风寒表证。

沉降的中药（属阴）具有降逆，清热，泻下收敛等作用。用于病变部位在下、在里，病势上逆的疾病。如石决明、牡蛎能治疗肝阳上亢的头晕、头痛；大黄，芒硝能治疗肠燥便秘等疾病。

药性的升降沉浮与药物的气味及质地轻重有一定关系。味属辛甘，气属温热，大多升浮；味属苦酸咸，气属寒凉，大多沉降。花、叶等质轻中药大多升浮；种子和矿物等质重中药大多沉降。

药性的升降沉浮还与配伍或炮制有关。升浮药在众多沉降药中便随之下降；沉降药在众多升浮药中便随之上升。有些药酒炒则升，姜汁炒则散，醋炒则收敛，盐水炒则下行。

中药的归经：归经是指药物对于机体某部位的选择作用。如寒性药物都有清热作用，但有的偏清肺热，有的偏清心热，有的偏清肝热，有的则偏清胃热。再如同为补药，也有补心，补肺，补脾，补肾之区别。

中药的炮制：对原药材进行的各种加工处理称炮制。经加工炮制的中药称为中药饮片。

炮制的目的主要有以下几点：

① 降低或消除药物的毒性或副作用，如半夏，天南星等含有强烈刺激性物质，浸泡之后，可消除其刺激咽喉的副作用；马钱子具有通络止痛，散结消肿之功效，主要用于治疗风湿顽痹，麻木瘫痪，跌打损伤，痈疽肿痛，小儿麻痹后遗症，类风湿关节痛等，其主要成分是士的宁（疗效好）和马钱子碱（毒性强）。

炮制方法：沙烫或油炙。炮制温度 200～260℃。分解温度：马钱子碱 178℃；士的宁 286～288℃。

附子具有回阳救逆，补火助阳，逐风寒湿邪之功效，主要用于亡阳虚脱，肢冷脉微，阳痿，宫冷等症，主要含有二萜双酯类生物碱等。二萜双酯类生物碱乌头碱 0.2mg 就可造成中毒，其半数致死量为 3～4mg。经炮制后，少部分二萜双酯类生物碱随水流失，大部分则转变成毒性大大降低的二萜单酯型生物碱。二萜单酯型生物碱的毒性只有二萜双酯型生物碱的 1/2000。

② 转变药物的功能，如麻黄为辛温解表药，主要含有两类成分、挥发油和生物碱，其中前者主要用于辛温解表，治疗感冒等症；后者具有止咳平喘的作用，主要用于治疗气管炎等。麻黄蜜炙后挥发油降低 1/2，而生物碱含量基本不降，使其辛散作用降低，治咳平喘作用增强。

③ 增强疗效如款冬花枇杷叶经蜜炙后，可增强润肺止咳作用。

元胡中的主要止痛成分是生物碱。未炮制的元胡用水提取，其生物碱的提取率为25％。而用醋炙后，元胡用水提取，其生物碱的提取率为49.3％（形成了有机酸盐，增加了水溶性）。白芥子具有温胃散寒，助消化，温肺化痰等作用。

④ 改变或增强药物作用的部位如黄柏为清下焦湿热药，酒炙后借酒力上行，清上焦之热。

⑤ 易于粉碎，适应调剂或制剂的需要，如龙骨、石决明炮制后质地酥松，易于粉碎，并有利于药物的溶出。

⑥ 保证药物的净度。

⑦ 有利于药物的储藏，保存，且有矫味，便于服用的作用，如紫河车、蛇类、动物类含有三甲胺等腥味成分，酒炙后可除去这些腥味成分。

4.2　中药与天然药物原材料质量控制

4.2.1　中药材料质量控制

中药的质量涉及中药生产的一系列环节，所以，中药的质量控制要布局在中药生产的各个环节中。另外，中药质量控制方法在考虑全成分和系列环节的基础上，还要充分考虑国际惯例，使制定的方法容易被国际医药界所接受，即建立起符合中医用药规律的中药系列质量标准规范化体系。

目前，我国已制定的中药质量控制标准有：GLP、GMP、GCP、GSP、GAP，但这些标准还远不能够覆盖中药生产的系列环节。因此，要提高中药质量，实现中药现代化，使中国的中药在国际天然药物市场占有应该占有的位置，还需要付出艰苦的努力。

建立对中药的质量控制体系必须立足于中药的特色。复方中药的整体作用特点决定了中药不同于西药。中药的质量控制方法必须能对起效的全成分（有机成分、无机成分和络合物成分）进行控制。只有这样，所建立的质量控制体系才能真正达到控制中药质量、保证中药用药安全有效的目的。

4.2.2　中药饮片质量控制

中药饮片的质量标准是国家药品质量监督管理部门对饮片内在质量的真实性、纯净度和品质优良程度所做的技术规定，每种中药饮片均应有相应的质量标准，这不仅是保证中医临床疗效的关键，也对提高中药饮片疗效或是中药饮片打入国际市场有重要作用。

在制定中药饮片质量标准时要紧密结合中医临床疗效，用疗效确定多种有效成分，而不要用单一的成分替代疗效。例如：麦芽为健脾和胃的药，其中淀粉酶有助消化作用，如果仅以淀粉酶作为麦芽炮制的质量标准，就会得出焦麦芽没有助消化作用的结论，因为酶在60℃以上就会被破坏，事实上焦麦芽健脾消食的功能比麦芽强，这已为几千年的中医实践所证实了，为此制定麦芽质量标准时就需认真探索和筛选。在制定中药饮片质量标准时，还要注意中医临床用药的特点。例如：中药代赭石，主要具有重镇降逆的功效，其主要成分为Fe_2O_3，过去有人研究得出的结论是：该成分不溶于水，然而中医在旋复代赭石汤中，用它作为水煎剂或散剂，用开水冲服。因为Fe_2O_3经火煅醋淬后，煎汤时用其碾碎的粉末，粉末可大量连汤服下，使人体胃液中出现大量亚铁离子，起到镇逆止呕的作用，未煅的Fe_2O_3即无此现象。因此，不了解中医用药特点就很难制定出合理的质量标准；再如：木香，前人由于对中医理论上的"理气"认识不足，选择不到合适的质量指标，后来人们根据木香在临床上适用于里急后重的痢疾，煨后可实大肠，故而考虑到其与肠管蠕动可能有关，实验证明木香挥发油有抑制肠管蠕动作用且煨后作用显著增强。这说明制定中药饮片质量标准一定要注意与中医理论相结合。总之，疗效才是制定质量标准的基础。只有在中医药理论指导下，选择合适的药理模型，找出中药饮片成分的有效部位，才是解决饮片质量标准制定的关键。在有效成分（部位）不明确的情况下，应在标准中对饮片的可能有药效的大多数化学成分进行检测，只要能控制住药材中大多数成分的含量，以及各成分的比例关系，我们就可以保证这味饮片的质量和药效。

4.3　中药与天然药物制药的工业生产及设备

4.3.1　概述

(1) 中药制药产业的发展进程　中国医药产业的发展主要由全国人民疾病治疗、保健康复、生育等必需的医药消费所带动。自改革开放以来，中国医药业产值年均增长率在16.6％左右，"八五"期间发展速度最快，年平均增长率为22％，"十二五"期间，中药工业总产值年均增长超过26％。2013年在世界经济"弱复苏"、国内宏观经济增速放缓的背景下，我国医药工业继续保持了较快增长，主营业务收入突破20000亿大关。根据工信部发布的医药工业经济发展的相关数据，2015年医药工业实现主营业务收入26885.2亿元，同比增长9.0％，高于全国工业增速8.2个百分点。其中，中成药行业实现主营业务收入6167.39亿元，同比增长5.69％。2016年1月至9月，医药工业规模以上企业实现主营业务收入21034.14亿元，同比增长10.09％，高于全国工业整体增速6.39个百分点。

(2) 全球医药市场中的中国医药行业预测　根据国际权威医药咨询机构IMS的统计数据显示：2010～2015年全球药品销售总额由7936亿美元增长至10345亿美元，年均复合增长率约5.4％，高于同期全球经济增长速度，并预测2015～2019年间全球药品销售金额年均复合增长率达到4％～5％。2000年以来，因大型医药企业受研发难度加大、新药推出速度减慢、专利药逐步到期等因素影响，全球药品市场增长速度有所放缓。但发展中国家药品市场的快速发展、仿制药品数量的急速增加，将继续驱动全球药品市场保持较快发展。根据IMS相关数据，2014年全球药品市场销售额规模约为9761亿美元，预计2019年将增长到12249亿美元，其中仿制药将有1500亿美金左右的增长幅度，占药品市场增长幅度的60％。同时，在2009～2013年间，全球仿制药市场的增长率比全球药品市场整体增长率高出4％～8％，可见仿制药是推动全球药品市场增长的重要因素，仿制药市场的发展仍面临着良好的市场契机。

中国作为世界人口第一大国，本身庞大的人口基数带来巨大的医疗服务和医药消费需求；其次，我国老龄化进程加快，人口老龄化大大增加了慢性病的患病率，同时考虑到二胎全面放开带来新增人口的医疗需求，巨大的医药市场消费群体为我国医药行业的发展提供了良好的基础，总体上，我国医药行业的销售收入和利润仍将保持较高的增长态势。"十三五"规划纲要提出："实行医疗、医保、医药联动，推进医药分开，建立健全覆盖城乡居民的基本医疗卫生制度。全面推进公立医院综合改革，坚持公益属性，破除逐利机制，降低运行成本，逐步取消药品加成，推进医疗服务价格改革，完善公立医院补偿机制。完善基本药物制度、深化药品、耗材流通体制改革，健全药品供应保障机制。鼓励研究和创制新药，将已上市创新药和通过一致性评价的药品优先列入医保目录。"相关政策法规的出台，将有利于医药行业的良性发展。

(3) 我国中药制药工程技术与国际的差距　目前中医药的发展存在很多问题，如我国中药产业规模小，竞争力强的企业少，国际竞争力不足；尤其是没有形成中医药产业，硬性将医与药分家，因此难以构成配套的一条龙服务；管理体制不顺，国家未从战略角度支持中医药发展；基础研究工作落后，知识产权保护不力，掌握中医药理论的人才严重不足等，这都有待于逐步完善、规范。

(4) 中药制药生产技术发展的关键技术　中药制药工程是支撑中药现代化发展的基础，是利用现代工程技术方法和手段，实现中药产业化的目的[5,6]。中药产业发展战略目标的实现将取决于国家对中药产业政策、技术导向、基础研究、资源配置、风险基金的建立以及中药产业本身工程素质水平。

中药现代化是一个系统工程，根据中药工业生产"通用性"和"相关性"特点，中药制药技术研究范围可划分为中药预处理单元、中药提取单元、分离浓缩单元、干燥单元。下面就对每个生产过程进行简要介绍。

4.3.2　粉碎

粉碎是用机械力将大块固体物料制成适当的碎块或细粉的操作过程。绝大多数中药是以植物、动物和矿物的药用部位为原材料，中药材入药前一般先加工成饮片，在进行提取前先根据药材、溶剂的特点和生产工艺的要求粉碎成不同细度的粉末，以供提取之用。因此粉碎是中药提取生产的基本操作之一。

中药材粉碎的目的是使中药中的有效成分更易浸出，因为多数中药是植物性或动物性的生药，这些生药的细胞组织很紧密，细胞壁也很厚，使溶剂不易渗透和扩散，有效成分或在该溶剂中的可溶物很难被浸出来。另外中药材粉碎后，因其表面积急剧增加可以提高有效成分的溶解速度。因此为了提高中药材中有效成分的浸出速度和产率，就需用适当的粉碎方法将中药材粉碎到一定程度[7]。

近年来，超微细粉化技术在中药粉碎中的应用日趋增多，运用超声粉碎、超低温粉碎等现代超细微加工技术，可将原生药从传统粉碎工艺中得到中心粒径 150～200 目的粉末（75μm 以下），提高到现在的中心粒径为 5～10μm 以下，在该细度条件下，一般药材细胞的破壁率≥95%。这种新技术的采用，不仅适合于各种不同质地的药材，而且可使其中的有效成分直接暴露出来，从而使药材成分的溶出和起效更加迅速完全。

4.3.3　浸提

中药传统的浸提方法有煎煮法、浸渍法、渗漉法、回流提取法、水蒸气蒸馏法等。我国古代医籍中就有用水煎煮、酒浸渍提取药材的记载。20 世纪 50 年代，全国兴起的中药剂型改革高潮中，基本上是使用煎煮法、浸渍法、回流法、渗漉法等浸提方法制备合剂或口服液。近 20 年来，科技人员对传统浸提方法工艺参数进行了较系统的考查，建立了目前公认的参数确定方法。即以指标成分的浸出率为指标，通过正交设计、均匀设计、比较法等优选浸提工艺条件，确定参数。

4.3.4　分离和纯化

经过浸提后得到的药材提取液一般体积大，有效成分含量低，仍然是杂质和很多成分的混合物，需除去杂质，进一步分离并进行精制。

常见的分离方法有沉降分离法、过滤分离法、离心分离法。常见的精制方法有水提醇沉法（水醇法）、醇提水沉法（醇水法）、酸碱法、盐析法、离子交换法和结晶法等。实践表明，这些方法也存在一定的局限性。

4.3.5　制剂

制剂为根据药典或其他处方按照一定操作规程将药物加工制成的药剂。同一药物的不同制剂和不同给药途径，会引起不同的药物效应。常用的有片剂、丸剂、散剂、注射剂、酊剂、溶液剂、浸膏剂、软膏剂等。

片剂是药物与辅料均匀混合后压制而成的片状制剂。片剂的主要特点为：①固体制剂；②生产的机构化、自动化程度较高；③剂量准确；④也可以满足临床医疗或预防的不同需要。片剂的种类：普通压制片、包衣片、糖衣片、薄膜衣片、肠溶衣片、泡腾片、咀嚼片、多层片、分散片、舌下片、口含片、植入片、溶液片、缓释片。

丸剂是指药材细粉或药材提取物加适宜的黏合辅料制成的球形或类球片形制剂。丸剂分为：蜜丸、水蜜丸、水丸、糊丸、浓缩丸和微丸等类型。

散剂是指一种或数种药物经粉碎、混匀而制成的粉末状制剂，也是古老的剂型之一。散剂的比表面积较大，因而具有易分散、奏效快的特点；散剂能产生一定的机械保护作用。散剂制法简单，当不便服用丸、片、胶囊等剂型时，均可改用散剂。按医疗用途，散剂可分为内服散剂和外用散剂。内服散如"乌贝散""益元散"等。外用散如"金黄散""冰硼散"等。

注射剂指药物制成的供注入体内的无菌溶液（包括乳浊液和混悬液）以及供临用前配成溶液或混悬液的无菌粉末或浓溶液。按分散系统，注射剂可分为四种类型：溶液型注射剂；混悬型注射剂；乳剂型注射剂；注射用无菌粉末。

把生药浸在酒精里或把药物溶解在酒精里制成的药剂，如颠茄酊、橙皮酊、碘酊等，简称酊；溶剂一般为非挥发性药物或少数挥发性药物的澄清溶液，大多以水为溶剂。也有以乙醇、植物油或其他溶液等用溶剂浸出并经调整浓度的膏状制剂，分干浸膏和稠浸膏两类。

4.3.6　原料药设备

现代工业技术的快速发展，给传统制药工业注入了新的活力。新技术与新工艺的应用，使药物的提取更迅速、更完全，分离更彻底，干燥更快速，粉碎更细微，药物有效成分得以更好地保留，药品的质量得以大大提高[8,9]。下面就生产过程中使用的原料药设备进行简要介绍。

4.3.6.1　粉碎设备

固体物料在外力作用下，克服物料的内聚力，使大颗粒破碎成小颗粒的过程称为粉碎。粉碎操作是药物的原材料处理及后处理技术中的重要环节，粉碎技术直接关系到产品的质量和应用性能。产品颗粒尺寸的变化，将会影响药品的实效性和即效性。中药粉碎的目的主要表现在以下几个方面：①为制备各种药物剂型奠定基础，如片剂、散剂、冲剂、丸剂、胶囊剂等剂型需以药粉或颗粒成型；②增加药物表面，利于药物的溶解与吸收，进而提高药效，提高其生物利用度；③有利于药物中有效成分的浸出或溶出；④便于调剂和服用，节省原材料。

粉碎机可按构造、被粉碎物料的粒度、对被粉碎物料作用力的方式进行分类。按产品粒度分类：产品粒度在数毫米以上的为粗碎设备，在数毫米至零点几毫米的为中碎设备，在零点几毫米至数十微米的为细碎设备，数十微米以下的为超细碎设备；按对物料所施加的外力方式分类：对物料以压缩力为主的为压缩型粉碎机，以冲击力为主的为冲击型粉碎机，以剪切力为主的为剪切型粉碎机，以磨削力作用于物料表层的为研磨型粉碎机。按粉碎机结构分类：机械式粉碎机、气流式粉碎机、研磨粉碎机、低温粉碎机等。

机械式粉碎机是以机械方式为主对药物粉碎的设备，有锤式、刀式、齿式、涡轮式、铣削式粉碎机。如图 4-1 所示。

球磨机是一种常用的制药设备，其主体是一个不锈钢或瓷制的圆筒体，筒内装有直径为 20～150mm 的钢球或瓷球，装入量为筒体有效容积的 25％～35％（干法粉碎）或 35％～50％（湿法粉碎），罐内物料的量或体积以充满球间空隙为宜。现在使用的多为振动超微球磨机。振动超微球磨机是利用研磨介质在一定振幅的筒体内对固体药物产生冲击、摩擦、剪切、研磨等作用而达到粉碎药物的目的，如图 4-2 所示。

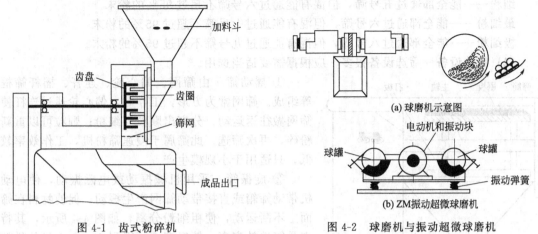

图 4-1　齿式粉碎机　　　　　　图 4-2　球磨机与振动超微球磨机

　　气流粉碎机又称流能磨、气流磨，是通过粉碎室内的喷嘴使压缩空气形成气流束（高速气流），使药物颗粒之间以及颗粒与器壁之间产生强烈的冲击、摩擦，以达到粉碎药物的目的。常用的气流粉碎机有圆盘式和循环式，如图 4-3 所示。

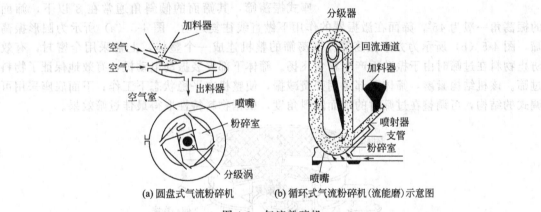

图 4-3　气流粉碎机

4.3.6.2　筛选设备

　　筛选是指通过一种网孔状工具将粒度不均匀的粉碎后的药物颗粒分离成两种或两种以上粒级的操作过程。通过筛选可以除去不符合要求的粗粉（可以再粉碎）或细粉，有利于提高产品（药物）的质量。

　　(1) 药物筛选目的与标准筛比较　药物筛选的目的：满足医疗需要，满足制剂需要，筛除粗粒或异物，筛除细粉或杂质，整粒，粉末的分级等。

　　筛选设备所用筛面有金属丝类（黄铜丝、不锈钢丝等）、合成纤维类（涤纶丝、尼龙丝等）和绢丝系列，并由分类材料编织而成。筛网的规格各有不同。中国药典所用的药筛是 R40/3 系列，并分为 1～9 号筛。其他一些国家使用的是以每英寸（2.54cm）筛网长度上的孔数作为各筛号的名称，用"目"表示。

　　为了便于区别固体粒子的大小，《中国药典》（2005 年版）规定把固体粉末分为六级，还规定了各个剂型所需要的粒度。粉末分等如下：

　　最粗粉——能全部通过一号筛，但混有能通过三号筛不超过 20％的粉末。

　　粗粉——能全部通过二号筛，但混有能通过四号筛不超过 40％的粉末。

中粉——能全部通过四号筛，但混有能通过五号筛不超过60%的粉末。

细粉——能全部通过五号筛，但混有能通过六号筛不超过95%的粉末。

最细粉——能全部通过六号筛，但混有能通过七号筛不超过95%的粉末。

极细粉——能全部通过八号筛，但混有能通过九号筛不超过95%的粉末。

（2）筛选设备　筛选设备很多，应根据需要适当选用。

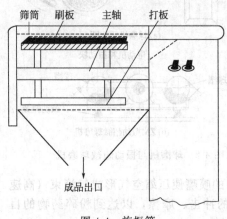

图4-4　旋振筛

① 摇动筛　由筛网、偏心轮、连杆、摇杆筛框等组成。筛网常为方形，工作时，偏心轮通过连杆使筛网做往返运动，分离出颗粒与细粉；颗粒可以重新粉碎，再次筛选。此筛属于慢速筛粉机，工作效率较低，只适用于小规模生产。

② 旋振筛　采用机械振动或电磁振动，使电动机带动筛箱或直接带动筛网产生振动，促使物料在筛面上不断运动，使粗细粉分离，如图4-4所示，其特点是筛选效率高、精度高，可得到20~400目的粉粒体产品；体积小、质量轻、安装维修方便；由于有一个可以旋转的出料口，便于工艺的设计与使用。

③ 振荡筛　直线运动的箱式结构，分为吊式和座式振荡筛，其筛面的倾斜角通常在8°以下，筛面的振荡角一般为45°，筛面在激振器的作用下做直线往复运动。图4-5（a）所示为圆形振荡筛，图4-5（b）所示为方形振荡筛。振荡筛的整机连成一个整体，上盖采用全密封，有效防止物料在过筛时由于振动而产生粉尘飞扬。筛体下部安装振动电动机，有效地保证了物料过筛。该机结构紧凑，筛体下部采用弹簧减振，使整机在平稳状态下工作；下面底座采用可调式的结构，可调整在过筛时的筛面倾斜角度，根据物料特性取得最佳过筛效果。

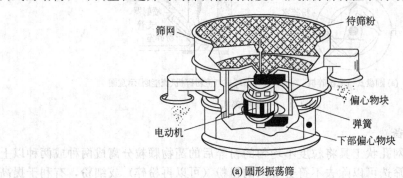

(a) 圆形振荡筛

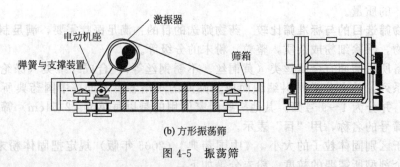

(b) 方形振荡筛

图4-5　振荡筛

同时，该机具有结构简单、操作方便、体积小、处理量大、噪声低、耐腐蚀、低故障、寿命长、振幅可调、耗能低、拆装方便、清洗无死角、无粉尘飞扬等优点。

4.3.6.3　干燥设备

干燥操作的目的是除去某些固体原料、半成品及成品中的水分或溶剂，以便于储存、运输、加工和使用。用热能加热物料，使物料中湿分蒸发出去，这一过程称为干燥，是除去固体物料中湿分的一种方法。

由于工业生产中被干燥物料的性质、预期干燥程度、生产条件的不同，所采用的干燥方法、干燥设备也不尽相同。

4.3.6.4　提取设备

中药提取（浸取或者称液-固萃取）过程，通常把固体药物原料看成由可溶物（溶质）和不溶物（载体）所组成的混合物。中药提取过程就是将中药药材中的可溶性组分从中药的固体基块中转移到液体中，即将溶质（可溶性组分）由固相转移到液相中，从而得到含有溶质的提取液的过程[10]。因此，提取过程实质上是溶质由固相传递到液相的传质过程。中药材中所含的成分十分复杂，尽可能地将中药材中的有效成分或组分群提取或分离出来，将是中药提取的重要任务[11]。

传统的中药提取罐如图 4-6 所示。传统的中药提取罐是在作坊的煎药锅的基础上发展起来的一种早期工业化提取设备。这种提取设备的材料大多数为不锈钢，并加盖密闭，改变了早期敞口式操作。投料后先通入蒸汽直接加热，达到提取所需要的温度后改向罐体夹套通入蒸汽进行间接加热，以维持罐内的提取温度，提取结束后，药液从罐底排出，药渣则通过底侧卸渣口卸除出。这种提取罐首先改变了中药煎煮的作坊式操作，初步实现了工业化生产过程，为日后中药提取罐的发展建立了基础。

多能式提取罐是中药制药行业中最常用的一种提取设备，多功能提取罐的特点是能在全封闭条件下进行常温常压提取，也可进行高温高压提取或真空低温提取，亦可用于进行不同溶剂的提取（如水提取或醇提取），且保持着传统煎煮工艺的特点。在操作组合方面，多功能提取罐可进行强制循环提取、回流提取及提取挥发油等操作，因此多功能提取罐要比传统的中药煎煮锅和中药提取罐操作方便、安全可靠、提取时间短、效率高。但大部分多功能提取罐都是采用夹套式加热的方式，因此普遍存在传热速度慢、加热时间长等缺点。

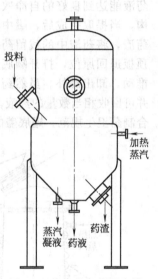

图 4-6　传统的中药提取罐

多功能提取罐的锥形罐底盖大多采用气动操作，操作轻便、安全，密封性能也较好，但由于罐口的出渣盖口径往往比罐体直径要小，有时提取后的药渣在锥底口会发生"架桥"现象，阻塞罐口，给排渣带来不便，常常需要人工辅助出渣，会增加工人的劳动强度，生产操作的安全性也较差。

提取罐的技术发展过程是随提取工艺技术及自动化程度的提高而不断改进的过程。目前，在传统的多功能提取罐的基础上，发展了带搅拌的多功能提取罐、全倒锥提取罐等，解决了提取过程中的一些技术问题，但对药渣的处理目前都在罐外进行，如离心式分离机、蛟龙式挤渣机等，这些装置投资较大，操作过程要消耗一定的能量，并要配以相应的设备，还要带来一定的噪声，影响工作环境，所回收的药液会短期暴露在大气中，不符合 GMP 要求。

全倒锥提取罐主体采用倒锥形筒体，如图 4-7 所示，上口小下口大，锥度为 4°～8°。罐体的上口为加料口，可以设计为全口开启，也可以设计为封头顶，加设料斗，通过气动蝶阀来开闭加料口。罐底为卸渣口，由于罐口较大，故采用锯齿形旋转卡箍，达到了罐口开闭操作灵活简便、密封性能良好等效果。另外由于设备采用了全倒锥式的筒体，加料和卸渣十分方便，药渣不会在罐底发生"架桥"阻塞，无需进行人工排渣，工人的劳动强度大大降低，同时也提高了生产效率。

全倒锥提取罐还采用了侧向环形过滤网，与传统的提取罐相比，过滤面积大大增加；滤网设置在罐体的侧向，可减小药渣对滤网的静压，延长了滤网的使用周期。在工艺操作中，药液不断通过滤网进行过滤，药渣层在药液循环过程中也起到了滤层的作用，保证了药液的澄清度。

蘑菇式内压渣提取罐（图4-8）采取上大下小的蘑菇形罐体结构，并由加料口装置、碟形压盖板、多孔顶板、侧向环形过滤装置、锯齿形旋转卡箍卸渣装置等构件组成。罐体的上段筒体作为循环溶剂的存留空间，下段筒体为溶剂通过药材层流动的通道，在循环提取过程中，可加快溶剂在药材间的流动速率，强化质量传递过程，提高提取过程的效率，加料口安装了一个气动蝶阀，可结合中药工程的自动称量加料装置，实现中药提取过程的全自动化生产。本新型提取罐还采用了筒体的侧向环状过滤，过滤口设置在罐体下端的侧向部位，并由多个过滤窗组成，在提取过程中，药液不断通过各个过滤窗进入环状滤液腔，再由过滤腔流出，由循环泵再将其送入提取罐内进行提取，药液又不断通过药料层和过滤窗进行循环，使药液能达到良好的自净效果。罐体中间的碟形压盖和罐底部的多孔顶板组成挤压药渣的机构，当提取完成后，罐中间的压盖由汽缸带动而关闭，罐底的顶压板也由汽缸推动向上挤压药渣，将药渣中的残留药液挤压出，通过多孔板流下，并由泵抽出罐外。完成挤压后，多孔顶板退回原位，打开罐底盖，再开启碟形压盖，并由蝶形压盖开启时的半边推力将药渣向下推动，卸出罐外。虽然药渣中的药液不可能百分之百被挤压出，但挤压过程在罐体内完成，并可回收相当数量的药液，回收的药液不至于暴露于大气中，整个过程在密闭状态下进行，符合制药卫生规范。罐底盖的开启将由罐底盖、锯齿形旋转卡箍和推力汽缸组成的机构来完成。

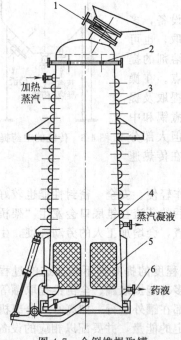

图4-7　全倒锥提取罐

1—加料口蝶阀；2—循环液分布器；
3—加热盘形半管；4—全倒锥形筒体；
5—环状侧向过滤网；
6—半锯齿旋转卡箍

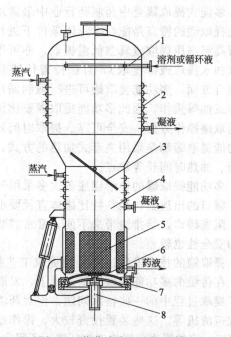

图4-8　蘑菇式内压渣提取罐

1—循环液分布器；2—加热形半管；
3—蝶形压盖板；4—蘑菇形筒体；
5—侧向环形过滤网；6—多孔顶板；
7—半锯齿旋转卡箍；8—顶压汽缸

与倒锥形提取罐一样，采用锯齿形旋转卡箍，达到了罐口开闭操作灵活简便、密封性能良好等效果。

4.3.6.5　挥发性成分的蒸馏

(1) 蒸馏的目的和意义　许多中药材的主要有效成分是挥发性的化学成分，按气味可分成两类：具有芳香气味的芳香油和具有非芳香气味的挥发油。如桂枝、丁香、香、薄荷、藿香、木香等含有芳香气味的芳香油，大蒜等含有非芳香气味的挥发油。在新鲜中药材中挥发油的含量比较高，经过干燥、炮制后含量大幅度下降，在用传统方法煎煮浸出和浓缩过程中挥发油成分的损失也很大，所以如何加工和提取中药材，使其挥发性有效成分不受损失，节约药材资源是中药生产中的重要问题[12]。

我国远在 700 多年前，首先从樟树中用蒸馏的方法提取了樟脑，并收载于各种古代"本草"和方剂中，应用于治疗心腹胀痛和跌打损伤等。中药冰片是从菊科植物冰片草的叶子中用蒸馏的方法提取的，最初它是由国外进口的。这是我国从古至今应用蒸馏法提取中药材中挥发性有效成分应用于中医药的范例。中华人民共和国成立几十年来，已有很多中药材的挥发性有效成分以蒸馏法提取后用于医疗，如芸香油、艾叶油、牡荆油、莪术油、砂仁油、大蒜挥发油等，有数十种，而且品种有逐年增加的倾向。

从上可知，以蒸馏的方法从中药材中提取有效成分是一个应用历史很久的有效方法。但是，我国过去生产冰片、樟脑等一些挥发性成分的方法都是传统的、古典的，比较落后的，需要用现代蒸馏技术加以提高。

蒸馏是分离均相液体混合物的一种方法。蒸馏分离的依据是溶液中各组分挥发度（或沸点）的差异。其中较易挥发的组分称为易挥发组分（或轻组分）；较难挥发的组分称为难挥发组分（或重组分）。因此蒸馏方法可以使中药材中的易挥发物质被分离出来，但是这种简单蒸馏方法只能从中药材中分离一些挥发性的混合物，即芳香油或挥发油。中药材或植物材料中挥发油的提取方法有三种：水蒸气蒸馏法、浸出法和压榨法，最常用的是水蒸气蒸馏法，水蒸气蒸馏法所需要的设备和方法较其他两种简单，浸出法所需设备比较复杂，压榨法所需设备简单但产率较低。

(2) 水蒸气蒸馏　植物药材中的挥发油常存在于特殊油腺或油囊中，有时在组织中的细胞空隙内，在蒸馏前应尽量设法切碎，破坏其组织或油腺，使其挥发性成分可与水汽直接接触而汽化。未经切细压碎的整个植物部分在蒸馏时须经"水散作用"，其油才能脱出。所谓水散作用即在使水沸腾的温度下一部分挥发油溶解于油腺内的水液中，此油在水中因渗透作用而透过膨胀的膜壁，最后到达表面而被路过的水汽所蒸发，为了补充这些被蒸去的油分，另一些油开始溶解而自细胞膜中渗出，水分则同时渗入，此种作用周而复始继续不断，直到所有挥发油皆自油腺散出而为水汽所带走。

药材的挥发油，在水蒸馏时，油的各种成分的蒸馏速度与水溶性的关系大，与其挥发性的关系（沸点之差别）较小，一切挥发油在一定程度上皆溶于热水，因此一定量水的存在对蒸馏是有益的。

水蒸气蒸馏法是指将含有挥发性成分的药材与水共蒸馏，使挥发性成分随水蒸气一并馏出，经冷凝分取出挥发性成分的浸提方法。该法适用于具有挥发性、能随水蒸气蒸馏而不被破坏、在水中稳定且难溶或不溶于水的药材成分的浸提。水蒸气蒸馏法是加工植物芳香油应用最广泛的一种方法，它可以应用于根、茎、枝、叶、果、种子以及部分花类药材中芳香油的提取。水蒸气蒸馏法可分为共水蒸馏法、通水蒸气蒸馏法、水上蒸馏法。为提高馏出液的浓度，一般需将馏出液进行重蒸馏或加盐重蒸馏。常用设备为多能提取罐、挥发油提取罐。

① 水中蒸馏法：把药材完全浸在水中，使其与沸水直接接触，把芳香油随沸水的蒸汽蒸馏出来。此法适宜于细粉状的药材及遇热易于结团的中药材，如杏仁、桃仁和芳香植物玫

瑰花、橙花等，但是含有黏质、胶质或淀粉质太多的药材如橘皮、姜黄、生姜等不适宜采用本法。这一方法的优点是设备构造简单，最适用于蒸汽不易于通过的粉末状药材。因药材密切与沸水接触，油细胞的细胞壁膨胀，芳香油受扩散作用容易蒸出，其最大缺点为易生焦臭味，这种方法除可用于杏仁等上述几种原料外，利少弊多。除药材本性不适合水上蒸馏或更好的水蒸气蒸馏外，不宜随意采用，用这种方法制取中药材中的芳香油，其设备应该扁而宽阔以供给较大的蒸发面积，药材应均匀装入，其厚度不能超过 11cm，加水要高出药材 5cm，供热蒸汽最小不能小于 3atm（1atm＝101325Pa，下同），其设备见图 4-9。目前国内各中药厂在煎煮浸出生产中均用国产的多功能提取罐，这种设备也可以用于中药材中的挥发油的提取。

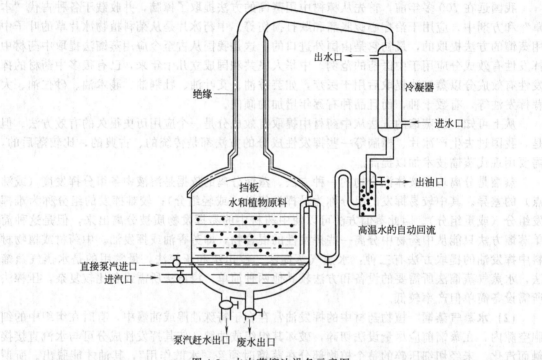

图 4-9　水中蒸馏法设备示意图

　　如果必须使用这种方法蒸馏，必须将药材切碎到极碎，越碎越好，要使所有药材粉末中间的空隙在水中蒸馏时皆为水所填满，蒸汽必须不断透过此空隙。蒸馏速度决定于蒸汽产生的速度和数量，蒸汽产生的速度快，数量大，则蒸馏速度快。采用水中蒸馏的方法，必须快速蒸馏，因为只有快速蒸馏才能激动水中的药材使其松散，然后上升的蒸汽才能充分投入并使挥发性成分蒸出。凡不与药材接触或在水面上发生的蒸汽均不能蒸出任何挥发性成分，快速活跃的蒸发过程可以防止药材结成一团，而使蒸汽与原料有效的接触面积不至于缩小，因此不仅产率增高而得油率亦有所增高。

　　② 水上蒸馏法：此法将中药材放在一个多孔隔板上，下面放水与药材相隔 10cm 左右，用蒸汽夹层或蒸气蛇管加热，使水沸腾，蒸汽通过药材将挥发油蒸出，此法最适合草本植物类的中药材和叶类的挥发油的蒸馏。本法要求药材的大小、长短形态应较均匀，种子类、根类药材应先粉碎，但不宜太细，太细，蒸汽不易通过，即使通过亦易生成直通孔道，导致蒸不彻底。此法原料与水不直接接触，挥发油被破坏或水解的情况较少。蒸馏罐以外应有保温层，以避免蒸汽在药材部分冷凝。不仅降低蒸馏速度，而且在原料水分太多情况下，也能引起芳香油成分的分解。这种蒸馏方法在加工含有黏质或胶质成分时，这类成分可能流入水

中，如果量多时亦可引起焦臭味，但可能在原料与水中间加以夹层，用时常用排出阀排除黏胶水，可能会减轻此弊（图 4-10）。

水上蒸馏是一种典型的低压饱和水蒸气蒸馏，它最大的缺点是不易蒸出高沸点成分，故必须用大量蒸汽及极长时间，该缺点使其应用受到很大限制。这种方法也可采用加压或减压，有时减压水上蒸馏能得到极好的效果，水上蒸馏只适用于一定类型的原料，不如水汽（直接蒸汽）蒸馏应用广泛。在一般中药厂小批量生产中也可用国产多能或万能浸出（提取）罐蒸馏。

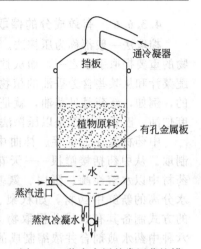

图 4-10　装有夹层的常压蒸馏罐

③ 水蒸气蒸馏法：本法亦称高压蒸汽蒸馏法，其与水上蒸馏法不同之处在于使用较高压力的蒸汽（一般为 4～6 个表压），因此蒸汽温度较高，药材水分不足使细胞壁的膨胀和油的扩散作用不完全，所以应及时补充药材的水分；一般在蒸馏罐底部喷入高压蒸汽外，再另加蒸汽蛇管，用以加热油水分离后的水，同时达到提升高压蒸汽温度与回收溶解于水中芳香油的目的。

目前，绝大部分植物的芳香油均用此法蒸馏。本法的一个特点即在最初阶段，药材渐熟而蒸汽冷凝的阶段，之后蒸汽可能过热。蒸汽从锅炉内的高压通到压力较低的蒸馏罐，蒸汽膨胀而趋于过热。此时有两个重要因素需要注意：第一，是原料的温度已不是操作压力下水的沸点，而接近此过热蒸汽的温度，所以必须防备温度上升过高；第二，是过热蒸汽常将原料吹干妨碍油的蒸出。前面已经说过挥发油的汽化要依靠扩散作用在水溶液中通过细胞膜到达药材表面，若无一定数量水分存在，扩散作用即无法进行，故药材完全干燥后出油率即严重下降甚至完全休止。在水蒸气蒸馏过程中，如有早期休止出油的现象，可能需要改用饱和蒸汽压继续进行直到水散作用重新建立为止。此时可以恢复使用过热蒸汽，高压蒸汽可以引起有些成分分解，所以在蒸馏之初最好先用低压蒸汽，一大部分整出后再用高压蒸汽将余留的高沸点挥发油蒸出。每种中药材的性质不同，需要有不同的药材处理方法和蒸馏方法。温度高，使沸点高的芳香油亦易蒸出，蒸汽量可随意调节，操作方便、产率高、质量好、生产效率高。在水中溶解度较大的芳香油，应注意调节蒸汽喷入量，并适当控制蒸汽蛇管，以免水分不断增加，损失油量。油水分离后的水亦应考虑重复蒸馏，以回收溶解于水中的油分。因为由油水分离器中分出的蒸馏水中，溶解着或悬浮着一些挥发油，它是挥发油与水的混合物，是在改温度条件下的饱和水溶液。水中所含的油与水上所浮的油含有不同成分。水中的油大部分是含氧化合物，而且密度较大。蒸馏水呈乳白色即含油的特点，这种水要进行重复蒸馏，称为"复馏"。复馏最好在球形罐中进行，并以蒸汽夹套加热。蒸出水液总体积的 10%～15% 即可使大部分挥发油蒸出。1t 水可蒸出 100～500g 油。上述方法要根据实际情况运用，不能机械地死搬硬套，否则将遇到极大的困难。

(3) 分子蒸馏　分子蒸馏是一种新兴分离提纯技术，它是在高真空条件下对高沸点、热敏性物料液液分离的有效方法，其特点：操作温度低、真空度高、受热时间短、分离程度及产品产率高。其操作温度远低于物质在常压下的沸点温度，且物料被加热时间非常短，不会对物质本身造成破坏，因此广泛应用于化工、医药、轻工、石油、油脂、核化工等工业中，用于浓缩或纯化高分子量、高沸点、高黏度物质及热稳定性较差的有机化合物。工业化分子蒸馏装置可分为三种：自由降膜式、旋转刮膜式和机械离心式。

4.3.6.6 有效成分的榨取

榨取法一般都称为压榨法。压榨是用加压方法分离液体和固体的一种方法，它是天然产物的重要提取手段之一，如从甘蔗榨糖、从含油的种子榨油、从水果榨取果汁、从蔬菜榨取蔬菜汁和从某些含芳香油的植物榨取芳香油等。榨取法在药物提取生产中的应用也是常见的，例如，新药月见草油，就是以压榨法从月见草的种子中得到的，又如，药用蓖麻油、亚麻仁油、巴豆油也都是以压榨法制取的。

中药材麦芽、谷芽、神曲中所含的主要成分为淀粉酶，这类化合物可以用湿压榨法制取。从中药括楼鲜根——天花粉所提取的引产药天花粉蛋白也是用压榨法制得的。中药材中以水溶性酶、蛋白、氨基酸等为主要有效成分的药物都可以用这种方法制取。含水分高的新鲜中药材，如秋梨、山药、生姜、桑椹、山楂、沙棘和大蒜等都可以以榨汁的方式制备其有效成分提取物。例如，秋梨膏就是用压榨法从秋梨和藕中榨汁，与另外六种中药水煎剂合并浓缩制成的。许多中药中的有效成分对热是很不稳定的，这类药物用加热浸出、浓缩所制得的提取物的质量是不好的。这类药物用湿冷压榨法制备是比较好的。

用于榨取脂溶性物质压榨法收率较低，如用于榨取芳香油和脂肪油，其收率不如浸出法高，由于这种原因在芳香油的制备方面使用压榨法的已很少。但是有些芳香油用浸出法或蒸馏法所制得的产品气味不如压榨法所得的油气味好，如由中药陈皮、青皮和柑橘、橙、柚、柠檬等果实以压榨法制得的芳香油远较蒸馏法的气味好，所以压榨法尚不能完全被其他方法所取代。为了提高其收率可以用压榨法与浸出法或蒸馏法相结合的办法解决。

用压榨法榨取水溶性物质可得到较高的收率，而且可使得到的产品成分不受破坏。因此压榨法是制备新鲜中药中对热不稳定的有效成分的可靠方法。对无毒的根茎类和瓜果类新鲜中药材，如其有效成分为水溶性物质应该提倡使用压榨法。

(1) 水溶性物质的榨取

① 特点：适合于新鲜中药材或含水分高的根茎类、瓜果类药材的加工。榨取的对象为水溶性强的化合物，如水溶性蛋白、酶、氨基酸、多糖相含多种纤维素的果汁或根茎汁类混合物。这种压榨法有两种：干压榨法和湿压榨法。干压榨法是在压榨过程中不加水或不稀释压榨液，只用压力压到不再出汁为止，用这种方法只能榨出部分汁，不能把所有的有效成分都榨取出来，所以它的收率较低。干压榨法已不常用。湿压榨法是在压榨过程中不断加水或稀汁，直到把全部汁或有效成分都榨取出来为止，这种方法应用的范围已逐渐扩大。

② 压榨前的预处理

a. 除杂洗涤　首先除去夹杂在待处理物料中的杂草、沙石和泥土等，然后进行洗涤，必要时要进行消毒。防止杂质混入榨出物，因为新鲜中药材的榨汁富含大量营养物质，容易滋生各种微生物，使汁液腐败变质。

b. 破碎打浆　要使药材组织细胞破碎，使其中的水溶液及其有效成分更易于被排挤出来，一般用破碎机或切片机破碎切片，然后再用打浆机将组织细胞碎裂，对易榨的中药材可用打浆机或磨浆机，对难榨的中药材要用胶体磨，使物料受到很大的剪切、摩擦和高频振动作用，使有效成分被充分地从细胞的各部分组织中扩散出来，获得高收率。但是使用胶体磨时，要注意不能将物料过度粉碎到均质化和乳化程度，以打碎药材组织的细胞壁为度。

③ 压榨设备　对水溶性成分的压榨，压榨生产的规模和品种差异很大，例如，在制糖生产中用大型三辊压榨机（见图4-11），每小时可处理十多吨甘蔗，在果汁生产中多用水平

式螺旋压榨机，每小时也可处理几十吨浆果。而中药生产多是小批量，以小型设备为主。处理多汁的瓜果类药材可选用小型果汁压榨机，处理其他类型的中药材时可用差动式压榨机。

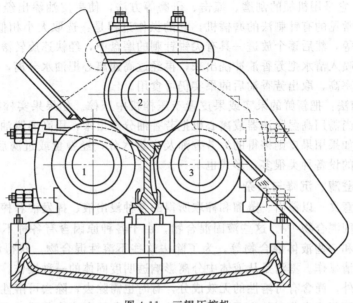

图 4-11　三辊压榨机
1—前辊；2—顶辊；3—后辊

(2) 脂溶性物质的压榨

① 预处理除杂，剥壳去皮，因为含脂溶性物质的中药材大多具有较硬的保护皮（壳）；蒸炒原料，在蒸炒前先润湿，蒸炒可以破坏细胞组织，提高压榨出油率。

② 油脂存在于细胞原生质中，经过轧胚，蒸炒，油脂在油料中大都处于凝聚状态，压榨过程就是借助机械外力，使油脂从榨料中挤压出来。这一过程一般属于物理变化，如物料变形，油脂分离，摩擦发热和水分蒸发等，由于微生物的影响，同时也产生某些生化作用。压榨时受榨料胚在压力作用下，其内外表面互相挤压，使液体部分和凝胶部分分别产生两个不同的过程：一是油脂不断地从料胚孔隙中被挤压出来；二是物料在高压下形成坚硬的油饼，直到内外表面链接密封了油路。在强力压榨下，榨料粒子表面渐趋挤紧，到最后阶段必定产生极限情况。即在挤压表面留下单分子油层，形成表面油膜，致使饼中残油无法挤压出来，这就是榨取时料胚残油高的原因。本法的要求，榨料内外结构要求一致，以利于机械作用的一致；预处理后细胞破坏程度好。颗粒大小适当，榨料堆密度越大越好，油脂黏度与表面张力尽量要低，除了榨料本身的结构以外，还与压力、时间、温度、料层厚度、排油阻力和设备有关。

③ 设备一般要满足下列要求：有足够的压力，进料均匀一致，压榨连续可靠，饼薄而油路畅通，排油阻力小，物料适应性好，能按出油规律变化调节压力和温度，设备运行可靠，节约能源。

目前，压榨分轻榨、中榨和重榨三种，轻榨是预榨，即对高油分油料预先榨取部分油脂的一种方法；中榨主要用作高油分油料的预先取油；重榨在于一次压榨取油。关于螺旋榨油机的工作原理，概括来说，是由螺旋着的螺旋轴在榨膛内的推动作用，使榨料连续向前推进，同时由于榨螺螺旋导程的缩短，使榨膛空间不断缩小而产生压榨作用。在这一过程中，一方面推进榨料；另一方面将榨料压缩后，油脂则从榨笼缝隙中挤压出来。

(3) 药用挥发油的压榨　适用于果实类中药材中芳香性成分的榨取，如陈皮、橙和柚的果实中芳香油的榨取，榨出的芳香油能保持原有的香味，质量远较水蒸气蒸馏法为好。压榨法根据所用的工具可分为两种：

① 锉榨法：它是用机械的刮磨、撞击、研磨等方法，使果皮油渗出经锉榨器的漏斗半收集于容器。最常见的有针刺法的磨橘机，它的操作过程是：选取大小相似的柑橘类果实，用清水洗去污泥等，然后逐个放进一具有尖锐针刺的磨盘中，经快速旋转滚动将果皮表面的油泡刺破；同时喷入清水把芳香油冲洗出来，再经过高速离心把油水分离，获得芳香油。此法操作简单、效率高，取出芳香油后的果实仍可食用。

② 机械压榨法：把新鲜的果实或果皮置于压榨机中压榨。如果果实榨得的是芳香油和果汁的混合物，尚需用高温脱油器或离心机把芳香油分离出来，用高温脱油所制出的芳香油的质量很低劣。如果用果皮则榨得的为芳香油及少量水分，经静置或过滤后可把水分除去，机械压榨法所用的设备种类很多，形式也不一。

4.3.6.7　澄清、沉降与除杂

(1) 目的和意义　以浸出、蒸馏和榨取所得的各种浸出液、挥发油和榨出液都是一些含有固、液体的液固混合物[13]。这些液固混合物，由于各种原因含有各种不溶性混合物，如药材细粉、泥土和一些液体混合物等，为了除去这些不溶性混合物，获得澄明度较好的液体，需要采用澄清操作。澄清是从液体中分离影响透明度固体的一种操作。这些液体除含有不溶性混合物之外，尚含有可溶性的无效成分，有时也需除去，除去可溶性杂质需加沉淀剂或净化剂，加沉淀剂或净化剂除去可溶性杂质的方法也称除杂或净化法。在这里为了区别澄清和除杂的关系，不加澄清剂或净化剂除去不溶物的方法称为澄清法，凡是加入一种化学物质达到除杂或净化目的的方法称为除杂或净化法，为达到除杂或净化目的所用的化学物质称为净化剂或除杂剂。

中药材经过浸出，蒸馏和榨取所得的液体种类是很多的，例如，浸出液可分为水浸出液、乙醇浸出液、稀乙醇浸出液、乙醚浸出液、氯仿浸出液和石油醚浸出液等，水浸出液又可分为沸水浸出液（煎煮浸出液）、温水浸出液和冷水浸出液等。每种液体的物理化学性质也都是不相同的，澄清和除杂的方法也各不相同。在中药提取生产过程中最常见的是水浸出液，而且多是复方浸出液，化学成分非常复杂，澄清和除杂处理非常重要，处理得当可以提高产品质量，处理不当可能损失大量有效成分，降低产品质量。

中药的水浸出液不是一种真溶液，而是一种既含有完全溶解的强极性的小分子化合物和大分子化合物，又含有大量极性较小、难溶于水或不溶于水、被助溶或增溶的脂溶性化合物的胶体溶液，同时又是一种混悬液，它的有效成分有小分子化合物，也有大分子化合物和被助溶或增溶的脂溶性物质。所以处理这种浸出液要非常谨慎，如果加净化剂除杂，要认真考虑净化剂对有效成分的影响，只有在净化剂对有效成分的含量没有影响的条件下，才能用净化剂进行除杂处理。

中药的乙醇和其他有机溶剂浸出液一般都是真溶液，在不改变溶剂组成的条件下进行澄清处理比较容易。由蒸馏法所得的各种挥发油有时因为含水处于混悬状态，需要进行油水分离和脱水处理，由榨取法所得到的脂溶性压榨液也较好处理，但是由压榨法所得的水溶液较难处理。因此本章将侧重研究中药水溶浸出液和压榨所得水溶液的澄清技术问题。

澄清和除杂的目的是除去浸出液、蒸馏液和榨出液中的杂质，提高产品质量。为达到这个目的，在澄清过程中，要求既要尽可能地除去杂质，同时又要防止有效成分的损失，澄清或除杂的效率是表示澄清效果的标志之一，它表示杂质除去的程度。它的计算方法以蔗汁为例，可按下式计算：

$$澄清效率 = \frac{除去非糖分质量}{澄清前蔗汁中所含非糖质量} \times 100\%$$

或者由下式计算：

$$E = \left[1 - \frac{P_1(1-P_2)}{P_2(1-P_1)}\right] \times 100\%$$

式中　E——澄清效率；

　　　P_1——澄清前蔗汁的纯度；

　　　P_2——澄清后蔗汁的纯度。

　　在某些生产实际中，比较澄清和除杂后的情况，常用澄清液和混合液的重力差表示，这也是说明澄清和除杂效果的一个方法

$$澄清纯度差 = 澄清液纯度 - 混合液纯度$$

　　由于分析方法的限制，纯度测定往往不够真实与准确，影响对澄清和除杂效果的分析。澄清和除杂效果应以液体的清浊度，色度，黏度，杂质的去除情况和有效成分的损失情况作较全面的比较，否则难以得到正确的结论。

(2) 浸出液、蒸馏液和榨出液的除杂

　① 净化（除杂）剂

　a. 碱性净化剂：在被净化的溶液中加入碱性物质可以使酸性物质形成可溶性盐，使其稳定存在于水溶液中。如在某些中药的水溶液中加入氢氧化钠使许多酸性和酚性物质易溶于水；而许多非酚性有机碱性物质和许多胶体物质被沉淀析出。以氢氧化钙为净化剂时，可使酸性物质形成难溶钙盐，从水中析出，同时又可使各种碱性物质和胶体析出。常用的碱性净化剂有氧化钙、氨水、氢氧化钠、磷酸钠和碳酸氢钠等。

　b. 酸性净化剂：常用的酸性净化剂有硫酸、盐酸、亚硫酸、碳酸等。在中药的水溶液中加入酸性净化剂可使生物碱类碱性化合物较稳定的存在于水溶液中，而使酸性有机化合物从水溶液中析出。加入酸改变其溶液的 pH 值，达到某些物质的同离子效应作用，使某些物质析出。

　c. 中性净化剂：常用的中性净化剂有脱色用的活性炭、陶土和硅藻土，盐析用的氯化钠，种种吸附剂、蛋白质、明胶等，常用这类净化剂除去许多中性物质或弱酸和弱碱性物质。

　d. 离子交换树脂：常用离子交换树脂除去许多极性化合物。

　　这些净化剂是用于除去许多杂质的，同时它又可用于分离某些化合物做沉淀剂。它是净化剂还是沉淀剂，不决定于它本身的性质而是决定于使用它的目的和用途。

　② 除杂（净化）方法　中药的浸出液、榨出液和蒸馏液中含有很多杂质，如果制备粗制剂可以经过澄清处理之后制备成流浸膏、浸膏、酊水、挥发油、油和汁液供制剂做片剂、糖浆剂、冲剂、酊剂、丸剂或口服液。做各种口服制剂不必要提取得很纯，只要服用方便就可以了。但是如果因为杂质太多，服用不方便时，或因某种、某些成分口服吸收不好，或患者病重不能口服需要改变给药途径时，就要进行除杂、提纯或精制，达到服用方便或给药途径灵活、方便和多样化的目的。

　　除杂、净化和精制实质上是同一个概念，是除去杂质，提高质量的意思。除杂也不是把所有的杂质都要除去，而是根据要求达到某一程度即可。提纯和结晶是把某一药物或者某一化合物提取成单一物质的操作单元。中药浸出液、榨出液和蒸馏液的除杂方法是非常复杂的。现简介如下：

　　a. 浸出液的除杂：浸出液的种类很多，所含的成分也很复杂。要根据浸出液的种类、所含的成分以及制剂的需要采取离子交换法或脱色法或酸碱沉降法等进行除杂。有时用一种

方法处理即可达到目的，有时要用几种方法交叉进行多次处理才能达到目的。

b. 榨出液的除杂：常见的榨出液有两种，一种是压榨所得的药用油，另一种是压榨所得的药用果汁和根块或根茎汁。兹分别叙述如下：

ⅰ.压榨所得的药用油的除杂：压榨所得的药用油含游离脂肪酸、蜡、磷脂、植物甾醇、树脂和水分等。需要通过碱炼、脱色、脱水和脱蜡处理达到精炼目的。

ⅱ.压榨所得的药用果汁和根茎或根块汁的除杂：压榨所得的汁液成分比较复杂，有水溶性物质，也有处于悬浮状态的和混浊状态的脂溶性物质，而且有时这种悬浮物含有大量脂溶性维生素和色素，这些物质具有治疗和滋补剂的作用。如果用这类压榨液生产某种滋补或治疗剂不宜使用除杂处理方法，可用均质处理后做口服剂用，对一些以水溶性有效成分为主的压榨液，可按水浸出液处理的方法进行除杂。

c.蒸馏液的除杂　蒸馏液一般为挥发油，挥发油通过分馏或脱水即可达到除杂目的。

除杂操作过程一般有加净化剂、搅拌混合、加热或沉淀、过滤和洗涤等工序。又因为中药是一个成分非常复杂的体系，有效成分和杂质也是非常复杂的，所用的方法也是非常复杂的。在一种情况下某一操作是除杂，而在另一种情况下同一操作则变成了沉淀或分离，而这是为了完全不同的目的。常用的净化方法有脱色法、吸附法、沉淀法、离子交换法、等电点法和酸碱法等，在此很难用简短的篇幅说清，在这里介绍的一些简单概念，在以后各章中将从各单元操作到各种净化、分离方法逐步介绍。

4.4　中药与天然药物研制的现状与发展前景

4.4.1　世界传统医药发展概况

对于以化学药物及现代仪器为主的现代医药，传统医学强调预防，药物以植物药为主，毒副作用较化学合成药物小，在促进健康及康复、预防非传染性疾病方面，传统医学具备传统和现实的潜在优势。面对现代医药的窘境，传统医药在全球被重新重视，越来越多人将传统医药视为维护健康的重要途径。传统医药的巨大科研价值和市场潜力正在被各国政府所重视，国际社会对发展传统医药的态度越来越积极[14]。

2003 年，世界卫生组织（WHO）制定了《全球传统医药战略规划》，其中特别强调了针灸、中药等传统医药在人类保健中的重要作用。2004 年欧盟发布了《传统草药产品简化注册程序》，为包括中药在内的传统草药产品作为药品在欧盟注册提供了法律保证。美国食品药品管理局（FDA）2004 年 6 月实施了新的《植物药研制指导原则》，2007 年 2 月发布了《补充和替代医学产品及 FDA 管理指南》，这些政策、法规的完善认同了传统医药在人类健康建设中的贡献和地位，不再仅仅是对西方主流医学的补充。2014 年 2 月，国际标准化组织中医药技术委员会发布《ISO 17218：2014 一次性使用无菌针灸针》标准，这是首个在世界传统医药领域内发布的 ISO 国际标准，体现了国际市场对传统医药的认可和需求。2015 年 8 月，"世界卫生组织传统医药合作中心"在澳门成立，该中心主要致力于传统医药的人员培训、药品质量及安全合作，并共同推动世界各国将传统医药纳入公共卫生体系，也为国家和地区之间补充医学政策进行分享与研究提供发展平台。

《世贸 2014～2023 年传统医学战略》提出了未来十年国际传统医学的战略目标：在政策上，通过制定和实施国家传统医学政策和规划，酌情将传统医学纳入国家卫生保健系统。提高安全性、有效性和质量，通过扩大知识基础并提供监管和质量保证标准的指导，提高传统医学的安全性、有效性和质量；落实可及性，提高人群，重点是贫困人群达到负担得起的传统医学的水平；合理使用，促进技术服务提供者和消费者正确使用适当的传统医学进行治疗。相关数据表明，全世界已有 75 个国家组建了有关传统医药的管理机构，65 个国家已出台传统医学服务者监管法规，69 个国家制定了发展传统医药的国家政策，119 个国家颁布了草药产品注册的法律法规，39 个国家提供传统和补充医学高等教育规划（包括大学层面上的学士、硕士和博士学位），73 个国家至少建有一所传统药物研究机构。世界许多相关组织和国家制订颁布的有关传统医药的政策法规和对策措施，为传统医药的发展提供了良好的保证。

全球传统医药的发展趋势越来越好。传统医学受到各国政府的普遍关注和重视，以及传统医药市场的迅速扩大，为中医药发展提供了广阔的国际空间。然而，由于文化背景、语言和理论体系的不同，加上中医药自身的复杂性和特殊性，中医药的科学内涵尚未被现代社会所广泛接受，中医药疗效诊断和评价、中药产品质量控制、安全评价和生产的方法及标准有待完善，适合中医药特点的中药新药研发理论和方法等有待建立[15]。在西方国家，迄今仍认为传统医药只是替代医学或补充医学，只是因为西医药遇到了几乎无法通过的瓶颈，才不得不回头到传统医药中寻找出路。我们必须看到，在各国的传统医药中，只有中医药拥有系统而完整的理论体系，有浩瀚的文献，有几千年的临床实践。因此，我们应把握中医药发展的战略机遇，让中医药的特色与优势在全球得到广泛传播和普遍接受，使中医药早日造福全人类的医疗卫生保健事业，做出新的、更大的贡献。

4.4.2　我国中药与天然药物研制的现状

随着人们对健康问题的关注程度普遍提高，中药行业在社会发展中的地位受到更加广泛的重视。中药资源丰富，种类较多，在日常生活中不仅作为治理疾病的手段，同时也是调节身体健康的重要途径。近年来，我国在创新药物研究方面取得的有影响的重要结果主要来自于天然药物的研究，如我国首创的抗疟天然药物青蒿素及其衍生物在国际上产生了巨大的影响；新型抗早老年性痴呆药物石杉碱甲，成为该研究领域国际关注和追踪研究的一个热点[16]。

随着生物活性测试技术的不断进步，特别是高通量筛选技术的出现，如何获得大量的、结构多样的化合物供活性筛选成为制约新药研发进程的“瓶颈”。与此同时，活性天然产物的发现大多仍遵循传统的提取分离、结构鉴定、活性测试的方式进行，研发周期长、工作量大，且在活性测试方面存在一定的盲目性。而组合化学技术的出现，使短时间内获得大量新化合物成为可能。同时，随着计算机辅助药物设计技术的发展，基于药物靶标的新药先导物设计与合成的成功案例不断出现，也对传统的基于天然产物的新药研发带来了冲击，使得寻找药物先导物的重心从天然产物转向化学合成。经过多年的实践，组合化学合成产物因其结构多样性的局限和合成策略的盲目性，海量组合化合物库的出现并未带来新药数目的显著增加；而基于药物靶标的新药设计，因蛋白网络的复杂性，“牵一发则动全身”效应所带来的副作用也不容小视。然而，随着基因组和蛋白质组学的发展，一些原本因作用机制不清晰、作用靶标不明确的天然药物活性成分的科学内涵得到了充分诠释，又为基于活性天然产物的新药研发增添了新的活力。

近年来，因分离和鉴定技术的不断进步等，从植物、微生物中不断发现结构新颖的新骨架化合物，并显示出明显生物活性；另外，活性成分互相作用而增加疗效的大量文献报道和国际上组合药物概念的提出，以及天然活性化合物靶标的不断发现和确认，为源于中药及天然药物活性成分的创新药物研发注入了新的内涵[17]。目前，一些制药公司又开始重新审视天然产物对新药研发的价值，开始重启一些天然产物的研发项目，并不断有新的成果涌现。2015 年诺贝尔生理学或医学奖授予了屠呦呦、大村智、William C. Campbell 等 3 位从传统中药和微生物中发现创新药物的科学家，也说明了全世界对源于中药和天然药物的新药研发途径的重视和肯定。

在我国，近年来国家对创新药物的研发给予了前所未有的重视。国家已将创新药物研发列为重大科技专项，通过联合攻关，获得了如心脑血管新药丹参酚酸盐、糖尿病、肾病新药大黄酸等一批源于中药及天然药物的创新药物和候选新药，预示着我国创新药物研发成果的高潮即将到来。

4.4.3　中药与天然药物研制的发展前景

天然药物化学研究的进展越来越依赖于药理学家的配合，生物药中生物活性物质的研究逐渐成为热点，从单纯的化合物活性研究发展到跟踪分离。随着长期药物研究经验的积累和科技的进步，尤其是分子生物学、分子药理学、分子病理学、微电子技术以及基因组学、蛋白质组学、糖组学的出现和发展，水到渠成地出现了创新药物的高通量筛选（high through-put screening，HTS）或大规模集群式筛选。HTS引导的天然药物化学研究为天然药物化学学科的发展创造了良好的机遇，尤其对于几世纪以来用于人体治疗的传统天然药物，可以认为在开始生物活性筛选之前就已经成功地完成了针对各种治疗目的的临床试验。天然药物研究者的主要任务是如何确定、分离和鉴定有用的化学活性成分。

新药研究是建立在对基因和分子水平的基础研究，进一步认识生命过程和疾病机制的基础上的。按照新的发展思路和工作重点，中国政府正在积极部署和推进中医药现代化工作。《中医药信息化发展"十三五"规划》指出，中医药信息化是实现中医药振兴发展的重要引擎和技术支撑，也是体现中医药发展水平的重要标志。全面提升中医药信息化水平，以信息化驱动中医药现代化，是适应国家信息化发展新形势的重要举措。

在今后的中药制剂研制中，首先必须注意遵循中医药理论体系，突出中医特点，在继承传统中药剂型的基础上发扬和提高。为实现中药制剂现代化，最大限度地满足临床需要，必须不断改革创新，采用高新技术改造传统制药产业，要注意吸收和利用现代化技术手段，使传统剂型逐步实现标准化、规范化，逐步建立或完善中药制剂质量的量化标准。

【本章小结】　本章涉及中药与天然药物相关发展背景及基础知识，要求在了解的基础上重点掌握中药与天然药物制药的工业生产及设备。

本章重点：①了解中药与天然药物发展历史、现状及前景；②掌握中药材和中药饮片的质量控制；③掌握原料药生产过程中药材粉碎的目的；④掌握中药提取常用的设备及其特点；⑤掌握中药材或植物材料中挥发油的提取方法及其原理；⑥掌握中药浸出液、榨出液和蒸馏液的除杂方法。

思 考 题

1. 简述中药现代研究取得的主要进展。
2. 中草药所采用的分类方法有哪些？
3. 分别给出有效成分、无效成分、生理活性成分以及有效部位的含义。
4. 中药炮制的目的主要有哪些？
5. 简述中药材粉碎的目的。
6. 在药材的主要有效成分提取过程中采用蒸馏操作的目的是什么？有何意义？
7. 简述水蒸气蒸馏法的概念、分类及其特点。
8. 试举例说明原料药生产过程中常用的提取设备以及各有什么特点。
9. 分别给出中药浸出液、榨出液和蒸馏液的除杂方法。
10. 简述中药与天然药物研制的现状及发展前景。

参 考 文 献

[1] 宋航，等. 制药工程技术概论. 北京：化学工业出版社，2006：41-70.

[2] 曹光明. 中药制药工程理论研究与实践. 世界科学技术——中药现代化，2002，4（5）.

[3] 朱宏吉，张明贤. 制药设备与工程设计，2004，61-82；121-170.

[4] 仇伟欣. 国际天然药物市场分析∥中国中医药信息研究会第二届理事大会暨学术交流会议. 2003：176-177.

[5] 郭立玮. 关于"中药制备高新技术"的思考与实践. 南京中医药大学学报：自然科学版，2002，18（3）.

[6] 冉懋雄. 略述高新技术与现代化中药产业的发展. 中药研究与信息，2001，3（7）：10-14.

[7] 王镇. 浅析中成药原料的前加工技术. 中药研究与信息，2001，3（9）：48.

[8] 冯艳菊，等. 天然产物特殊分离技术的研究进展. 应用化工，2006，35（7）：546-548.

[9] 季梅. 天然产物有效成分分离纯化新技术及应用. 食品与药品，2007，9（09）：63-64.

[10] 易克传，等. 新型天然产物有效成分提取设备的设计和开发. 轻工机械，2006，24（2）：139-140.

[11] 邵云东. 天然药用植物提取物的生产与质量控制. 天津：天津大学药物科学与技术学院，2004.

[12] 刘昕，等. 制药新技术与新工艺的应用. 科技视野，2004，13（5）.

[13] 邓才彬主编. 全国卫生院校高职高专教学改革实验教材 制药设备与工艺. 北京：高等教育出版社，2006.

[14] 杜艳艳. 世界传统医药发展动态综述. 中国软科学，2007，（5）：159-160.

[15] 杨秀伟. 天然药物化学发展的历史性变迁. 北京大学学报：医学版，2004，36（1）：9-11.

[16] 萧伟，陈凤龙，章晨峰，等. 国内外天然药物研究的发展现状和趋势. 中草药，2009，40（11）：1681-1687.

[17] 叶文才. 中药及天然药物活性成分：新药研发的重要源泉. 药学进展，2016，（10）：721-722.

第5章 制药分离原理与设备

【本章导读】 制药分离方法的选择与制药分离设备的性能密切相关。本章阐述了制药分离工艺中的常见分离手段与相应的工程设备及应用实例，简要论述了制药分离工艺中的常见方法和原理，明确了制药分离工艺中遇到的问题与对应的解决办法，说明了各种分离方法的优缺点、各种分离设备的适用条件以及相互之间的关系。

5.1 制药分离工程概述

5.1.1 背景

医药产业作为与人们生活健康息息相关的产业，是一个知识密集型产业，其技术含量要求必须走在相关行业的前面。20世纪，中国的制药工业得到了空前发展，特别是20世纪90年代以来以每年20%左右的速度增长，使得制药工业逐渐成为国民经济的一个支柱产业。21世纪，由于人口增长、人口老龄化、经济增长等原因，制药工业将继续保持稳定增长的势头。另外，随着宇宙空间技术的发展，利用太空的特殊环境分离、提纯贵重药物的技术将得到进一步发展。预计在不久的将来，太空制药将可能成为现实。

5.1.2 制药分离工程简介

制药分离工程是利用中药化学、现代分离技术、工程学等原理对中药中有效成分的提取分离过程进行研究，建立适合于工业化生产的中药提取分离方法，是研究制药工业（过程）中中药分离与纯化工程技术的学科。制药分离工程是制药工程学的一个组成部分，属于中药现代化生产的关键技术，研究内容包括分离技术的基本原理、工艺流程、设备及应用等。

制药分离过程主要是利用待分离的物系中的有效活性成分与共存杂质之间在物理、化学及生物学性质上的差异进行分离。根据热力学第二定律，混合过程属于自发过程，而分离则需要外界能量。因所用方法、设备和投入能量方式的不同，使得分离所得产品的纯度以及消耗的能量出现很大差别。

制药分离工程的根本任务是设计和优化分离过程，提高分离效率，降低过程成本；而研究开发高容量、高速度和高分辨率的新技术、新介质和新设备则是生物分离工程发展的主要目标。分离是制药工程产品生产中的基本技术环节，药物产品生产流程的主要步骤是各类分离操作。对于现代制药工程产品，分离成本可占产品总成本的70%~90%。生物产品自身的特性及生产过程和终端使用的特殊性对于产品纯度及杂质含量方面提出了很高的要求，发展高效制药工程分离技术成为生物工程技术领域的一个重要的研究课题。

5.1.3 制药工程分离设备

由于在化学合成或生物合成后的产物中，除药物成分以外，常存在大量的杂质及未反应的原料，因此必须通过各种分离手段，将未反应的原料分离后重新利用，或将无用或有害的杂质去除，以确保药物成分的纯度和杂质含量符合制剂加工的要求。对于中药而言，第一阶段得到的粗提物含有大量溶剂、无效成分或杂质，传统的工艺一般都需要通过浓缩、沉淀、萃取、离子交换、结晶、干燥等多个纯化步骤才能将溶剂和杂质分离出去，使最终获得的中药原料药产品的纯度和杂质含量符合制剂加工的要求。对于生物发酵所得的产品的下游加工过程,由于发酵液是非牛顿型流体,生物活性物质对温度、酸碱度的敏感性等特点形成药物分离过程的特殊性。

就原料药生产的成本而言,分离纯化处理步骤多、要求严,其费用占产品生产总成本的比例一般在 50%~70% 之间。化学合成药的分离纯化成本一般是合成反应成本费用的 1~2 倍;分离纯化的成本费用为发酵部分的 3~4 倍;特别是基因工程药物,其分离纯化费用可占总生产成本的 80%~90%。由于分离纯化技术是获得合格原料药的重要保证,因此研究和开发先进的分离纯化设备,对提高药品质量和降低生产成本具有举足轻重的作用。

本章着重对中药分离工程中的超临界流体分离设备、超声及微波辅助萃取分离设备、色谱分离设备、吸附分离设备、膜分离设备、固液分离设备、蒸馏分离设备以及结晶设备等在中药提取分离中的应用进行探讨。

5.2　萃取过程及设备

萃取过程包括简单的物理溶解和沉淀过程,这些过程也可通过化学反应产生。利用溶解度的不同,使混合物中的组分得到完全的或部分的分离的过程,称为萃取。在制药工业中,萃取是一个重要的提取和分离混合物的单元操作,因为萃取法具有:①溶剂萃取对热敏物质的破坏少,采用多级萃取时,物质浓缩倍数和纯化程度高,便于连续操作,容易实现自动控制;②分离效率高,生产能力大等一系列优点。现代制药工业的萃取过程引入了超临界流体萃取技术、超声波和微波萃取技术、双水相和反胶团技术以及生物酶促分离等新技术,相应的实验室及生产设备已被开发出来,大幅度提高了药品的质量。

5.2.1　萃取的概念和基本理论

(1) 萃取的概念　萃取是利用溶液中各组分在所选用的溶剂中溶解度的差异,使溶质进行液液传质,以达到分离均相液体混合物的操作。也就是利用物质在两种不互溶(或微溶)溶剂中溶解度或分配比的不同来达到分离。萃取是提取或纯化目的的一种操作。

(2) 萃取的原理　图 5-1 表示互不相溶的两个液相,上相(密度较小)为萃取剂(萃取相),下相(密度较大)为料液(料液相),两相之间以一界面接触。在相间浓度差的作用下,料液中的溶质向萃取相扩散,溶质浓度不断减小,而萃取相中溶质的浓度不断增大(图 5-2)。

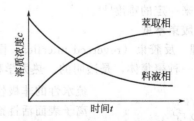

图 5-1　两相接触示意图　　　　图 5-2　萃取过程中料液相和萃取相溶质浓度的变化

(3) 萃取的分类　若被萃取混合物料都是液体,则此过程是液-液萃取;若被处理物料是固体,则此过程称为固-液萃取或浸取;如果是利用超临界流体来进行萃取,则为超临界萃取。

5.2.2 不同萃取体系及方法

5.2.2.1 液-液萃取

分配定律是萃取理论的主要依据，物质在不同的溶剂中有着不同的溶解度。同时，在两种互不相溶的溶剂中，加入某种可溶性的物质时，它能分别溶解于两种溶剂中。实验证明，在一定温度下，该化合物与这两种溶剂不发生分解、电解、缔合和溶剂化等作用时，该化合物在两液层中的分配比例是一个定值。不论所加物质的量是多少，都是如此。用公式表示如下：

$$C_A/C_B = K \qquad (5-1)$$

式中　C_A/C_B——某种化合物在两种互不相溶的溶剂中的物质的量浓度；

　　　　K——常数即分配系数。

传统的萃取一般指液-液萃取，根据萃取剂种类和形式的不同又可将它分为有机溶剂萃取（简称溶剂萃取）、双水相萃取和反胶团萃取等。根据萃取方式的不同，又可以分为单级萃取、多级错流萃取、多级逆流萃取和微分萃取等。

(1) 双水相萃取　早在 1896 年，Beijerinck 发现，当明胶与琼脂或明胶与可溶性淀粉溶液相混时，得到一种混浊不透明的溶液，随之分为两相，上相富含明胶，下相富含琼脂（或淀粉），这种现象被称为聚合物的不相溶性，从而产生了双水相体系 （aqueous two phase system，ATPS）。将两种不同的水溶性聚合物的水溶液混合时，当聚合物的浓度达到一定值，体系会自然分成互不相溶的两相，这就是双水相体系。

① 原理　双水相体系的形成主要是由于高聚物之间的不相溶性，即高聚物分子的空间阻碍作用，相互无法渗透，不能形成均一相，从而具有分离倾向，在一定条件下即可分为两相。一般认为只要两聚合物水溶液的憎水程度有所差异，混合时就可发生相分离，且憎水程度相差越大，相分离的倾向也就越大。

② 双水相萃取的特点　双水相萃取与传统方法相比有许多优点，具有技术可行性，但实际应用如何还取决于其经济可行性，随着生产规模的加大，双水相萃取所消耗的原料也成比例增加，由于其原料成本占成本的 90%，且高于一般的离心沉降法，因此，规模加大后，技术优势逐渐减小。此外，生产的总成本还取决于设备的投资费用。虽然传统的分离方法所需的设备投资比双水相萃取法大 3～10 倍，但随着批次处理次数的增加，设备总投资所占的比例将减小，由于原料成本较高，当生产规模很大时，双水相萃取法在生产成本上并无太大优势。

亲和双水相萃取技术可以提高分配系数和萃取的选择性。在实际应用中，双水相体系中的水溶性高聚物具有难挥发性，反萃取是必不可少的，同时由于盐会进入反萃取剂，也会给分离工作带来一定的难度[1]。

(2) 反胶束萃取

① 原理　反胶束 （reversed micelles，图 5-3）是表面活性剂在有机溶剂中自发形成的纳米尺度的一种聚集体，是透明的、热力学稳定系统。表面活性剂是由亲水性的极性头部和疏水性的非极性尾部组成的两性分子。阴离子表面活性剂、阳离子表面活性剂和非离子表面活性剂，都可以形成反胶束。在反胶束溶液中，组成反胶束的表面活性剂，其非极性端伸入有机溶剂中，而极性端则向内排列成一个极性核（polar core），此极性核具有溶解水和大分子的能力。

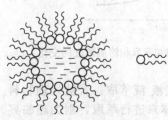

图 5-3　反胶束结构

当含有此种反胶束的有机溶剂与生化物质的水溶液接触后，主要因胶束内壁电荷与生物分子之间静电引力的相互作用和极性核的胞溶作用，后者可从水相转入反胶束的极性核内。通过控制操作条件，萃入有机相的产物又可重新返回水相。有机溶剂中表面活性剂浓度超过临界胶束浓度（CMC）时，才能形成反胶束溶液，这是体系的特征，与表面活性剂的化学结构、溶剂、温度和压力等因素有关。

在反胶束内部，双亲分子极性头基相互聚集形成一个"极性核"，可以增溶水、蛋白质等极性物质，增溶了大量水的反胶束体系即为微乳液（microemulsion）。水在反胶束中以两种形式存在：自由水（free water）和结合水（bound water），后者由于受到双亲分子极性头基的束缚，具有与主体水（普通水）不同的物化性质，如黏度增大，介电常数减小，氢键形成的空间网络结构遭到破坏等。对于增溶了物质（如水，蛋白质等）的反胶束基本上都认为是单层双亲分子聚集的近似球体，并忽视胶束之间的相互作用。事实上，反胶束体系处于不停的运动状态，反胶束之间的碰撞频率为 $10^9 \sim 10^{11}$ 次/s，而且反胶束中的增溶物在频繁的交换。

② 反胶束萃取的特点　1977 年 Iuisi 等首次提出用反胶束萃取蛋白质的概念，但并未引起人们的广泛注意。直到 20 世纪 80 年代，生物学家们才开始认识到其重要性，逐渐成为生化物质提纯方面的研究热点[2]。它有许多优点：反胶束萃取率高；反胶束在萃取过程中表现极为稳定，不会由于萃取中的机械混合而破坏，导致生化物质返回到料液；反胶束可反复使用；反胶束可直接用于发酵液的分离[3]；反胶束的"微水池"环境接近细胞环境，活性物质不易变性；反胶束萃取工艺可实现连续化生产[4]。

5.2.2.2　固-液萃取

由于中药材提取过程中，溶剂首先进入药材组织中，溶解有效成分，使药材组织的浓度增大，而药材外部溶液浓度减小，形成传质动力，使系统浓度趋向均匀，有效成分从高浓度向低浓度扩散，此过程可以用 Fick 定律描述。有效成分溶解后在组织内形成浓溶液而具有较高的渗透压，从而形成扩散点，不停向周围扩散其溶解的成分以平衡其渗透压，这是浸取的推动力。

Fick 扩散定律可用下式表示：

$$J_{AT} = -(D + D_E)\frac{dc_A}{dZ} \tag{5-2}$$

式中　J_{AT}——溶质流量，$mol/(m^2 \cdot s)$；

$\quad\quad c_A$——溶质 A 的浓度，mol/m^3；

$\quad\quad Z$——垂直于有效扩散面积的位移，m；

$\quad\quad D$——溶质分子扩散系数，m^2/s；

$\quad\quad D_E$——涡流扩散系数，m^2/s。

中药有效成分的粗提取主要是通过固-液萃取，也就是常说的浸提/浸取获得，除了传统的如用索氏提取器提取外，现在又开发出了超声波辅助提取、微波辅助提取等。

(1) 超声波萃取

① 原理　超声波是物质介质中的一种弹性机械波。超声波的产生原理是产生所需频率的电磁振荡，再转换成机械振荡。超声波热学机理、超声波机械机制和空化作用是超声协助浸取的三大理论依据。

将超声波技术应用于中药材有效成分的提取，是基于惠更斯波动理论和超声波在液体连续介质中传播时特有的物理性质。水介质质点在超声波作用下，将把 2000 倍于重力加速度的巨大加速度、每秒钟 28000 次获得最大速度 117mm/s 的巨大速度和动能作用于中药材有效成分质点上，使之获得巨大的速度和动能，迅速逸出药材基体而游离于水中。

其次，超声波在液体介质中产生特有的"空化效应"，不断产生无数内部压力达上千个大气压的微气穴，并不断"爆破"，产生微观上的强冲击波，作用在中药材基体上，使其中有效成分被"轰击"逸出，并促使药材植物细胞破壁或变形，加速药效成分逸出。另外，超声波在介质中传播引进的机械振动、微射流、微声流等多级效应，皆促使有效成分向溶剂扩散。

中药材中的有效成分在超声波场的作用下，不但作为介质质点获得巨大速度和动能，而且通过超声波的"空化效应"获得强大的外力冲击，加上超声波的多级效应，所以能高效率并充分被提取出来。

② 特点　超声波独具的物理特性能促使植物细胞组织破壁或变形，使中药有效成分提取更充分，提取率比传统工艺显著提高达 50%～500%；提取时间短，超声波强化中药提取通常在 20～40min 即可获得最佳提取率，提取时间较传统方法大大缩短 2/3 以上，药材原材料处理量大；不需高温，能耗低，超声提取中药材的最佳温度在 40～60℃，对遇热不稳定、易水解或氧化的药材中的有效成分具有保护作用，同时大大节约能耗；适应性广，超声提取中药材不受成分极性、分子量大小的限制，适用于绝大多数种类中药材和各类成分的提取；提取药液杂质少，有效成分易于分离、纯化；提取工艺运行成本低，综合经济效益显著；操作简单易行，设备维护、保养方便。

(2) 微波萃取（microwave extraction method）　微波萃取法是利用微波能来提高萃取效率的一种新技术。微波指频率在 300MHz 和 300GHz 之间的电磁波。介质在微波场中，分子会发生极化，将其在电磁场中所吸收的能量转化为热能。介质中不同组分的介电常数、比热、含水量不同，吸收微波能的程度不同，由此产生的热量和传递给周围环境的热量也不相同。微波萃取技术的原理就是利用不同组分吸收微波能力的差异，使基体物质的某些区域或萃取体系中的某些组分被选择性加热，从而使得被萃取物质从基体或体系中分离，进入介电常数较小、微波吸收能力相对较差的萃取剂中，并达到较高的产率。

① 原理　微波辐射过程是高频电磁波穿透萃取介质到达物料内部的微管束和腺胞系统的过程。由于吸收了微波能，细胞内部的温度将迅速上升，从而使细胞内部的压力超过细胞壁膨胀所能承受的能力，结果细胞破裂，其内的有效成分自由流出，并在较低的温度下溶解于萃取介质中。通过进一步的过滤和分离，即可获得所需的萃取物。

微波所产生的电磁场可加速被萃取组分的分子由固体内部向固液界面扩散的速率。例如，以水作溶剂时，在微波场的作用下，水分子由高速转动状态转变为激发态，这是一种高能量的不稳定状态。此时水分子汽化以加强萃取组分的驱动力，或者释放出自身多余的能量回到基态，所释放出的能量将传递给其他物质分子，以加速其热运动，从而缩短萃取组分的分子由固体内部扩散至固-液面的时间，结果使萃取速率提高数倍，并能降低萃取温度，最大限度地保证萃取物的质量。

② 特点　首先微波具有很强的穿透力，可以在反应物内外部分同时均匀、迅速地加热，故提取效率较高。第一，微波提取植物有效成分具有简便、快速、高效、加热均匀的优点。第二，微波萃取由于能对萃取体系中的不同组分进行选择性加热，因此成为至今唯一能使目标组分直接从基体分离的萃取过程，具有较好的选择性。第三，微波萃取由于不受溶剂亲和力的限制，可供选择的溶剂较多，同时减少了溶剂的用量。第四，由于微波加热是利用分子极化或离子导电效应直接对物质进行加热，因此热效率高，升温快速、均匀，大大缩短了萃取时间，传统方法需要几小时至十几小时，超声萃取法也需半小时到1h，微波萃取只需几秒到几分钟。提高了几十至几百倍，甚至几千倍。最后，微波萃取如果用于大批生产，则安全可靠，无污染，属于绿色工程，生产线组成简单，节省投资等。

微波萃取也存在一定的局限性，如：微波萃取仅适用于热稳定性高物质的提取，对于热敏性物质，微波加热可能使其变性或失活。微波萃取要求药材具有良好的吸水性，否则细胞难以吸收足够的微波能而将自身击破，产物也就难以释放出来。微波萃取过程中细胞因受热而破裂，一些不希望得到的组分也会溶解于溶剂中，从而使微波萃取的选择性显著降低[5]。

5.2.2.3　超临界萃取

超临界流体（SCF）是指热力学状态处于临界点（p_c，T_c）之上的流体。SCF 是气、液界面刚刚消失的状态点，此时流体处于气态与液态之间的一种特殊状态，具有十分独特的物理、化学性质。超临界流体的黏度接近于气体，密度接近于液体，扩散系数介于气体和液体之间，兼有气体和液体的优点，既像气体一样容易扩散，又像液体一样有很强的溶解能力。因而 SCF 具有高扩散性和高溶解性。在其他条件完全相同的情况下，液体的密度在相当程度上反映了它的溶解能力，而超临界流体的密度与压力和温度有关，随着压力的增大，介电常数和密度增大，超临界流体对物质的溶解能力增大。

超临界流体萃取（supercritical fluid extraction，SFE）是根据在临界温度和压力下，或临界温度和压力之上利用各种气体来完成的。该技术广泛用于从动植物原料中萃取各种物质成分。超临界流体的溶剂化能力可以根据随温度和压力变化的流体密度进行调节。一旦达到一种超临界的流体状态，可进一步控制该压力和温度来改变流体的行为，以模拟各种溶剂。因此，在适当条件下，人们就能利用超临界流体技术来代替大多数化学萃取工艺中使用的危险溶剂。若在流体的压力稍高于它的临界压力，温度稍低于其临界温度下进行液-液萃取，萃取后使系统压力稍低于临界压力，便可以把萃取物分离。

超临界流体萃取基本过程是由萃取阶段与分离阶段组成的，如图 5-4 所示。分离方法基本上可分为下列三种：依靠压力变化萃取分离法（等温法、绝热法），在一定温度下，使超临界流体和溶质减压经膨胀、分离，溶质经分离槽下部取出，气体经压缩机返回萃取槽循环使用；依靠温度变化的萃取分离法（等压法），经加

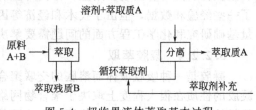

图 5-4　超临界流体萃取基本过程

热、升温使气体和溶质分离，从分离槽下部取出萃取物，气体经冷却、压缩后返回萃取槽循环使用；用吸附剂进行萃取分离法（吸附法），在分离槽中，经萃取出的溶质被吸附剂吸附，气体经压缩后返回萃取槽循环使用。

图 5-5 给出了超临界流体萃取分离过程的三种典型流程。其中（a）、（b）两种流程主要用于萃取相中的溶质为需要精制的产品的场合，（c）流程则适用于萃取质为需要除去的有害成分，而萃取槽中留下的萃余物为所需要的提纯组分的场合。

超临界萃取的优点包括：萃取剂可以循环使用。在溶剂分离与回收方面，超临界萃取优于一般的液-液萃取和精馏，被认为是萃取速度快，效率高、能耗少的先进工艺；操作参数易于控制。超临界萃取的萃取能力主要取决于流体的密度，而流体的密度很容易通过调节温度和压强来控制，这样易于确保产品质量稳定。特别适合于分离热敏性物质，且能实现无溶剂残留。

常用作 SCF 的溶剂有 CO_2、H_2O、C_2H_6、C_3H_6、NH_3、甲苯等。其中 CO_2 是工业上最常用的萃取剂，其特点是：①临界温度低（31.06℃），萃取可以在室温附近的温和条件下进行，对易挥发组分或生理活性物质极少破坏，适合于天然活性成分的提取。②临界压力适中（7.14MPa），操作条件易于达到，在室温下液化压力为 4～6MPa，便于储运。③安全无毒，尤其适合制药、食品工业，且萃取分离一次完成，无溶剂残留。④具有化学惰性，不可燃，操作安全，价廉易得。

超临界流体萃取技术的局限性包括：第一，人们对超临界流体本身缺乏透彻的理解，对

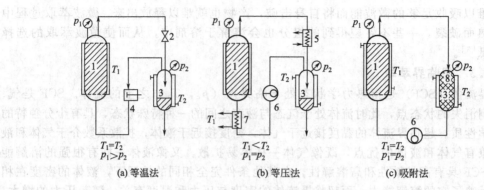

图 5-5　超临界流体萃取分离典型流程

1—萃取槽；2—膨胀阀；3—分离槽；4—压缩机；5—加热器；6—泵；7—冷却器；8—吸收剂、吸附剂

超临界流体萃取热力学及传质理论的研究远不如传统的分离技术（如有机溶剂萃取、精馏等）成熟。第二，从设备上讲，SFE 装置需要高压设备。从安装到投入使用，再到使用过程中的维护，整个过程对工程技术的要求较高，且价格较昂贵。第三，从研究范围来讲，SCF 技术已经应用到生物碱、挥发油、醌类、香豆素、木脂素、黄酮类等有效成分的提取上。但是由于 CO_2 的非极性和小分子量的特点，使得该技术对许多强极性和分子量较大的成分，很难进行有效提取。第四，商业利益促使专利保护制约着该项技术的发展，使盲目性和重复性研究时有出现。第五，国内外虽有很多专利出现，实验室进行了大量的研究，积累了一些经验和数据，但由于技术和经济等因素的制约，要想应用到工业化大生产中，还有大量基础研究和化学工程方面的问题需要解决。

5.2.2.4　凝胶萃取

凝胶是一种吸收液体而溶胀的交联聚合物网络，具有介于固体和液体之间的物质形态。凝胶的性质在很大程度上取决于聚合物网络和液体介质的相互作用：液体介质阻止聚合物网络皱缩成致密物质，而聚合物网络阻止液体流失。即当外界环境如 pH、温度、电场、溶液的离子强度或官能团等的变化引起凝胶的溶胀或收缩，吸附或释放出液体，会使凝胶的体积变化常常达数百倍乃至数千倍之多。

首先对于一种溶液，凝胶对各组分的大小分子选择性地吸收，小分子物质和无机盐能进入凝胶，而大分子物质则被排斥，因此可将凝胶作为固态萃取剂，用于对溶液中大分子物质的浓缩和净化；其次是相变特性，即在某一物化条件下，吸水凝胶可突然收缩而释放出所吸收的水或其他溶剂，使其体积发生急剧的、大幅度的变化。

正是以上有关凝胶分离的性质，特别是凝胶再生的研究，为凝胶萃取分离技术及其实用化打下了基础，1984 年 Cussler 等正式将凝胶萃取（gel extraction）作为一种新的分离过程提出来。该过程利用凝胶在溶剂中的溶胀特性和凝胶网络对大分子、微粒等的排斥作用达到溶液浓缩分离的目的，由于凝胶萃取操作简单、便于保持被分离物质的活性等特点，正引起人们越来越浓厚的兴趣。

凝胶萃取的两个主要问题是溶质分配和凝胶滞胀。溶质在凝胶相和溶液相的分配情况可以定量地用分配系数 K 来表示：

$$K = \frac{c_g}{c_s} \tag{5-3}$$

式中　c_g——样品凝胶相浓度；

　　　c_s——样品溶液相浓度；

　　　K——溶质分配在凝胶相和溶液相的系数。

　　凝胶在溶液中吸收液体的能力一般小于在纯溶剂中的吸收能力。二者之比称为滞胀度，用 α 来表示：

$$\alpha = \frac{q_0}{q} \tag{5-4}$$

式中　q_0——凝胶在纯溶剂中的溶胀度；

　　　　q——凝胶在溶液中的溶胀度；

　　　　α——凝胶的滞胀度。

　　萃取利用凝胶的膨胀特性，常受到一些因素的强烈作用和调节，其中主要的是 pH 值和温度。因此将凝胶萃取分为 pH 值敏感型和温度敏感型两类。

　　pH 值敏感型凝胶萃取所用的凝胶是经过一定程度水解的交联聚丙烯酰胺，它可以在短时间内膨胀并达到平衡状态，因此潜在的分离速度较快；同时，这种凝胶粒子的表面是非黏性的，故易于处理。凝胶的分离作用取决于它在不同 pH 条件下胀缩性的急剧变化。如在 pH 值 7 时，凝胶能吸收相当于自身重量 20 倍的水却不吸收大分子；在 pH 值 5 时，凝胶释放出所吸收水分的 85%。温度敏感型凝胶萃取所用的凝胶有非离子凝胶聚异丙基丙烯酰胺及离子凝胶聚二乙基丙烯酰胺 97%＋甲基丙烯酸钠 3%，它们分别在 33℃左右和 45℃左右体积发生急剧变化，可在温度降低两度之内，体积增加 5 倍以上进行。除上述因素外，凝胶的胀缩性质，还受电场作用和溶液组成的影响。聚电解质凝胶在直流电场作用下，可使凝胶体积发生较大的变化，从而吸收或释放溶液。近年来，人们已开始对电敏性凝胶萃取浓缩蛋白质进行了有关研究；至于溶液组成效应，既包括有机物，也包括金属离子浓度的影响。例如非离子型聚异丙基丙烯酰胺凝胶在二甲基亚砜（DMSO）水溶液中的体积随 DMSO 的浓度变化而变化。当浓度为 0~33% 时，凝胶体积变化不大；当浓度大于 33% 时，体积收缩；当浓度达到 90% 时，体积又再度溶胀。

　　由于凝胶萃取具有耗能小，萃取剂易再生，设备与操作简单，对物料分子不存在机械剪切或热力破坏等优点，故适用于从稀溶液中提取有机物或生物制品，如淀粉脱水，发酵液中抗生素的提取以及遗传工程菌中蛋白质的提取等，还可能在一定程度上替代膜分离和凝胶层析等过程。

5.2.3　萃取设备及应用实例

5.2.3.1　双水相萃取设备及应用实例

　　双水相萃取混合过程的放大很简单，关键是两相分离，特别是存在的细胞碎片、胶体物质和聚合的副产品所引起的在萃取相的高黏度。对于连续和大规模操作，在线或静态混合与离心分离器联合使用是最受欢迎的。离心分离方法有如下几种：

　　(1) 碟片式离心机和喷嘴分离机　一般分离是在碟片式离心机中进行，如图 5-6 所示。这类离心机是连续运转的，分散作用从中心开始，沿径向分布加速，在设备内一直传送到转筒的下部，轻相通过碟片上的孔道上升，在 2 号出口排出，重相在 9 号出口排出。在处理细胞匀浆液时，由于下相黏度较高，会引起阻塞，此时可采用喷嘴分离机自动排渣。

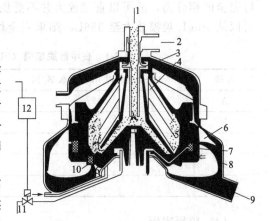

图 5-6　Westfalia 碟片式离心机

1—产品进料；2—澄清液排放；
3—向心泵；4—圆盘；5—浓缩区；
6—固体排放；7—去污泥机构；
8—浓缩物接收器；9—浓缩物出口；
10—喷嘴；11—操作水进料；
12—计时单元

（2）倾析式（或称卧螺式）**离心机**　倾析式离心机能在生物质存在的情况下，使黏滞的液-液两相混合物容易接触和分离。这种萃取机的特点是由卧式圆柱、圆锥形转鼓以及装在转鼓中的螺旋输送器组成，见图5-7，两者以稍有差别的转速同向旋转，富含生物质的黏滞液体由螺旋输送并被抛到转鼓壁上，固体颗粒沉积于转鼓内表面，靠螺旋输送器向转鼓的锥形部分移动，最后从鼓的末端排除。

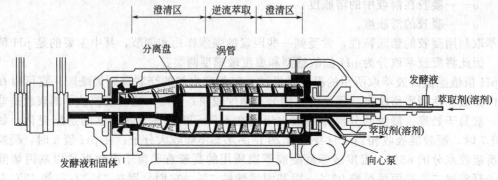

图 5-7　Westfalia 倾析式离心机

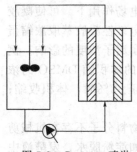

图 5-8　Graesser 喷淋
柱式接触器

（3）柱式接触器　有关逆流操作的柱式接触器的设计已有许多报道，在此仅介绍 Graesser 喷淋柱式接触器。它已被成功地用于 PEG/盐双水相系统萃取蛋白质。该接触器如图 5-8 所示，其整体绕横轴旋转接触器内部装一系列半管，定位与旋转轴平行，充当收集器部件，这些半管不超出水平旋转的外部圆柱体。这就构成了接触器的主体。由于旋转，收集器将一些重相传送至轻相，反之亦然，借助一系列的圆盘，将接触器分隔成许多小室以减少返混，较低的剪切条件和温和自然的分散作用，使 Graesser 接触器特别适用许多易乳化的双水相体系。

　　　双水相萃取法容易达到平衡的特点使得商业上的离心机就能进行完全的相分离，故可以直接放大并不受规模的限制，产物的收率也不降低，如甲酸脱氢酶可以从 10mL 规模放大至 386L，结果完全相当，见表 5-1。

表 5-1　在甲酸脱氢酶（FDA）纯化中萃取工段的放大特性

步骤	10mL 规模时 FDA 的收率/%	放大规模时 FDA 的收率/%	放大因子
A	95	94(250L)	25000
B	84	80(350L)	35000
C	93	93(386L)	38600
D	100	100(233L)	23300
总收率	74	70	$(2\sim4)\times10^4$

（4）应用实例

① **基因工程药物**　双水相萃取技术可以保证基因工程药物在温和条件下得以分离和纯化。其中具有代表性的工作是用 PEG4000/磷酸盐从重组大肠杆菌碎片中提取人生长激素，采用 3 级错流连续萃取，1h 处理量为 15L，收率达 80%。

② **酶工程药物**　目前，双水相萃取技术提取纯化的酶有几十种，如从牛乳乳清中提取乳过氧化物酶，研究结果表明，当双水相体系的 pH 值为 8.5 时，选择 10%硫酸镁和 16%

PEG6000，可将乳过氧化物酶富集在盐相，乳过氧化物酶的酶活回收率和纯化倍数分别为153.59％和1.99倍。

③ 抗生素　张中杰等建立了醇与离子液体二元双水相体系萃取四环素、异丙醇和1-丁基-3-甲基咪唑四氟硼酸（[Bmim]BF$_4$）/NaH$_2$PO$_4$为萃取体系，考察了离子液体和NaH$_2$PO$_4$的加入量、pH、四环素的浓度对萃取结果的影响，在最优的条件下，当体系的pH为4.0～5.0，磷酸二氢钠的质量分数为36％，四环素在65～95mg/L时，该二元体系对四环素的萃取率为91.98％～94.98％，分配系数为82.135～130.315。

④ 天然植物药用有效成分的分离与提取　钟方丽等对刺玫果总黄酮使用乙醇-硫酸铵双水相（添加氯化钠）进行双水相萃取，采用单因素和正交试验法对刺玫果总黄酮的双水相萃取工艺进行了优化。在乙醇体积分数为27％、硫酸铵质量浓度为0.21g/mL、刺玫果提取液体积分数为22％、氯化钠加入量为2.0g的最佳工艺条件下刺玫果总黄酮平均萃取率为91.81％。

5.2.3.2　反胶团萃取设备及应用实例

(1) 膜萃取器　膜萃取器是适用于反胶团萃取蛋白质的设备之一。它利用膜对目标蛋白的截留作用而实现蛋白质的分离，具有设备简单、操作方便、易于清洗、再生和放大等优点，并且操作稳定性高，是一种很好的液-液萃取设备。缺点是需较高的操作压力且成本较高。

Parazers等用管状陶瓷超滤膜截留含有磷酯酶的反胶团，实现了对生物产品的部分分离。他们使用的陶瓷超滤膜组件萃取流程图如图5-9所示，含有磷酯酶的发酵液经过泵进入陶瓷超滤膜组件中，磷酯酶被截留在膜内，萃余相则返回到反应器，从而实现磷酯酶的分离。用来截留反胶团的陶瓷膜是由一层氧化锆覆盖在多孔碳骨架上形成的，截留分子的质量为10k，内透过面积约为38cm^2。试验结果表明，膜可将磷酯酶完全截留下来，说明该装置可用于磷酯酶的连续萃取。含水率（反胶团相中水与表面活性剂的摩尔比）和AOT(2-乙基己基琥珀酸酯磺酸钠)的浓度可影响系统的动力学和传质速率，是决定这个萃取组件操作性能的关键因素。另外，增加发酵液的循环速率和膜压力可以提高膜的透过通量。

中空纤维管是另一类被广泛用于液-液分离的膜萃取器（图5-10）。它具有很大的比表面积，且与反胶团技术相结合能减少蛋白质的失活，是一项很有实用前景的生物分离技术。

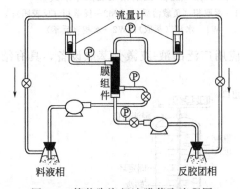

图5-9　管状陶瓷超滤膜萃取流程图

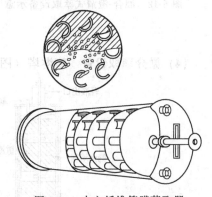

图5-10　中空纤维管膜萃取器

史清洪将亲和配基（活性色素辛巴蓝）加入大豆卵磷酯-正己烷系统中，制成亲和反胶团相，并将此胶团相固定于聚丙烯中空纤维膜内，从而构建起亲和反胶团萃取膜的分配色谱装置（AMPC），研究了AMPC萃取蛋白质的性能。研究结果表明，活性色素的浓度和离子强度对溶菌酶的萃取率有显著的影响。

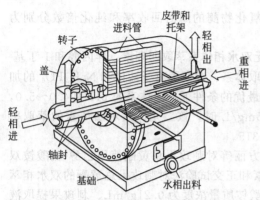

图 5-11 Podbielniak 离心萃取器

（2）离心萃取器 反胶团溶液-水-蛋白质所组成的萃取体系，由于表面活性剂的存在，界面张力低，易乳化。另外，由于萃取的目标产物是蛋白质易变性失活。为了尽量避免蛋白质的变性，应尽量缩短操作时间，因而反胶团离心萃取是一项很合适的蛋白质萃取分离技术。常用的离心萃取器由传动装置、转鼓和外壳组成。转鼓外壁与外壳间的环状空间为混合室，转鼓内为分离室（图 5-11）。

（3）混合澄清槽 混合-澄清式萃取器（图5-12）是一种最常用的液-液萃取设备，该设备由料液与萃取剂的混合器和用于两相分离的澄清器组成，可进行间歇或连续的液-液萃取。但该设备最大的缺点是反胶团相与水相混合时，混合液易出现乳化现象，从而增加了相分离时间。

Dekker 等用混合-澄清槽实现了 AOT-异辛烷反胶团系统对 α-淀粉酶的连续萃取。该装置由两个混合-澄清单元组成，第一个单元用于蛋白质的前萃，第二个则用于反萃。试验中，前萃得到的反胶团相进入第二个混合槽进行反萃，并在第二个澄清槽中收集反萃产品，反胶团相则循环返回到第一个单元，从而实现蛋白质的连续萃取（图 5-13）。试验结果表明，利用该萃取装置，在稳态条件下，可使蛋白质浓缩 17 倍，收率在 87％以上。

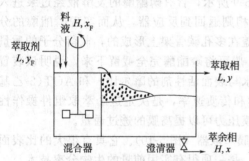

图 5-12　混合-澄清式萃取设备示意图

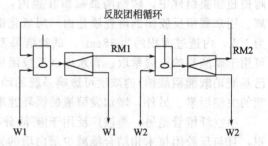

图 5-13　混合-澄清槽反胶团萃取过程
RM1—萃取相（负载溶质）；RM2—反萃相（反胶团）；
W1—水相（萃取）；W2—水相（反萃）

（4）微分萃取设备 喷淋塔（图 5-14）是一种应用广泛的液-液微分萃取设备，具有结

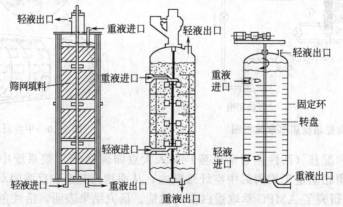

图 5-14　微分萃取器（填充萃取塔和两个用机械方法的逆流萃取塔）

构简单和操作弹性大等优点在反胶团萃取方面受到了人们的关注。尤为重要的是，当用于含有表面活性剂的反胶团体系时，所需输入的能量很低，故不易乳化从而缩短了相分离时间。但喷淋塔的缺点是连续相易出现轴向反混，从而降低萃取效率。

转盘萃取塔（RDC）也可用于蛋白质的萃取分离。图 5-15 是 RDC 萃取蛋白质的示意图，反胶团相为分散相，水相为连续相。转盘塔的优点是单位塔高的效率高、产量高、操作弹性大和能耗低等，缺点是体系易出现乳化和返混现象。

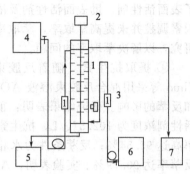

Tong 等研究了 RDC 中蛋白质的反胶团萃取，考察了 d_{32}（反胶团分散相中液滴直径）的分布。结果表明，d_{32} 随着反胶团特性的改变而改变。有溶菌酶存在时的 d_{32} 比没有溶菌酶时要小得多。另外，溶菌酶的溶解和传质也会影响反胶团液滴的直径；随转盘转速的增大，液滴直径也会下降。Tong 等还研究了 RDC 中反胶团萃取溶菌酶的传质性能，所建立的轴向扩散模型可描述 RDC 的萃取性能，可用于 RDC 反胶团萃取的参数预测和指导过程设计。

图 5-15　转盘萃取塔萃取蛋白质示意图
1—转盘塔；2—马达；3—流量计；
4—水相料液贮槽；5—萃余相贮槽；
6—反胶团料液贮槽；7—萃取液贮槽

(5) 应用实例

① 分离蛋白质混合物　分子量相近的蛋白质，由于它们的 pI 及其他因素不同而具有不同的分配系数，可利用反胶团溶液进行选择性分离。Goklen 等以 AOT-异辛烷反胶团体系为萃取剂，通过调节 pH 值和离子强度，成功地对核糖核酸酶、细胞色素 C 和溶菌酶混合物进行了分离，其结果令人非常满意（如图 5-16 所示）。

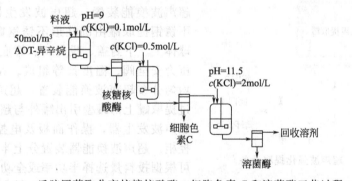

图 5-16　反胶团萃取分离核糖核酸酶、细胞色素 C 和溶菌酶工艺过程

在 pH＝9 时，核糖核酸酶带负电，在有机相中溶解度很小，保留在水相而与其他两种蛋白质分离；相分离得到的反胶团相（含细胞色素 C 和溶菌酶）与 0.5mol/L 的 KCl 水溶液接触后，细胞色素 C 被反萃到水相，而溶菌酶保留在反胶团相；再通过调节 pH 值和盐浓度实现溶菌酶的反萃。

② 分离氨基酸　Storm 等采用反胶束 2-乙基己基琥珀酸酯磺酸钠（AOT）-异辛烷萃取氨基酸，考查盐对反胶束含水量及反胶束结构大小的影响。实验分别选择 NaCl 和 KCl 为前萃和反萃的盐。盐为 NaCl 时，反胶束含水量最高，而 KCl 含水量最低，反胶束结构最小，因此溶质分子可从反胶束进入水相。作者采用热力学模型 COSMO-RS 研究氨基酸的分配行为及盐、pH 对分配行为的影响。但 COSMO-RS 没有考虑溶质分子间的作用，因此不适于预测混合氨基酸萃取过程的分配行为。结果表明，反胶束对混合氨基酸的萃取率明显低于相应

的各种纯氨基酸，也证明了反胶束适用于选择性分离生物物质[6]。

③ 提取核酸　核酸从水相萃取至反胶束中，其构象不发生改变，这为反胶束萃取核酸研究提供有利依据。Kato 等研究反胶束萃取功能化 DNA（DNA 量子点 DNA-QDs），讨论了表面活性剂、助表面活性剂及浓度、不同缓冲液、温度对萃取率的影响，然而实验表明，因素调控并未提高萃取率，萃取率仍约 20%。故反胶束萃取 DNA-QDs 的工艺还需进一步研究，以解决萃取率的问题。

④ 提取抗生素　随着反胶束萃取技术的发展，其用于萃取抗生素的研究逐渐增多。Chuo 等采用混合反胶束溶液 AOT/TWEEN 85/异辛烷萃取阿莫西林，考查各因素对前萃和反萃的影响。研究结果表明：前萃条件为 AOT 与 TWEEN 85 摩尔比为 5.5∶1、总表面活性剂浓度为 102.57g/L、抗生素溶液 pH＝1.9、KCl 浓度为 8.54g/L 时，阿莫西林前萃率高达 95.54%；反萃条件为水相 pH＝6.58、KCl 浓度为 11.02g/L、萃取时间为 15min，反萃率达 90.79%。实验表明，AOT/TWEEN 85 反胶束中阿莫西林前萃率高于单一表面活性剂 AOT 或 TWEEN 85 反胶束，非离子表面活性剂 TWEEN 85 的加入减少了前萃中 AOT 的用量，TWEEN 85 使界面表面活性分子分布得更紧凑，降低了 AOT 反胶束中极性头间的静电斥力，从而保护生物分子活性。

⑤ 从植物中同时提取油和蛋白质　Leser 等使用以烃类为溶剂的反胶团溶液作为提取剂，油被直接萃入有机相，蛋白质却溶入反胶团的"水池"内。先用水溶液反萃取得到蛋白质，再用冷却反胶团溶液使表面活性剂沉淀分离，最后用蒸馏方法将油与烃类分离。实验结果表明，该方法相当优越，能将影响蛋白质作为食品的绿原酸分离。

5.2.3.3　超声波萃取设备及应用实例

(1) 超声波强化提取设备　全套提取设备（图 5-17）由不锈钢提取罐、操作平台（自备）、超声波换能装置、超声波发生器和电控柜组成。不锈钢提取罐由圆柱形不锈钢罐体、夹套、椭圆球体上、下封盖、投料口、罐底粗滤网、排液口、压力安全阀、温度计等组成。在不锈钢提取罐内均匀分布超声波换能装置，超声波高频电缆是通过提取罐上部罐壁引出罐外与超声波发生器连接。超声波发生器，操作面板及电控部分组成立式电控柜。超声波换能器装置分上半部分和下半部分，可根据投料量选择半功率或全功率超声提取。

图 5-17　超声波强化提取设备

(2) 应用实例　下面列举一些文献报道的采用超声协助浸取技术从植物药材中提取药用有效成分的研究结果。

① 提取生物碱类成分　从中草药中用常规方法提取生物碱，一般提取时间长、收率低，而经超声波处理后可以获得很好的效果。如从黄柏中提取小檗碱，以饱和石灰水浸泡 24h 为对照，用 20kHz 的超声波提取 30min，提取率比对照组高 18.26%，且小檗碱结构未发生变化。当从黄连根中提取黄连素时，实验证明超声法也优于浸泡法。

② 提取黄酮成分　黄酮类成分常用加水煎煮法、碱提酸沉法或乙醇、甲醇浸泡法提取，费时又费工，提取率也低。有文献报道在从石榴皮中提取主要成分时，使用超声辅助萃取，在乙醇体积分数为 70%、料液比为 1∶20、萃取温度为 60℃、超声时间为 40min 的最佳萃取工艺条件下，萃取药液平均最低抑菌浓度为 0.442mg/mL，大大高于常规工艺。

③ 提取蒽醌类成分　蒽醌衍生物在植物体内存在形式复杂，游离态与化合态经常共存于同一种中药中，一般提取都采用乙醇或稀碱性水溶液提取，因长时间受热易破坏其中的有

效成分，影响提取率。当从大黄中提取蒽醌类成分时，选择料液比为 1∶6，乙醇体积分数为 90%，超声功率为 175W，超声温度为 60℃，超声时间为 20min，提取次数为 3 次，可大大提高蒽醌类成分的提取率，因此超声法是一种提取效率好、操作简便、省时的提取中草药活性成分的新方法。

④ 提取多糖类成分　吴飘等采用超声波辅助萃取法提取猴头菌多糖，运用正交实验方法对影响多糖提取的条件进行优化。在最优条件下的多糖提取率可达 85.63%。通过优化提取条件提高了多糖的提取率，为猴头菌多糖的开发利用奠定了基础。

⑤ 提取皂苷类成分　通过优化燕麦麸皮皂苷超声辅助提取工艺并研究其体外抗氧化能力，发现乙醇的体积分数、超声功率、超声时间、浸提温度、浸提时间均对皂苷提取率有一定影响，并得出最佳的提取条件。之后对 DPPH、羟自由基、ABTS 和超氧阴离子自由基的清除能力进行分析。在最佳条件下，皂苷提取率为 (3.17 ± 0.1)g/100g。燕麦麸皮皂苷清除 DPPH、羟自由基、ABTS 和超氧阴离子自由基的能力随浓度的增加呈递增趋势。在 1.0~5.0mg/mL 的范围内，最高清除率分别为：25.94%、85.07%、61.72%、22.60%。说明超声辅助萃取工艺简单、合理、耗能低，燕麦皂苷的提取率高且具有一定的抗氧化能力，为其综合利用奠定了基础。

目前超声技术在提取植物性药材有效成分的应用研究中还处于小试或中试范围，使超声技术向有利于工业化大生产的方向发展还有许多工程与技术问题。但随着对超声波理论与实际应用研究的深入，其在中药提取工艺中将会有广阔的应用前景。

5.2.3.4　微波萃取设备及应用实例

(1) 装有回流装置的改造型家用电器微波萃取设备　装有回流装置的改造型家用电器微波萃取设备的萃取方法与常规电炉加热萃取方法基本相同。一般一次可萃取的样品量较大，试剂用量和样品将达到几百或上千克。为解决微波辐射穿透不足的问题，需要增加电磁或者机械搅拌部件。图 5-18 为常压下微波回流萃取装置的示意图。搅拌器使被萃取组分受热均匀，冷凝管减少了溶剂的挥发，溶剂的存在有利于吸收微波能，进行内部加热，有利于提高微波萃取的效果。

(2) 专门的微波萃取设备　与传统萃取技术相比，专门微波萃取设备比较廉价，且适应面广，较少受被萃取物极性大小的影响。因此，微波萃取设备的改进及发展也越来越得到专业人士的认可和重视。

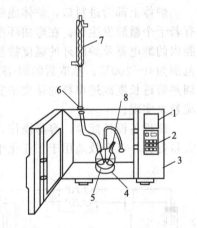

图 5-18　常压下微波回流萃取装置
1—开关；2—控制面板；3—微波炉；
4—泵瓶架；5—蒸馏瓶；6—铜管；
7—冷凝管；8—搅拌器

(3) 中药微波萃取装置　冯年生等设计了如图 5-19 所示的中药微波萃取装置。该装置主要由浸泡装置、微波加热装置、固-液分离装置、絮凝沉淀装置和循环装置组成。将药材投入贮料罐中，加溶剂（水）浸泡 20~30min，开启阀和泵，控制流速，使药材随溶剂流经微波加热装置，同时调节三通阀，使药材溶液循环至贮料罐。根据萃取情况可调节微波功率和辐照时间，待萃取充分后，关闭微波加热装置，调节三通阀使溶液流经过滤装置过滤后，至絮凝沉淀罐中沉淀、分离，得到最终提取液。

该中药萃取系统设备简单，操作方便，提取效率高，微波泄漏少，并解决了微波萃取的连续性和均匀性问题，特别适合于中药复方包括饮片和颗粒的提取。目前该设备已成功地用于中药复方双黄连的提取。

(4) 植物有效成分提取微波萃取装置　李晟设计的微波萃取装置是在微波炉腔体中央设

置有反应罐，环微波炉外侧设置有散热器。这种罐式微波萃取装置仅适用于间歇生产，无法连续化。基于这种微波萃取装置，郭学益等设计出一种能够高效连续提取植物中有效成分的微波萃取装置，该装置主要由微波加热器、固液传输装置、散热器组成，其结构如图 5-20 所示。

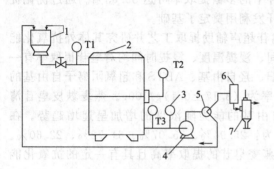

图 5-19　中药微波萃取装置
1—贮料罐；2—微波加热装置；
3—流量计；4—泵；5—三通阀；
6—过滤装置；7—絮凝沉淀罐

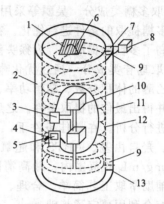

图 5-20　植物有效成分提取微波萃取装置
1—通风散热孔；2—炉体；3—继电器；4—温度计；
5—温度数显装置；6—散热风扇；7—进料口；8—泵；
9—微波防泄漏装置；10—微波发生器；11—防护罩；
12—管道反应器；13—出料口

炉体上部为进料口，炉体底部为出料口，固体物料由泵直接输入进料口。炉体腔中间设有若干个微波发生器。在弯曲环型管道反应器和炉腔内各设一个温度计，这两个温度计与炉腔内的继电器及炉腔外的温度数显装置组成数显温度控制装置，可有效控制并恒定反应温度范围为 0～200℃。萃取后的固-液分离在出料后另外进行。物料在管道内的停留时间可通过调整管道长度或进出料的速度来实现，产量的控制可通过增减管道反应器的条数或进出料的流量来实现。

该设备设计简单，容易操作，整个过程是连续的，并能充分有效地利用微波能量，节约大量资源，可有效地用于工业化生产。

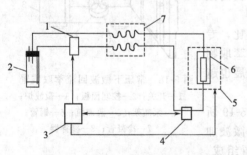

图 5-21　循环微波萃取装置
1—蠕动泵；2—萃取液收集瓶；3—控制器；
4—压力传感器；5—微波炉；6—萃取塔；
7—水冷却装置

(5) 循环微波萃取装置　中药提取过程是中药样品分析过程中最耗时的关键环节。因而探索快速简便、重现性好、易自动化的提取方法有着重要意义。孟庆华等设计了如图 5-21 所示的循环微波萃取装置，该装置是将实验室普通微波炉和蠕动泵等设备与可编程微控制器连用，使整个萃取过程自动完成，并确保萃取过程高度可控和重现。该装置的特点是造价低廉，萃取过程快速、简便，适用于实验室分析样品的制备。

(6) 无溶剂微波萃取装置　无溶剂微波萃取装置是给生物物质进行微波辐照而不用萃取溶剂，使该物质的细胞内含物质释放出来。P. 门格尔等发明了如图 5-22 所示的无溶剂微波萃取装置，该装置由微波发生器、容器、搅拌器、恒温夹套、加热装置、减压装置、回收装置组成，其中回收装置是对萃取物的水蒸气进行冷冻的装置。此外，无溶剂微波萃取装置在萃取过程中没有使用溶剂，因而解决了萃取物中溶剂残留的问题。

(7) 动态微波萃取装置　动态微波萃取可进一步缩短萃取时间，提高萃取效率，具有索氏提取等提取方法所没有的优点。由 Magnus Ericsson 等设计组装了如图 5-23 所示的动态微波萃取装置。该装置采用默克公司的 655A-12 溶剂输送系统，伊莱克斯公司的微波炉，欧陆公司的温度设定控制器。

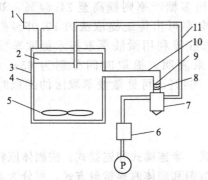

图 5-22　无溶剂微波萃取装置

1—加热装置；2—微波发生器；3—容器；4—夹套；
5—搅拌器；6—减压装置；7—倾析器；
8—回收萃取产品装置；9—旋绕管；10,11—管道

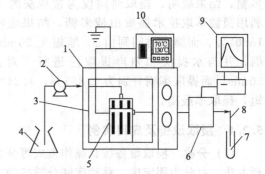

图 5-23　动态微波萃取装置

1—微波炉；2—泵；3—萃取罐；4—溶剂；
5—热电偶；6—荧光检测器；7—提取物；
8—限流器；9—记录仪；10—温度控制器

工作时，新鲜溶剂由泵连续输入萃取罐中，萃取罐中保持小余压使溶剂保持液体状态。提取过程由检测系统监控，可对复合物进行选择性提取。动态微波萃取装置不仅加快了萃取过程，而且保证了被分析物的回收率，在中药有效成分的提取与分离方面有较大的发展潜力。

(8) 应用实例

① 苷类物质的提取　微波对某些化合物具有一定的降解作用，且在短时间内可使药材中的酶灭活，因而用于提取苷类等成分时具有更突出的优点。吕平[7] 研究了人参冻干超微粉的总皂苷微波辅助萃取工艺，在考察了乙醇浓度、萃取时间、萃取温度、料液比等条件后发现在最优条件下人参总皂苷含量可达 12.69mg/L。微波萃取相比回流萃取法、索式萃取法、浸渍法和渗漉法，其人参总皂苷含量提高 29%～41%。

② 黄酮类物质的提取　微波萃取在黄酮类物质的提取上具有良好的效果，在提取过程中具有反应高效性和强选择性等特点。何宝佳等[8] 采用微波提取法提取败酱草中总黄酮类化合物，结果表明，提取率可达 4.25%。刘长姣等采用微波萃取法萃取红景天总黄酮，结果表明，在固液比为 1∶10、乙醇浓度为 55%、功率为 200W、萃取温度为 80℃、升温时间为 7min、萃取时间为 4min 时，总黄酮提取率为 17.25%，不仅萃取时间大幅度降低，而且微波萃取法所得黄酮提取率和羟基自由基清活性均高于回流法。

③ 生物碱的提取　刘覃等利用微波萃取技术从龙葵中提取总生物碱，结果表明，提取时间可由回流提取法的 6 h 缩短至 8min，产率则由 8.40μg/g 增加至 10.77μg/g。范志刚等利用微波萃取技术从麻黄中提取麻黄碱，结果表明，提取率可由常规煎煮法的 0.183% 提高至 0.485%。查圣华等利用微波萃取技术从千层塔中提取石杉碱甲和石杉碱乙，结果表明，提取时间可由传统回流提取法的 2h 缩短至 90s，而石杉碱甲和石杉碱乙的回收率分别达到 94.3% 和 93.6%，比传统回流提取法高出 10% 以上。

④ 萜类和挥发油的提取　微波提取可瞬间产生高温，具有提取时间短、提取效率高等优点[9]。成玉怀等利用微波萃取技术提取红景天叶中的挥发油，结果表明，提取时间可由传统提取法的 5h 缩短至 20min，而挥发油含量则由 0.15% 提高至 0.40%。邱宁等[10] 利用微波萃取技术从佩兰中提取挥发油，结果表明，提取时间可由传统提取法的 5h 缩短至

20min，而挥发油的含量则由 1.830％提高至 2.106％。

⑤ **氨基酸与多糖类物质的提取** 氨基酸与多糖类物质由于其自身结构特点，同样适用于微波辅助萃取工艺[11]。陈金娥等对沙棘叶多糖的微波萃取工艺进行了研究，结果表明，提取时间仅为 60 s，提取的多糖含量为 14.95％。侯秀娟等还利用微波萃取提取橘红多糖，结果表明，提取时间仅为常规法的 1/12，而多糖产率则提高至 24.64％。刘红等利用微波萃取技术提取山楂多糖，结果表明，提取率可由传统提取法的 10.05％提高至 16.07％，而提取时间则由 3h 缩短至 20min。付志红等利用微波萃取技术提取车前子多糖，并与水提法和超声提取法进行了对比，结果表明，提取时间分别为 65s、1h 和 30min，而提取率则分别为 1.867％、1.243％、1.764％，可见微波萃取法的提取时间最短，提取率最高。

5.2.4 浸取设备及应用实例

(1) 分类 浸取设备按其操作方式可分为间歇式、半连续式和连续式；按固体原料的处理方法，可分为固定床、移动床和分散接触式；按溶剂和固体原料接触方式，可分为多级接触式和微分接触式。由于中药材的品种多，且其物性差异很大，一般大批量生产的品种不多，多数为中、小批量的品种，形成了"多品种、小批量"的生产特点，因此在选用中药浸取设备时，除了应考虑效率高、经济性好之外，还应考虑到更换品种时应清洗方便。目前国内中药厂所使用的浸取设备多数为间歇式固定床浸取设备，有些厂也采用效率较高的逆流连续式浸取设备。下面介绍一些中药生产中常用的浸取设备类型以供参考。

(2) 间歇式浸取器 间歇式浸取器的类型较多，其中以多能式提取罐较为典型（图 5-24）。除提取罐外，还有泡沫捕集器、热交换器、冷却器、油水分离器、气液分离器、管道过滤器等附件，具有多种用途，可供药材的水提取、醇提取或提取挥发油、回收药渣中的溶剂等。药材由加料口加入，浸出液经夹层可以通入蒸汽加热，亦可通水冷却。此器浸出效率较高，消耗能量少，操作简便。

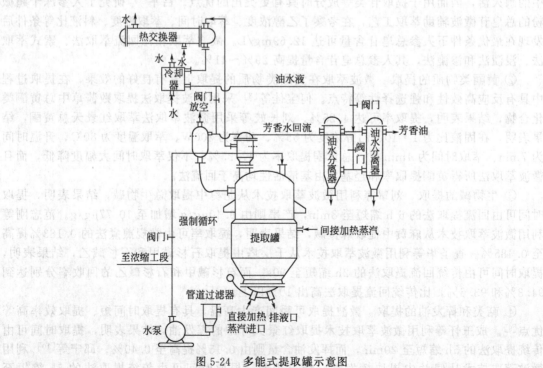

图 5-24 多能式提取罐示意图

(3) 连续浸取器

① 浸渍式连续逆流浸取器　此类浸取器有 U 形螺旋式、U 形拖链式、螺旋推进式、肯尼迪式等。

a. U 形螺旋式浸取器　U 形螺旋式浸取器亦称 Hildebran 浸取器，整个浸取器是在一个 U 形组合的浸取器中，分装有三组螺旋输送器来输送物料。在螺旋线表面上开孔，这样溶剂可以通过孔进入另一螺旋中，以达到与固体成逆流流动。螺旋浸取器主要用于浸取轻质的、渗透性强的药材。

b. U 形拖链式连续逆流浸取器　这种浸取器是一 U 形外壳，其内有连续移动的拖链，浸取器内许多链板上有许多小孔。被浸取的固体由左上角加入，在拖链板的推动下由左边移动到右上角而排出渣物，而溶剂则由右上部加入，与固体物料呈逆流接触，由左上部排出浸取液。这种浸取器结构简单，处理能力大，适应性强，且浸取效果良好。

c. 螺旋推进式浸取器　如图 5-25 所示，浸取器上盖可以打开（以便清洗和维修），下部带有夹套，其内通入加热蒸汽进行加热。如果采用煎煮法，其二次蒸汽由排汽口排出。浸取器内的推进器可以做成多孔螺旋板式，螺旋的头数可以是单头的也可以是多头的，也可用数十块桨片组成螺旋带式。

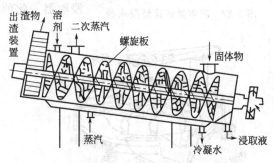

图 5-25　螺旋推进式浸取器

d. 肯尼迪（Kennedy）式逆流浸取器　如图 5-26 所示，具有半圆断面的槽连续地排列成水平或倾斜的，各个槽内有带叶片的桨，通过其旋转，固体按各槽顺序向前移动，溶剂和固体逆流接触，此浸取器的特点是可以通过改变桨的旋转速度和叶片数目来适应各种固体的浸取。

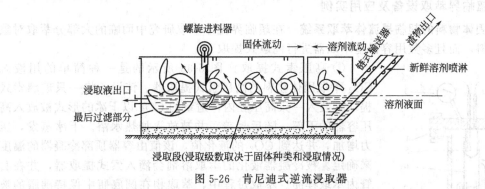

图 5-26　肯尼迪式逆流浸取器

e. 喷淋渗漉式浸取器　此类浸取器中液体溶剂均匀地喷淋到固体层表面，并过滤而下与固体相接触浸取其可溶物。

f. 波尔曼（Bollman）式连续浸取器　波尔曼式连续浸取器一般处理能力大，可以处理物料薄片。但是因在设备中只有部分采用逆流流动，并且有时发生沟流现象，因而效率比较低（图 5-27）。

g. 平转式连续浸取器　图 5-28 所示是一种平转式连续浸取器，其结构为在一圆形容器内有间隔 18 个扇形格的水平圆盘，每个扇形格的活底打开，物料卸到器底的出渣器上排出。在卸料处的邻近扇形格位置上部喷新鲜的浸取溶剂，由下部收集浸取液，并以与物料回转相反的方向用泵将浸取液打至相邻的扇形格内的物料上，如此反复逆流浸取，最后收集到浓度很高的浸取液。平转式浸取器结构简单，并且占地较小，适用于大量植物药材的浸取，

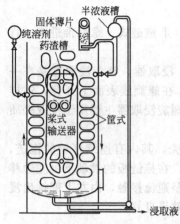

图 5-27　波尔曼式连续浸取器

在中药生产中得到广泛使用。

h. 履带式连续浸取器　固体原料装在螺旋式皮带输送机上一边输送一边在几个地方从上面喷淋溶剂，并用泵将溶剂逆流输送，进行浸取。

i. 鲁奇式连续浸取器　鲁奇式连续浸取器是由上下配置的两个特殊的钢丝造的皮带输送机和与此机等速移动的循环式无底框箱群所组成。此浸取器的特点是由于用框箱可以与溶剂充分接触，同时由上一段向下一段移动料层时，可以进行料层的转换，因此能进行均匀而高效的浸取。

② 混合式连续浸取器　所谓混合式就是在浸取器内有浸渍过程，也有喷淋过程。如图 5-29 所示是千代田式 L 形连续浸取器。此种浸取器的特点是浸取比较充分和均匀。

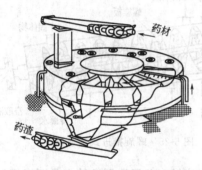

图 5-28　平转式连续浸取器

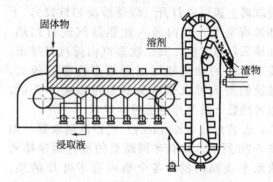

图 5-29　千代田式 L 形连续浸取器

5.2.5　超临界萃取设备及应用实例

(1) 固体物料的超临界流体萃取系统　在超临界流体萃取研究中面临的大部分萃取对象是固体物料，而且多数用容器型萃取器进行间歇式提取。

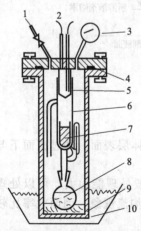

图 5-30　高压索式提取器
1—截止阀；2—冷却水；3—压力表；4—O 形环；5—冷凝器；6—玻璃索式提取器；7—样品；8—沸腾的液态 CO_2；9—传热盘；10—加热水溶

① 高压索式提取　图 5-30 所示的是一种简单的用液态 CO_2 萃取固体物料的高压索式提取器。该设备将一只玻璃索式提取器装入一只高压腔内，适量的 CO_2 以干冰的形式被放入高压容器的下部。随后封盖，并被放入加热水浴。干冰蒸发，压力增加，并达到 CO_2 的液化值，该值由容器顶部冷凝器的温度来确定。被冷凝器液化的萃取溶剂会滴入索式提取器，并在套管内萃取样品。萃取过程中，萃取物在圆底瓶中保持沸腾的液态 CO_2 中，逐渐被浓缩。萃取结束后，气体通过阀减压释放。打开高压容器，从圆底瓶中取出萃取物。该设备仅限于少量样品的液态 CO_2 萃取，被用于样品分析。除了 CO_2 之外，其他气体的使用，也仅仅限于在 10MPa 下、0~20℃ 温度范围内能液化的气体。在此情况下，设备也需要用液化的气体填装。

② 普通的间歇式萃取系统　普通的间歇式萃取系统是固体物料最常用的萃取系统。这种系统结构最简单，一般由 1 只萃取釜、1 只或 2 只分离釜组成，有时还有 1 只精馏柱。图 5-31 表示出了最基本的几种结构。

③ 半连续式萃取系统　半连续式萃取系统是指采用多个萃

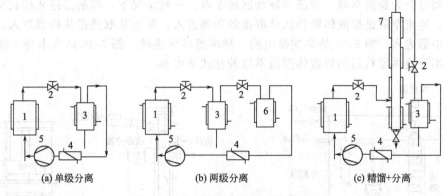

图 5-31　几种典型的间歇式萃取系统
1—萃取釜；2—减压阀；3，6—分离釜；4—换热器；5—压缩机；7—精馏柱

取釜串联的萃取系统。将萃取物体分解到几个高压釜中，从而批处理就变成为逆流萃取。流程如图 5-32 所示。四个萃取釜依次相连（实线）。当萃取釜 1 萃取完后，通过阀的开关将其脱离循环，其压力被释放，重新装料，再次进入循环，这样其又成为系列中最后一只萃取釜被气体穿过（虚线）。在该程序中，各阀必须同时操作。这可以依靠气动简单地完成操作控制。图 5-33 所示是另一种半连续萃取流程。该流程的特点是依靠从压缩机出来的压缩气体中过剩的热量，来加热从萃取釜出来携带有萃取物的 CO_2，使 CO_2 释放出萃取物，进入下一个循环。

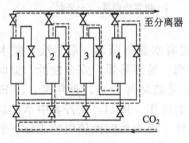

图 5-32　多釜逆流萃取流程

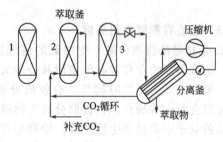

图 5-33　固体物料的半连续萃取工艺流程

④ 连续式萃取系统　目前已应用的固体连续进料装置基本上采用固体通过不同压力室的半连续加料以及螺旋挤出方式。这种气锁式或挤出式加料系统按固体在其中的性质可分为以下几类：a. 原料形状不发生变化的固体连续加料系统；b. 原料形状发生变化的固体连续加料系统（图 5-34 中的 2）；c. 悬浮液加料系统。

(2) 液体物料的超临界流体萃取系统　超临界流体萃取技术最多被用于固体原料的萃取，但大量的研究实践证明，超临界流体萃取技术在液体物料的萃取分离上更具优势，其原因主要是液体物料易实现连续操作，从而大大减小了操作难度、提高了萃取效率、降低了生产成本。

液体物料的超临界流体萃取系统从构成上讲大致相同。但对于连续进料而言，在溶剂和溶质的流向、操作参数、内部结构等方面有不同之处。

按照溶剂和溶质的流向不同，液体物料的超临界流

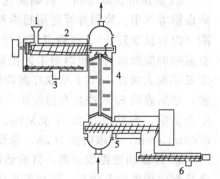

图 5-34　固体连续加料装置
1—油籽进口；2—螺旋挤出机；
3—挤出油出口；4—夹套式萃取器；
5—螺旋卸料器；6—油饼出口

体萃取流程可分为逆流萃取、顺流萃取和混流萃取。一般情况下，溶剂都是从柱式萃取釜的底部进料。逆流萃取是指液体物料从萃取釜的顶部进入，顺流萃取是指从底部进入，混流萃取是指从中部进入。图 5-35 是早期提出的一种逆流萃取系统。图 5-36 是吉卡特·帕特等发明的一种用于液体原料超临界流体逆流萃取的柱式萃取器。

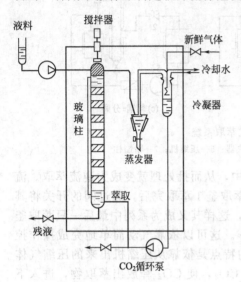

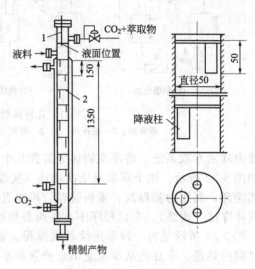

图 5-35　多级液-液逆流萃取流程　　　　图 5-36　装有多孔塔盘的液体原料萃取系统及塔盘结构
1—电容传感器；2—塔盘

（3）超临界萃取应用实例

① 生物碱的提取分离　生物碱的传统提取方式主要有水蒸气蒸馏、溶剂法、酸水提取法等，但这些方法存在着必须使用和处理大量的有机溶剂、易燃易爆、安全性低、提取过程繁琐、提取率低、提取时间长、有效成分损失较多且易受破坏等缺点。近年来，SFE 技术由于可以克服这些缺点，在提取分离生物碱中得到广泛的应用。例如，从苦参中萃提总生物碱；从苦豆子中萃提总生物碱等。中药中存在的生物碱除了极少数碱性较弱的成分以游离形式存在外，多以盐的形式存在，对于以盐形式存在的生物碱，可以通过碱化试剂的预处理，使结合的生物碱游离出来，增加其在超临界流体中的溶解度，提高萃取效率，同时也可以使用改性剂等方法增加萃取能力。

② 黄酮的提取分离　黄酮类化合物分布广泛，在大多数中药中都存在，具有降血压、降血脂等作用。廖周坤等应用超临界 CO_2 萃取技术从去除油脂后的沙棘果渣中提取出总黄酮（以异鼠李素计），并确定了最佳的工艺路线。实验结果表明，用超临界 CO_2 萃取所得的总黄酮的提取率为传统溶剂工艺提取率的 1.245 倍。梁晓原等以 85% 的乙醇为夹带剂利用 SFE 萃取方法在 40℃ 下萃取灯盏花中总黄酮成分，萃取时间 3h，并与水提醇沉法进行了比较，结果表明 SFE 法具有速度快、产率高的优点。范晓良等采用超临界 CO_2 萃取紫花地丁中总黄酮，当萃取压力为 35MPa，萃取温度为 54℃，乙醇浓度为 80%，夹带剂流速为 0.48mL/min，萃取时间为 2h，总黄酮萃取率为 5.89%。

③ 挥发油的提取分离　目前运用 SFE 提取挥发油比较多，所得的产品无论是产率还是质量都比传统的方法高。孟超等采用超临界 CO_2 提取了川归藿香颗粒中的挥发油成分。考察并优化了提取工艺参数，对比新、旧两种方法提取的川归藿香颗粒的药效情况，获得了最佳提取工艺参数为萃取压力为 25MPa，萃取温度为 50℃，萃取时间为 1.5h。在最佳工艺条件下提取的川归藿香颗粒的挥发油提取率为 38.3mg/g。

　　④ 醌类的提取分离　醌类及其衍生物的极性较大，因而在对其进行超临界流体萃取时常要加入改性剂并提高压力，才能达到较好的分离效果。童胜强等以大黄素为指标对虎杖中的有效成分进行超临界流体 CO_2 萃取，结果表明在最佳的实验条件下，大黄素的萃取率为0.36％。谢伟雪等采用 SFE 分离大黄蒽醌类成分，最佳萃取条件为：采用无水乙醇作为夹带剂，在 50℃、30MPa 下，静萃取 0.5h，动萃取 0.25h，可以获得大黄中游离蒽醌类1.12％的提取率。

　　⑤ 皂苷的提取分离　皂苷的极性较大，因而在超临界萃取过程中应使用改性剂，必要时需考虑梯度 SFE 法。陈钧等运用 SFE 技术萃取穿山龙水解物中的薯蓣皂苷元，与有机溶剂提取方法进行了比较，结果表明 SFE 法提取薯蓣皂苷元的产率及纯度均较高。杨军宣等采用 SFE 分离酸枣仁皂苷成分并考察了最佳提取工艺参数。结果表明，在萃取压力为35MPa，温度为 45℃，95％ 的乙醇作为夹带剂萃取 3.0h 可以获得最佳提取率。

5.3　过滤和离心过程及设备

　　制药过程（包括中药和西药），不论原料药、成药及辅料都离不开液相与固相的分离，如从中西药原料发酵液中提取有效成分；晶体与溶液的分离；以动植物为药源的中药浸取液与药源固体的分离；药液进一步提纯的精密分离（包括精密过滤与高速离心分离）以至微滤及要求更高的膜滤；注射液的制备、营养液、雾化液、口服液、注射用水的制备；抗生素的处理以及生物制品的分离、提纯、浓缩、脱盐等。此外大部分合成药、中草药及制剂辅料生产中采用助滤剂（如活性炭）的药液与助滤剂的分离，药液的除菌等。然而制药生产中液固分离技术还有些是起点不高，有些液固分离前后的工艺配套技术不尽合理，这些问题在中药生产过程中尤为突出[12]。

5.3.1　过滤

　　(1) 概念　过滤是固液混合物在推动力的作用下通过多孔介质的操作过程。过滤的推动力可以是重力、压力、真空或离心力。过滤操作有两类：滤饼过滤和深层过滤。

　　(2) 原理　如图 5-37 所示，在压力差的作用下，悬浮液中的液体（或气体）透过可渗性介质（过滤介质），固体颗粒为介质所截留，从而实现液体和固体的分离。实现过滤具备的两个条件：①具有实现分离过程所必需的设备；②过滤介质两侧要保持一定的压力差（推动力）。

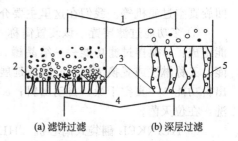

图 5-37　过滤原理
1—料浆；2—滤饼；3—过滤介质；
4—滤液；5—截留粒子

　　滤饼过滤是固体粒子在过滤介质表层积累，很短时间内发生架桥现象，此时沉积的滤饼亦起过滤介质的作用，过滤在介质的表面进行，所以也称为表面过滤，图 5-37（a）为滤饼过滤原理示意图。深层过滤是固体粒子在过滤介质的孔隙内被截留，固液分离过程发生在整个过滤介质的内部，如图 5-37（b）所示。实际过滤中以上两类过滤机理可能同时或先后发生。

　　(3) 过滤介质　允许非均相物系中的液体或气体通过而固体被截留的可渗透性的材料通称为过滤介质。它是过滤设备的关键组成部分，无论何种过滤设备，都必须选配与其相适应的过滤介质，否则，结构先进的过滤设备液无法发挥其应有的作用。

　　① 按过滤原理分类　按过滤原理，过滤介质分为表面过滤介质和深层过滤介质。对于

前者，固体颗粒是在过滤介质表面被捕捉的，如滤布、滤网等，其用途多数是回收有价值的固相产品；对于后者，固体颗粒被捕捉于过滤介质中，如砂滤层、多孔塑料等，主要用途是回收有价值的液相产品。

② 按材质分类　按过滤介质的材质分为天然纤维（如棉、麻、丝等）、合成纤维（如涤纶、锦纶、丙纶等）、金属、玻璃、塑料及陶瓷过滤介质等。

③ 按结构分类　按结构分为柔性、刚性及松散性过滤介质，如图 5-38 所示。

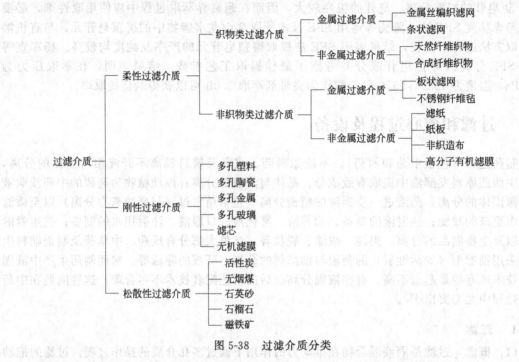

图 5-38　过滤介质分类

（4）过滤设备及应用实例　过滤设备多种多样，有传统的板框式压滤机、板式过滤机、回旋真空过滤机等。我们在这里主要介绍几种专门用于制药工业的新型过滤设备。

① 多功能过滤装置　该装置简称"三合一"过滤器，其机构如图 5-39 所示。由五大功能组成：a. 搅拌过滤功能——结晶罐，物料固液混合进行晶体与母液分离；b. 滤饼清洗功能，又称淋洗或置换清洗；c. 脱液延展功能——压榨晶体滤饼使其脱液，固液分离；d. 干燥出料功能——真空干燥，自动出料；e. CIP 和 SIP 功能——在容器内和卸料阀中进行在位清洗，在位灭菌。

② HEINKEL 翻袋式离心机　HEINKEL 翻袋式离心机从结构上可以分成加工区域和驱动区域两部分。其中，加工区域（又称物料接触区域）可分为固体出料仓和过滤仓两部分。

在整体结构的设计上（图 5-40），HEINKEL 翻袋式离心机采用杠杆原理，翻袋式离心机固定于重心点，离心机可以沿重心点有一定幅度的摆动，因此在离心鼓内的重量变化和离心机尾部的位移成正比。在翻袋式离心机尾部安装有压力传感仪，可以将位移转变为电信号，通过可编程控制器进行信号处理，如实反映离心鼓内的重量变化。这种设计使 HEINKEL 翻袋式离心机成为世界上唯一能够直接显示离心鼓内物料重量的离心机，这就是 HEINKEL 翻袋式离心机的填料控制。

HEINKEL 翻袋式离心机的过滤工作原理为间歇过滤，整个过滤周期（图 5-41）可以分为以下几个步骤：

a. 填料：物料通过水平的填料管被填入旋转离心鼓，填料的同时母液被甩离离心鼓并形

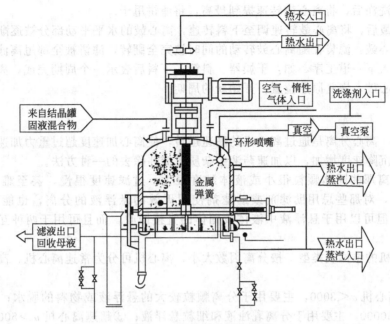

图 5-39　设备结构图及流程

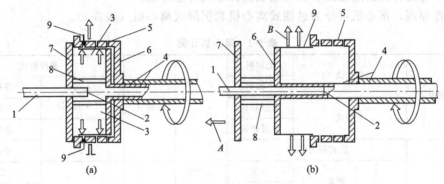

图 5-40　滤布外翻过程

1—固定输入管；2—出口；3—转鼓内腔；4—转动轴；5—壳体；
6—转鼓盖内盘；7—转鼓盖外盘；8—连杆；9—滤布

成滤饼，通过填料控制可以进行多次填料以达到最佳滤饼厚度，填料过程可以在低速条件下进行，以保证最初滤饼形成，且减少漏料。

　　b.初步甩干：一般在填料后需要将母液尽快甩离离心鼓，离心鼓的转速自动调节至由操作人员设置的速度（较高速度），这也是初步甩干步骤。

　　c.洗涤：当母液被甩离滤饼后，滤饼通常需要用一种或者多种洗涤液进行洗涤，洗涤液也是通过填料管被送入离心鼓，被支撑杆打散，在滤饼上形成均匀液膜，在离心力的作用下，洗涤液

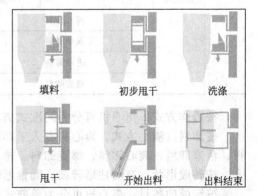

图 5-41　HEINKEL 翻袋式离心机工艺周期

通过滤饼被排出离心鼓，达到洗涤效果（在洗涤过程中要降低离心机转速，以增加洗涤液与滤饼接触时间）。

d. 甩干：洗涤后，将离心鼓转速提到最高，将滤饼甩干。

e. 下料：最后，将离心鼓转速调至下料转速，离心鼓的水平平动部分被逐渐推出，滤饼被自动卸出离心鼓，滤袋在随离心鼓转动的同时被完全翻转，滤饼被全部甩离滤袋，固体由于自身重量滑入下一道工序，如：干燥器、料筒。下料后表示一个周期完成，离心鼓的平动部分被推回离心鼓，恢复原始位置，开始新的周期。

5.3.2　离心

(1) 概念　离心分离是通过离心机的高速运转，使离心加速度超过重力加速度成千上百倍，而使杂质沉降速度增加，以加速药液中杂质沉淀并除去的一种方法。

离心对分离那些固体颗粒很小或液体黏度很大，过滤速度很慢，甚至难以过滤的悬浮液十分有效，对那些忌用助滤剂或助滤剂使用无效的悬浮液的分离，也能得到满意的结果。离心不但可以用于悬浮液中液体或固体的直接回收，而且可用于两种互不相溶液体的分离[13]。

(2) 离心机的结构及类型　按分离因数大小，离心机可分为常速离心机、高速离心机和超速离心机[14]。

① 常速离心机 $\alpha < 3000$，主要用于分离颗粒较大的悬浮液或物料的脱水；② 高速离心机 $3000 < \alpha < 50000$，主要用于分离乳浊液和细粒悬浮液；③ 超速离心机 $\alpha > 50000$，主要用于分离极不容易分离的超微细粒悬浮液和高分子胶体悬浮液。

按操作原理，离心机可分为过滤式离心机和沉降式离心机（表 5-2）。

表 5-2　离心机分类

过滤式					沉降式		
间隙式	三足式		上卸料		间隙式	撇液管式	
			下卸料			多鼓（径向排列）	并联式
	上悬式		重力卸料				串联式
			机械卸料			管式	澄清型
连续式	卧式刮刀卸料						分离型
	卧式	单鼓	单级		连续式	碟式	人工排渣
			多级				活塞排渣
		多鼓（轴向排列）	单级				喷嘴排渣
			多级			螺旋卸料	圆柱形
	离心卸料						柱-锥形
	振动卸料						圆锥形
	进动卸料				螺旋卸料沉降-过滤组合式		
	螺旋卸料						

按操作方式，离心机可分为间歇式离心机和连续式离心机。

按卸料（渣）方式，离心机有人工卸料和自动卸料两类。自动卸料形式多样，有刮刀卸料、活塞卸料、离心卸料、螺旋卸料、排料管卸料、喷嘴卸料等[15]。

按转鼓形状，有圆柱形转鼓、圆锥形转鼓和柱-锥形转鼓。

按转鼓的数目，离心机可分为单鼓式和多鼓式离心机两类[16]。

(1) 间隙式过滤离心机

① 三足式离心机　结构如图 5-42 所示。优点有结构简单、操作平稳、占地面积小、滤渣颗粒不易磨损，适用于过滤周期长，处理量不大，且滤渣含水量要求较低的生产过程。它

对于粒状的、结晶状的、纤维状的颗粒物料脱水效果好。特别值得指出的是，它可通过控制分离时间来达到产品湿度的要求，比较适用于小批量多品种物料的分离。

缺点：上部出料，间隙操作，劳动强度大，除非有自动卸料装置；滤饼上下不均匀，上细下粗，上薄下厚，纯度不均匀；下部传动，维护不便，且可能有液体漏入传动系统而发生腐蚀。

② 上悬式离心机　如图 5-43 所示，为了避免三足式下部传动上部卸料所带来的问题，上悬式离心机采用上部传动下部卸料的结构，可用于过滤和沉降分离。缺点有主轴较长，易磨损，有振动。

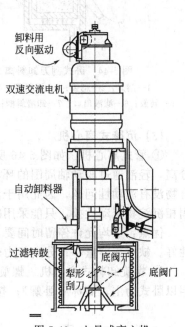

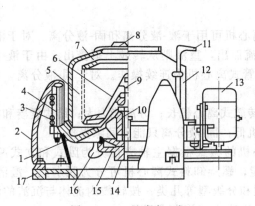

图 5-42　三足式离心机

1—底盘；2—支柱；3—缓冲弹簧；4—摆杆；5—转鼓体；
6—转鼓底；7—拦液板；8—机盖；9—主轴；10—轴承座；
11—制动器把手；12—外壳；13—电动机；14—三角带轮；
15—制动轮；16—滤液出口；17—机座

图 5-43　上悬式离心机

(2) 连续式过滤离心机

① 卧式刮刀卸料离心机　如图 5-44 所示。卧式刮刀卸料离心机为间隙操作，但进料、洗涤、脱水、卸料、洗网可实现人工或自动操作。优点：产量高，可自动操作，适于中细粒度悬浮的脱水及大规模生产，如淀粉乳脱水。缺点：刮刀寿命短；设备振动严重；晶体破损率大（主要由刮刀卸料造成）；转鼓可能漏液到轴承箱[17]。

② 虹吸式刮刀卸料离心机　德国于 1973 年率先研制成功了虹吸式刮刀卸料离心机，将虹吸原理用于刮刀卸料离心机，以改善过程与滤饼构成，增加过滤推动力，提高分离效果。

图 5-45 为虹吸卧式刮刀卸料离心机的工作原理示意图。虹吸卧式刮刀卸料离心机适用于固相含量较低的悬浮液分离。无论在低温或高温下都能稳定工作，尤其适用于大负荷生产和需要对滤饼做充分洗涤的场合，效果比较理想。总的说来，这种设备的主要优点如下：利用虹吸作用增加过滤推动力，使离心机的生产能力提高 $1.5 \sim 2.0$ 倍；液层 H_0 能自由调节，从而可方便调节过滤速度；洗涤时可延长洗涤液与滤饼的接触时间，提高洗涤效果，节省洗涤液用量；滤饼卸出后，可在虹吸室内加入滤液或洗涤液，从滤网外围向转鼓里边进行逆向冲洗，有效地恢复滤网的过滤性能[18]。

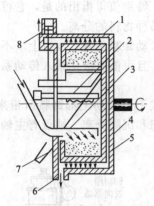

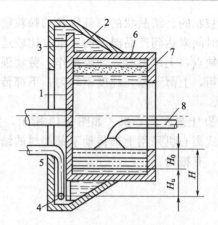

图 5-44　卧式刮刀卸料离心机
1—刮刀；2—耙齿；3—进料管；4—机壳；
5—转鼓；6—滤液出口；7—卸渣斜槽；8—油压装置

图 5-45　虹吸卧式刮刀卸料离心机
1—转鼓；2—辅助转鼓；3—隔板；4—虹吸室；
5—虹吸管；6—筛网；7—拦液板；8—加料管

(3) 沉降式离心机

① 管式离心机　如图 5-46 所示。管式离心机可用于液-液分离和固-液分离。对于液-液分离，轻液通过驱动轴周围的环状挡板环溢流而出，重液则从转鼓上端排出。由于液-液混合物没有流动性问题，因此用于液-液分离的管式离心机为连续操作。对于固-液分离，由于固相沉淀物流动性差，只能采用间隙式操作。

优点：平均允许停留时间要比同体积的转鼓式离心机长；分离能力大；结构紧凑和密封性好。缺点：容量小；分离能力较碟式离心机低；固-液分离只能为间隙操作。

② 螺旋卸料式离心机　螺旋卸料式离心机的型式根据主轴方位分为卧式和立式两类，但以卧式为主，简称"卧螺"；按用途或功能，螺旋卸料式离心机可分为脱水型、澄清型、三相分离型和分级型等几类；按转鼓内流体与沉渣的流动方向可分为逆流式和并流式两种。

③ 多鼓式沉降离心机　如前所述，多鼓式沉降离心机（图 5-47 为三转鼓沉降离心机）转鼓的排列为径向排列。这样，不但使空间利用率高，而且可以提高离心机的性能。径向排列多鼓式离心机由多个不同直径的转鼓同轴安装，形成多个分离室（故也称多室式离心机），使颗粒的最大沉降距离从单转鼓的整个液层厚度减为鼓与鼓之间的径向间隙，大大减小了颗粒沉降的距离，从而可显著提高离心机的性能。缺点是结构较为复杂。根据离心机内物料的流动形式，径向排列多鼓式沉降离心机有两种类型：一种为并联式，每个分离室独立进、出料；另一种为串联式，物料首先加到内分离室，然后逐级向外流动、分离。

(4) 生物体分离离心机　生物体因其具有特殊的细胞结构、生物活性、热敏性、剪切力敏感性等要求，在分离过程中有别于其他化工产品的分离。在生物制药领域中，世界各国均有严格的 GMP 生产管理规范，要求在生产过程中实现无菌、低温、密闭等特殊要求。如从培养液中分离收集病毒、细菌、酵母菌、动物细胞连续灌注培养中的细胞回收、血清分离、去除蛋白质溶液中的蛋白吸附剂等

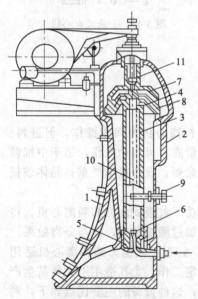

图 5-46　管式离心机
1—机座；2—外壳；3—转鼓；
4—上盖；5—底盘；6—进料分布盘；
7—轻液收集器；8—重液收集器；
9—制动器；10—桨叶；11—锁紧螺母

场合都用到生物体分离离心机。在这里，要求离心机不仅能实现液-固分离，而且要考虑生物的活性，必须使被处理物保持在低温（4℃左右）下，又不能让生物体与外界接触，以防止污染和毒素的侵害。所以生物体分离用离心机的最高目标是：离心分离系统具有在位清洗系统、在位消毒系统、程序控制系统，这些要完美结合[19]。

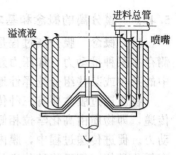

图 5-47　三转鼓沉降离心机

用于生物体分离的离心机一般有批式流离心机和连续流离心机两类。

① 批式流离心机　批式流离心机，最典型的是台式离心机，常用于分子生物学实验等实验室研究规模[20]。其次是大容量落地式离心机，用于细胞、菌体、血清等实验室及中试规模的分离，一般为低速（＜6000r/min）大容量（10L/批以上）。

离心机的温度控制是要保证样品在4℃左右进行离心，以保持其生物活性。恒温系统一般有两个作用：一是控制轴承的温度，使轴承不致过热；二是冷却离心腔，以控制转头的温度。超速离心机还增加了真空系统，其目的是减少转头在高速旋转时因空气与转头之间发生摩擦而产生的阻力和热量，同时也可减少红外线探测转头温度时空气的干扰。

② 用于动物细胞大规模灌注培养的细胞回收及分离系统 CENTRITECH 通过轻柔离心作用（离心分离因数小于 200g），采用一次性离心分离袋，将分离袋（如图 5-48 所示）安装在台式离心机的转子内壁与固定环之间的狭缝内。分离开始后分离袋转动，液体从内袋底部进入分离袋。在离心作用下活细胞较死细胞更快地向外壁移动，再滑向内袋顶部并回收到反应器，死细胞与分离液从底部另一出口排出。该系统已用于单克隆抗体、疫苗、重组蛋白等生产，若与生物反应器配套使用会取得良好的效果[21]。

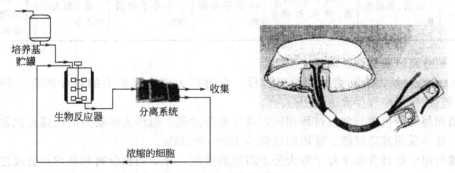

图 5-48　细胞回收及分离系统

5.4　膜分离过程及设备

膜分离（membrane separation）利用具有一定选择性透过特定的过滤介质进行物质的分离纯化，是人类最早应用的分离技术之一，如酒的过滤，中草药的提取等[22]。近代工业膜分离技术的应用始于 20 世纪 30 年代，利用半透性纤维素膜分离回收苛性碱。20 世纪 60年代以后，不对称性膜制造技术取得长足的进步，各种膜分离技术迅速发展，在包括药物在内的分离过程中得到越来越广泛的应用。膜在分离过程中可发挥如下功能：①物质的识别与透过；②相界面；③反应场。由于膜分离过程一般没有相变，既节约能耗，又适用于热敏性物料的处理，因而已经成为制药工业最重要的分离技术之一。

5.4.1 膜分离的概念和基本理论

(1) 概念 膜分离过程是用天然的或合成的、具有选择透性的薄膜为分离介质,当膜两侧存在某种推动力(如压力差、浓度差、电位差、温度差等)时,原料侧液体或气体混合物中的某种或某些组分选择性地透过膜,从而达到分离、分级、提纯或富集的目的[23]。

物质透过膜主要有三种传递方式,即被动传递、促进传递和主动传递。最常见的是被动传递,即物质由高化学位相侧向低化学位相侧传递,这一化学位差就是膜分离传递过程的推动力。促进传递过程中,膜内有载体,在高化学位一侧,载体同被传递的物质发生反应,而在低化学位一侧又将被传递的化学物质释放,这种传递过程有很高的选择性[24]。

常见膜分离过程的特点见表 5-3。

表 5-3 常见膜分离过程的特点

膜分离过程\特点	微滤	超滤	纳滤	反渗透	电渗析	透析
膜的类型	对称微孔膜	不对称微孔膜	不对称微孔膜	复合膜	离子交换膜	对称微孔膜
推动力	压力差	压力差	压力差	压力差	电位差	浓度差
截留粒径	$0.02{\sim}10\mu m$	$0.001{\sim}0.01\mu m$	2nm	$0.1{\sim}1nm$		
分离机理	筛分	筛分	筛分	溶液扩散	电子迁移	筛分
膜材料	纤维素类、聚酰胺、聚砜、玻璃、陶瓷等	纤维素类、聚酰胺、聚砜等	纤维素类、聚酰胺、聚砜、芳香聚酰胺复合材料等	醋酸纤维素、聚苯砜酰胺、芳香聚酰胺复合材料等	聚乙烯、聚砜、磷酸锆等	纤维素类、聚丙烯、甲基丙烯酸甲酯等
应用对象	澄清、细胞收集等	大分子物质分离、纯化和浓缩等	小分子物质分离	小分子物质浓缩	离子和大分子分离等	小分子有机物和离子分离等

(2) 膜分离过程类型及原理

① **以静压力差为推动力的膜分离过程** 以静压力差为推动力的膜分离有三种:微滤(MF)、超滤(UF)和反渗透(RO)。

微滤和超滤的机理与常规过程相同,属于筛分过程,但作为推动力的压强差比常规过滤大,且一般不采用真空过滤。常用的压强为 $100{\sim}500kPa$。

微滤可用于处理含细小粒子和大分子溶质的溶液,介于均相分离和非均相分离之间。微滤特别适用于微生物、细胞碎片、微细沉淀物和其他在微米级范围的粒子,如 DNA 和病毒等的截留和浓缩。超滤分离的是大分子溶质和溶液,属于均相分离过程。适用于分离、纯化和浓缩一些大分子物质,如在溶液中和亲和聚合物相连的蛋白质、多糖、抗生素以及热原质,也可以用来回收细胞和处理胶体悬浮液。

溶剂溶盐类、糖类等浓溶液中透过膜(如图 5-49 所示),因此渗透压加高,必须提高操作压力,打破溶剂的化学平衡,才能使反渗透过程进行,因此反渗透过程中压力差在 $2{\sim}10MPa$。制药工业中反渗透过程已应用于超纯水制备,从发酵液中分离溶剂以及浓缩抗生素、氨基酸等。

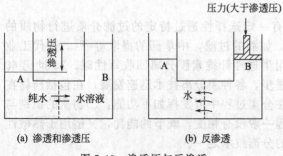

图 5-49 渗透压与反渗透

②　以蒸气分压差为推动力的膜分离过程　　以蒸气分压差为推动力的膜分离过程有两种：膜蒸馏和渗透蒸发。

膜蒸馏（MD）是在不同温度下分离两种水溶液的膜过程，已经用于高纯水的生产，溶液脱水浓缩和挥发性有机溶剂的分离，如丙酮和乙醇等。膜蒸馏中使用的膜应是疏水性微孔膜，气相透过微孔膜而液相因膜的疏水特性被阻止通过。两个温度在溶液-膜界面上形成两个不同的蒸气分压，在这种情况下，水和挥发性有机溶剂蒸气在较高的溶剂蒸气压下，从温度高的流体一侧流向膜的冷侧并凝结成一个馏分，这个过程是在大气压和比溶剂沸点低的温度下进行的。

渗透蒸发是以蒸气压差为推动力的过程，但是在过程中使用的是致密（无孔）的聚合物膜。在膜的低蒸气压一侧，已扩散过来的组分通过蒸发和抽真空的办法或加入一种恰当的惰性气体流，从表面去除，用冷凝的办法回收透过物。当液体混合物的各组分在膜中的扩散系数不相同时，该混合物就可以分离。

渗透萃取（perstraction）是从渗透蒸发发展起来的另一个过程。在这个过程中，对于透过物的移去不是使用真空而是使用清洗，然后用传统的重蒸馏法来分离清洗液体和透过物的混合物，清洗液体重新回到渗透器中。合适的清洗液体，应该能与透过物完全混溶，其通过膜的渗透率可以忽略不计，并且易与透过物分离。如果透过物不是昂贵的产品，一般也不采用渗透萃取。

③　以浓度差为推动力的膜分离过程　　渗析是一种重要的、以浓度差为推动力的膜分离过程，它最主要的应用是血液（人工肾）的解毒，也用在实验室规模的酶的纯化上，使用的是微孔膜，如胶膜管。酶的传统纯化办法是使用渗析袋，从样品中除去无用的小分子量的溶质和置换存在于渗透液中的缓冲液，由于在样品中盐和有机溶剂的浓度高，渗透压的结果导致水向渗透袋内迁移，体积增加，所以在除去多余的小分子量的溶质的同时，引进了新的缓冲溶液（或许是水）。可以制作不同尺寸的渗析管，阻止分子量 15000～20000 以上的分子通过，让所有的小分子量分子扩散通过管子，最后两侧的缓冲溶液组成相等。渗析法虽然速度相对比较慢，但是方法和设备都比较简单，现在普遍使用的是渗析管。

④　以电位差为推动力的膜分离过程　　电渗析是指在直流电场作用下，电解质溶液中的离子选择性通过离子交换膜，从而得到分离的过程。它是一种特殊的膜分离操作，所使用的膜只允许一种电荷的离子通过而将另一种电荷的离子截留，称为离子交换膜。由于电荷有正负两种，离子交换膜也有正负两种。电渗析即是阴、阳离子交换膜交替排列于正负电极之间，并用特制的隔板将其隔开，组成除盐（淡化）和浓缩两个系统，在直流电场作用下，以电位差为推动力，利用离子交换膜的选择透过性，把电解质从溶液中分离出来，从而实现溶液的浓缩、淡化、精制和提纯。

离子交换膜电渗析已在血浆处理、免疫球蛋白和其他蛋白质、氨基酸的分离上得到应用。赵婧等进行了电渗析脱盐分离发酵液中氨基酸的研究。周静等采用高性能离子交换膜，应用电渗析脱盐法，分离提纯 N-乙酰-L-半胱氨酸，取得了较为满意的效果。根据双极性膜电渗析系统的特点，即双极性膜的阳膜析出 H^+，阴膜析出 OH^-，可以把双极性膜电渗析技术应用于大豆蛋白质的分离，其有很多优点：整个生产过程不需要添加酸和碱，资源可以循环利用，耗水少，分离出的蛋白质中盐含量明显减少。

5.4.2　常用膜组件

将膜、固定膜的支撑材料、间隔物或管式外壳等组装成的一个单元称为膜组件。膜组件的结构及型式取决于膜的形状，工业上应用的膜组件主要有中空纤维式、管式、螺旋卷式、板框式四种型式（图 5-50）。管式和中空纤维式组件也可以分为内压式和外压式两种。

(1) 板框式（plate-and-frame）**膜组件**

① 结构　板框式是最早使用的一种膜组件，其设计类似于常规的板框过滤装置，膜被放置在可垫有滤纸的多孔支撑板上，两块多孔的支撑板叠压在一起形成的料液流道空间组成一个膜单元，单元与单元之间可并联或串联连接。不同的板框式设计的主要差别在于料液流道的结构。板框式装置的结构及其流道示意如图 5-50（a）所示，料液在进料侧空间的膜表面上流动，通过膜的渗透液经板间隙孔中流出[25]。

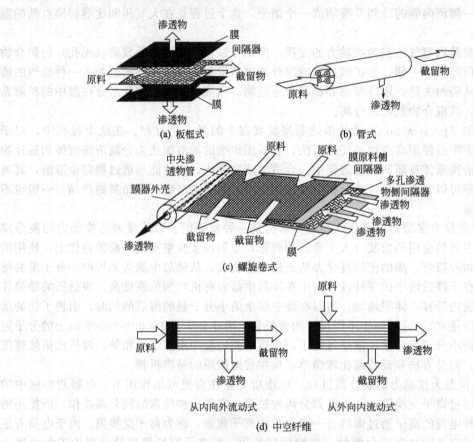

图 5-50　膜组件的四种形式示意图

② 特点　板框式膜组件的优点是：原液流道截面积较大，压力损失较小，原液的流速可以高达 1~5m/s。因此即使原液中含有一些杂质异物也不易堵塞流道，对处理对象的适应面较广，并且对预处理的要求较低。将原液流道隔板设计成各种形状的凹凸波纹可以使流体易于实现湍流。

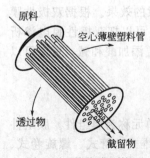

图 5-51　管式膜组件

存在问题是：板框式膜组件对膜的机械强度要求比较高。由于膜的面积可以大到 0.4m²，如果没有足够的强度就很难安装、更换。此外，液体湍流时造成的波动，也要求膜有足够的强度才能耐机械振动。还有，密封边界线长也是这种型式的主要缺点之一。因此，装置越大，对各零部件的加工精度要求也就越高，尽管组装结构简单，但相应增加了成本。

(2) 管式（tubular）**膜组件**　管式膜组件有外压式和内压式两种，如图 5-50（b）和图 5-51 所示。对内压式膜组件，膜被直接浇铸在多孔不锈钢管内或用玻璃纤维增强的塑料管内。加压的料液流从管内流过，透过膜的渗透溶液在管外侧被收集。对外压式膜组件，膜则被浇铸在多孔支撑管外侧面。加压的料液流从管外侧流过，渗透溶液则由管外侧渗透通过膜进入多孔支撑管内。无论是内压式还是外压式，都可以根据需要设计成串联或并联装置[26]。

(3) 螺旋卷式（spiral wound）**膜组件**　目前，螺旋卷式膜组件被广泛地应用于多种膜分离过程[27]，图 5-50（c）和图 5-52 为螺旋卷式膜组件的基本构型及料液与渗透液在膜组件内的流向。膜、料液通道网以及多孔的膜支撑体等通过适当的方式被组合在一起，然后将其装入能承受压力的外壳中制成膜组件。通过改变料液和过滤液流动通道的形式，这类膜组件的内部结构也可被设计成多种不同型式。

(4) 中空纤维（hollow fiber）**膜组件**

① 结构　中空纤维膜组件的最大特点是单位装填膜面积比所有其他组件大，最高可达到 30000 m^2/m^3。中空纤维膜组件也分为外压式和内压式。将大量的中空纤维安装在一个管状容器内，中空纤维的一端以环氧树脂与管外壳壁固封制成膜组件，如图 5-50（d）和图 5-53 所示。料液从中空纤维组件的一端流入，沿纤维外侧平行于纤维束流动，透过液则经中空纤维壁渗透进内腔，然后从纤维在环氧树脂的固封头的开端引出，原液则从膜组件的另一端流出。

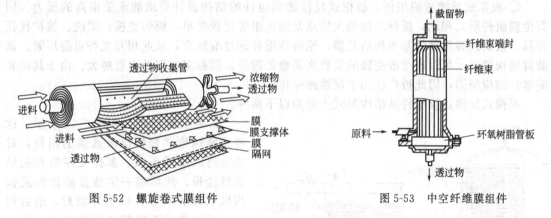

图 5-52　螺旋卷式膜组件　　　　　　　　图 5-53　中空纤维膜组件

② 特点　中空纤维膜设备的特点是：具有在高压下不产生形变的强度，纤维直径较细，一般外径为 50～100 μm，内径为 15～45 μm。

四种膜组件的性能比较、各种膜组件的传质特性和综合性能的比较分别见表 5-4 和表 5-5。

表 5-4　四种膜组件的传质特性比较

比 较 项 目	螺 旋 卷 式	中 空 纤 维	管 式	板 框 式
填充密度/(m^2/m^3)	200～800	500～30000	30～328	30～500
料液流速/(m/s)	0.25～0.5	0.05	1～5	0.25～0.5
料液侧压降/MPa	0.3～0.6	0.01～0.03	0.2～0.3	0.3～0.6
抗污染	中等	差	非常好	好
易清洗	较好	差	优	好
更换方式	组件	组件	膜或组件	膜
组件结构	复杂	复杂	简单	非常复杂
膜更换成本	较高	较高	中	低
对水质要求	较高	高	低	低
料液预处理	需要	需要	不需要	需要
相对价格	低	低	高	高

表 5-5 各种膜组件的综合性能比较

型式	优点	缺点
管式	易清洗,无死角,适宜于处理含固体较多的料液,单根管子可以调换	保留体积大,单位体积中所含过滤面积较小,压力降大
中空纤维	保留体积小,单位体积中所含过滤面积大,可以逆洗,操作压力较低(小于 0.25MPa),动力消耗低	料液需要预处理,单根纤维损坏时,需调换整个模件,不够成熟
螺旋卷式	单位体积中所含过滤面积大,换新膜容易,设备投资低,操作费用也低	料液需要预处理,压力降大,易污染,清洗困难,液流不易控制
板框式	保留体积小,能源消耗介于管式和螺旋卷绕式之间,流体稳定,比较成熟	投资费用大,固体含量较高时,会堵塞进料液通道,拆卸费时

板式和管式多用于小批量的浓缩生产,卷式和中空纤维组件由于填充密度高、易规模化生产、造价低,可大规模应用。

5.4.3 膜设备及应用实例

(1) 反渗透膜设备

① 板框式反渗透膜组件 板框式反渗透膜组件的结构设计要求能承受很高的压力。同其他膜组件形式相比,板框式的最大特点是制造组装比较简单,膜的更换、清洗、维护比较容易。板框式膜组件的基本构造是膜,原液流道和透过液流道,彼此相互交替重叠压紧。该装置结构紧凑,可以通过改变膜的层数来调整处理量,膜越多,则处理量越大。由于其组装简单、结构坚固,因此被广泛用于反渗透操作中。

板框式反渗透膜组件从结构形式上分为以下两种。

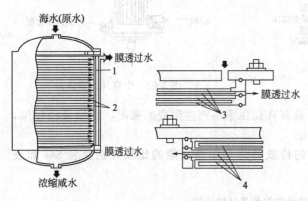

图 5-54 系紧螺栓式板框反渗透膜组件
1—系紧螺栓;2—O形环;3—膜;4—多孔板

a. 系紧螺栓式 如图 5-54 所示,这种系紧螺栓式板框反渗透膜的组件,首先是将圆形承压板、多孔支撑板和膜结成脱盐板,然后将一定数量的这种脱盐板堆积起来,并用 O 形环密封,最后用上、下头盖以系紧螺栓固定组成。原水由上头盖的进口流经脱盐板的分配孔在膜面上曲折流动,再从下头盖的出口流出。淡水透过膜,经多孔支撑板后,于承压板的侧面管口引出。

b. 耐压容器式 该组件是将多层脱盐板堆积组装后,放入耐压容器中形成的。原水从容器的一端进入,浓水由容器的另一端排出。耐压容器内的大量脱盐板是根据设计要求进行串、并联的,其板数从进口到出口依次递减,目的是保持原水流速变化不大并减轻浓差极化现象。

② 管式反渗透膜组件 管式反渗透膜组件有内压式、外压式、单管和管束式等几种。图 5-55 (a) 为内压单管式膜组件。管状膜里有尼龙布、滤纸一类的支撑材料,并装到多孔的不锈钢管或者用玻璃纤维增强的塑料承压管内,膜管的末端制成喇叭形,然后以橡胶垫圈密封。在压力作用下,料液从管内流过,透过膜所得产品收集在管子外侧。为进一步提高膜的装填密度,也可采用同心套管组装方式。图 5-55 (b) 所示为管束状膜组件。图 5-56 所示为外压单管式膜组件。它的结构与内压管式的相反,它是将膜装在耐压多孔管外,或将铸膜液涂刮在耐压微孔塑料管外,水从管外透过膜进入管内。外压单管式膜组件由于需要耐高压

的外壳，且进水流动状况差，一般很少使用。

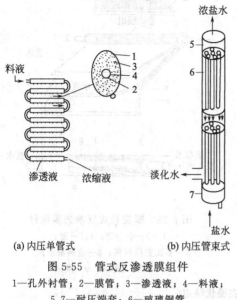

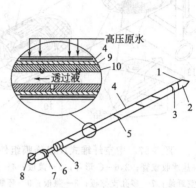

图 5-55　管式反渗透膜组件
1—孔外衬管；2—膜管；3—渗透液；4—料液；
5,7—耐压端套；6—玻璃钢管

图 5-56　外压单管式膜组件
1—装配翼；2—插座接口；3—带式密封；4—膜；
5—密封；6—透过液管接口；7—O 形环；8—透
过水出口；9—渗透用布或滤纸；10—开孔支撑管

管式反渗透膜组件的优点是：流动状态好，流速易控制。另外，安装、拆卸、换膜和维修均较方便，能够处理含有悬浮固体的溶液，机械清除杂质也较容易，而且合适的流动状态还可以防止浓差极化和污染。

管式反渗透膜组件的不足之处是：与平板膜相比，管膜的制备比较难控制。如果采用普通的管径（1.27cm），则单位体积内有效膜面积小。此外，管口的密封也比较困难。

③ 中空纤维式反渗透膜组件　图 5-57 为中空纤维式反渗透膜组件的结构。中空纤维式反渗透膜组件的主要优点是：单位体积内有效膜面积大，故可采用透水率较低而稳定性好的尼龙中空纤维。该膜不需要支撑材料，寿命可达 5 年，这是一种效率高、成本低、体积小和重量轻的反渗透装置。中空纤维式反渗透膜组件的主要缺点是：中空纤维膜的制作技术复杂，管板制作也较困难，同时不能处理含悬浮固体的原水。

④ 螺旋卷式反渗透膜组件　螺旋卷式反渗透膜组件是由美国 Gulf General Atomics（GGA）公司于 1964 年开发研制成功的。这种膜的结构是双层的，中间为多孔支撑材料，两边是膜，其中三边被密封成膜袋状，另一个开放边与一根多孔中心产品收集管密封连接，在膜袋外部的原水侧再垫一网眼型间隔材料，也就是把膜-多孔支撑体-膜-原水侧间隔材料依次叠合，绕中心产品收集管紧密地卷起来形成一个膜卷，再装入圆柱形压力容器里，就成为一个螺旋卷组件，如图 5-58 所示。在实际应用中，把几个膜组件的中心管密封串联起来构成一个组件，再安装到压力容器中，组成一个单元，供给水（原水）及浓缩液沿着与中心管平行的方向在网眼间隔层中流动，浓缩后由压力容器另一端引出。产品则沿着螺旋方向在两层膜间的膜袋内的多孔支撑材料中流动，最后流入中心产品收集管而被导出。

⑤ 毛细管型膜组件　毛细管型膜组件由许多直径为 0.5～1.5mm 的毛细管组成。料液从每根毛细管的中纺丝处制得，无支撑。

⑥ 槽式膜组件　反渗透膜组件为由聚丙烯或其他塑料挤压而成的槽条，直径为 3mm 左右，上有 3～4 条槽沟，槽条表面编织上涤纶长丝或其他材料，再涂刮上铸膜液，形成膜层，并将槽条的一端密封，然后将几十根到几百根槽条组装成一束，装入耐压管中，形成一个槽式反渗透单元。将一系列单元组件装配起来，就组成反渗透装置。各种反渗透装置的主要优缺点见表 5-6。

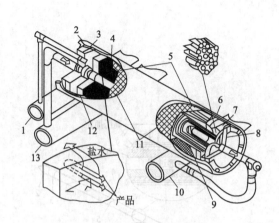
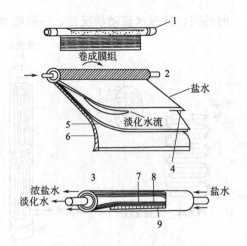

图 5-57　中空纤维式反渗透膜组件

1—盐水收集管；2,6—O 形环；3—盖板；4—进料管；
5—中空纤维；7—多孔支撑板；8—盖板；9—环氧树脂管板；
10—产品收集管；11—网筛；12—环氧树脂封头；13—料液总管

图 5-58　螺旋卷式反渗透膜组件

1～3—中心管；4,7—膜；
5—多孔支撑材料；6—进料液隔网；
8—多孔支撑层；9—隔网

表 5-6　各种反渗透装置的主要优缺点

类型	优点	缺点	应用范围
板框式	结构紧凑，可以使用强度较高的平板膜，保留体积小，能耗介于管式与螺旋卷式之间。能承受高压，性能稳定，换膜方便	死体积大，易堵塞，不易清洗，易浓差极化，设备费用较大。膜的堆积密度小	适于建造产水 100t/d 以下的水厂及产品的浓缩提纯 已商品化
管式	料液流速可调范围大，浓差极化较易控制，流道畅通，压力损失小，易安装，易清洗，易拆换，无死角，适合处理含悬浮固体较多的体系	单位体积膜面积小，设备体积大，安装成本高，管口密封较困难	适于建造中小型水厂，及医药化工产品的浓缩提纯 已商品化
毛细管式	毛细管一般可由纺丝法制得，无支撑，价格低，组装方便，料液流动状态容易控制，单位体积有效膜面积大	操作压力受到一定限制，系统对操作条件的变化比较敏感，料液必须适当预处理	中小型工厂产品的浓缩提纯 已商品化
螺旋卷式	结构紧凑，单位体积有效膜面积很大，组件产水量大，工艺较成熟，设备费用低	浓差极化不易控制，易堵塞，不易清洗，换膜困难，不宜在高压下操作	适用大型水厂 已商品化
中空纤维式	单位体积有效膜面积大，保留体积小，不需外加支撑材料，设备费用低，能耗少	膜容易堵塞，不易清洗，原料液的预处理要求高，单根纤维损坏时需换整个膜件	适用大型水厂 已商品化
槽式	单位体积有效膜面积较大，设备费用低，组装方便，换膜方便，容易放大	运行经验少	已商品化

(2) 纳滤膜设备及应用实例　纳滤膜装置主要有板框式、管式、螺旋式和中空纤维式四种，与反渗透的装置相同，在此不再赘述。

纳滤主要用于以下一些场合：a.大分子量与小分子量有机物的分离；b.有机物与小分子无机物的分离；c.溶液中不同价态的离子的分离；d.盐与其对应酸的分离；e.对单价盐并不要求有很高的截留率的分离等。

① 酚酸类成分分离纯化　由于中药成分复杂，在制剂过程中又多采用水直接提取，溶液通常需要进一步处理。而传统分离方法不仅花费较大，而且对不稳定成分的分离易损失。相比而言，聚酰胺纳滤膜具有良好的操作性能，同时又能够较好地保留有效成分，因而在中

药领域，尤其是不稳定酚酸类成分浓缩分离方面具有不可取代的优势。瞿其扬等探讨不同孔径聚酰胺纳滤膜对中药酚酸类成分纳滤分离的影响及其纳滤浓缩的适用性，选择常用药材丹参、金银花及制剂中间体茶多酚提取物，以其中含有的酚酸类成分为研究对象，以制剂生产中常用的水提液作为纳滤原液，经不同孔径聚酰胺纳滤膜处理后，通过高效液相色谱法分析药液中各成分纳滤前后的含量变化。结果表明，丹参素、原儿茶醛、咖啡酸等均能较好地透过 3 种孔径的纳滤膜；迷迭香酸、绿原酸、表没食子儿茶素没食子酸酯、新绿原酸、表儿茶素没食子酸酯等成分随膜孔径变小，截留率有不同程度提升；而丹酚酸 B 除了 600～800 膜有少量截留外，在小分子量膜中几乎全被截留。

② 抗生素分离纯化　发酵法生产的抗生素原液中含有 4% 的生物残渣、一定盐分和 0.1%～0.2% 的抗生素。抗生素的分子量大都在 300～1200 范围内，其传统生产过程为先将发酵液澄清，用选择性溶剂萃取，再通过减压蒸馏得到（如图 5-59 所示）。

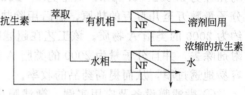

图 5-59　纳滤浓缩抗生素发酵液

③ 其他制药工业　许多药品在制备过程中需加入无机盐。但成品药必须将无机盐除去，如 1,6-二磷酸果糖（FDP）（心脏病急救良药）的制备。在蔗糖的发酵制备过程中，水溶液中含有 1.4% 的 NaCl 和 0.2% FDP，采用纳滤技术可除去溶液中的 NaCl，保留 FDP。试验表明，不加水循环浓缩除盐，可除去水和无机盐 70% 以上，若要使溶液中的无机盐继续降低，可向浓缩液中继续加水，直到浓缩液中无机盐的含量达到要求为止。

牲畜强壮剂在制备过程中含 10% 的 NaCl，成品药必须将 NaCl 除去才能用于牲畜。绵羊用了这种药后，羊毛细长柔软，可提高羊毛的质量。用纳滤膜进行除盐浓缩的可行性试验，效果比较好。

(3) 超滤膜设备及应用实例　超滤膜设备主要有平行叶片式、板式、卷筒式、中空纤维式。其中板式、卷筒式、中空纤维式在反渗透膜中已详尽讲述，在此不再赘述。这里简单介绍一下平行叶片式超滤器。平行叶片式超滤器如图 5-60 所示，有两片平行膜，将其三边密封，形成膜套，支撑在一多孔材料上。多个膜套平行地连接在同一个头上，形成一个组合单元。透过膜的超滤液可以流向这个单元的头部。

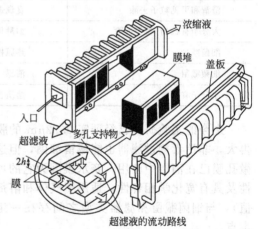

图 5-60　平行叶片式超滤器

① 生物大分子的分离纯化　超滤可用于发酵液的过滤和细胞收集。Merck 公司利用截留分子量为 24000 的 Dorr-o-liver 平叶式超滤器来过滤头霉素（cephamycin）发酵液，收率达到 98%，比原先采用的带助滤剂层的真空鼓式过滤器高出 2%，材料费用下降到原来的 1/3，而投资费用减少 20%。

② 中药有效成分和有效部位的分离纯化　中药的化学成分非常复杂，通常含有无机盐、生物碱、氨基酸和有机酸、酚类、酮类、皂苷、甾族和萜类化合物以及鞣质、蛋白质、淀粉、纤维素等，其分子量从几十到几百万不等。一般来讲，药物有效成分生物碱、黄酮、苷等的分子量较小，大多数不超过 1000；分子量大的物质主要是蛋白质、淀粉和纤维素等非药用性成分或药用性较差的成分。当然也有一些大分子量的化合物如某些多糖具有一定的生理活性或疗效，可作为特例考虑。

由此可见,由于植物药成分的多元化,适宜的深加工分离技术应使产物具有某一分子量区段的多种成分(有效组分或有效部位)。现代膜分离技术(如微滤、超滤)正是利用"筛分"机理即膜孔径大小特征将物质进行分离提纯,因而在中药生产中日益受到青睐。

③ 制药工业中除热原　最近科学实验已揭示了类脂 A(lipid A)也是热原物质,构成为危害人体的内毒素,其分子量大约为 2000。由于脂多糖的终端结构类脂 A 具有较小的分子量,因此需选用切割分子量小于 5000 的超滤膜。M. Thomas 经过大量试验,建立了"超滤＋吸附法"除热原新工艺。该工艺中使用的超滤膜的截留分子量为 1 万～20 万,膜的平均孔径为 $0.002\sim0.1\mu m$,通常为 $3\sim20nm$,这种膜具有较大的空隙和较高的通量,可去除分子量数万至几百万的热原,然后用除热原吸附剂除去分子量几万以下的热原以及分子量大约为 2000 的类脂 A 物质。该工艺在超滤膜使用较长时间、截留率降低后,热原也可以被吸附剂除去,并且分子量为 2000 的类脂 A 也能被有效去除。该工艺可以使药物的有效成分很容易地透过膜,从而提高药品的收率。

④ 微滤膜设备及应用实例　微滤膜由于本身性脆易碎,机械强度较差,因而在实际使用时,必须把它衬贴在平滑的多孔支撑体上,最常用的支撑体是以烧结不锈钢或烧结镍等制成的,其他还有尼龙布或丝绸等,但需以密孔筛板作支撑。

a. 制药工业用水和气体(蒸气)　一般包括各种清洁用水、注射用水、各类药液及需净化的气体、蒸汽等。在具体应用中,终端过滤器的去除效率取决于选择合适的滤膜孔径。过滤器根据滤膜孔径、材质和使被处理物料具有最终纯度来确定技术规格。制药工业中终端过滤器的一般选择标准列于表 5-7。

表 5-7　制药过滤器的选择

应　用	性能指标	可选孔径
澄清和可见粒子去除	直观透明度	$3\sim5\mu m$ 过滤器
大分子有机物/粒子去除	如酵母和霉菌去除	$0.65\mu m$ 终端过滤器
细菌减少	热原控制	$0.45\mu m$ 终端过滤器
细菌截留	消毒	$0.22\mu m$ 终端过滤器
小分子有机物	菌质去除	$0.1\mu m$ 终端过滤器

迄今的实验研究已经证实 $0.22\mu m$ 的膜过滤器可用于细菌截留,以到达消毒效果。孔径再大,非消毒剂过滤器也能截留细菌,但这要将筛分和吸附机理相结合来解释。亲水和疏水微孔膜已在消毒中应用。亲水膜因为它的可湿性,适用于水溶液消毒,而疏水膜因其抗水湿性及具有宽化学相容性,适用于气体和溶剂的消毒。滤器的物理完整性测试值(如泡点测定值),与细菌截留和滤器类型之间存在一定关系,这一点是过滤器在制药工业中使用的基本点。

b. 中药水提液精制　中药复方水提液中含有较多的杂质,如极细的药渣、泥沙、纤维等,同时还有大分子物质如淀粉、树脂、糖类及油脂等,使药液色深且浑浊,用常规的过滤方法难以去除上述杂质。醇沉工艺的不足是总固体和有效成分损失严重,且乙醇用量大、回收率低、生产周期长,已逐渐被其他分离精制方法所代替。高速离心技术通过离心力的作用,使中药水提液中悬浮的较大颗粒杂质如药渣、泥沙等得以沉降分离,是目前应用最广的分离除杂方法之一。但对于药液中非固体的大分子物质,高速离心法的去除效果并不十分理想,同样存在一定的适应性和局限性。因此,在此基础上,微滤技术利用筛分原理,分离大小为 $0.05\sim10\mu m$ 的粒子,不仅能除去液体中的较小固体粒子,而且可截留多糖、蛋白质等大分子物质,具有较好的澄清除杂效果。

c.纯水制备　微孔滤膜在纯水制备中的主要用处有两方面：一是在反渗透或电渗析前用作保安过滤器，用以清除细小的悬浮物质，一般用孔径为 $3\sim20\mu m$ 的卷绕式微孔滤芯；二是在阳、阴或混合离子交换柱后，作为最后一级终端过滤手段，用它滤除树脂碎片或细菌等杂质。此时，一般用孔径为 $0.2\sim0.5\mu m$ 的滤膜，对膜材料强度的要求应十分严格，而且，要求纯水经过膜后不得再被污染、电阻率不得下降、微粒和有机物不得增加。

5.5　色谱分离

5.5.1　概述

色谱本身是由植物天然产物分离纯化发展出来的，其起源是在 1903 年由俄国的植物学家 Tswett 首先以碳酸钙作为固定相，在玻璃柱上将叶绿素、叶黄素和胡萝卜素进行了分离。从那以后，天然产物的研究与色谱方法始终保持着密切的关系。

由于色谱技术具备了较高的分离能力、选择性、通用性且成本相对较低，操作条件温和，因而显示出巨大的潜力，成为植物天然产物分离过程中最为广泛使用的技术。色谱过程实际上是一种化合物在两相中的分配过程，其中一相为流动相，它流过另一相也即固定相。分离过程的实现是基于化合物本身在两相中分配的特性。因此，当流动相携溶质流过固定相时，这种溶质却在两相之间保持动平衡。对于给定的化合物，此平衡状态是由化合物与固定相的作用力以及固定相与流动相之间对此化合物的竞争而决定的。色谱的固定相可能是固体或液体，流动相可能是液体或气体，前者称作液相色谱而后者称作气相色谱。

气相色谱在天然产物的制备分离中不能使用，因此这里不作讨论。而液相色谱却广泛应用并发展为许多不同的应用形式。作为主要研究对象，以下将重点介绍。

(1) 液-固色谱技术　液-固色谱，顾名思义，是指固定相为固体而流动相为液体的色谱。俄国植物学家 Tswett 于 1903～1906 年间发明的经典液相色谱是世界上最早的色谱，同时也是最早的液-固色谱。经典液相色谱由于分离速度慢，分离效率低，长时间未引起重视。直到 20 世纪 60 年代中期，人们从气相色谱高速、高效和高灵敏度得到启发，着手克服经典液相色谱的缺点，采用高压泵加快液体流动相的流动速率；采用微粒固定相提高柱效；设计、使用高灵敏度、死体积小的检测器。到 1969 年，在经典液相色谱基础上发展成高速、高效的现代液相色谱（modern liquid chromatography），一般称为高效液相色谱（high performance liquid chromatography，HPLC）、高压液相色谱（high pressure liquid chromatography，HPLC）或高速液相色谱（high speed liquid chromatography，HSLC）。现在，一般将其通称为高效液相色谱（HPLC）。

① 液-固色谱分类

a.吸附色谱　吸附色谱（adsorption chromatography）是根据物料中各组分对固定相（吸附剂）的吸附程度不同，以及其在相应的流动相（溶剂）中溶解度的差异来实现的。对于每种溶质分子来说，其在固定相与流动相之间（分别为吸附和解吸过程）达成的动平衡是具有特异性的，并且受到各种溶质和溶剂对固定相位点的竞争作用的影响，这是一种纯粹的无化学键引入的物理作用，只存在相对较弱的氢键作用、范德华力和偶极力相互作用，特别适用于脂溶性的中等分子量组分的分离，但对同系物的分离或某些烷基聚合物的分离就显得无能为力了。吸附色谱常用的介质范围很广，可制成许多具有各种化学特性的固定相，包括：硅胶、氧化铝、大孔吸附树脂、聚酰胺、活性炭、羟基磷灰石等。

b.正相和反相色谱　在植物天然产物的分离纯化中，正相与反相色谱起着举足轻重的作用，其应用最为广泛，其分离对象几乎涵盖了所有类型的植物天然产物。正相和反相色谱在某种意义上同属于分配色谱的范畴，反相色谱是相对于正相色谱而言的，常指以具有非极性表面的介质为固定相，以比固定相极性大的溶剂系统为流动相的色谱方式。正相与反相两种操作方式的主要差别见表 5-8。

表 5-8 正相色谱和反相色谱的区别

比较项目	正相色谱	反相色谱
固定相	极性	非极性或弱极性
流动相	非极性或弱极性	极性
流出次序	极性组分的保留值大	极性组分的保留值小
流动相极性的影响	极性增加，保留值增大	极性增加，保留值减小

正相色谱的保留机理一般认为是溶质分子在流动相与固定相之间竞争吸附的作用，因而归于吸附色谱一类，而反相色谱的作用机理其实是分配作用与吸附作用的结合，无法明确加以区分。反相键合相色谱法的分离机制常见的学说有：疏溶剂理论、双保留机制、顶替吸附-液相相互作用模型等。大多数用疏溶剂理论来解释。疏溶剂理论假定烃基键合相表面是一层均匀的非极性烃类配位基，并认为极性溶剂分子与非极性溶质分子或溶质分子中的非极性部分互有排斥力，溶质与键合相的结合是为了减少受溶剂排斥的面积，而不是由于非极性溶质分子或溶质分子的非极性部分与键合相烷基之间的相互作用力。或者说，溶质的保留主要是由于疏溶剂效应（简称溶剂效应）。

反相色谱介质主要是以键合相硅胶为主，一般是 2、4、6、8 或 18 烷基碳链，这类介质最大的特点是颗粒强度高、选择性好。在以高分子聚合物为基质的介质中，目前使用较为广泛的是微球形交联聚苯乙烯树脂，这类树脂的表面具有烷基改性介质的非极性特征，在无配基键合的条件下可直接用作反相色谱固定相。

反相色谱的流动相是水与有机溶剂的混合液，所选的有机溶剂应与水互溶、黏度低、表面张力小、截止波长小。乙腈和甲醇是其最常用的有机溶剂，乙醇毒性虽然低，但由于黏度太高，因此很少作为液相色谱的流动相。

c. 离子交换色谱　离子交换色谱（ion-exchange chromatography，EIC）的分离基础是带电的目标产物分子与其他带相同电荷的盐或带电的杂质分子竞争地与介质上带相反电荷的离子交换基团相结合，由于样品分子与交换位点相互作用的强度不同从而实现分离[28]。它对于天然产物中水溶性成分如氨基酸、生物碱、有机酸及酚类化合物的分离具有很大的潜力。目前离子交换树脂的商品品种已达几千种，影响离子交换色谱分离效果的因素除介质的种类外，主要有缓冲液的类型、取代离子、pH 值、洗脱方式、色谱柱高径比、操作温度以及调节剂等。

d. 凝胶过滤色谱　尺寸排阻色谱（size-exclusion chromatography，SEC）又称凝胶过滤（gel filtration chromatography，GFC），与其他形式的色谱有所不同，它是基于分子大小不同而实现混合物分离的一种色谱方式。用于尺寸排阻色谱的柱子一般填充的是聚合物颗粒，所用的聚合物包括：聚丙烯酰胺、交联葡聚糖或以硅胶为基质的凝胶等。通过控制聚合物的交联度可使颗粒具有一定的孔隙率。这些孔的结构决定了最大的溶质分子由于太大而被排斥在孔外，尺寸小于孔径的较小分子则能够扩散到颗粒中，而尺寸最小的分子则能够扩散到最小的孔中，因而，最大的分子顺着颗粒间的最直接的孔道迅速穿过柱子；而较小的分子由于具有更大的可扩散空间，就会在扩散进孔中后花更长的时间顺着迂回曲折的路线穿过柱子到达柱底；最小的分子则渗入最小的孔道，穿过更长的路线最后才被洗脱。尺寸排阻色谱作为一种非常简单而又无破坏性的技术，最适用于分离分子大小范围很宽的生物分子，例如蛋白质等，但对于大多数相对较小而又没有明显尺寸差别的植物天然产物来说，却很少用这种方法进行分离。

e.其他色谱方法　随着色谱技术的不断发展,各种新型的色谱技术也不断被尝试用于植物天然产物的分离纯化,例如:超临界流体色谱(SFC)是一种新发展起来的、具有广阔应用前景的分离分析技术。它采用了比 HPLC 中液体流动相的传导性更好的超临界 CO_2 作为流动相,既克服了液相色谱中的分子扩散速度低、分析时间长的缺点,又克服了气相色谱中溶解度小、分离范围窄(仅能分析在载气中挥发的物质)的缺点,综合了气相色谱和 HPLC的优点,比 HPLC 更适合天然产物的成分分析,但大多只限于分析规模。

灌注色谱(perfusion chromatography)是美国 Persepative Biosyestms 公司于 20 世纪80 年代末期开发成功的新型色谱分离技术,其特点在于使用了带有穿透孔(0.6~0.8μm)的特殊色谱介质(POROS),流动相在穿透孔内对流通过,传质阻力大大减小,扩散传质路径大大缩短,因而柱效提高,分离纯化操作速度大幅度提高(500~5000cm/h)。

除灌注色谱外,还出现了适用于大规模生产的径向流色谱及膨胀床色谱技术。径向流色谱技术是使样品横穿而不是纵向流过色谱柱,其特点是流速快、节省空间、但加工较为复杂。膨胀床色谱技术是一种逆向进样的色谱技术,样品不必预处理即可直接上样,允许含大量不溶性颗粒。

真空液相色谱(vacuum-liquid chromatography,VLC)是近年来在国外化学实验室中迅速发展起来的一种新的色谱技术,它是利用柱后减压,使洗脱液迅速通过固定相,从而很好地分离样品。因此具有快速、简易、高效、价廉等优点,目前已成功用于萜类、木脂体类(lignan)、生物碱等植物天然产物的分离。

分子印迹分离技术是受生物大分子亲和作用系统的人工从头设计的启发,制备与目标产物分子具有高度分子识别的分子印迹聚合物(molecular imprinting polymer,MIP),以其作为固定相进行的色谱分离技术。此技术具有分子识别性能强、固定相制备简单的特点。近年来不断地被应用到植物天然产物的分离纯化中,取得了较好的效果。

② 液-固色谱介质　色谱介质的选择范围很广,从 20 世纪 50 年代末使用的软凝胶(纤维素、琼脂糖和交联葡聚糖等),到 70 年代初发展的如二氧化硅等的无机载体和 70年代末制备的宽 pH 适用范围的有机树脂,以及其他如表面改性介质等,采用哪种介质按其物理化学性质,同时视分离体系和组分的性质而定。常见的不同色谱介质特点如表 5-9所示。

表 5-9　色谱介质的特点

介质种类	基本结构	优点	缺点
天然有机介质	琼脂糖,纤维素等	衍生性好,可制成特异性介质	机械强度差,在有机溶剂中体积变化大,不耐有些有机溶剂
合成有机介质	交联聚苯乙烯等	衍生性好,pH 适应范围广,机械强度好	质量难保证,造价高
无机介质	硅胶、金属氧化物等	机械强度好,耐有机溶剂,生物稳定性好	衍生性不好,在碱性水溶液中不稳定
表面改性介质	在无机介质上键合有机高分子	衍生性好,可制成特异性介质,机械强度好	质量难保证,造价高,不耐某些有机溶剂

色谱介质的物理性质的描述包括颗粒尺寸及分布、形状、孔隙率和比表面积等,用于常压或低压柱色谱的介质,其平均粒径在 10~200μm 的范围内;粒径较小的颗粒(2~8μm)当流动相流过时,会产生相当大的反压,因而一般适用于 HPLC;颗粒的形状可以从无定形

到绝对球形。孔尺寸的变化范围巨大，从大约 50nm 到微米级。根据不同的分离要求，通过颗粒尺寸及分布、形状、孔隙率等结构参数可以进行介质的选择，以达到高效、低耗的分离提纯目的。在植物天然产物色谱纯化技术中常用的色谱介质介绍如下。

a. 常用吸附色谱介质　常用的吸附色谱介质包括硅胶、氧化铝、聚酰胺和活性炭等。表 5-10 分别描述了它们的特性和适用范围。

表 5-10　常用吸附色谱介质的特性

介质	基本结构	表面活性基团	适用有效成分	缺点
硅胶	二氧化硅聚合物	硅羟基,硅氧烷基	大多数有效成分	碱性条件下容易水解
氧化铝	多孔 Al_2O_3	聚合物羟基	生物碱、甾、萜类等	具有催化性能
聚酰胺	己内酰胺及己二酸与己二胺聚合物	酰胺基	酚类、醌类(黄酮、蒽醌、鞣质)	对酸的稳定性差
活性炭	微晶质碳素材料	羰基、羧基和磷酸、硫酸、硝酸等	氨基酸、糖类及某些苷类	选择性较差

b. 大孔吸附树脂　大孔吸附树脂（macroporous adsorption resin）又被称为高分子吸附剂（polymeric adsorbent），是一类没有可解离基团，具有多孔网状结构和较好的吸附性能的不溶于水的固体高分子物质，是 20 世纪 60 年代末发展起来的一类有机高聚物吸附剂，粒度多在 0.3～1.2 mm 范围内。大孔吸附树脂主要借助于范德华力从溶液中吸附各种有机物，构成其分离机理的一个重要方面是它具有各种不同的表面性质。

大孔吸附树脂同时兼有吸附性和筛选性，其吸附性是范德华力或氢键作用的结果，而筛选性是由于它具有多孔网状结构，因此，欲分离的天然产物成分的极性大小和分子体积是影响分离的关键。一般来说，其色谱行为具有反相的性质，被分离物质的极性越大越容易被洗脱。根据骨架材料是否带功能团，大孔吸附树脂可分为非极性、中等极性和极性三类。

(2) 液-液色谱技术　高速逆流色谱（high speed counter current chromatography，HSCCC）是 20 世纪 80 年代初美国 Ito 博士发明的一种新的逆流色谱技术。

高速逆流色谱是一种连续高效的液-液分配色谱技术。由于不需要固体支撑体，物质的分离依据其在互不相溶的两相液体中的分配系数的差异实现，因而避免了固体固定相不可逆吸附而引起的样品损失、失活、变性等问题，样品回收率高，回收的样品更能反映其本来的特性，特别适合于天然产物中有效成分的分离[29]。

我国是继美国、日本之后最早开展逆流色谱应用的国家，技术水平在国际领域也处于领先地位，目前，我国也是世界上为数不多的高速逆流色谱仪生产国之一。如我国的上海同田生化技术有限公司生产的高速逆流色谱仪 TBE 系列；北京天宝物华生物技术有限公司生产的半制备型的 GS10A 和分析型的 GS20 等。

① 高速逆流色谱原理　高速逆流色谱是建立在一种特殊的流体动力学平衡的基础上，利用螺旋管的高速行星式运动产生的不对称离心力，使互不相溶的两相不断混合，同时保留其中的一相（固定相），利用恒流泵连续输入另一相（流动相），此时在螺旋柱中的任何一部分，两相溶剂反复进行着混合和静置的分配过程。流动相不断穿过固定相，随流动相进入螺旋柱的溶质在两相之间反复分配，按分配系数的大小次序被依次洗脱。

高速逆流色谱仪装置如图 5-61 所示，它的公转轴水平设置，螺旋管柱距公转轴 R 处安装，两轴线平行。通过齿轮传动，使螺旋管柱实现在绕仪器中心轴线公转的同时，绕自转轴作相同方向相同角速度的自转。

在对管柱里两相溶剂状态进行频闪观察时发现，在用选定溶剂体系的下相作流动相的条件下，管柱里会出现如图 5-62 所示的分布区带。在达到稳定的流体动力学平衡态后，柱中呈现两个截然不同的区域：在靠近离心轴心大约有四分之一的区域，呈现两相的激烈混合（混合区）；其余区域两溶剂相分成两层（静置区），较重的溶剂相在外部，较轻的溶剂相在内部，两相形成一个线状分界面。

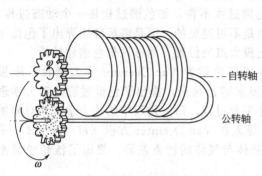

图 5-61　高速逆流色谱仪装置示意图

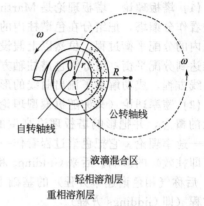

图 5-62　高速逆流色谱螺旋管内溶剂体系的区域

图 5-63 为旋转一周混合区域的变化示意图，每一混合区域以与柱旋转速度相同的速度向柱端移动。图 5-63（a）所示为螺旋管在连续转动的不同位置（Ⅰ、Ⅱ、Ⅲ、Ⅳ）时，观察到的其中两相分布情况。图 5-63（b）则表示将对应于不同位置（Ⅰ、Ⅱ、Ⅲ、Ⅳ）的螺旋管拉直，以更明显地表示混合区域在螺旋管内的移动，即每个混合区带都向螺旋管的首端进行，其行进速率和管柱的公转速率相同。

当螺旋管慢速转动时，管中主要是重力作用，螺旋管中的两相都从一端分布到另一端。用某一相做移动相从一端向另一端洗脱时，另一相在螺旋管里的保留值大约为管柱容积的 50%，但这一保留值会随着移动相流速的加大而减小，使分离效率降低。当螺旋管的转速加快时，离心力在管中的作用占主导，两相的分布发生变化。当转速达到临界范围时，两相就会沿螺旋管长度完全分开，其中一相全部占据首端的一段，称为首端相，另一相全部占据尾端的一段，称为尾端相。高速逆流色谱法正是利用了两相的这种单相性分布特性，在较高螺旋管转动速度下，如果从尾端相送入首端相，它将穿过尾端相移向首端相，同样，如果从首端相送入尾端相，它会穿过首端相而移向螺旋管的尾端相，分离时，在螺旋管内首先注入其中的一相（固定相），然后从适合的一端泵入移动相，让它载着样品在螺旋管中无限次地分配。仪器转速越快，固定相保留越多，分离效果越好。

② 仪器的结构系统　高速逆流色谱分离系统如图 5-64 所示，包括储液罐、泵、色谱柱、检测器、色谱工作

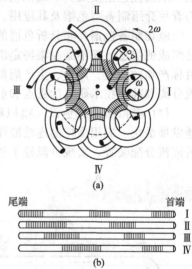

图 5-63　旋转一周混合区域的变化示意图

图 5-64　高速逆流色谱分离系统的结构示意图

站或数据采集软件或记录仪以及收集器等组成部分。

③ 高速逆流色谱特点　应用范围广，适应性好；操作简便，容易掌握；回收率高；重现性好；分离效率高，分离量较大。

5.5.2　色谱理论基础

(1) 塔板理论　塔板理论是 Martin 和 Synger 首先提出的色谱热力学平衡理论。它把色谱柱看作分馏塔，把组分在色谱柱内的分离过程看成在分馏塔中的分馏过程，即组分在塔板间隔内的分配平衡过程。虽然以上假设与实际色谱过程不符，如色谱过程是一个动态过程，很难达到分配平衡；组分沿色谱柱轴方向的扩散是不可避免的。但是塔板理论导出了色谱流出曲线方程，成功解释了流出曲线的形状、浓度极大点的位置，能够评价色谱柱柱效。

(2) 速率理论（又称随机模型理论）　1956 年荷兰学者 Van Deemter 等人吸收了塔板理论的概念，并把影响塔板理论高度的动力学因素结合起来，提出了色谱过程的动力学理论——速率理论。它把色谱过程看作一个动态非平衡过程，研究过程中的动力学因素对峰展宽（即柱效）的影响。后来 Giddings 和 Snyder 等人在 Van Deemter 方程（$H = A + B/u + Cu$，后称气相色谱速率方程）的基础上，根据液体与气体的性质差异，提出了液相色谱速率方程（即 Giddings 方程）。

5.5.3　色谱分离应用

目前色谱分离技术已成为最主要的分离纯化技术之一，从 20 世纪初发展至今，在理论上已从线性色谱发展到非线性色谱，在实践中则从分析规模发展到制备和生产规模，这里我们着重介绍制备型色谱及其应用。

液相制备色谱并非分析色谱的简单放大，两者有许多不同。分析色谱需要全面地反映样品组成的信息，而不必收集特定组分，洗脱液通常废弃；而液相制备色谱主要的考虑因素是目标产物的纯度、产量、生产周期、运行成本等。近几十年来，液相制备色谱已成为当今高效分离和纯化技术研究的重点和前沿。目前，比较常用的制备型色谱包括以下几种类型：

(1) 模拟移动床色谱　模拟移动床色谱（simulated moving bed chromatography, SMBC）是发展最快、应用最广的连续液相色谱。其多柱串联逆流移动的操作方式，是用旋转阀之类的液流分配装置，实现分段柱子和动相之间的逆流模拟移动。其示意图见图 5-65。

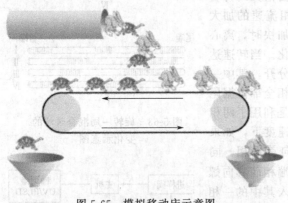

模拟移动床通过多路旋转阀对各股液料的进、出口不断切换实现了液相与固相之间的相对移动，从而避免了移动床操作中固体吸附剂的移动。该色谱系统克服了间歇操作的缺点，又引入了逆流机制，不但大大提高了填料和流动相的利用率，而且改善了分离效果，提高了收率[30]。

虽然模拟移动床色谱具有显著的优点，但将其直接应用于复杂体系的分离尚有一定困难[31]。因为：①模拟移动床有流动相和固定相的相对移动，流动相不易大幅度改变，而在复杂体系分离中常要求

图 5-65　模拟移动床示意图

采用不同的流动相；②传统的模拟移动床较适于双组分分离，而复杂分离体系往往含有包括产品在内的多组分，产品也不一定是端点组分（最弱或最强吸附组分），传统模拟移动床的适用性有限。虽然理论上可用多回路模拟移动床分离多组分，但此类模拟移动床设计和操作

参数众多，限制应用。

(2) 高速逆流色谱　高速逆流色谱（high speed counter current chromatography，HSCCC）利用单向流体动力学平衡原理，使两个互不相溶的溶剂相在高速旋转的螺旋管中单向分布，利用样品在两相中分配系数的不同而实现分离。

HSCCC 法避免了固相载体对有效成分的不可逆吸附，具有不使用固相载体、有机溶剂消耗少、无损失、无污染、高效、快速和大制备量分离等优点。与分析色谱相比，HSCCC进样量较大，最多可达几克；而与常压、低压色谱相比，HSCCC 的分离能力强，有的样品经过一次分离就可得到一个甚至多个单体，并且分离时间也较短，一般几个小时就可完成一次分离。目前，应用高速逆流色谱法在提取分离天然产物中的黄酮、生物碱、香豆素、萜类、木脂素、皂苷、多酚类和蒽醌类衍生物等有效成分方面已获得满意结果。

HSCCC 也有缺点，由于其固定相的逆流移动会造成两相的互相侵蚀和严重混合，分离效率不高。尽管 HSCCC 的色谱效率受到限制，但高负载和多用途依然使其具有竞争力，可以处理相当宽范围内的有机和无机物的提纯问题。更是传统中医药及其他天然产物活性分离的理想方法。

(3) 超临界流体制备色谱　超临界流体制备色谱（super critical fluid chromatography，SCFC）兼具气体动力学优点（黏度低、扩散系数大、压降小）和液体在溶解能力等方面的优势。其中，超临界 CO_2 对于制备色谱而言，是一种颇有吸引力的流动相。超临界 CO_2 的密度、溶解能力及洗脱强度随压力升高而增大，可通过简单的压力程序实现梯度洗脱。超临界 CO_2 的优点还包括低成本、低毒性、产品易回收和洗脱液易循环使用。在色谱中使用超临界 CO_2 的限制主要是对纯化目标产物的分子量、极性与溶解性能的要求（一般要求产物分子量不能超过 1500，且极性不能太大）。目前，大中型 SCFC 装置已商品化。

(4) 反向制备色谱　目前，反向制备型液相色谱已经被广泛应用于医药领域[32]。张志远等人用高效液相色谱技术建立胆木中短小舌根草苷、3-表短小舌根草苷、异常春花苷内酰胺和喜果苷的快速制备色谱方法。所得产品用质谱法确定实验所得产物结构，UPLC 面积归一化法，其纯度分别为 99.0%、93.0%、98.7% 和 90.2%。倪付勇等采用制备型 HPLC 建立从金银花 *Lonicera japonica* 中分离制备高质量分数异绿原酸 A、B 和 C 采用 D-101 大孔树脂、中低压制备色谱分离制备金银花中异绿原酸 A、B 和 C 单体，根据理化性质和波谱数据鉴定其结构。结果分离制备的异绿原酸 A、B 和 C 的质量分数分别为 98.7%、99.2% 和 97.6%。

(5) 动态轴向压缩柱　动态轴向压缩柱是一套不同于传统匀浆法的新型装填色谱设备，采用活塞压缩匀浆后的固定相挤出匀浆液，并在操作过程中保持柱床压缩状态产生恒定的压力以确保柱稳定性，从而提高色谱柱柱效。朱靖博等采用 DAC250（250mm×1000mm）以TLC 为指导，以柱色谱硅胶为填料，石油醚-二氯甲烷（10∶1）为流动相，分离了四个丹参酮类化合物。紫杉醇与多西紫杉醇是一类重要的抗肿瘤药物。但由于其造价昂贵，目前半合成紫杉醇与多西紫杉醇已经成为大多数企业获取原料的首选。张黎、刘丁等在紫杉醇前体10-去乙酰巴卡亭Ⅲ的纯化中，采用直径 100mm 以上的 DAC 柱，经过 1～2 次洗脱将含量20%～60% 的半成品 10-去乙酰巴卡亭纯化至含量 99% 以上。

5.6　电泳分离技术

5.6.1　电泳概述

电泳（electrophoresis）指带电颗粒在电场力作用下向所带电荷相反电极的泳动。许多重要的生物分子如氨基酸、多肽、蛋白质、核苷酸、核酸等都含有可电离基团，在非等电点条件下均带有电荷，在电场力作用下，它们将向着与其所带电荷相反的电极移动。电泳技术就是利用样品中各种分子带电性质、分子大小、形状等的差异，在电场中的迁移速度不同，从而对样品分子进行分离、鉴定、纯化和制备的一种综合技术。

1937 年，瑞典生化学家 Tiselius 集前人百余年探索电泳现象之大成，发明了 Tiselius 电泳仪，在此基础上建立了研究蛋白质的自由界面电泳方法，利用该法首次证明人血清是由白蛋白（A）、α、β、γ 球蛋白组成，并因此于 1948 年获得诺贝尔奖。随后电泳技术的发展突飞猛进，1949 年，Ricketls Marrack 等人证明人血清蛋白质经电泳分离可依次分为白蛋白，α1、α2、β、γ 球蛋白五个组分，1957 年 Reiner 对人血清五个组分蛋白进行了定量分析。但自由界面电泳没有固定支持介质，扩散和对流作用较强，影响分离效果，于是在 20 世纪 50 年代相继出现了固相支持介质电泳。最初的支持介质是滤纸和醋酸纤维素膜，目前这些介质在实验室已经应用较少。在很长一段时间里，小分子物质如氨基酸、多肽、糖等通常用滤纸、纤维素或硅胶薄层平板作为介质进行电泳分离、分析，但目前一般使用灵敏度更高的技术如高效液相色谱法（HPLC）等来进行分析。而对于复杂的生物大分子，以滤纸、硅胶或醋酸纤维素膜等作为支持介质进行电泳，其分离效果并不理想。于是 1959 年，Raymond 和 Weintraub，Davis 和 Ornstein 先后利用人工合成凝胶作支持介质建立了聚丙烯酰胺凝胶电泳，从而大大提高了电泳的分辨率和分离效果，增强了电泳技术的发展、渗透及与其他技术结合配套的能力。导致各式各样的电泳技术和电泳材料如雨后春笋般竞相争荣，成为当代实验科学技术中品种繁多、应用广泛、基础与尖端技术皆备的大技术。

5.6.2 电泳理论基础

电泳是电泳涂料在阴阳两极，施加于电压作用下，带电荷之涂料离子移动到阴极，并与阴极表面所产生之碱性作用形成不溶物，沉积于工件表面。

它包括四个过程。①电解（分解）：在阴极反应最初为电解反应，生成氢气及氢氧根离子 OH^-，此反应造成阴极面形成一高碱性边界层，当阳离子与氢氧根作用成为不溶于水的物质，涂膜沉积；②电泳动（泳动、迁移）：阳离子树脂及 H^+ 在电场作用下，向阴极移动，而阴离子向阳极移动过程；③电沉积（析出）：在被涂工件表面，阳离子树脂与阴极表面碱性作用，中和而析出不沉积物，沉积于被涂工件上；④电渗（脱水）：涂料固体与工件表面上的涂膜为半透明的，具有多数毛细孔，水被从阴极涂膜中排渗出来，在电场作用下，引起涂膜脱水，而涂膜则吸附于工件表面，进而完成整个电泳过程。

5.6.3 电泳分类与相关应用

(1) 电泳分类 电泳按其分离的原理不同可分为四种。①区带电泳：电泳过程中，待分离的各组分分子在支持介质中被分离成许多条明显的区带，这是当前应用最为广泛的电泳技术。②自由界面电泳：这是瑞典 Uppsala 大学的著名科学家 Tiselius 最早建立的电泳技术，是在 U 形管中进行的电泳，无支持介质，因而分离效果差，现已被其他电泳技术所取代。③等速电泳：需使用专用电泳仪，当电泳达到平衡后，各电泳区带相随，分成清晰的界面，并以等速向前运动。④等电聚焦电泳：由两性电解质在电场中自动形成 pH 梯度，当被分离的生物大分子移动到各自等电点的 pH 处聚集成很窄的区带。

电泳按支持介质的不同可分为：①纸电泳（paper electrophorisis）；②醋酸纤维薄膜电泳（cellulose acetate electrophoresis）；③琼脂凝胶电泳（agar gel electrophoresis）；④聚丙烯酰胺凝胶电泳（polyacrylamide gel electrophoresis，PAGE）；⑤SDS-聚丙烯酰胺凝胶电泳（SDS-PAGE）。

按支持介质形状不同可分为：①薄层电泳；②板电泳；③柱电泳。

按用途不同可分为：①分析电泳；②制备电泳；③定量免疫电泳；④连续制备电泳。

按所用电压不同可分为两种。①低压电泳：$100\sim500V$，电泳时间较长，适于分离蛋白质等生物大分子；②高压电泳：$1000\sim5000V$，电泳时间短，有时只需几分钟，多用于氨基酸、多肽、核苷酸和糖类等小分子物质的分离。

(2) 相关应用实例　现将几种经典的电泳技术和新型的电泳技术及相关应用简介如下：

① 纸电泳和醋酸纤维薄膜电泳

a. 纸电泳。纸电泳是用滤纸作支持介质的一种早期电泳技术。尽管分辨率比凝胶介质差，但由于操作简单，所以仍有很多应用，特别是在血清样品的临床检测和病毒分析等方面有重要用途。

b. 醋酸纤维薄膜电泳。醋酸纤维薄膜电泳与纸电泳相似，以醋酸纤维薄膜作为支持介质，将纤维素的羟基乙酰化为醋酸酯，溶于丙酮后涂布成 $0.1\sim0.15mm$ 厚度并具有均一细密微孔的薄膜。

由于醋酸纤维薄膜电泳操作简单、快速、廉价，目前已广泛用于分析检测血浆蛋白、脂蛋白、糖蛋白、胎儿甲种球蛋白、体液、脊髓液、脱氢酶、多肽、核酸及其他生物大分子，为心血管疾病、肝硬化及某些癌症的鉴别诊断提供了可靠的依据，因而已成为医学和临床检验的常规技术。

② 琼脂糖凝胶电泳　琼脂糖是从琼脂中提纯的，主要由 D-半乳糖和 3,6-脱水-L-半乳糖连接而成的一种线性多糖。琼脂糖凝胶的制作是将干的琼脂糖悬浮于缓冲液中，加热煮沸至溶液变为澄清，注入模板后室温下冷却凝聚即成琼脂糖凝胶。琼脂糖凝胶的孔径制胶时由琼脂糖的浓度决定，低浓度琼脂糖形成的孔径较大，而高浓度琼脂糖形成的孔径较小。尽管琼脂糖本身没有电荷，但一些糖基可被羧基、甲氧基、硫酸根等取代，因而使琼脂糖凝胶表面带有一定电荷，在电泳过程中会产生电渗现象及样品与凝胶间的相互静电作用，从而影响分离效果。

琼脂糖凝胶可作为蛋白质和核酸的电泳支持介质，尤其适合于核酸的纯化和分析。如浓度为 1% 的琼脂糖凝胶的孔径对于蛋白质来说较大、阻碍作用较小，这时蛋白质分子大小对电泳迁移率的影响相对较小，所以适用于一些忽略蛋白质大小而只根据蛋白质天然电荷来进行分离的电泳技术，如免疫电泳、平板等电聚焦电泳等。琼脂糖也适合于 DNA、RNA 分子的分离、分析，由于 DNA、RNA 分子通常较大，所以在分离过程中会存在一定的摩擦阻碍作用，这时分子的大小会对电泳迁移率产生明显影响。例如，对于双链 DNA，电泳迁移率的大小主要与 DNA 分子大小有关，而与碱基排列及组成无关。另外，一些低熔点的琼脂糖（$62\sim65℃$）可以在 $65℃$ 时熔化，因此其中的样品如 DNA 可以重新溶解到溶液中而回收。

由于琼脂糖凝胶的弹性较差，难以从小管中取出，所以一般琼脂糖凝胶不适合于管状电泳。琼脂糖凝胶通常采用水平式板状凝胶，用于等电聚焦、免疫电泳等蛋白质电泳，以及 DNA、RNA 的分析。

③ 聚丙烯酰胺凝胶电泳　聚丙烯酰胺凝胶电泳简称为 PAGE（polyacrylamide gel electrophoresis），是以聚丙烯酰胺凝胶作为支持介质的一种常用电泳技术。聚丙烯酰胺凝胶由单体丙烯酰胺和甲叉双丙烯酰胺聚合而成，聚合过程由自由基催化完成。催化聚合的常用方法有两种：化学聚合法和光聚合法。化学聚合以过硫酸铵（AP）为催化剂，以四甲基乙二胺（TEMED）为加速剂。在聚合过程中，四甲基乙二胺催化过硫酸铵产生自由基，后者引发丙烯酰胺单体聚合，同时甲叉双丙烯酰胺与丙烯酰胺链间产生亚甲基键交联，从而形成三维网状结构。

聚丙烯酰胺凝胶电泳分离蛋白质最初是在直径约 7 mm、长约 10 cm 的玻璃管中进行，产生的区带像圆盘，故称为圆盘电泳。但由于玻璃管间的差异、灌胶时的差异导致各玻璃管间分离条件不一致，所以对各管样品进行比较时会出现较大误差。为了克服这种差异性，后来发明了垂直平板电泳。垂直平板电泳一次可以容纳 20 余个样品，电泳过程中样品所处的条件相对一致，样品间便于比较，重复性好。因而，垂直平板电泳很快得到广泛应用，常用于蛋白质、核酸的分离、鉴定及序列分析。

　　近年来，发展很快的水平平板电泳与垂直平板电泳相比有很多相似之处，但也有其独特的优点，主要表现在：a.凝胶可以直接平铺在冷却板上，容易使凝胶冷却，可以提高电压以提高分辨率。b.电泳速度快，通常只需 1h 左右，而圆盘电泳和垂直平板电泳一般需要 3～4h。c.可以使用薄胶，加样少，染色快，灵敏度高，易保存，只要用甘油浸泡后自然干燥即可长期保存不会龟裂。d.适用各种电泳方式，用途广泛，可以使用 20 世纪 90 年代才发展起来的半干式电泳新技术，从而大大节约了试剂，简化了操作，提高了电泳速度。

　　④ SDS-聚丙烯酰胺凝胶电泳（SDS-PAGE）　聚丙烯酰胺凝胶电泳是最常用的定性分析蛋白质的电泳方法，特别是用于蛋白质纯度检测和分子量测定。SDS-PAGE 是在要进行电泳分析的样品中加入含阴离子表面活性剂十二烷基磺酸钠（SDS）和 β-巯基乙醇的样品处理液，SDS 可以断开分子内和分子间的氢键，破坏蛋白质分子的二、三级结构；β-巯基乙醇可以断开半胱氨酸残基间的二硫键，破坏蛋白质的四级结构。电泳样品中加入样品处理液后，置沸水浴中煮沸 3～5min，使 SDS 与蛋白质充分结合，引起蛋白质变性、解聚、带上大量同种负电荷、形成棒状结构。样品处理液中通常加入溴酚蓝染料，用于控制电泳过程。此外，样品处理液中还可加入适量蔗糖或甘油以增大溶液密度，便于加样时样品溶液沉入样品凹槽底部。

　　⑤ 梯度凝胶电泳　梯度凝胶电泳通常采用梯度聚丙烯酰胺凝胶为介质，从凝胶顶部到底部丙烯酰胺的浓度呈梯度递增，因此在凝胶的顶部孔径较大，在凝胶的底部孔径较小。梯度凝胶电泳与 SDS-聚丙烯酰胺凝胶电泳类似，但具有以下不同特点：a.分离范围更宽。因为梯度凝胶的孔径范围比单一凝胶大，分子量较大的蛋白质可以在凝胶顶部大孔径部分得到分离，而分子量较小的蛋白质可以在凝胶底部小孔径部分得到分离，所以梯度凝胶电泳比单一浓度聚丙烯酰胺凝胶电泳的分离范围更宽。b.分辨率更高。梯度凝胶可以分辨分子量相差较小，在单一浓度凝胶中不能分辨的蛋白质。这是由于电泳过程中，蛋白质在梯度凝胶中迁移，经过的孔径越来越小，直到凝胶的孔径不能通透，这样电泳过程中蛋白质就被浓缩，集中在一个很窄的区带中。而分子量略小的蛋白质可以迁移得更靠前一些，被集中在略前面的区带中，从而使大小不同的蛋白质最终都滞留在其相应的凝胶孔径中而得到分离。c.可以直接测定天然蛋白质的分子量而不需要解离为亚基。

　　⑥ 等电聚焦　等电聚焦电泳是根据两性物质等电点（pI）不同而进行分离的一种电泳技术，具有极高的分辨率，可以分辨出等电点相差 0.01 的蛋白质，是分离蛋白质等两性物质的一种理想方法。等电聚焦的分离原理是在凝胶中通过加入两性电解质形成一个不连续的 pH 梯度，两性物质在电泳过程中会自动集中在与其等电点相应的 pH 区域内，从而得到分离。

　　两性电解质是人工合成的一种复杂的多氨基-多羧基混合物，不同两性电解质具有不同的 pH 梯度范围。因此，要根据待分离样品的具体情况选择适当的两性电解质，使待分离样品中各组分都介于两性电解质的 pH 范围之内。

　　等电聚焦多采用水平平板电泳，由于两性电解质价格昂贵，同时聚焦过程需要蛋白质根据其电荷性质在电场中自由迁移，所以等电聚焦通常使用低浓度聚丙烯酰胺凝胶（如 4%）薄层电泳，以降低成本和防止分子筛作用。

　　等电聚焦具有极高的灵敏度和分辨率（10^{-10}g 级），可将人血清分出 40～50 条清晰的区带，特别适合于研究蛋白质微观不均一性，例如一种蛋白质在 SDS-聚丙烯酰胺凝胶电泳中表现单一区带，而在等电聚焦中表现三条带。这可能是由于蛋白质存在单磷酸化、双磷酸化和三磷酸化形式。由于几个磷酸基团不会对蛋白质的分子量产生明显影响，因此在 SDS-聚丙烯酰胺凝胶电泳中表现单一区带，但由于它们所带的电荷有差异，所以在等电聚焦中可以被分离检测到。等电聚焦还可以用于测定未知蛋白质的等电点，将一系列已知等电点的标准蛋白及待测蛋白同时进行等电聚焦。测定各个标准蛋白电泳区带到凝胶某一侧的距离对各自的 pI 作图，即得到标准曲线。然后测定待测蛋白的距离，通过标准曲线即可求出其等电点。等电聚焦主要用于蛋白质的分离分析，但也可以用于纯化制备，虽然成本较高，但操作简单、纯化效率极高。

⑦ 双向聚丙烯酰胺凝胶电泳（2D-PAGE）　双向聚丙烯酰胺凝胶电泳技术结合了等电聚焦技术和 SDS-聚丙烯酰胺凝胶电泳技术的双重优点，是分离分析蛋白质最有效的一种电泳手段。通常第一向电泳是等电聚焦，在细管中进行，蛋白质根据其等电点不同进行分离，然后将凝胶从管中取出，用 SDS-聚丙烯酰胺凝胶进行第二向电泳。在第二向电泳过程中，蛋白质依据其分子量大小进行分离。这样各蛋白质根据等电点和分子量不同而被分离、分布在双向图谱上。细胞提取液的双向电泳可以分辨出 1000～2000 个蛋白质，有报道称最高可以分辨出 5000～10000 个斑点，这与细胞中可能存在的蛋白质数量接近。由于双向电泳具有很高的分辨率，它可以直接从细胞提取液中检测某蛋白。例如将某蛋白质的 mRNA 转入青蛙的卵母细胞中，通过对转入和未转入细胞的提取液的双向电泳图谱比较，转入 mRNA 的细胞提取液的双向电泳图谱中应存在一个特殊的蛋白质斑点，这样就可以直接检测 mRNA 的翻译结果。双向电泳是一项技术很强的艰苦工作，目前已有一些计算机控制的系统可以直接记录并比较复杂的双向电泳图谱。

⑧ 毛细管电泳　毛细管电泳（capillary electrophoresis，CE）又叫高效毛细管电泳（HPCE），是近年来发展最快的分析方法之一。毛细管电泳是经典电泳技术和现代微柱分离技术相结合的产物，与普通电泳相比，毛细管电泳具有三高两少等多种优点，即高灵敏性，常用紫外检测器的检测限可达 $10^{-13}\sim10^{-15}$ mol，激光诱导荧光检测器则达 $10^{-19}\sim10^{-21}$ mol；高分辨率，每米理论塔板数为几十万，高者可达几百万乃至千万；高效快速，最快可在 60s 内完成，在 250s 内分离 10 种蛋白质，1.7min 分离 19 种阳离子，3min 内分离 30 种阴离子；样品少，只需纳升级的进样量；成本少，只需少量（几毫升）流动相和价格低廉的毛细管。由于以上优点以及分离生物大分子的能力，使毛细管电泳成为近年来发展最迅速的分离分析方法之一。

⑨ 制备型电泳的应用　目前制备型电泳主要应用于以生物工程为代表的生命科学各领域，如对多肽、蛋白质、核苷酸及核酸的分离制备。

Fawcett 发展了如图 5-66 所示的一个设备。用半透膜把电极槽和分离槽分开。膜用多孔聚乙烯膜浸泡聚丙烯酰胺制成。分离槽内装有 SephadexG-100 凝胶或聚丙烯酰胺凝胶颗粒。可连续操作，每天分离蛋白质 500mg。据最近对这类分离设备的评论，认为作为蛋白质纯化的设备，其规模已超过了凝胶色谱、亲和色谱。目前仍需解决的问题是克服不可逆的吸附、蛋白质的变性等。分离槽水平放置的抗对流性虽然较好，但对沉降很敏感，故对含有颗粒或易产生沉淀的系统，还是采用垂直放置较好。进料与载体（缓冲液）的流动与重力同向比逆向通过量大，但后者可以消除热对流和产生气泡的影响。若增大分离腔室的厚度，以增大处理能力，但会带来三个较难解决的问题，即自然对流和过热的增加，以及由于流场分布产生的"弯月现象"。

Philpot 发展了一类应力稳定自由流动电泳（stress stability free-flow），见图 5-67。分离设备由一个阳极定子和一个可以旋转的阴极转子构成。由于转子在转动，在环隙的液体中建立了一个横向的应力场。当转子的转速为 150r/min，在环隙的分离腔中可以产生一个稳定的速度梯度，可以抵消自然对流的影响。这个设备与薄层电泳不同之处为：a. 载流方向与重力相反，可以抵消不稳定的对流；b. 径向的应力场可以增加流动的稳定性，对因径向温度梯度产生的对流有阻尼作用，并使抛物线流速分布产生的"弯月现象"的影响减小，使分离物质的谱带变窄；c. 由于电场在环隙中的流动方向垂直，不会产生电渗。这个设备的优点是可以处理蛋白质浓度较高的溶液，处理量可达每小时几升，相当于每小时处理蛋白质 10～100g。比薄层电泳设备的处理量大 1000 倍。对这类设备的理论研究还很不成熟，理论计算值与实测结果可差几倍。对迁移率小于某一值的物质尚不能分离。

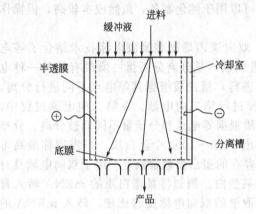

图 5-66 连续电泳示意图

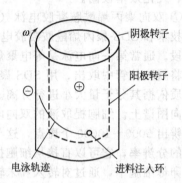

图 5-67 应力稳定自由流动电泳示意图

场流分级（FFF）的概念是 1965 年由 Giddings 提出的。原理见图 5-68。粒子 A 和 B 在场（电场、磁场、力场等）的作用下沿场的方向有不同速率的迁移运动。若进料从上壁面进入，则 A、B 到达下壁面的时间是不同的。若在与场垂直的方向引入一载体（缓冲溶液）流，使 A、B 具有一沿轴向流动的速度，A、B 到达下壁面的位置便不同，可以把 A 和 B 分开。若采用理论板的高度衡量设备的分离精度，Giddings 推导出 FFF 的最小板高比电泳的理论板高大 2.8 倍。仍然具有高精密的分离能力。若场为电场，称为电场流分级（EFFF）。EFFF 的最大优点是被分离物质的谱带排列与电场垂直，即使被分离的组分较多，两电极间的距离也可以很窄，电压较低，分离时间短，处理能力较大。理论上可以进行连续操作，但在实际分离中，A、B 在下壁上积累的高度不能太高，否则不会被流体带走，使已分离的 A、B 又重新混合，而且把 A、B 从设备中提取出也是比较困难的。最近几年，Giddings 又发展了一种分流（split）场流分级技术。其原理见图 5-69。与图 5-68 设备的差别是在入口端和出口端分别装有分流板，使带正电和负电的产物分别从两个出口提取出。可以连续分离两组分的混合物，对于多组分混合物，进料可以采用中间进入的方法。分流场流分级可以采用多个设备串联进行连续操作，每个设备分离两个产品。由于两电极间的距离可以小至几百微米，电泳迁移的距离和分离时间都很短，只需几分钟便可分离完毕。处理量较大，当采用动态分离操作时，分离精度与上述的 EFFF 是一样的。

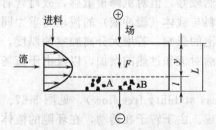

图 5-68 场流分级示意图

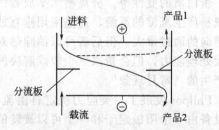

图 5-69 分流场流分级示意图

5.7　干燥技术

5.7.1　干燥概述

(1) 各类药品的干燥方法　药品大致分为西药原料药、制剂药品，这两种药均包括无菌药品和非无菌药品。另有中药、生物制剂等。原料药为药品基本原料，大都为结晶型，湿物料是经过过滤或分离的结晶型粉粒状固体，根据物料的特性和要求选用合适的干燥方式得到干燥成品。制粒是药品生产中的重要工序，早期操作是由混合、捏合、造粒和干燥多个单元完成，近几年已使用沸腾制粒、喷雾制粒等方式，可将主辅料一次混合、制粒、干燥，又称一步制粒干燥。中药通常为块状、片状，或从提取液制成饮片。性能特殊，如颗粒（块、片、丸）大，含糖分，黏性大，热敏等，有的还要求变温工艺，给干燥工艺的确定及设备选型带来困难。目前应用较多的是流态化干燥及改进的振动流化床、喷雾干燥等。生物制品对温度限定严格，大多要求瞬时干燥，如微波干燥、流态化干燥、冷冻干燥。

(2) 对医药工业干燥设备的要求　制药干燥设备不仅要满足化工设备强度、精度、表面粗糙度及运转可靠性等要求，还要从结构考虑可拆卸，易清洗，无死角，避免污染物渗入。设计时要消除难以清洗和检查的部位，采用可靠的密封。制造时设备内壁光洁度高，不存在凹陷结构，所有转角要圆滑。一台合格的干燥设备，不仅要满足干燥操作要求，还要满足GMP《药品卫生质量管理规范》要求，具备原位清洗（CIP）和原位灭菌（SIP）的功能，使设备不需要移动和拆卸即可进行有效清洗及清洗后灭菌。

5.7.2　干燥理论基础

干燥技术是利用热能除去物料中的水分（或溶剂），并利用气流或真空等带走汽化了的水分（或溶剂），从而获得干燥物品的工艺操作技术。干燥是制药行业生产中不可缺少的基本操作，不同剂型、设备、环境以及操作方法，干燥情况往往有很大差别，于是人们从长期的科学研究和生产实践中，总结出影响干燥的几个因素：①被干燥物料的性质，物料本身的性质是影响干燥的最主要因素，物料的形状、大小、料的堆积厚度、水分的结合方式、化学特性等都会影响干燥速率；②干燥介质的温度、湿度与流速，在一定范围内，提高空气的温度，降低空气的湿度，增大空气的流速，可使物料干燥加快；③干燥速度和干燥方法；④压力，压力与蒸发量成反比，减压可提高干燥效率。

以上几个方面，对于我们选择干燥设备、优化制药工艺、解决生产难题、提高产品质量等都有很大的帮助。同时，实际的干燥技术不是人们所想的干燥方法那样简单，干燥效果的优劣与设备、环境、操作参数等息息相关，我们可以依据干燥技术的基本理论，有的放矢去寻找和解决干燥方面存在的一些问题。

5.7.3　干燥技术分类与相关设备

干燥技术的分类方法有多种，根据加热方式的原理不同，可以大致分为以下几种：常压干燥、减压（真空）干燥、喷雾干燥、流化干燥、冷冻干燥、微波干燥以及远红外干燥等。制药行业所需要干燥的物料种类繁多，由于其本身的性质各异，具有不同的物理性质和化学特性，需要干燥的时间长短不一，要达到的干燥的质量要求又不同，所以目前在制药行业应用的干燥设备不下几十种。在众多的干燥设备中，有单独使用一种干燥技术的，有两种或多种干燥技术组合使用的，要对这些干燥设备严格划分比较困难，也不科学，但根据传热介质的不同，可以分为两大类：热传导干燥设备、对流干燥设备。下面，我们对目前的一些热点干燥技术及设备进行介绍：

(1) 冷冻干燥系统　虽然冷冻干燥与喷雾干燥、流化床干燥、转鼓干燥等相比，存在干燥时间长、能耗高等不足，但对于高附加值产品的干燥，例如医药产品、纳米材料、生物化工产品、热敏性产品等，能在保持产品原有特性的基础上获得粉状产品，因此，冷冻干燥有其独特的优势。随着纳米材料技术的发展，干燥技术特别是冷冻干燥技术，也有了新的拓展空间和应用领域，例如医药、催化剂、陶瓷材料、电化学材料、气溶胶等。

近年来，国外研究人员开始把喷雾干燥和冷冻干燥结合起来，从而形成了新的干燥技术，即喷雾冷冻干燥技术。Sonner（2002）采用了喷雾制冰粉与真空冷冻干燥相结合的方法，研究了两段式喷雾冷冻干燥对蛋白质性能的影响，简单的过程如图 5-70 所示。瑞士的 Leuenberger 等则采用喷雾冷冻制粉与流化床干燥相结合的方法，流程如图 5-71，他们研究了该种两段式喷雾冷冻干燥对药品性能的影响。笔者也获得了国家林业局和科技部的项目支持，开展一体化喷雾冷冻干燥技术的相关研究，希望在上述研究的基础上能有所突破。

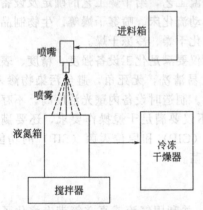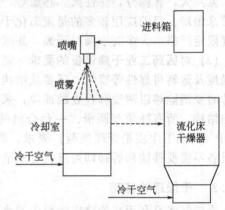

图 5-70　喷雾制冰粉结合真空冷冻　　　　图 5-71　喷雾制冰粉结合流化床干燥的
干燥的喷雾冷冻干燥示意图　　　　　　　　喷雾冷冻干燥示意图

(2) 超临界干燥系统　由于超临界干燥消除了传统干燥过程中的受热过程，使获得的产品没有热应力。关于超临界干燥，近年来研究者很多。不少研究者通常采用简易流程来获得药品的微米干粉。Bouchard 等对流程进行了改进。不难发现，改进后物料中溶剂的脱除过程加快了，而且直接可以形成粉状产品。超临界干燥技术在制备多孔介质如吸附剂或催化剂载体方面也有不少研究。目前大部分是以二氧化碳作为流体。随着中草药提取、生物质炼制技术的发展，使用其他流体或者流体混合体的前景是广阔的。

(3) 折射窗干燥　Mujumdar 等在第十届中国干燥会议期间曾经介绍了一种新型的干燥技术，即折射窗干燥。Nindo 等通过水果、蔬菜泥的折射窗干燥研究表明：干燥后的产品中依然含有大量的色素、维生素和抗氧化成分，这些成分受干燥的破坏较少。比较芦荟冷冻干燥和折射窗干燥后的产品，产品色调基本相同，贮存过程中色调的变化也相近。表 5-11 是不同干燥技术能耗的比较。

表 5-11　不同干燥技术的能耗比较

干燥种类	单位体积或面积的典型产量	典型产品温度/℃	热效率/%
滚筒干燥	30～80kg/(h·m³)	约 175	25～50
喷雾干燥	1～30kg/(h·m³)	80～120	20～60
转鼓干燥	6～20kg/(h·m²)	120～130	35～78
折射窗干燥	1～10kg/(h·m²)	60～70	52～77

5.7.4　干燥技术应用实例

(1) 喷雾干燥技术　冲剂为药材提取物与适宜的辅料制成的颗粒剂。要求干燥，颗粒均匀，色泽一致，溶化后溶液澄清，无焦屑。我们在冲剂生产中使用了喷雾干燥法干燥药材提取物，来提高产品质量和经济效益，效果显著。

原方法：药材提取物→汽烘箱高温干燥→湿法制粒→低温干燥→整粒→包装。该过程中药材提取物干燥设备为汽烘箱。由于提取物本身含水量大，故加热时间长，温度高，常需 80～90℃干燥下 9～12h。

喷雾干燥法：药材提取物→喷雾干燥→湿法制粒→低温干燥→整粒→包装。

我们从产品质量和综合经济效益对两种方法比较：①原方法生产的产品色泽不均一，粒度较大而不均匀，溶化后溶液不澄清，有个别粒状悬浮物存在。应用喷雾干燥法制得的产品色泽均一，粒度均匀，尤其溶化后溶液澄清，无悬浮物，无焦屑。②原方法生产中烘干过程耗能多，粉碎过程损耗大。应用了喷雾干燥法后，由于喷出的细粉含水量小于 4%，故无需烘。耗能少，减少了烘干过程中原料损耗。可以看出，应用喷雾干燥生产冲剂，从产品质量到经济效益都有提高。

(2) 冷冻干燥技术　冻干的生物制品、药品一般均制成注射剂，因此，总是将其先配成液态制剂冻干后保存，使用时加水还原成液态供注射用。冻干过程分为三阶段即产品的预冻阶段、升华阶段及二次干燥阶段。

基本操作程序为：在冻干前，把需要冻干的产品分装在合适的容器内，一般是玻璃瓶或安瓿瓶，放置要均匀，蒸发表面尽量大而厚度尽量薄些；然后将产品放入与冻干箱尺寸相适应的金属盘内，装箱之前，先将冻干箱进行空箱降温，然后将产品放入冻干箱内进行预冻，抽空之前要根据冷凝器冷冻机的降温速度提前使冷凝器工作，抽空时冷凝器就达到−40℃左右的温度，待真空度达到一定数值后，可对箱内产品进行加热。

加热分两步进行，第一步加温不使产品的温度超过共熔点的温度，待产品内水分基本干完后进行第二步加温，这时可迅速使产品上升到规定的温度，在最高温度保持数小时后，方可结束冻干。冻干结束后，要放干燥无菌的气体进入干燥箱，然后尽快进行加塞封口，以防重新吸收空气中的水分。

(3) 微波真空干燥技术　微波真空干燥设备是微波能技术与真空技术相结合的一种新型微波能应用设备，它兼备了微波及真空干燥的一系列优点，克服了常规真空干燥周期长、效率低的缺点，在一般物料干燥过程中，可比常规方法提高工效 4～10 倍。微波真空干燥设备有干燥产量高、质量好、加工成本低等优点，其是一项集电子学、真空学、机械学、热力学、程控学等多种学科为一体的高新技术产品，是在干燥过程中对物质的物理变化、内外热质交换以及真空条件下水分迁移过程的深入研究的基础上，发展起来的一项新技术、新工艺。工业化大生产中，许多物品是不能在高温条件下进行干燥处理的，例如一些药品、化学制品、营养食品以及人参、鹿茸等高档中草药材，为了保证产品质量，其干燥处理必须在低于 100℃或在室温的条件下进行，众所周知气压降低，水的沸点也降低，如在一个大气压 (101.3kPa) 下，水的沸点是 100℃，而在 0.073atm (7.37kPa) 下，水的沸点是 40℃。在真空条件下加热物体，可使物体内部水分在无升温状态下蒸发。由于真空条件下空气对流传热难以进行，只有依靠热传导的方式给物料提供热能。常规真空干燥方法传热速度慢，效率低，并且温度控制难度大。微波加热是一种辐射加热，是微波与物料直接发生作用，使其里外同时被加热，无须通过对流或传导来传递热量，所以加热速度快，干燥效率高，温度控制容易。

发达国家在 20 世纪 80 年代时已开始进行工业化微波真空干燥设备开发，并在实际应用中取得良好的效果。法国国际微波公司用微波真空干燥设备加工无籽葡萄干，将传统工艺65℃、24h 热风烘干变为 50℃、5h 微波真空干燥，产品质量和产量都大大提高。20 世纪 90 年代后期我国开始研发微波真空设备，通过几年的努力，在 2000 年完成工业化 10kW 微波真空干燥设备研制，为制药工程、生物工程、化工工程、材料工程以及农副产品深加工提供了一种新型、高效的干燥设备。

5.8　结晶分离

5.8.1　结晶概述

　　晶体在溶液中形成的过程称为结晶。结晶的方法一般有 2 种：一种是蒸发溶剂法，它适用于温度对溶解度影响不大的物质。沿海地区"晒盐"就是利用的这种方法；另一种是冷却热饱和溶液法。此法适用于温度升高，溶解度也增大的物质。如北方地区的盐湖，夏天温度高，湖面上无晶体出现；每到冬季，气温降低，纯碱（$Na_2CO_3 \cdot 10H_2O$）、芒硝（$Na_2SO_4 \cdot 10H_2O$）等物质就从盐湖里析出来。在实验室里为了获得较大的完整晶体，常使用缓慢降低温度，减慢结晶速率的方法。

　　人们不能同时看到物质在溶液中溶解和结晶的宏观现象。但是却同时存在着组成物质微粒在溶液中溶解与结晶的两种可逆的运动，通过改变温度或减少溶剂，可以使某一温度下溶质微粒的结晶速率大于溶解速率，这样溶质便会从溶液中结晶析出。

　　在结晶和重结晶纯化化学试剂的操作中，溶剂的选择是关系到纯化质量和回收率的关键问题。选择适宜的溶剂时应注意以下几个问题：①选择的溶剂应不与欲纯化的化学试剂发生化学反应；②选择的溶剂对欲纯化的化学试剂在较高温度时应具有较大的溶解能力，而在较低温度时对欲纯化的化学试剂的溶解能力大大减小；③选择的溶剂对欲纯化的化学试剂中可能存在的杂质要么是溶解度太大，在欲纯化的化学试剂结晶和重结晶时留在母液中，在结晶和重结晶时不随晶体一同析出；要么是溶解度太小，在欲纯化的化学试剂加热溶解时，很少在热溶剂中溶解，在热过滤时被除去；④选择的溶剂沸点不宜太高，以免该溶剂在结晶和重结晶时附着在晶体表面不容易除尽。

　　在选择溶剂时必须了解欲纯化的化学试剂的结构，因为溶质往往易溶于与其结构相近的溶剂中，即"相似相溶"原理。极性物质易溶于极性溶剂，而难溶于非极性溶剂中；相反，非极性物质易溶于非极性溶剂，而难溶于极性溶剂中。这个溶解度规律对实验工作有一定的指导作用。如：欲纯化的化学试剂是个非极性化合物，实验中已知其在异丙醇中的溶解度太小，异丙醇不宜作其结晶和重结晶的溶剂，这时一般不必再用实验极性更强的溶剂，如甲醇、水等，应用实验极性较小的溶剂，如丙酮、二氧六环、苯、石油醚等。适宜溶剂的最终选择，只能用实验的方法来决定。

5.8.2　结晶理论基础

　　利用不同物质在同一溶剂中的溶解度的差异，可以对含有杂质的化合物进行纯化。所谓杂质是指含量较少的一些物质，它们包括不溶性的机械杂质和可溶性的杂质两类。在实际操作中是先在加热情况下使被纯化的物质溶于一定量的水中，形成饱和溶液趁热过滤，除去不溶性机械杂质，然后使滤液冷却，此时被纯化的物质已经是过饱和的，从溶液中结晶析出；而对于可溶性杂质来说，远未达到饱和状态，仍留在母液中。过滤，使晶体与母液分离，便得到较纯净的晶体物质。这种操作过程就叫做重结晶。如果一次重结晶达不到纯化的目的，可以进行第二次重结晶，有时甚至需要进行多次结晶操作才能得到纯净的化合物。

5.8.3　结晶相关设备与应用实例

结晶具有良好的选择性，是化工和生物技术等领域常用的制备纯物质的精制技术，有冷却法、蒸发法、盐析法和反应结晶法等。结晶分离过程是同时进行的，多相传质与传热的复杂过程，受多种因素影响。传统结晶方法，结晶时间长、效率低。当前，一些新兴的结晶技术，包括超临界流体（SCF）结晶技术、声结晶技术以及膜结晶技术等展示了显著的优点。下面详细介绍一些新兴结晶技术。

(1) 超临界流体（SCF）结晶技术　SCF 是指物质处于临界温度和临界压力以上时的特殊状态，是一种非凝聚性的高密度流体，具有独特的物理、化学性质。利用 SCF 结晶可以控制晶体的粒度，得到粒度分布均匀、纯度高的晶体，可用于制备特殊材料和结晶分离热敏性物质等。目前常用的超临界流体（SCF）结晶技术包括以下三种：第一种是超临界溶液快速膨胀结晶法（RESS）。陈鸿雁等将 RESS 技术应用于药物的微粉化，在自行设计的实验装置上，获得 $1\mu m$ 左右的灰黄霉素晶体微粒。该技术与传统的溶剂提取分离相比，具有突出的优点：分离功能强、结晶效率高、环境介质友好，对于分子极性相似、沸点与熔点相差较小、较难萃取分离的固相物质也能实现有效分离。这对天然产物有效成分分离和纯化有着重要意义。第二种是超临界流体抗溶剂结晶法（SAS），SAS 又称气体抗溶剂结晶法（GAS）和压缩气体结晶法（PCA），是指以 SCF 为抗溶剂与溶液相混合，使溶液膨胀形成微滴，在较短的时间内形成较高的过饱和度，溶质结晶析出，得到粒度分布均匀的晶体颗粒。第三种是超临界流体梯度结晶分离法，这种方法是萃取、结晶、吸附、层析等化工过程和流体扰动、重力沉降等物理过程的集成。过程特点是 SCF 拖过静态多组分溶液在预先治好的结晶器上结晶析出多组分固相物质，并呈梯度分布，产生类似于以 SCF 为展开剂的薄层层析效果，在结晶器的不同部位得到不同组分的物质。由于该过程是一个极其复杂的物理与化学过程，因此研究人员还没有得到一个统一的用于描述其过程的理论。

(2) 声结晶技术　声结晶是声化工这门交叉学科的一个分支，是应用超声波来影响、控制结晶过程的技术，以超声波影响结晶行为，提高效率，是新的结晶分离技术。该技术已受到化工、轻工、食品、生物、医药等领域的关注，成为强化结晶过程的关注焦点之一。

近几年来，关于声结晶的过程研究已得到广泛关注，成为科研机构和研究人员的热点。超声作用可以促进成核，减小过饱和溶液介稳区宽度，使晶核分布均匀，避免晶体间的聚集，在一些领域已显示出优越性。

在食品、医药、生物方面，丘泰球等报道了超声场对蔗糖溶液结晶成核过程的影响。结果表明，在超声场作用下，结晶成核过程可以在低饱和度下实现，低频超声作用下蔗糖成核诱导期比高频超声时更短，所得晶核较其他方法均匀、完整、光洁，晶粒尺寸范围分布较窄。

(3) 膜结晶技术　膜蒸馏技术自 1963 年报道以来，经过了 40 年的发展已日趋成熟，并在海水淡化、超纯水的制备、溶液的浓缩与提纯、废水的处理、共沸混合物及有机溶液的分离、果汁与蔬菜汁浓缩和中药浓缩方面得以应用。与其他过程的耦合是膜蒸馏发展的一个重要方向。膜蒸馏与结晶两种分离技术的耦合过程为膜结晶（图 5-72），作为一种新的分离技术应运而生，其原理是通过膜蒸馏来脱除溶液中的溶剂，浓缩溶

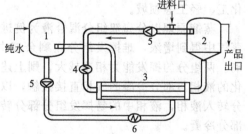

图 5-72　膜结晶过程

1—纯净水贮槽；2—料液贮槽；3—膜组件；
4—加热器；5—循环泵；6—冷凝器

液，使溶液达到过饱和而结晶。

膜结晶过程中所用的膜结晶器有两大类型：静态膜结晶器和连续式膜结晶器。

静态膜结晶器使用时，向膜管内注入高浓度的盐水，然后将膜管两端密封，将待结晶溶液置于膜管的外侧，待结晶溶液中加入沉淀剂，以减少结晶的诱导时间。这样由于在膜两侧的盐浓度的不同，膜内侧中水蒸气的分压低于膜外侧中水蒸气的分压，料液中的水不断蒸发进入另一侧，料液不断浓缩以至结晶。将料液置于外侧便于对结晶过程的观察和对膜面晶体层的清除。静态膜结晶器一般用于膜结晶过程中各参数的确定。此外应该注意到，在膜结晶过程中，膜两侧的浓度差减小，推动力不断减小。

连续式膜结晶器料液和透过液分别循环，在膜组件内部，膜两侧逆流相遇，由于料液的温度高于透过液的温度或者透过侧的溶液浓度高于料液的浓度，料液中的水分通过蒸发进入透过侧，从而使料液不断浓缩以至在料液贮槽中结晶。

5.9　蒸馏技术

5.9.1　蒸馏概述

化工生产中经常要处理由若干组分所组成的混合物，其中大部分是均相物系。生产中为了满足贮存、运输、加工和使用的要求，时常需要将这些混合物分离成为较纯净或几乎纯态的物质或组分。

蒸馏是分离液体混合物的典型单元操作。这种操作是将液体混合物部分汽化，利用其中各组分挥发度不同的特性以实现分离的目的。它是通过液相和气相间的质量传递来实现的。蒸馏过程可以按不同方法分类：按照操作方式可分为间歇蒸馏和连续蒸馏；按蒸馏方法可分为简单蒸馏、平衡蒸馏（闪蒸）、精馏和特殊精馏等。当一般较易分离的物系或对分离要求不高时，可采用简单蒸馏或闪蒸，较难分离的可采用精馏，很难分离的或用普通精馏不能分离的可采用特殊精馏。工业中以精馏的应用最为广泛。按操作压强可分为常压、加压和减压精馏；按待分离混合物中组分的数目可以分为双组分和多组分精馏。因双组分精馏计算较为简单，故常以两组分溶液的精馏原理为计算基础，然后引用于多组分精馏的计算中。在本章中将着重讨论常压下双组分连续精馏。

蒸馏在化学工业中应用十分广泛，其历史也最为悠久，因此它是分离（传质）过程中最重要的单元操作之一。

5.9.2　蒸馏理论基础

利用液体混合物中各组分挥发度的差别，使液体混合物部分汽化，并随之使蒸气部分冷凝，从而实现其所含组分的分离。蒸馏是一种属于传质分离的单元操作，广泛应用于炼油、化工、轻工等领域。

蒸馏原理以分离双组分混合液为例进行说明。将料液加热使它部分汽化，易挥发组分在蒸气中得到增浓，难挥发组分在剩余液中也得到增浓，这在一定程度上实现了两组分的分离。两组分的挥发能力相差越大，则上述的增浓程度也越大。在工业精馏设备中，使部分汽化的液相与部分冷凝的气相直接接触，以进行气液相际传质，结果是气相中的难挥发组分部分转入液相，液相中的易挥发组分部分转入气相，也即同时实现了液相的部分汽化和汽相的部分冷凝。

液体分子由于运动有从表面溢出的倾向，这种倾向随着温度的升高而增大。如果把液体置于密闭的真空体系中，液体分子继续不断地溢出而在液面上部形成蒸气，最后使得分子由液体逸出的速度与分子由蒸气中回到液体的速度相等，蒸气保持一定的压力。此时液面上的蒸气达到饱和，称为饱和蒸气，它对液面所施的压力 称为饱和蒸气压。实验证明，液体的饱和蒸气压只与温度有关，即液体在一定温度下具有一定的饱和蒸气压。这是指液体与它的蒸气平衡时的压力，与体系中液体和蒸气的绝对量无关。

将液体加热至沸腾，使液体变为蒸气，然后使蒸气冷却再凝结为液体，这两个过程的联合操作称为蒸馏。很明显，蒸馏可将易挥发和不易挥发的物质分离开来，也可将沸点不同的液体混合物分离开来。但液体混合物各组分的沸点必须相差很大（至少30℃以上）才能得到较好的分离效果。在常压下进行蒸馏时，由于大气压往往不是恰好为 0.1MPa，因而，严格说来，应对观察到的沸点加上校正值，但由于偏差一般都很小，即使大气压相差 2.7kPa，这项校正值也不过±1℃左右，因此，可以忽略不计。

5.9.3 制药行业中相关蒸馏技术与设备

蒸馏在药剂生产中应用较广，如溶剂的回收和提纯、中药挥发性成分的提取、蒸馏水的制备等。

蒸馏设备因其方法不同而有很多，这里主要介绍几种常用的蒸馏方法及其设备。

(1) 传统蒸馏技术

① 常压蒸馏　常压蒸馏是指在常压下进行的蒸馏。常压蒸馏设备简单、易于操作，与减压蒸馏相比所需温度较高，蒸馏时间较长，对某些不耐热的料液易产生影响，故主要用于耐热制剂的制备与溶剂的回收和提纯。

根据蒸馏量的不同，常压蒸馏装置分为小型常压蒸馏装置和大型常压蒸馏装置。

实验室中使用的小型常压蒸馏装置见图 5-73，其结构由蒸馏器、冷凝器、接收器等几部分组成。

药厂大量生产可用大型常压蒸馏装置（图 5-74），该设备亦由蒸馏器、冷凝器、接收器组成。蒸馏器为不锈钢的夹层锅，用蒸汽加热，其特点是容量大，结构简单，操作方便。但其加热面积较小，提纯分离效果较差。

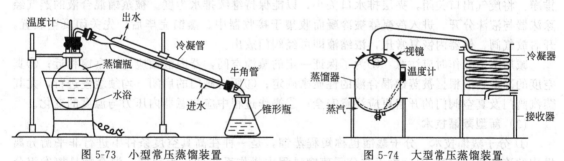

图 5-73　小型常压蒸馏装置　　　　　图 5-74　大型常压蒸馏装置

大型常压蒸馏设备操作时，用液体输送设备将待分离的混合液通过液体进出口注入，至一定容量后，关闭液体进出口阀门。接通冷凝水，缓缓开启加热蒸汽阀门，控制适量水蒸气于夹层内，使混合液保持适度沸腾。同时开启夹层排水口，以排除回汽水。混合液受热产生的蒸汽进入冷凝器冷凝成液体流入收集器中。蒸馏完成时，先关闭加热蒸汽阀门，待片刻，再关闭冷凝水，浓缩液可经液体进出口放出。蒸馏过程可自观察窗随时观察内部情况，蒸馏温度亦可由温度计读得。

② 减压蒸馏　减压蒸馏是指在减压条件下，使蒸馏液在较低温度下蒸馏的方法。减压后液面的真空度越高，液体的沸点就越低。减压蒸馏可增加蒸馏效率，降低蒸馏温度，缩短蒸馏时间，故此法适用于不耐热料液的蒸馏。

减压蒸馏设备根据蒸馏量的不同分为小型减压蒸馏装置和大型减压蒸馏装置。

　　小型减压蒸馏装置，如图 5-75 所示，该装置主要用于实验室。

　　大型减压蒸馏装置（图 5-76）由蒸馏器、冷凝器、接收器及附设的真空装置构成。蒸馏器为夹套结构，冷凝器为列管式，多以不锈钢制成。

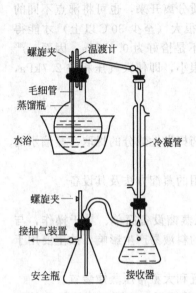

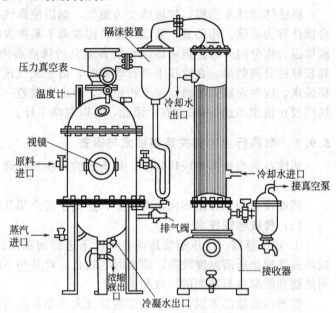

图 5-75　小型减压蒸馏装置示意图　　　　　　图 5-76　大型减压蒸馏装置示意图

　　使用时先开启真空装置，将内部部分空气抽出，然后把待蒸馏的混合液自进料口吸入器内，并继续减压至规定的范围，缓缓打开蒸汽进口，使器内料液适度沸腾。放入蒸汽的同时，应开启废气出口，以放出不凝性气体，并开启夹层排水口以排除回气水。待不凝性气体排净，将废气出口关闭，夹层排水口关小，以能保持继续排水为度。被蒸馏混合液的蒸气经除沫器与液沫分开，进入冷凝器被冷凝而收集于接收器中。蒸馏完毕后，先关闭真空装置，开启放气阀，使器内恢复常压，浓缩液即可经阀门放出。

　　减压蒸馏操作时应注意：①为了保证一定的蒸馏空间，器内液面应与观察窗相近；②真空度的高低，应根据被蒸馏混合液的性质来确定；③所有阀门的启闭，均须缓慢进行，尤其蒸汽阀门及真空阀门的开启更应注意安全；④操作过程中应注意器内压力与温度的变化。

　　（2）新型蒸馏技术

　　① 分子蒸馏技术　分子蒸馏也称短程蒸馏，是一种在高真空度条件下进行非平衡分离操作的连续蒸馏过程[33]。由于在分子蒸馏过程中操作系统的压力很低，混合物易挥发组分的分子可以在温度远低于沸腾时挥发，而且在受热情况下停留时间很短，因此该过程已成为分离目的产物最温和的蒸馏方法，特别适合于分离低挥发度、高沸点、热敏性和具有生物活性的物料[34]。目前分子蒸馏已成功地应用于食品、医药和化妆品等行业。

　　分子蒸馏是在极高的真空度下，依据混合物分子运动平均自由程的差别，使液体在远低于其沸点的温度下迅速得到分离。分子运动自由程是指一个分子与其他分子相邻两次碰撞之间所经过的路程。

　　某时间间隔内自由程的平均值称为分子运动平均自由程。平均自由程的大小与分子的平均直径和环境的温度、压力有关。环境温度越高、压力越低，分子运动平均自由程越大。图 5-77 为分子蒸馏的分离原理示意图。

　　分子蒸馏过程可分为以下四步：

a.分子从液相主体到蒸发表面在不同的设备中，如在降膜式和离心式分子蒸馏器中，分子通过扩散从液相主体进入蒸发表面，液相中的扩散速率是控制分子蒸馏速率的主要因素。因此在设备设计时，应尽量减小液层的厚度并强化液层的流动（如采用刮膜式分子蒸馏器）。

b.分子在液层表面上的自由蒸发。蒸发速率随着温度的升高而增大，但分离因数有时却随着温度的升高而减小。所以应以被加工的物质的热稳定性为前提，选择合理的蒸馏温度。

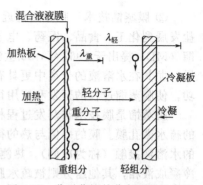

图 5-77　分子蒸馏的分离原理示意图

c.分子从蒸发面向冷凝面飞射。蒸气分子从蒸发面向冷凝面飞射的过程中，可能彼此相互碰撞，也可能和残存于蒸发面与冷凝面之间的空气分子碰撞。由于蒸气分子都具有相同的运动方向，所以它们自身的碰撞对飞射方向和蒸发速率影响不大。而残气分子在蒸发面与冷凝面之间呈杂乱无章的热运动状态，故残气分子数目的多少是影响挥发物质飞射方向和蒸发速率的主要因素。实际上只要在操作系统中建立起足够大的真空度，使得蒸气分子的平均自由程大于或等于蒸发面与冷凝面之间的距离，则飞射过程和蒸发过程就可以很快地进行，若再继续提高真空度就毫无意义了。

d.分子在冷凝面上冷凝。只要保证蒸发面与冷凝面之间有足够的温度差，冷凝面的形状合理且光滑，则冷凝步骤可以在瞬间完成，且冷凝面的蒸发效应对分离过程没有影响。

完整的分子蒸馏系统主要包括脱气系统、进料系统、分子蒸馏器、加热系统、真空冷却系统、接收系统和控制系统。分子蒸馏系统如图 5-78 所示。

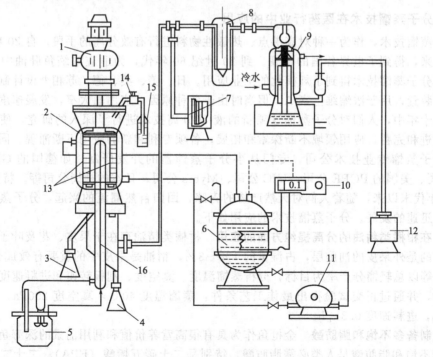

图 5-78　分子蒸馏系统

1—变速机组；2—刷膜蒸发器；3—重组分接收瓶；4—轻组分接收瓶；5—恒温水泵；6—导热油炉；7—旋转真空计；8—液氮冷阱；9—油扩散泵；10—导热油控温计；11—热油泵；12—前级真空泵；13—跨膜转子；14—进料阀；15—原料瓶；16—冷凝柱

② 膜蒸馏技术　膜分离是近 20 年迅速发展的重要化工操作单元,其应用已从早期的脱盐发展到化工、食品、医药、电子等工业的废水处理、产品分离和生产高纯水等[35]。膜蒸馏(MD)提出于 1967 年,20 世纪 80 年代开始发展,至今已在不少领域取得可喜的研究成果,尤其在水溶液的分离中更具有优越性,特别是近些年来适合膜蒸馏用的疏水膜的研制成功,使膜蒸馏过程的开发和应用得到了进一步发展。

膜蒸馏是膜技术与蒸发过程相结合的膜分离过程,其所用的膜为不被待处理的溶液润湿的疏水微孔膜。膜的一侧与热的待处理溶液直接接触(称为热侧),另一侧直接或间接与冷的水溶液接触(称为冷侧)。热侧溶液中易挥发的组分在膜面处汽化,通过膜进入冷侧并被冷凝成液相,其他组分则被疏水膜阻挡在热侧,从而实现混合物分离或提纯的目的。膜蒸馏是热量和质量同时传递的过程,传质的推动力为膜两侧透过组分的蒸气压差。因此,实现膜蒸馏必须有两个条件:膜蒸馏所用膜必须是疏水微孔膜;膜两侧要有一定的温度差存在,以提供传质所需的推动力。

根据膜下游侧冷凝方式的不同,膜蒸馏可分为四种形式:直接接触膜蒸馏(DCMD)、气隙式膜蒸馏(AGMD)、吹扫气膜蒸馏(SGMD)和真空膜蒸馏(VMD)。

目前,虽然膜蒸馏技术得到了很大的发展,其已实现小批量工业化,但还未完全实现。究其原因,膜蒸馏主要存在传质阻力较高,传质通量较小,热量主要通过热传导的形式传递,因而效率较低(一般只有 30% 左右),传质过程机理还不够完善等不足。此外,适合膜蒸馏的膜材料还比较少,且目前所用的膜材料如 PTFE 膜和 PVDF 膜成本较高,这些也都是膜蒸馏技术未能大规模工业化的主要原因。虽然膜蒸馏技术的工业化存在着诸多技术难点,但是膜蒸馏仍具有广阔的应用前景。开发出价格及性能合理的膜以及将膜蒸馏与其他一些膜过程(膜渗透)耦合使用,将会使得膜蒸馏的前景越发广阔。

5.9.4　分子蒸馏技术在医药行业中的应用

分子蒸馏技术,作为一种对高沸点、热敏性物料进行有效分离的手段,自 20 世纪 30 年代出现以来,得到了世界各国的重视。到 20 世纪 60 年代,为适应浓缩鱼肝油中维生素 A 的需要,分子蒸馏技术得到了规模化的工业应用。日、美、英、德、苏相继设计制造了多套分子蒸馏装置,用于浓缩维生素 A,但当时由于各种原因,应用面太窄,发展速度缓慢。在过去的几十年中,人们对分子蒸馏这项新的液-液分离技术进行了深入的研究,使得分离装置不断改进和完善,应用领域不断探索和拓展,各项专利和新的应用不断涌现。同时还出现了许多分子蒸馏专业技术公司,专门从事分子蒸馏器的开发研制,如德国的 GEA 公司、VTA 公司、美国的 POPE 公司、UIC 公司、Myers 公司、日本的神岗公司等。特别是从 20 世纪 80 年代末以来,随着人们对天然产物的青睐,回归自然潮流的兴起,分子蒸馏技术更是得到了迅速的发展。分子蒸馏技术的应用如下。

(1) 在柑橘类精油的分离提纯方面的应用　柑橘类精油存在于果皮、花及叶子中,但含量最丰富的是外果皮的油胞层,占湿重的 1%～3%,精油是果皮中的重要有效成分[36]。胡居吾[37] 等以总轻馏分产率为目标,分析蒸馏温度、真空度、刮板转速和进料速度对分离效果的影响,并通过正交试验得出最佳工艺条件:蒸馏温度 40℃,真空度 200Pa,刮板转速 350r/min,进料速度 0.3L/h。

(2) 制备多不饱和脂肪酸　金枪鱼作为具有很高营养价值和利用前景的深海鱼,其中富含的 ω-3 不饱和脂肪酸是人类必需脂肪酸,特别是二十碳五烯酸(EPA)、二十二碳六烯酸(DHA)具有很好的生理活性。目前很多研究报道,EPA、DHA 可提高记忆力,对心血管疾病有预防作用,对增强战胜癌细胞的能力也有积极的作用。利用分子蒸馏技术纯化鱼油 ω-3 脂肪酸时,王亚男等[38] 在蒸馏之前通过对原料油脂进行酯化处理,以降低其沸点及热敏性。在鱼油乙酯化反应中，单不饱和脂肪酸氧化程度受反应时间影响不明显；反应时间对不饱和脂肪酸的氧化程度有明显的促进作用。通过三级分子蒸馏，可以得到总 ω-3 脂肪酸含量为 70.78%、产率为 10.1% 的鱼油乙酯。

(3) 天然维生素浓缩精制　天然维生素 E 可以用富含维生素 E 的植物油或脱臭馏出物及皂脚等为原料进行生产[39]。通常是以油脂精炼脱臭馏出物为原料（一般含 VE 量为 8%～20%），将其甲酯化，然后分离出甾醇结晶，剩余物在 1.33～0.133Pa 的高真空中进行分子蒸馏，将其分为脂肪酸甲酯部分与 VE 浓缩部分。许超群等[40] 以经酯化、酯交换、冷冻结晶分离甾醇后的大豆油脱臭馏出物滤液为原料，采用高真空蒸馏耦合分子蒸馏两步法提取 VET50 产品（天然 VE 含量 50% 以上）。两步法中，通过第 1 步高真空蒸馏脱除原料液中脂肪酸甲酯，再通过第 2 步分子蒸馏提取 VET50 产品。实验考察了两步操作参数对 VE 含量的影响，并对操作参数进行了优化。结果表明，原料液中脂肪酸甲酯的存在直接影响后续分子蒸馏产品 VE 的含量，高真空蒸馏塔釜温度控制在 230℃ 较适宜，VE 产率为 97.0%；对第 1 步高真空蒸馏脱除脂肪酸甲酯的釜液进行两级分子蒸馏，蒸馏提取的 VET50 产品中 VE 含量为 51.0%；通过高真空蒸馏耦合分子蒸馏两步法提取 VET50 产品，VE 总产率约为 96.8%。

(4) 在多糖酯的分离纯化方面的应用　多糖酯（sucrosepolyester，SPE）是蔗糖分子中有 6 个以上的羟基发生酯化反应时（即酯化度 DS＝6～8）生成的一类蔗糖酯。粗产物中，除了目标产物 SPE 外，还含有表面活性剂脂肪酸钾皂、未反应的脂肪酸甲酯（FAME）、游离脂肪酸及色素等杂质。反应混合物首先用醇水混合物洗涤，然后再用乙醇或低碳烷烃洗涤，最后用分子蒸馏法处理，可得到光泽、透明、淡黄色油状的蔗糖多酯产品。

(5) 风味物质的提取　分子蒸馏技术，尤其适用于易挥发的风味物质。目前已经成功应用分子蒸馏器从果汁、山核桃、奶酪、扇贝及调味大料油等香辛料中分离获取香气成分，回收率高达 71% 以上，分离出的香气浓缩物还原性好。采用分子蒸馏技术对丁香花蕾油进行纯化分离，轻组分 Ⅰ、轻组分 Ⅱ 及重组分 Ⅱ 的产率分别为 8.4%、77.9% 及 5.8%。采用 GC-MS 法分析丁香花蕾油及其分子蒸馏所得各馏分的主要成分，结果均为 β-石竹烯、丁香酚和乙酸丁香酚酯，它们的峰面积相对百分比之和都达到 90% 以上，各馏分具有各自的特征香气，可为配方、产品开发和调香提供指导。

(6) 高碳脂肪醇的精制　高碳脂肪醇是指 20 碳以上的直链饱和一元醇，常与高级脂肪酸结合成酯存在于蜂蜡或植物蜡中。大量研究发现，高碳脂肪醇对人体及动物具有很强的生理活性。采用溶剂法精制高碳脂肪醇的工艺烦琐，而且易于造成溶剂残留，作为食品或者药品难以获得通过。若应用分子蒸馏精制，不但避免了有机溶剂对环境的污染和对人体健康的损害，而且可以极有效地脱除残留溶剂，使产品完全符合食品和药品的要求。其工艺操作安全可靠，自动化程度高，产品质量高。

(7) 有害物质的脱除　胆固醇广泛存在于一些动物脂肪中，而猪油等动物脂肪是人们的日常食物，如果摄入过多，易导致冠心病。应用分子蒸馏技术，不但成功脱除了动物脂肪中的胆固醇，而且还有效保护了脂肪中对人体有益的三酸甘油酯等热敏性物质。在油脂加工过程中，由于从油料中提取的毛油中含有一定量游离脂肪酸，影响油脂的色泽、风味及保质期。将分子蒸馏技术用于高酸值油脂脱酸，得到了色泽良好的高浓缩脂肪酸产品。

作为一种特殊的高新分离技术，分子蒸馏克服了传统分离提取方法的各种缺陷，避免了传统分离提取方法易引起环境污染的潜在危险，在天然产物的分离纯化方面工业化前景广阔。

【本章小结】　本章重点阐述了制药工艺中常见的分离方法与相应的工程设备及应用实

例，要求在理解基本分离原理的基础上能选出适合工业生产的设备。对于各种制药分离设备的优缺点需要予以重点掌握。

　　本章重点：①了解各种制药分离方法的基本原理；②掌握各种制药分离设备的基本使用方法与步骤；③掌握各种不同分离方法与设备的优缺点；④具备根据具体实例选择针对性的分离方法与设备的能力。

思　考　题

1. 对比常见的萃取方式的异同点。
2. 制药分离工程中常见的固液分离方式有几种，举例说明。
3. 简述常见的过滤介质。
4. 举例说明五种常见离心机的特点以及适用范围。
5. 对比传统的过滤方法与膜分离方法在制药工程应用中的异同。
6. 举例说明三种不同的膜分离方法的原理与适用范围。
7. 对比正向色谱与反向色谱的异同。
8. 对比气相色谱、液相色谱与逆流色谱的异同。
9. 简述常见的电泳分离法中所使用的介质。
10. 举例说明三种不同的干燥方法的原理与适用范围。
11. 简述制药分离过程中不同蒸馏方式的异同与适用范围。
12. 制药分离工程中，根据物质间极性不同进行分离的方式有哪些？举例说明。
13. 举例说明三种不同的蒸馏方式的原理与适用范围。
14. 哪些制药分离方法是多种方法耦合形成的？举例说明。（例如膜蒸馏法耦合了膜分离与蒸馏法）
15. 现有一植物中含有一水溶性的液体热敏物质，如若需要将其分离，可选用哪些制药分离方法，并简述原理。

参　考　文　献

[1] 钟方丽，王文姣，王晓林，等. 刺玫果总黄酮的双水相萃取工艺及其抗氧化能力 [J]. 林产化学与工业，2016，36 (4)：64-72.

[2] Storm S, Aschenbrenner D, Smirnova I. Reverse micellar extraction of amino acids and complex enzyme mixtures [J]. Separation and Purification Technology, 2014, 123: 23-34.

[3] Kato T, Fujimoto Y, Shimomura A, et al. DNA-mediated phase transfer of DNA-functionalized quantum dots using reverse micelles [J]. RSC Advances, 2014, 4 (101): 57899-57902.

[4] Chuo S C, Mohd-Setapar S H, Mohamad-Aziz S N, et al. A new method of extraction of amoxicillin using mixed reverse micelles [J]. Colloids and Surfaces A: Physicochemical and Engineering Aspects, 2014, 460: 137-144.

[5] 张坤，林茂，李忠琴，等. 石榴皮有效抑菌部位萃取工艺的比较分析 [J]. 安徽农业科学，2016，6：109-112.

[6] 范景辉，李志平，李海燕，等. 反胶束萃取技术在提取分离生物制品中的应用 [J]. 粮食与油脂，2016，29 (5)：9-11.

[7] 吕平. 微波辅助萃取超微粉冻干人参粉总皂苷的研究 [J]. 食品研究与开发，2016 (15)：102-105.

[8] 何宝佳，陶浩楠，魏蔚，等. 微波萃取技术提取败酱草中总黄酮的应用研究 [J]. 唐山师范学院学报，2016，38 (5)：44-46.

[9] 陈燕芹，刘红，李玉华，等. 小茴香总多酚的显色条件及微波辅助提取条件的优化 [J]. 食品工业科技，2016，8：056.

[10] 邱宁，秦静. 时间因素对微波辅助萃取山苍子精油的影响研究 [J]. 赤峰学院学报：自然科学版，2016，32 (8)：39-40.

[11] Wu L, Hu M, Li Z, et al. Dynamic microwave-assisted extraction combined with continuous-flow microextraction for determination of pesticides in vegetables [J]. Food chemistry, 2016, 192: 596-602.

[12] 孙彦. 生物分离工程. 北京：化学工业出版社，2005.

[13] 姚海云. 离心机分离效果的影响因素 [J]. 中国机械，2014 (4)：250-251.

[14] 李振威，李怀民，许珊珊，等. 卧螺离心机振动特性试验研究 [J]. 过滤与分离，2016，26 (3)：18-23.

[15] 李岩舟，陈渊，王伟，等. 上悬式制糖离心机转鼓壁厚优化 [J]. 机械设计与制造，2013 (9)：178-180.

[16]　陆斌. 三级推料离心机在硝化纤维素驱酸中的应用 [J]. 过滤与分离，2015 (4)：36-38.

[17]　李敬辉. 降低小苏打离心机湿料水分的措施 [J]. 纯碱工业，2016 (4)：30-32.

[18]　姜长广. 浅谈 GMP 药用离心机在实际应用中的技术功能 [J]. 华东科技：学术版，2013 (4)：322-322.

[19]　崔泽实，郭丽洁，王菲，等. 实验室离心技术与仪器维护 [J]. Research & Exploration in Laboratory，2016，35 (6).

[20]　Wang H，Xiong S，Cao X. 荸荠多糖的分离纯化与单糖组成分析 [J]. Medical Science，2015，43 (1).

[21]　李锦等. 生物制药设备和分离纯化技术. 北京：化学工业出版社，2003.

[22]　袁惠新. 分离过程与设备. 北京：化学工业出版社，2008.

[23]　陈国豪. 生物工程设备. 北京：化学工业出版社，2007.

[24]　陈莹，徐波，王丽萍，杨学东. 膜分离技术在现代中药制药行业中的应用 [J]. 亚太传统医药，2005，(1)：73-78.

[25]　姚日生. 制药工程原理与设备. 北京：高等教育出版社，2007.

[26]　李淑芬，姜忠义. 高等制药分离工程. 北京：化学工业出版社，2004.

[27]　郑裕国. 生物工程设备. 北京：化学工业出版社，2007.

[28]　Lim Y. Optimization of simulated moving bed chromatography：a multi-level optimization procedure // ESCAPE-14：European sympoelum on Computer Aided Process Engineering. Lisbon，Portugal，2004.

[29]　Erdem G. Abel S，Mom M. Automatic control of simulated moving beds [J]. Ind Eng Chem Res，2004，43 (2)：405-421.

[30]　Levison P R. Large-scale ion-exchange column chromatography of proteins：Comparison of different formats [J]. J Chromatogr B，2003，100：13-22.

[31]　李海兵，谢彦兵，徐晶，等. 霍香正气口服液制备工艺改进 [J]. 国际药学研究杂志，2014，41 (4)：490-492.

[32]　蔡刚，龚小英. 多西他赛注射液生产所用过滤器及其相容性的研究 [J]. 机电信息，2015 (20)：39-43.

[33]　徐婷，韩伟. 分子蒸馏的原理及其应用进展 [J]. 机电信息，2015 (8)：1-8.

[34]　邓立文，许松林. 刮膜式分子蒸馏器传热特性及壁面优化 [J]. 化工进展，2016，35 (9)：2685-2692.

[35]　郭金秀，宿树兰，李慧，等. 分子蒸馏及其耦合技术在中药及天然产物研究中的应用 [J]. 中国现代中药，2013 (1)：9-13.

[36]　王永昌，朱文波. 化工分子蒸馏设备及应用技术 [J]. 黑龙江科技信息，2015 (19)：3-3.

[37]　胡居吾，陈兆星，王璐，等. 分子蒸馏技术分离纯化脐橙果皮油的工艺研究 [J]. 生物化工，2016，2，5：1-3，7.

[38]　王亚男，徐茂琴，季晓敏，等. 分子蒸馏富集金枪鱼鱼油 ω-3 脂肪酸的研究 [J]. 中国食品学报，2014 (7)：52-58.

[39]　石铭，潘辉. 分子蒸馏技术提纯天然维生素 E 的工艺分析 [J]. 化工设计通讯，2016，42 (1)：185-186.

[40]　许超群，蔡莉，占叶勇，等. 高真空蒸馏耦合分子蒸馏两步法提取 VET50 产品的工艺 [J]. 中国油脂，2016 (6)：83-87.

[19] ...
[20] ...
[21] ...

第6章 药物制剂工艺与设备

【本章导读】 制剂的工业化生产是以制剂产品处方及生产工艺为出发点，通过各操作单元进行有机联合作业而将原料药制成药品的过程。其中生产操作的关键因素是制剂设备，其密闭性、高效性、连续化和自动化程度的高低直接影响药品质量。本章分为两部分，第一部分，首先阐述液体制剂、气体制剂、半固体制剂、固体制剂、无菌和灭菌制剂的生产原理和工艺；其次介绍口服缓、控释制剂、靶向给药系统，以及固体分散、包合和3D打印技术等内容；第二部分是对制剂机械和设备进行介绍。

6.1 药物制剂生产原理和工艺简介

6.1.1 液体制剂[1]

液体制剂临床应用广泛，包括溶液剂、糖浆剂、芳香水剂、甘油剂、酊剂、混悬剂、乳剂等。按药物分散粒子的大小，可将液体制剂分为均相液体制剂和非均相液体制剂两大类。

6.1.1.1 均相液体制剂

均相液体制剂为均匀分散体系，外观澄明。包括以下两类：

(1) 低分子溶液剂 是由低分子药物溶解于溶剂中形成的液体制剂。包括溶液剂、糖浆剂、芳香水剂、甘油剂、酊剂等。

制备方法有：溶解法、稀释法和化学反应法。

(2) 高分子溶液剂 是由高分子化合物溶解于溶剂中制成的均匀分散的液体制剂。高分子溶液剂属于热力学稳定体系。制备高分子溶液首先要经过有限溶胀过程，水分子渗入高分子化合物分子间的空隙中，与高分子中的亲水基团发生水化作用而使体积膨胀；溶胀过程继续进行，高分子完全分散在水中而形成高分子溶液，这一过程称为无限溶胀。形成高分子溶液的这一过程称为胶溶。如制备明胶溶液时，先将明胶置于水中泡浸3~4h，明胶吸水经有限溶胀后，加热并搅拌使其形成明胶溶液；甲基纤维素则需溶于冷水中完成这一制备过程；淀粉遇水立即膨胀，但无限溶胀过程必须加热至60~70℃才能完成。

6.1.1.2 非均相液体制剂

非均相液体制剂为多相分散体系，是一种不稳定的分散体系，包括混悬剂、乳剂。

(1) 混悬剂 混悬剂是指难溶性固体药物以微粒状态分散于分散介质中形成的非均匀分散的液体制剂，属于热力学不稳定的粗分散体系。混悬微粒一般在 $0.1 \sim 10 \mu m$ 之间，大者可达 $50 \mu m$ 或更大。混悬剂的分散介质大多数为水，也可用植物油。干混悬剂在临用时加入分散介质可迅速分散。

混悬剂的制备方法有：

a. 分散法 分散法是将粗颗粒药物粉碎，再加液研磨分散于分散介质中制成混悬剂的方法。生产上可用胶体磨、乳匀机等设备。

b. 凝聚法 分为物理凝聚法和化学凝聚法。

物理凝聚法主要是微粒结晶法，即将药物制成热饱和溶液，在快速搅拌下加至另一种不同性质的冷溶剂中，使其快速结晶，可形成 $10 \mu m$ 以下的微粒，再将微粒分散于介质中，即制成混悬剂。

化学凝聚法是利用化学反应使两种或两种以上的化合物生成难溶性药物微粒，再混悬于分散介质中制成混悬剂。

混悬剂为不稳定体系，为了增加其稳定性，在制备时常需加入一些稳定剂。混悬剂的稳定剂包括助悬剂、润湿剂、絮凝剂和反絮凝剂等。

(2) 乳剂　乳剂也称乳浊液，是指互不相溶的两相液体，其中一相液体以液滴状态分散于另一相液体中形成的非均相液体制剂。乳剂的基本组成是水相、油相和乳化剂。

乳剂的制备方法有：

a.油中乳化剂法　又称干胶法，即水相加到含乳化剂的油相中。先将胶粉（乳化剂）与油混合均匀，加入一定量的水，研磨成初乳，再逐渐加水稀释至全量。所用胶粉常为阿拉伯胶或阿拉伯胶与西黄蓍胶的混合物。

b.水中乳化剂法　又称湿胶法，即油相加到含乳化剂的水相中。先将胶（乳化剂）溶于水中，制成胶浆作为水相，再将油相分次加于水相中，研磨成初乳，再逐渐加水稀释至全量。

c.油相水相混合加至乳化剂法　先将油相、水相混合；阿拉伯胶置乳钵中研细，再将油水混合液加入其中，研磨成初乳，再加水稀释至全量。

d.机械法　大量配制乳剂时，将油相、水相、乳化剂混合后用乳化机械制成乳剂。常用的乳化机械主要有高速搅拌器、胶体磨、乳匀机、超声波乳化器等。

6.1.2　气雾剂、喷雾剂与粉雾剂

6.1.2.1　气雾剂

气雾剂是指药物与适宜的抛射剂封装于具有特制阀门系统的耐压密封容器中制成的制剂。使用时，借抛射剂的压力将内容物喷出。气雾剂按分散系统分类可分为溶液型、混悬型及乳剂型气雾剂。

气雾剂是由抛射剂、药物与附加剂、耐压系统和阀门系统组成的。

气雾剂的制备过程包括：容器与阀门系统的处理与装配、药物的配制与分装、安装阀门与轧紧封帽、压罐法或冷灌法填充抛射剂。

6.1.2.2　喷雾剂

喷雾剂是指原料药物与适宜辅料填充于特制的装置中，使用时借助手动泵的压力、高压气体、超声振动或其他方法将内容物呈雾状物释出，用于肺部吸入或直接喷至腔道黏膜及皮肤等的制剂。由于喷雾剂中不含有抛射剂，对大气环境无影响，目前已成为氟利昂类气雾剂的主要替代物之一。

喷雾剂的一般生产过程包括：原辅料和容器的前处理、称量、配制（浓配和稀配）、过滤、灌封、检漏、灯检、外包装等步骤。灌封前的操作要求在 C 级洁净区内完成。有些严重的烧伤用喷雾剂还应采用无菌操作或灭菌。

6.1.2.3　吸入粉雾剂

吸入粉雾剂亦称为干粉吸入剂（dry powder inhalations，DPIs），是指固体微粉化原料药物单独或与合适载体混合后，以胶囊、泡囊或多剂量贮存形式，采用特制的干粉吸入装置，由患者主动吸入雾化药物至肺部的制剂。根据吸入部位的不同，可分为经鼻吸入粉雾剂和经口吸入粉雾剂。

吸入粉雾剂由粉末吸入装置和供吸入用的干粉组成。合适的吸入装置是肺部给药系统的关键部件。

吸入粉雾剂的制备过程主要包括：原辅料的粉碎、混合和灌装等。原辅料的粉碎方法包

括机械粉碎法（气流粉碎、球磨粉碎）、喷雾干燥法、超临界流体技术、水溶胶法和重结晶法等。

6.1.3　半固体制剂

半固体制剂包括软膏剂和凝胶剂等，这里主要介绍软膏剂。

软膏剂是指药物与适宜基质混合制成的半固体外用制剂。软膏剂对皮肤、黏膜及创面主要起保护、润滑和局部治疗作用，还有些药物制成软膏剂后经透皮吸收可发挥全身治疗作用。软膏剂按分散系统可分为溶液型软膏、混悬型软膏及乳剂型软膏。

软膏剂制备工艺流程见图 6-1。

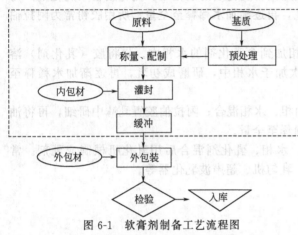

图 6-1　软膏剂制备工艺流程图
注：虚线框内代表 D 级洁净生产区域

软膏剂的制备方法可分为研合法、熔合法及乳化法。

研合法适用于由半固体和液体组分组成的软膏基质，并在常温下能与药物均匀混合。

熔合法适用于由熔点较高的组分组成的软膏基质，常温下不能与药物均匀混合。通常是先将熔点较高的基质在水浴上加热熔化，再将剩余基质按熔点高低顺序依此加入，然后加入液体成分，待全部基质熔化后再将研细药粉缓缓加入，不断搅拌至冷凝成膏状。大量制备软膏剂可在带有加热装置及电动搅拌器的器具中进行。若软膏中含有不溶性药粉，可通过软膏研磨机进一步研磨。设备常用三滚筒式软膏研磨机。

乳化法适用于制备乳剂型软膏（乳膏剂）。制备过程为：将油脂性成分（如凡士林、羊毛脂、硬脂酸、高级脂肪醇、单硬脂酸甘油酯等）加热至 80℃左右，使其熔化，用细布过滤；另将水溶性成分溶于水，加热至较油相温度略高时加入油相中，搅拌至冷凝。由于搅拌时空气混入乳膏，使软膏在贮存时稳定性减小，现多采用真空装置制备乳膏，如连续式乳膏剂制造装置和均质乳化机等。

软膏剂的包装：药厂多用软膏自动包装机包装。常用的包装容器有锡管、塑料盒、金属盒等。药厂大量生产多采用软膏管（锡管、铝管或塑料管等）包装，使用方便，密封性好，不易污染。

6.1.4　固体制剂

常见的固体剂型有散剂、片剂、胶囊剂、滴丸剂、膜剂、栓剂等，在药物制剂中约占70%。在固体剂型的制备过程中，一般情况下需要先对固体物料进行粉碎前的预处理，所谓物料的预处理是指将物料加工成符合粉碎所要求的粒度和干燥程度等。然后对处理后的物料进行粉碎、过筛、混合等单元操作，从而加工成各种剂型。对于固体剂型来说，物料的混合度、流动性、充填性显得非常重要，如粉碎、过筛、混合是保证药物的含量均匀度的主要单元操作，几乎所有的固体制剂生产都要经历。固体物料的良好流动性、充填性可以保证产品的准确剂量，制粒或助流剂的加入是改善流动性、充填性的主要措施之一。

6.1.4.1　散剂

散剂是指一种或数种药物均匀混合而制成的粉末状制剂。根据散剂的用途不同，其粒径要求有所不同，一般的散剂能通过 6 号筛（100 目，$125\mu m$）的细粉含量不少于 95%；难溶性药物、收敛剂、吸附剂、儿科或外用散剂能通过 7 号筛（120 目，$150\mu m$）的细粉含量不少于 95%；眼用散剂应全部通过 9 号筛（200 目，$75\mu m$）等。

散剂的制备工艺流程如下：

物料前处理 → 粉碎 → 过筛 → 混合 → 分剂量 → 质量检查 → 包装贮存

制备散剂需要进行粉碎、过筛、混合等单元操作，这些也适合其他固体制剂的制备过程。

① 粉碎　是将大块物料借助机械力破碎成适宜大小的颗粒或细粉的操作，常用的粉碎设备有球磨机、冲击式粉碎机、流能磨（亦称气流粉碎机）等。

② 筛分法　是借助筛网孔径大小将物料进行分离的方法。筛分法操作简单、经济而且分级精度较高，因此是医药工业中应用最为广泛的分级操作之一。

筛分用的药筛分为两种：冲眼筛和编织筛。冲眼筛是在金属板上冲出圆形的筛孔而成，其筛孔坚固，不易变形，多用于高速旋转粉碎机的筛板及药丸等粗颗粒的筛分。编织筛是具有一定机械强度的金属丝（如不锈钢丝、铜丝、铁丝等），或其他非金属丝（如丝、尼龙丝、绢丝等）编织而成，其优点是单位面积上的筛孔多、筛分效率高，可用于细粉的筛选。用非金属制成的筛网具有一定弹性，耐用，尼龙丝对一般药物较稳定，在制剂生产中应用较多。

药筛的孔径大小用筛号表示。筛子的孔径规格各国有自己的标准，我国有中国药典标准（见表 6-1）和工业标准。

表 6-1　中国药典标准筛规格

筛　号	1 号	2 号	3 号	4 号	5 号	6 号	7 号	8 号	9 号
筛孔平均内径/μm	2000 ± 70	850 ± 29	355 ± 13	250 ± 9.9	180 ± 7.6	150 ± 6.6	125 ± 5.8	90 ± 4.6	75 ± 4.1

③ 混合　把两种以上组分的物质均匀混合的操作统称为混合。混合操作以含量的均匀一致为目的，是保证制剂产品质量的重要措施之一。生产上进行混合时多采用搅拌或容器旋转方式，以产生物料的整体和局部的移动而实现均匀混合的目的。固体的混合设备大致分为两大类，即容器旋转型和容器固定型。

影响混合的因素有：物料的充填量、装料方式、混合比、混合机的转动速度及混合时间等。

④ 分剂量　将混合均匀的物料，按剂量要求分装的过程。常用方法有：目测法、重量法、容量法三种。机械化生产多用容量法分剂量。

6.1.4.2　颗粒剂

颗粒剂是将药物与适宜的辅料混合而制成的颗粒状制剂。中国药典规定的粒度范围是不能通过 1 号筛（$2000\mu m$）的粗粒和通过 4 号筛（$250\mu m$）的细粒的总和不能超过 8.0%。日本药房局还收载细粒剂，其粒度范围是 $105\sim500\mu m$。

颗粒剂的传统制备工艺流程如下：

以上过程中，药物的粉碎、过筛、混合操作完全与散剂的制备过程相同，其他工艺过程如下：

制湿颗粒：颗粒的制备常采用挤出制粒法。除了这种传统的过筛制粒方法以外，近年来许多新的制粒方法和设备应用于生产实践，其中最典型的就是流化（沸腾）制粒（也称为"一步制粒法"）。

颗粒的干燥：除了流化或喷雾制粒法制得的颗粒已被干燥以外，其他常用的方法有箱式干燥法、流化床干燥法等。

整粒与分级：一般采用过筛的方法整粒和分级。

6.1.4.3 胶囊剂

胶囊剂是指将药物盛装于硬质空胶囊或具有弹性的软质胶囊中制成的固体制剂。胶囊可分为硬胶囊剂、软胶囊剂。

（1）硬胶囊剂 硬胶囊剂的制备包括空胶囊的制备、填充物料的制备、填充、封口等工艺过程。

制空胶囊的材料一般为明胶（加适量甘油和水），也可用甲基纤维素、海藻酸钙（或钠盐）、聚乙烯醇、变性明胶及其他高分子材料。空胶囊壳的制备工艺流程如下：

溶胶 → 蘸胶（制坯）→ 干燥 → 拔壳 → 切割 → 整理

硬胶囊剂的制备工艺流程见图 6-2。

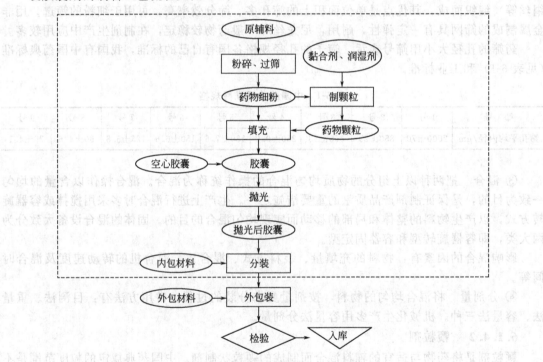

图 6-2 硬胶囊剂的制备工艺流程

注：虚线框内代表 D 级洁净生产区域

物料的处理：粉碎成适宜的粒度，加入助流剂，也可制粒。

填充方式：螺旋钻压进物料、柱塞式、自由流入、填充管。

（2）软胶囊剂 软胶囊剂有两种制备方法：滴制法和压制法。

滴制法采用双层滴头的滴丸机，以明胶为囊材，与药液分别在双层滴头的外层与内层以不同速度流出，使定量的胶液将定量的药液包裹后，滴入与胶液不相混溶的冷却液中，逐渐凝固成球形软胶囊。

压制法是将胶液制成厚薄均匀的胶片，再将药液置于两个胶片之间，用钢板模或旋转模压制软胶囊。

制备软胶囊的生产工艺流程见图 6-3。

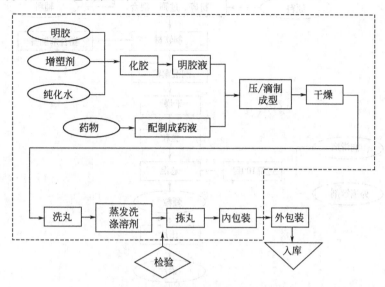

图 6-3　制备软胶囊的生产工艺流程
注：虚线框内代表 D 级洁净生产区域

6.1.4.4　片剂

片剂是指药物与辅料均匀混合后压制而成的片状制剂，其外观多为圆形，也有椭圆形、三角形、棱形等异形片。按给药途径可分为口服用片剂、口腔用片剂（舌下片、含片、口腔贴片）、皮下给药片剂（植入片）、外用片剂等。其中口服用片剂应用最为广泛，种类繁多，包括普通片、包衣片（糖衣片、肠溶衣片、薄膜衣片）、泡腾片、咀嚼片、分散片、缓释片、多层片等。

(1) 制备工艺　片剂的制备方法按制备工艺分为湿法制粒压片法、干法制粒压片法和直接压片法。压片时常用的设备有旋转式压片机、异形冲压片机、真空压片机、高速压片机等。

片剂制备工艺流程见图 6-4。

(2) 片剂的包衣　片剂包衣一般用的设备有：滚转包衣法包衣设备、悬浮包衣法包衣设备、压制包衣法包衣设备。

包糖衣工艺流程如下：

包薄膜衣工艺流程如下：

(3) 片剂的包装　片剂的包装应该做到密封、防潮以及使用方便等，分为多剂量包装和单剂量包装。多剂量包装是指把几十片甚至几百片装入一个容器，包装容器多为玻璃瓶和塑料瓶，也有用软性薄膜、纸塑复合膜、金属箔复合膜等制成的药袋。单剂量包装是将片剂单个包装，使每个药片均处于密封状态，主要有泡罩式（亦称水泡眼）包装和窄条式包装两种形式。

6.1.4.5　丸剂与微丸剂

(1) 丸剂　丸剂是指药物细粉或药材提取物中加适宜的黏合剂或辅料制成的球形或类球形制剂。丸剂的制备工艺流程见图 6-5。

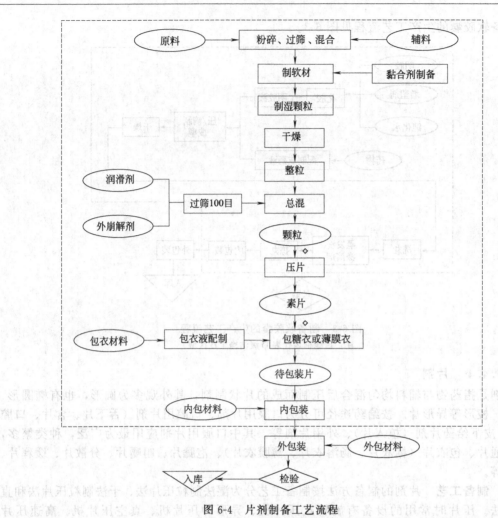

图 6-4　片剂制备工艺流程

注：虚线框内代表 D 级洁净生产区域

(2) 微丸剂　当药物粉末和辅料构成的球状实体直径小于 2.5mm 时，称为微丸或小丸。根据释放药物速度分类，主要有速释微丸与缓控释微丸。微丸的制备方法有旋转制丸法、挤出滚圆法、层积制丸法、喷雾干燥法等。速释微丸可再包肠溶衣或缓释衣层，亦可用脂蜡类物质如脂肪酸、脂肪醇及酯类、蜡类等包衣，具有肠溶、缓控释等作用。这些包衣微丸可进一步填充成胶囊或压制成片，而不改变其释放性质。近年来，随着现代微丸工艺的进步与发展，微丸在长效、控释制剂方面运用越来越多。

6.1.4.6　滴丸剂

滴丸剂是指固体、液体药物或药材提取物与基质加热熔化混匀后，滴入不相混溶的冷凝液中，收缩、冷凝而成的制剂。制备时应选择适宜的基质和冷凝剂，常用的水溶性基质有聚乙二醇 6000、聚乙二醇 4000、硬脂酸钠等，脂肪性基质有硬脂酸、单硬脂酸甘油酯等。滴丸剂的制备工艺流程见图 6-6。

6.1.4.7　膜剂

膜剂是指药物溶解或均匀分散于成膜材料中加工成的薄膜制剂。

膜剂的制备方法有：

(1) 匀浆制膜法　本法常用于以 PVA 为载体的膜剂，其工艺流程为：将成膜材料溶解

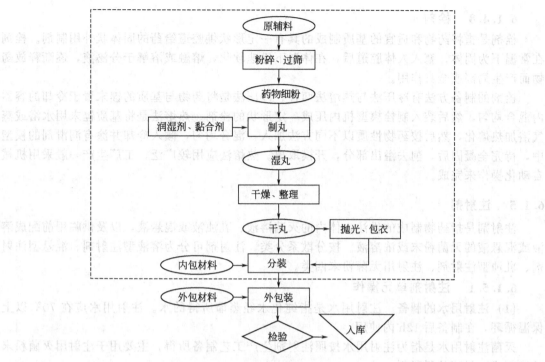

图 6-5　丸剂的制备工艺流程
注：虚线框内代表 D 级洁净生产区域

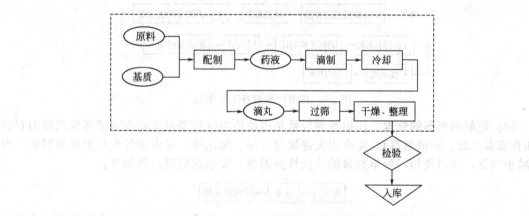

图 6-6　滴丸剂的制备工艺流程
注：虚线框内代表 D 级洁净生产区域

于水，过滤，将主药加入，充分搅拌溶解，脱气泡，用涂膜机涂膜。烘干后根据主药含量计算单剂量膜的面积，剪切成单剂量的小格。

（2）热塑制膜法　将药物细粉和成膜材料混合，用橡皮滚筒混炼，热压成膜；或将热熔的成膜材料在热熔状态下加入药物细粉，使其溶入或均匀混合，在冷却过程中成膜。

（3）复合制膜法　此法一般用于缓释膜的制备。其工艺流程为：以不溶性的热塑性成膜材料为外膜，分别制成具有凹穴的底外膜带和上外膜带，另用水溶性的成膜材料采用匀浆制膜法制成含药的内膜带，剪切后置于底外膜带的凹穴中。也可用易挥发性溶剂制成含药匀浆，以间隙定量注入的方法注入底外膜带的凹穴中。经吹风干燥后，盖上上外膜带，热封即得。

6.1.4.8 栓剂

栓剂是指将药物和适宜的基质制成的具有一定形状供腔道给药的固体状外用制剂。栓剂在常温下为固体，塞入人体腔道后，在体温下迅速软化，熔融或溶解于分泌液，逐渐释放药物而产生局部或全身作用。

栓剂的制备方法有冷压法与热熔法两种。冷压法是将药物与基质的锉末置于冷却的容器内混合均匀，然后装入制栓模型机内压成一定形状的栓剂。热熔法是将基质锉末用水浴或蒸气浴加热熔化，然后按药物性质以不同方法加入，混合均匀，倾入冷却并涂有润滑剂的模型中，待完全凝固后，削去溢出部分，开模取出。热熔法应用较广泛，工厂生产一般采用机械自动化操作来完成。

6.1.5 注射剂

注射剂是指药物制成的供注入体内的灭菌溶液、乳浊液或混悬液，以及供临用前配成溶液或混悬液的无菌粉末或浓溶液。按分散系分类，注射剂可分为溶液型注射剂、混悬型注射剂、乳浊型注射剂、注射用无菌粉末四类。

6.1.5.1 注射剂单元操作

(1) 注射用水的制备　注射用水是指纯化水经蒸馏所得的水。注射用水应在 70℃ 以上保温循环，在制备后 12h 内使用。

灭菌注射用水是指为注射用水按照注射剂生产工艺制备所得，主要用于注射用灭菌粉末的溶剂或注射液的稀释剂。

注射用水制备工艺流程见图 6-7。

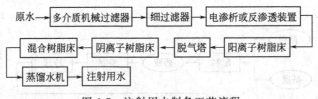

图 6-7　注射用水制备工艺流程

(2) 注射剂容器的处理　注射剂的容器是由硬质中性玻璃制成的安瓿或其他式样的容器（如青霉素小瓶、输液瓶等）。也有用无毒聚氯乙烯、聚乙烯、聚丙烯等塑料制成的容器。为了减少污染，还可使用一种单剂量的一次性注射器。安瓿的处理过程如下：

割圆 → 洗涤 → 干燥和灭菌

(3) 配制　在进行液体制剂生产时，先要将主药、辅药和其他添加剂在配液罐中溶解配制成溶液，大量生产可选用夹层配液锅并装配搅拌器，可通蒸汽加热，也可通冷水冷却。配制药液容器的材料有中性硬质玻璃、搪瓷、耐酸耐碱陶瓷、不锈钢及无毒聚乙烯塑料、聚氯乙烯塑料等。

配制方法：质量好的原料可采用稀配法，即将原料药加入所需溶剂中（用稀配罐），一次配成所需的浓度。质量较差的原料，采用浓配法，即将全部原料药加入部分溶剂中（用浓配罐），配成浓溶液，加热过滤，必要时也可冷藏后过滤，然后稀释至所需浓度。

(4) 注射液的滤过　滤过是保证注射液澄明的关键操作。注射剂生产中常用的滤过器有垂熔玻璃滤器、微孔滤膜滤器、砂滤棒、板框式压滤器等，应根据它们的性能和用途合理选用。垂熔玻璃滤器常用于注射液的精滤或膜滤器前的预滤，砂滤棒目前多用于粗滤。注射剂生产中，一般注射液的过滤，可将微孔滤膜过滤器串联在常规滤器后作为末端精滤之用。

注射剂生产中的滤过，一般采用粗滤与精滤相结合的方法，过滤装置有高位静压滤过装置、减压滤过装置和加压滤过装置等。

(5) 注射液的灌封 滤过的药液经检查合格后立即灌封，以减少污染。灌封室是注射剂制备的关键区域，必须严格控制环境的洁净度。

小容量注射液的灌封：大量生产多采用机械灌封，如采用安瓿自动灌封机。灌装时灌注针头及药液不得碰到安瓿瓶口。灌封中常出现剂量不准、封口不严、焦头、瘪头、鼓泡等。产生焦头的原因有：灌药时给药太急，溅起药液在安瓿壁上，密封时形成炭化点；针头往安瓿里注药后，针头不会立即回药，尖端还带有药液水珠；针头安装不正，尤其安瓿粗细不均，注药时药液沾瓶；压药与针头注药的行程配合不好，造成针头刚进瓶口就给药或针头临出瓶口时才给完药；针头升降轴不够滑润，针头起落迟缓等，都会造成焦头。

易氧化药物溶液在灌注时，需向安瓿中通入惰性气体，以取代安瓿中的空气，常用的惰性气体有氮气和二氧化碳。

输液的灌封：由药液灌注、加膜隔离、塞胶塞和轧铝盖四步组成，即将药液灌至刻度，立即将隔离膜平放在瓶中央，对准瓶口压入胶塞，翻下帽口，压上铝盖扎紧密封。药厂生产中多用旋转式自动灌封机、自动翻塞机、自动落盖轧口机完成整个灌封过程，可进行联动化机械化生产。

(6) 注射液的灭菌和检漏 熔封后的安瓿应立即进行灭菌，一般注射剂从配液到灭菌不应超过 12h。灭菌方法与灭菌时间应根据药物的性质来选择，既要保证灭菌效果，又要保证注射剂的稳定性，必要时可采取几种灭菌方法联合使用。

检漏：检漏方法很多，如可将灭菌后的安瓿趁热浸入有色溶液中，当冷却时，由于漏气，安瓿内部压力降低，有色溶液可由孔隙进入，使药液染色而被检出。此外还有减压着色法。

6.1.5.2 注射剂制备工艺流程

小容量溶液型注射剂的制备工艺流程见图 6-8。输液的制备工艺流程见图 6-9。

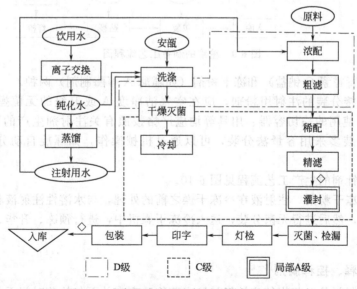

图 6-8 小容量溶液型注射剂的制备工艺流程

(1) 注射用无菌粉末 凡对热敏感或在水溶液中不稳定的药物，均应采用无菌操作法将它们制成注射用无菌粉末。根据药物的性质和生产工艺的不同，注射用无菌粉末可分为无菌

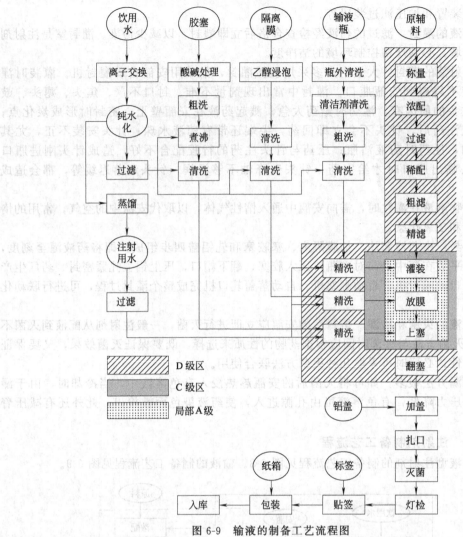

图 6-9　输液的制备工艺流程图

分装（如注射用青霉素 G 钠盐）和冻干粉剂（如辅酶 A 等酶制剂）两种。

　　无菌粉末直接分装的注射用粉剂，应在空气洁净度 A 或 B 级的无菌操作室内进行分装。无菌分装所使用的一切容器、用具等均应严格按照有关注射剂生产的要求进行处理。无菌粉末直接分装多采用容量法分装，可以通过机械操作，如螺旋自动分装机、气流分装机等。

　　无菌分装粉针剂的生产工艺流程见图 6-10。

　　（2）注射用冻干粉剂　注射液在冷冻干燥之前的处理，与水溶性注射液相同，药液配制后进行无菌过滤，然后进行无菌分装，送入冷冻干燥机中，进行预冻、升华、干燥，最后取出封口即得。

6.1.6　口服缓释、控释制剂[2~4]

　　缓释、控释制剂是以药物的疗效仅与体内药物浓度有关而与给药时间无关这一概念为基础发展的第三代剂型，不需频繁给药就能在较长时间内维持体内有效的药物浓度，又称为缓释控释给药系统（sustained and controlled release drug delivery system）。缓释制剂作为控释制剂的初级剂型，是指通过适当的方法，延缓药物在体内的释放、吸收、分布、代谢和排

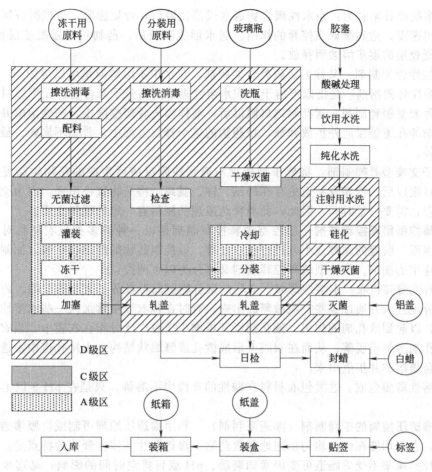

图 6-10　无菌分装粉针剂制备工艺流程图

泄过程，从而达到延长药物作用的一类制剂，常为一级释药过程。控释制剂是指在缓释制剂的基础上进一步发展，使药物从制剂中以受控形式恒速（以零级或接近零级速度）释放至作用器官或特定靶器官而发挥治疗作用的一类制剂。迟释制剂是指在给药后不立即释放药物的制剂，包括肠溶制剂、结肠定位制剂和脉冲制剂等。

6.1.6.1　缓释、控释制剂的特点

① 减少给药次数，提高病人的依从性。

② 保持平稳而有效的血药浓度，提高了药物的安全性和有效性。

③ 降低药物对胃肠道的不良反应。

④ 服用方便：口服液体缓释、控释给药系统适合特大剂量药物制成液体制剂，可根据个体对剂量的不同需求进行分剂量。

⑤ 给药方案缺乏灵活性，遇到特殊情况时不能立刻停止治疗。

⑥ 制剂处方常常是按正常人的动力学参数进行设计的，并未考虑患者，而药物在疾病状态的体内动力学特性可能会有所改变。

⑦ 生产设备和工艺复杂，较之常规制剂价格昂贵。

6.1.6.2　口服缓释制剂的几种基本结构类型

（1）骨架控制型缓释控释制剂　药物以分子、微晶或微粒的形式均匀分散在载体材料中，形成整体结构的骨架型缓释控释制剂。这类制剂又可分为以下四类：

a.亲水凝胶骨架制剂：亲水性聚合物遇水或消化液后，骨架膨胀，形成凝胶屏障而控制药物的溶出速度，达到缓释或控释的作用。遇水形成凝胶后，药物可通过凝胶层扩散释放，也可随着凝胶层的逐步溶蚀而释放。

b.溶蚀性骨架制剂：又称为蜡质类骨架制剂，在水中不溶解但是可以溶蚀。

c.不溶性骨架制剂：是指以不溶于水或水溶性极小的高分子聚合物、无毒塑料为骨架材料制备的骨架型缓释制剂。这类制剂口服以后，液体渗入骨架空隙中，药物溶解并通过骨架中错综复杂的孔道缓慢向外扩散释放，在药物的整个释放过程中，骨架不崩解，最终从粪便中排出体外。

d.离子交换型骨架制剂：将离子型药物与离子树脂反应后生成的药物树脂复合物，这种复合物口服以后，依靠胃肠道中存在的钠、钾、氯离子将药物置换出来，因为交换过程为一平衡过程，需要一定时间，因此，此类释药原理的制剂有一定的缓释作用。

(2) 膜控型缓释控释制剂　膜控型缓释控释制剂是以一种或多种包衣材料对片剂的颗粒、片剂表面、胶囊的颗粒或小丸进行包衣处理，以控制药物的溶出和扩散，而制成的延缓药物释放速率的制剂。膜控型缓释控释制剂又可分为以下两类：

a.不溶性薄膜包衣：不溶性薄膜上交联的聚合物链间存在分子大小的空隙，药物分子经过溶解、分配进入并通过这些空隙被释放出来。有时在包衣液中常加入一些水溶性物质或不溶性成分，以起到致孔剂的作用。致孔剂以其极细小微粒广泛分布在衣膜中，当衣膜与水接触后，致孔剂溶解或脱落，从而在衣膜上形成微孔或海绵状结构，水从孔道中渗透到制剂内芯，导致药物溶解并扩散出来。

b.肠溶性薄膜包衣：这类包衣材料在酸性的胃液中不溶解，只是在 pH 5 以上的肠液中溶解。

(3) 渗透压控制的控释制剂（渗透泵制剂）　利用渗透压原理可制成口服渗透泵片和渗透植入剂，它们均能在体内均匀恒速地释放药物。渗透泵片在体内释药的特点是：除均匀恒速外，其释药速率不受胃肠道可变因素如蠕动、pH 或胃排空时间的影响，是迄今为止口服控释制剂中最为理想的一种。

其他还有控制溶解给药系统等，应用控制溶解原理设计和适当技术将药物制成具有缓释作用的制剂。

6.1.7　靶向给药系统

靶向给药系统（TDS）是指载体将药物通过局部给药或全身血液循环选择性地浓集于靶器官、靶组织、靶细胞或细胞内结构的给药系统。其设计目的是提高药物疗效、降低毒副作用，提高药品的安全性、有效性、可靠性和患者的顺从性。

靶向给药系统可分为被动靶向、主动靶向和物理化学靶向制剂三类。

① 被动靶向制剂是指一些微粒型给药系统，经静脉注射进入体内后即被巨噬细胞作为外界异物吞噬，靶向到肝、脾等网状内皮细胞丰富的组织中。脂质体、（注射）乳剂、微球、纳米球和纳米囊等属于被动靶向制剂。

② 主动靶向制剂是指用修饰药物的载体作为"导弹"，将药物定向地运送到靶区、浓集而发挥药效。载体可以是受体的配体、单克隆抗体，也可以是对体内某些化学物质敏感的高分子物质等。利用抗原-抗体、受体-配体之间的特异性识别机制达到主动靶向特定细胞的作用，具有较强选择性和专一性。其中抗体型主动靶向制剂是在分子水平上识别靶细胞表面抗原，其靶向效果取决于给药系统表面抗体的活性、细胞表面抗原的表达数量和稳定程度。这类给药系统有脂质体膜表面修饰有特异性抗体的免疫脂质体，抗体吸附或交连于微球表面而形成的免疫微球、免疫纳米粒、免疫型药物-高分子复合物等。配体型主动靶向给

药系统是在分子水平上识别靶细胞表面受体，其靶向效果取决于给药系统表面配体的活性、细胞表面受体的表达数量和活性程度。常作为靶点的受体有：糖基（半乳糖、甘露糖）受体、叶酸受体、转铁蛋白受体等。这类给药系统有配体型脂质体、配体型药物-高分子复合物等。

③ 物理化学靶向制剂是指利用某些物理和化学方法使靶向制剂在特定部位发挥药效。例如磁性靶向制剂、热敏靶向制剂、pH 敏感靶向制剂、栓塞靶向制剂等。

6.1.8　微球与微囊[5]

6.1.8.1　微球的制备方法

制备微球的方法有加热固化法、加交联剂固化法、液中干燥法、照射聚合法。制备过程中往往先用乳化法把药物分散成 W/O 或 O/W 小乳滴，再使乳滴固化形成微球。药物包封入微球时，可将药物先分散于载体材料中，再制备成微球，也可先制备多孔性空白微球，再加入药物溶液使药物包封进入空白微球。微球包封药物的方法与药物的理化性质有关。

(1) 加热固化法　系将药物与 25% 白蛋白水溶液混合，加到含适量乳化剂的棉籽油中，制成 W/O 型初乳。另取适量油加热至 100～130℃，也可根据药物性质与释放速度要求不同，加热至 160～180℃，在搅拌下将上述初乳加入热油中，继续搅拌 20min，使白蛋白乳滴固化载体，洗去附着的油，干燥后即得。

(2) 加交联剂固化法　加热固化法往往会导致热敏感性药物分解，如用加热法制备阿霉素白蛋白微球，工艺温度达 100℃ 以上会导致药物大量分解。加交联剂固化法可以克服加热固化法的缺点。但也应当注意有些药物对交联剂敏感，如用戊二醛进行化学交联，带有氨基的药物如甲胺蝶呤（MTX）可与戊二醛反应而失去抗癌活性。加交联剂固化法制备微球有如下几种方式：

a.将药物分散于载体材料的溶液中，加入交联剂固化成凝胶状，再搅拌分散成微球分散系。

b.将药物分散在载体材料溶液中，乳化成 W/O 型乳浊液，再加交联剂使微滴的油水界面交联成固体微球，洗涤即得。

c.将药物分散在载体材料的溶液中，然后滴加到含分散剂的有机溶剂中，加入交联剂固化，分离，洗掉有机溶剂即得。

(3) 液中干燥法　从乳浊液中除去分散相挥发性溶剂制备微球的方法称为液中干燥法。多种化学结构不同的聚合物都可用作液中干燥法制备微球的材料，这里将着重讨论可生物降解聚酯类微球的制备方法。下面以聚乳酸（polylactic acid，PLA）和乳酸-羟基乙酸共聚物（polylactic glycolic acid，PLGA）为例介绍这种制备工艺。

在制备微球的过程中，聚合物材料溶解有机溶剂，而该有机溶剂与水不相混溶，药物则溶解于水相（水溶性药物）或油相（脂溶性药物）中，将油水两相混合并乳化，形成小乳滴。混合时，有机溶剂首先扩散进入水相，然后在水/空气界面挥发进入空气相，随着有机溶剂的挥发，乳滴开始硬化，用合适的方法干燥，即可制得微球。

聚乳酸微球一般采用 O/W 型制备方法。常用的挥发性溶剂应在水中微溶，溶解度＜10%，且正常沸点低于 100℃，一般采用二氯甲烷、三氯甲烷、丙酮、氯乙烯、乙酸甲酯和乙醚。最常用的挥发溶剂为 CH_2Cl_2，在水中溶解度约为 2%，正常沸点为 38.5℃。聚合物在界面的迅速沉积对载体具有重要作用。在 $CHCl_3$ 中加入能够与水混溶的丙酮、乙醇或二甲亚砜作潜溶剂，增大聚合物在界面的沉积速率，可提高微球的包封率。

(4) 照射聚合法　将含药或不含药的具有聚合能力的分子单体溶液，用 γ-射线照射、诱发聚合反应制备微球的方法称为照射聚合法。辐射交联法的特点是工艺简单、成型容易，但一般仅适用于水溶性药物，并需有辐射条件。

6.1.8.2 微囊的制备方法

微囊的制备方法分为物理化学法、化学法和物理机械法。

(1) 物理化学法 本法微囊化在液相中进行，囊心物与囊材在一定条件下形成新相析出，故又称为相分离法。其微囊化步骤大体上可分为囊心物的分散、囊材的加入、囊材的沉积、囊材的固化四步。

a. 单凝聚法 单凝聚法是相分离法中较常用的一种，它是在高分子囊材（如明胶）溶液中加入凝聚剂，以降低高分子材料的溶解度而凝聚成囊的方法。

凝聚囊的固化可利用囊材的理化性质不同而选择不同的交联剂。如 CAP 为囊材时，可利用 CAP 在强酸介质中不溶解的特性，当凝聚成囊后，立即加入强酸性介质进行固化。如以明胶为囊材时，可加入甲醛固化，这是因为甲醛与明胶发生胺缩醛反应，使明胶分子相互交联而固化。

单凝聚法常用的囊材有明胶、CAP、乙基纤维素、苯乙烯-马来酸共聚物等。

以明胶为囊材，单凝聚法制备微囊的工艺流程如图 6-11 所示：

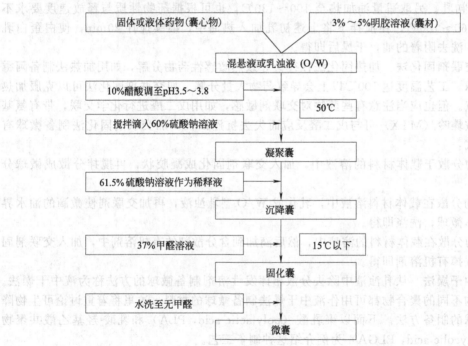

图 6-11 单凝聚法制备微囊的工艺流程示意图

b. 复凝聚法 复凝聚法是指使用两种带相反电荷的高分子材料作为复合囊材，在一定条件下交联且与囊心物凝聚成囊的方法。可作为复合材料的有明胶与阿拉伯胶（或 CMC 或 CAP 等）、海藻酸盐与壳聚糖、海藻酸与白蛋白、白蛋白与阿拉伯胶等。复凝聚法是经典的微囊化方法，操作简便、易于掌握，适合于难溶性药物的微囊化。

c. 溶剂-非溶剂法 溶剂-非溶剂法是囊材溶液中加入一种对囊材不溶的溶剂（非溶剂），引起相分离，而将药物包裹成囊的方法。常用的囊材、溶剂与非溶剂：乙基纤维素/四氯化碳/石油醚等。药物可以是固态或液态，但必须在溶剂和非溶剂中均不溶解，也不起反应。

(2) 化学法 利用单体或高分子在溶液中通过聚合反应或缩合反应，产生囊膜，制成微囊，这种微囊化方法称为化学法。本方法的特点：不加凝聚剂，常先制备成 W/O 型乳浊液，再利用化学反应交联固化。常用的化学方法主要有界面缩聚法和化学辐射法。

(3) 物理机械法　本方法是将固体或液体药物在气相中进行微囊化。根据其所使用的机械和成囊方式不同，又可以分为以下几种方法。

　　a.喷雾干燥法　喷雾干燥法又称为液滴喷雾干燥法。喷雾干燥法是将囊心物分散在囊材的溶液中，再将此混合液用喷雾干燥机干燥，当液体以雾状喷出时（干燥机内专用装置），同时喷出的惰性热气流使液滴收缩成微囊，进而干燥固化。喷雾干燥法制备得到的微囊直径为 $5\sim600\mu m$，近似圆形。成品为质地疏松、可流动的干粉。影响喷雾干燥制备微囊工艺的因素包括混合液的黏度、均匀性、药物与囊材的浓度、喷雾的速率和进、出口温度等。

　　b.喷雾凝结法　将囊心物分散在熔融的囊材中，再喷于冷气流凝聚成囊的方法，称为喷雾凝结法。常用的囊材有蜡类、脂肪酸和脂肪醇等，它们在室温下均为固体，而在较高温度下能熔化为液体。

　　c.空气悬浮法　空气悬浮法也称流化床包衣法，是利用垂直强气流使囊心物悬浮在包衣室中，囊材溶液通过喷嘴喷射于囊心物表面，使囊心物悬浮的热气流将溶剂挥干，囊心物表面便形成囊材薄膜而得到微囊。本法制得的微囊粒径较大，$35\sim5000\mu m$。

6.1.9　纳米粒[6~9]

纳米粒（nanoparticles）是纳米球与纳米囊的统称，是粒径大小介于 $10\sim200nm$ 的载药固态胶体颗粒。纳米球（nanospheres）是指药物被溶解、分散或被吸附在药物基质如高分子聚合物中形成的骨架型球形纳米粒。纳米囊（nanocapsules）是将固体药物或液体药物作囊心物包裹形成的药库型球形纳米粒。

纳米粒主要包括聚合物纳米球与纳米囊、药质体、脂质纳米粒、纳米乳和聚合物胶束。制备纳米载体药物的材料主要有聚乳酸、聚乙醇酸、聚乙烯醇、甲壳素、聚丙烯酸酯类以及它们的共聚物等。

6.1.9.1　纳米粒的制备

药物被包封成纳米粒或纳米囊后，一般要进一步制备成适宜剂型如悬浊液型注射剂或口服液供临床应用。

纳米粒的制备方法有化学聚合法（包括乳化聚合法和高分子聚合法）、液中干燥法、自动乳化溶剂扩散法等。

(1) 化学聚合法

①　化合物单体聚合法　此法将单体分散于含乳化剂的水相中，单体遇引发剂分子或高能辐射发生聚合，形成胶团或乳滴，相分离后形成固态纳米球。以水作连续相的乳化聚合法是目前制备纳米粒常用的方法。在聚合反应终止后，一个固态纳米粒通常由 $10^3\sim10^5$ 个聚合物分子组成。

②　天然高分子聚合法

　　a.白蛋白纳米球　制备基本步骤是：$200\sim500g/L$ 的白蛋白同药物（或同时还有磁性粒子）溶入或分散入水中，作水相，在 $40\sim80$ 倍体积的油相中搅拌或超声乳化得 W/O 型乳浊液。将此乳浊液快速滴加到 $100\sim200mL$ 的热油中（$100\sim180℃$）并保持 10min。白蛋白变性，形成含有水溶性药物（或磁性粒子）的纳米球。

　　b.明胶纳米球　例如，丝裂霉素纳米球的制备：将 1.8mg 丝裂霉素溶于 3mL 浓度为 300g/L 的明胶溶液中，加入到 3mL 芝麻油，搅拌，乳化。将形成的乳浊液在冰浴中冷却，使明胶乳滴完全胶凝，再用丙酮稀释，用 50nm 孔径的滤膜过滤，弃去滤渣。用丙酮洗去滤液中纳米球上的油，加 10％甲醛的丙酮溶液 30mL 使纳米球固化 10min，然后再用丙酮洗，在空气中自然干燥，即得丝裂霉素纳米球。

(2) 液中干燥法　从乳浊液中除去分散相挥发性溶剂制备纳米粒的方法称为液中干燥法。液中干燥法既可制备微球，也可制备纳米粒。纳米粒的粒径取决于溶剂蒸发之前形成乳滴的粒径，可通过搅拌速率、分散剂的种类和用量、有机相及水相的量和黏度、容器及搅拌器的形状和温度等因素来控制纳米粒的粒径。

(3) 自动乳化溶剂扩散法　自动乳化溶剂扩散法是将一种既可溶于有机相又可溶于水相的混溶性溶剂如丙酮与聚合物一起加入到油相中，制备成 O/W 型乳剂，在外界减压下，混溶性溶剂迅速扩散进入水相，使水相及有机相间的界面张力明显降低。相界面的骚动增大了界面积，使有机相液滴粒径进一步减小，形成纳米乳滴，自动乳化。在形成的纳米球表面吸附的助分散剂聚乙烯醇分子可阻止搅拌时纳米球的粘连与合并，丙酮进一步从纳米球扩散出来，而水扩散进入纳米球内，引起聚合物在纳米球内沉积。经一定时间后，油相中有机溶剂挥发，乳滴在水中固化形成纳米球。该法既可包封水溶性药物，也可包封非水溶性药物。

6.1.9.2　药质体与固体脂质纳米粒

(1) 药质体（pharmacosomes）　药质体是药物通过共价键与脂质结合后，在介质中由于溶解性的改变而自动形成的胶体颗粒。根据药物与脂质结合的化学结构不同，药质体可以球形或近似球形的颗粒形式存在，一般粒径范围在 10～200nm。

药质体是由两亲性药物与脂质材料通过化合键结合形成纳米粒。药质体中的药物既为活性成分又可充当药物载体，因而具有独特的优点，能避免药物从纳米粒中泄漏。

药物一般为弱碱性化合物，通常可根据药物的结构采取不同方式与脂质分子进行酯化，其目的是得到具有两亲性质的前体化合物。目前常用的药质体制备方法有薄膜分散法，乙醇分散法，高压匀化法，液中干燥法和冷却法等。

(2) 固体脂质纳米粒（solid lipid nanoparticles，SLN）　固体脂质纳米粒是指利用固态的天然植物油或合成的类脂，如卵磷脂、甘油三酯等为载体，将药物直接包裹于类脂核中，制成粒径为 10～200nm 的固体胶体颗粒。固体脂质纳米粒的研究始于 20 世纪 70 年代，其制备工艺简单，稳定性好，可选择性蓄积于炎症及肿瘤部位。存在的主要问题是脂质纳米粒对脂溶性差的药物包封率不高，稀释后易泄漏。

6.1.10　纳米/亚纳米乳

纳米乳（nanoemulsion，曾称微乳 microemulsion）是粒径为 10～100nm 的乳滴分散在另一种液体中形成的胶体分散系统，其乳滴多为球形，大小比较均匀，透明或半透明，经热压灭菌或离心也不能使之分层，通常属热力学稳定系统。纳米乳也不易受血清蛋白的影响，在循环系统中的寿命很长，在注射 24 h 后油相 25％以上仍然在血中。

亚纳米乳（subnanoemulsion）粒径在 100～500nm 之间，外观不透明，呈浑浊或乳状，稳定性也不如纳米乳，虽可热压灭菌，但加热时间太长或需数次加热，也会分层。亚纳米乳曾称亚微乳。亚纳米乳的粒径较纳米乳大，但较普通乳剂的粒径（1～100μm）小，故亚纳米乳的稳定性也介于纳米乳与普通乳之间。

6.1.10.1　常用乳化剂与助乳化剂

(1) 天然乳化剂　如多糖类的阿拉伯胶、西黄蓍胶及明胶、白蛋白和酪蛋白、大豆磷脂、卵磷脂及胆固醇等。这些天然乳化剂降低界面张力的能力不强，但它们易形成高分子膜而使乳滴稳定。

(2) 合成乳化剂　有离子型和非离子型两大类。纳米乳常用非离子型乳化剂，如脂肪酸山梨酯（亲油性）、聚山梨酯（亲水性）、聚氧乙烯脂肪酸酯类（商品名 Myrj，亲水性）、聚氧乙烯脂肪醇醚类（商品名 Brij，为亲水性）、聚氧乙烯聚氧丙烯共聚物类（聚醚型，商品名 poloxamer 或 pluronic）、蔗糖脂肪酸酯类和单硬脂酸甘油酯等。

(3) 助乳化剂　助乳化剂可调节乳化剂的 HLB 值，并形成更小的乳滴。助乳化剂常为短链醇或适宜的非离子型表面活性剂。常用的有正丁醇、乙二醇、乙醇、丙二醇、甘油、聚甘油酯等。

6.1.10.2　纳米乳的制备

纳米乳处方的必需成分通常是油、水、乳化剂和助乳化剂。纳米乳的形成需要大量乳化剂，乳化剂的用量一般为油量的 20%～30%，而普通乳中乳化剂多低于油量的 10%。助乳化剂的作用是可插入到乳化剂界面膜中，形成复合凝聚膜，提高膜的牢固性和柔顺性，又可增大乳化剂的溶解度，进一步降低界面张力，有利于纳米乳的稳定。助乳化剂可调节乳化剂的 HLB 值，使之符合油相的要求。

由于纳米乳需要较大量的乳化剂，常常通过制作经典的三元相图（以乳化剂/助乳化剂、水、油作三组分的相图），确定乳化剂及其他各成分的用量。通常制备 W/O 型纳米乳比 O/W 型纳米乳要容易。

6.1.10.3　亚纳米乳的制备

亚纳米乳常作为胃肠外给药的载体，其特点包括：提高药物稳定性、降低毒副作用、提高体内及经皮吸收、使药物缓释、控释或具有靶向性。

通常亚纳米乳的粒径应比微血管（内径 4μm 左右）小才不会发生栓塞。一般亚纳米乳要使用两步高压乳匀机将粗乳捣碎，并滤去粗乳滴与碎片。

如药物或其他成分易于氧化，则制备的各步都在氮气氛下进行，如有成分对热不稳定，则采用无菌操作。

为了获得稳定的亚纳米乳，可使用混合乳化剂，如磷脂和非离子型 poloxamer 作为混合乳化剂，在油-水界面可能形成了 poloxamer 与磷脂的复合凝聚膜，可提高亚纳米乳剂的稳定性。处方中还可加入一定量的稳定剂，如油酸，起到增大膜的强度、使药物溶解度增大，使亚纳米乳的 ζ 电位绝对值升高等作用，有利于亚纳米乳的稳定。处方中常用的其他附加剂还有 pH 值调节剂、张力调节剂、抗氧化剂或还原剂等。除静注用亚纳米乳外，有时还需加入防腐剂及增稠剂。

6.1.11　脂质体

脂质体是由脂质双分子层组成，内部为水相的闭合囊泡。脂质体的大小可以从几十个纳米到几十个微米，在脂质体的水相和膜内可以包裹多种物质。脂质体的双分子层结构与天然细胞膜类似，其化学成分主要是类脂。类脂是脂的衍生物，动物细胞膜中的类脂主要是磷脂和胆固醇，植物细胞膜中的类脂主要是磷脂和植物甾醇。脂质体还可以完全由人工合成的脂质组成，以改善它们的物理化学性质和生物学性质。

目前制备脂质体的方法颇多，这里只介绍常用的几种方法。

(1) 薄膜分散法　将磷脂等膜材溶于适量的氯仿或其他有机溶剂，脂溶性药物可加在有机溶剂中，然后再减压旋转蒸发除去溶剂，使脂质在器壁形成薄膜，加入含有水溶性药物的缓冲液，进行振摇，则可形成大多层脂质体，其粒径范围 1～5μm。然后可用各种能使粒径匀化的方法，如超声、振荡、French 挤压法等分散匀化薄膜法形成的类脂膜，即可形成脂质体。

(2) 逆相蒸发法　将磷脂等膜材溶于有机溶剂如氯仿、乙醚等，加入待包封药物的水溶液［水溶液：有机溶剂＝(1:3)～(1:6)］进行短时超声，直至形成稳定的 W/O 型乳化剂，减压蒸发有机溶剂至凝胶形成，继续减压蒸发至形成水性悬浊液即脂质体混悬液；或在混匀器上机械振荡，凝胶块崩溃转成液体，减压蒸发挥去有机溶剂，进一步去除残留有机溶剂，形成脂质体。用逆相蒸发法制备的脂质体一般为大单层脂质体，常称为 REV。

该方法可用于包裹基因和耐受有机溶剂的物质。逆相蒸发与聚碳酸酯膜加压过滤联合使用，可使 REV 的直径变小，获得 $0.1\sim0.2\mu m$ 的单层均匀脂质体。

(3) 溶剂注入法　溶剂注入法首先是将脂质体膜的组成成分溶解于有机溶剂中，然后加入含有待包裹材料的水溶液中，混合后出现两相，采用振荡、超声等方法使磷脂在水相中形成脂质体。依所用溶剂又分为乙醇注入法和乙醚注入法。

(4) 去污剂分散法　去污剂分散在水中的浓度非常高时形成胶束（micelles），去污剂与磷脂分子相连，掩蔽磷脂分子中的疏水部分，磷脂通过去污剂介导与水相密切接触形成的结构，称为混合胶束，它由数百个化合物分子组成，其形状和大小依赖于去污剂的化学性质、浓度及有关的脂质成分等。去污剂制备脂质体的所有方法的基本特征是从含有磷脂的混合胶束去除去污剂，自发形成单层脂质体。

(5) 钙融合法　向磷脂酰丝氨酸等带负电荷的磷脂中，加入 Ca^{2+}，使之相互融合成蜗牛壳圆桶状，加入络合剂 EDTA，除去 Ca^{2+}，即产生单层脂质体，此种方法称为钙融合法（Ca^{2+}-induced fusion）。此方法的特点是形成脂质体的条件非常温和，可用于包封 DNA、RNA 和酶等生物大分子。

(6) 冻结融解法　冻结融解法（freeze-thaw method）是将用超声波处理得到的 SUV 悬液，加入待包封的物质，在低温下（如液氮中）冻结，取出融解，脂质双分子膜重新排列形成了 LUV，经凝胶过滤等方法除去未包封的物质即得。融解后的脂质体混悬液可用聚碳酸酯膜挤压以使粒径均匀；该方法经过多次（三次）冻结-融解的过程，可使脂质体的包封率得到提高。

(7) 主动包封法　主动包封法也称为遥控包封装载技术（remote loading），对于弱碱性的药物可采用 pH 梯度法、硫酸铵梯度法等，对于弱酸性的药物可采用醋酸钙梯度法等。主动包封法使得制备高包封率脂质体成为可能，从根本上改变了难以制备高包封率脂质体的局面。但是主动包封技术的应用与药物的结构密切相关，不能推广到任意结构的药物，因而受到了限制。

其他还有冷冻干燥法和复乳法等。

6.1.12　经皮给药系统

经皮给药系统（transdermal drug delivery system，TDDS），是指通过外用而使制剂中的药物透过皮肤屏障，进入组织深层和血液循环，达到局部治疗和全身治疗目的。经皮吸收过程是药物通过完整皮肤控制释放并经皮肤转运到达局部靶组织或血液循环的过程。

6.1.12.1　经皮给药的特点

(1) 优点　经皮给药制剂与普通剂型（口服片剂、胶囊剂、注射剂等）相比有其独特的优点：

a. 避免口服给药可能发生的肝首过效应和药物在胃肠道的降解。

b. 使药物长时间以恒定速率进入体内，减少给药次数，延长给药间隔。

c. 可维持恒定的有效血药浓度，避免血药浓度峰谷现象，降低毒副作用。

d. 使用方便灵活，患者可自主用药，也可随时中断给药，患者顺应性好。

e. 可通过改变给药面积，调节给药剂量，减少个体差异。

(2) 局限性

a. 一般只有具有合适油水分配系数的小分子量药物可达到治疗要求，多数药物通过经皮给药无法达到有效治疗浓度；

　　b.对皮肤有刺激性和过敏性的药物不宜设计成经皮给药系统。

6.1.12.2　经皮给药制剂的分类

　　经皮给药制剂可分为三种类型：黏胶分散型（drug in adhesive）、贮库型（drug in reservior）、聚合物骨架型（drug in matrix），见图 6-12。

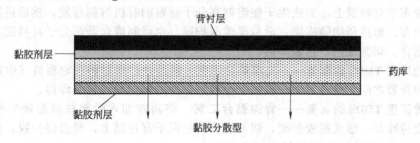

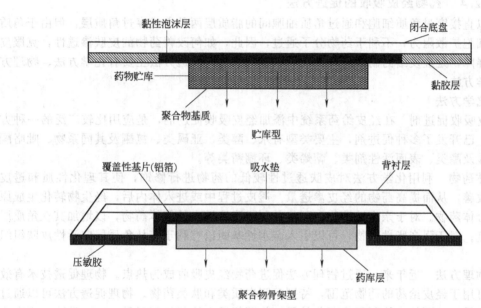

图 6-12　三种类型 TDDS 结构示意图

　　黏胶分散型 TDDS：药库层及控释层均由压敏胶组成；药物分散或溶解在压敏胶中成为药物贮库，均匀涂布在不渗透背衬层上。此种贴剂制备工艺简单，生产成本低，顺从性好。不足之处是药物的释放随给药时间延长而减慢，导致剂量不足而影响疗效。为了保证恒定的释药速率，可以将此系统的药物贮库按照浓度梯度制备成多层含不同药量及致孔剂的压敏胶层。

　　贮库型 TDDS：一般由背衬膜、药物贮库、控释膜、黏胶层、保护膜构成。其一般制备方法是先把药物分散在水溶性聚合物的水溶液中，再将该混悬液均匀分散在疏水性聚合物中，在高应力机械力下，使之形成微小的球形液滴，然后迅速交联疏水聚合物分子使之成为稳定的包含有球形液滴药库的分散系统，将此系统制成一定面积及厚度的药膜，置于黏胶层中心，加防黏层即得。贮库型贴剂储药量大，一旦控释膜受到破坏会导致药物大量释放，引发严重的毒副作用，并且生产工艺复杂，贴剂面积较大，顺应性较差。

　　聚合物骨架型 TDDS：药物均匀分散或溶解在疏水性或亲水性的聚合物骨架中，然后分剂量成固定面积大小及一定厚度的药膜，在含药骨架周围涂上压敏胶，贴在背衬材料上，加防黏层即得。骨架型透皮贴剂的结构和生产工艺相对简单，成本低廉，但对压敏胶性能和经皮促渗技术比其他贴剂要求高。

6.1.12.3　经皮吸收制剂的制备工艺

经皮给药系统的制备工艺依据其组成和类型不同，主要有以下三种：

(1) 黏胶分散型 TDDS 的制备——涂膜层合工艺　将药物分散在高分子材料（压敏胶）溶液中，涂布于背衬膜上，加热烘干使溶解高分子材料的有机溶剂蒸发，然后进行第二层或多层膜的涂布，形成药物储库层，最后覆盖保护膜。也可制成含药高分子材料膜，再与各层膜叠合或黏合。切割成型，包装即得。

(2) 贮库型 TDDS 的制备——充填热合工艺　将药物贮库材料在定型机械中定量填充于背衬膜和控释膜之间，热合封闭，覆盖上涂有胶黏层的保护膜，包装即得。

(3) 骨架型 TDDS 的制备——骨架黏合工艺　将药物加入骨架材料溶液中形成含药胶液，然后浇铸冷却，形成凝胶骨架，切割成型，粘贴于背衬膜上，覆盖保护膜，包装即得。

6.1.12.4　药物经皮吸收的促进方法

药物以直接穿过角质细胞和通过角质细胞间的脂质层两种方式穿过角质层，但由于角质层较大的细胞扩散阻力，不利于药物分子通过，因此，如何改善药物的皮肤渗透性，克服皮肤角质层屏障，是经皮给药制剂研究开发的关键与难点。促透方法主要有化学方法、物理方法和药剂学方法。

(1) 化学方法

a. 经皮吸收促进剂　在经皮给药系统中添加经皮吸收促进剂，是应用比较广泛的一种方法。至今，已开发了多种促进剂，主要类型有水、醇类、亚砜类、氮酮及其同系物、吡咯酮类、脂肪酸及酯类、表面活性剂类、萜烯类、环糊精类等。

b. 前体药物　利用化学方法对皮肤透过性较低的药物进行修饰，使其理化性质和透过性能得到改善，从而提高药物的经皮渗透量。透皮过程中或进入体内后，经生物转化生成原来的活性母体药物。对于亲水性药物，可将其制成脂溶性大的前体药物，以增加其在角质层内的溶解度；对于强亲脂性药物，可以引入亲水性基团以有利于其从角质层向活性皮肤组织分配。

(2) 物理方法　近年来，通过物理方法促进药物经皮吸收成为热点。物理促透技术有效地扩大了可用于经皮给药的药物范围，特别是蛋白质类和肽类药物。物理促透方法可以通过控制外部能量，达到精密控制经皮吸收效果，物理促透方法包括离子导入、电致孔、超声促渗法、微针[10]、无针注射给药系统、压力波、热致孔、磁场导入等。

(3) 药剂学方法

a. 脂质体　常规脂质体在局部皮肤中能保持较高的药物浓度，减少药物全身吸收的副作用，但大多数情况下，药物仅滞留于表皮上部或角质层上部，不能进行药物的深层传递。后继开发了传递体、醇脂体、非离子表面活性剂脂质体等载体，使脂质体膜的柔性、弹性增加，进而改善其所包载药物的经皮渗透性。

b. 微乳　微乳可以通过增加药物溶解度以提高浓度梯度，增加角质层脂质双分子层流动性，破坏角质层中水性通道，以完整结构经由毛囊透过皮肤，或药物从微乳中析出后透皮吸收，从而增加药物的经皮吸收。

c. 纳米粒　近年来研究较多的有固体脂质纳米粒、壳聚糖纳米粒、聚氰基丙烯酸酯纳米粒。固体脂质体纳米粒（SLN）是类脂为载体的脂质纳米粒，在类脂纳米粒中引入液态的脂质材料后，可形成纳米结构脂质载体（NLC）。纳米载体辅料在透皮制剂中的应用，使相对分子质量较大的多肽类、蛋白质等药物的经皮给药成为可能，极大地促进了药物的吸收。

化学方法、物理方法及药剂学方法均有其优点和局限性。为了进一步提高药物经皮给药量，很多研究者将几种方法综合应用得到了更高的促透效率。

6.1.13　固体分散、包合与 3D 打印技术[11~16]

6.1.13.1　固体分散技术

固体分散技术是将难溶性药物高度分散在另一种固体载体中的新技术。难溶性药物通常是以分子、胶态、微晶或无定形状态分散在另一种水溶性、或难溶性、或肠溶性材料中呈固体分散体。

固体分散技术主要应用于难溶性药物，可提高难溶药物的溶出速率和溶解度，进而提高药物的吸收和生物利用度，并可降低毒副作用。在形成固体分散体的基础上，可进一步制备药物的速释、缓释或肠溶制剂。

固体分散体常用的制备方法主要有熔融法、溶剂法、溶剂-熔融法，另外，可利用共熔原理，采用研磨法制备形成低共溶物，将药物溶液分散吸附在惰性材料形成粉末溶液。

(1) 熔融法　将药物与载体混匀，用水浴或油浴加热至熔融；也可将载体加热熔融后，再加入药物搅熔，将熔融物在剧烈搅拌下，迅速冷却固化，置于干燥器中，室温干燥，粉碎即得。此法的关键是需由高温迅速冷却，以达到高的过饱和状态，使多个胶态晶核迅速形成而得到高度分散的药物，而非粗品。这种方法适用于对热稳定的药物，多用熔点低、不溶于有机溶剂的载体材料，如 PEG 类、枸橼酸类、糖类等。若将熔融物滴于冷凝液中使之迅速收缩、凝固成丸，这样制备的固体分散体即滴丸。

(2) 溶剂法　溶剂法亦称共沉淀法。将药物与载体材料共同溶解于有机溶剂中，蒸去有机溶剂后使药物与载体材料同时析出，即可得到药物与载体材料混合而成的共沉淀物，适用于对热不稳定或挥发性药物。常用的有机溶剂有氯仿、无水乙醇、95％乙醇、丙酮等。可选用能溶于水或多种有机溶剂、熔点高、对热不稳定的载体材料，如 PVP 类、半乳糖、甘露糖、胆酸类等。

(3) 溶剂-熔融法　将药物先溶于适当溶剂中，将此溶液直接加入已熔融的载体材料中均匀混合后，按熔融法冷却处理。本法也可用于液态药物，如鱼肝油，维生素 A、D、E 等，但只适用于剂量小于 50mg 的药物。凡适用于熔融法的载体材料均可采用。制备过程中一般不除去溶剂，受热时间短，产品稳定，质量好。

(4) 溶剂-喷雾（冷冻）干燥法　将药物与载体材料共溶于溶剂中，然后喷雾或冷冻干燥，除尽溶剂即得。溶剂-喷雾干燥法可连续生产，溶剂常用 $C_1 \sim C_4$ 的低级醇或其混合物。而溶剂冷冻干燥法适用于易分解或氧化、对热不稳定的药物，如酮洛芬、红霉素、双香豆素等。

(5) 研磨法　将药物与较大比例的载体材料混合后，强力持久地研磨一定时间，不需加溶剂而借助机械力降低药物的粒度，或使药物与载体材料以氢键相结合，形成固体分散体。

(6) 热熔挤出法　将药物与载体材料置于螺旋挤压机内，经混合、加热、捏制而成固体分散体，无需有机溶剂，制备温度可低于药物熔点和载体材料的软化点，挤出过程迅速，药物受热时间短，与熔融法比较制得的固体分散体稳定。

其他还有微波法、超临界流体技术制备药物的固体分散体。

6.1.13.2　包合技术

包合物是由一种化合物分子全部或部分包入另一种化合物分子腔中形成的络合物。制备包合物所采用的技术称为包合技术。具有包合作用的外层分子称为主分子，被包合到主分子空间中的小分子物质，称为客分子。主分子是包合材料，具有较大的空穴结构，足以将客分子（通常为药物）容纳在内，形成分子胶囊。主分子和客分子通过物理而非化学过程结合在一起，分子间作用力主要有范德华力、氢键，还有疏水键和电荷迁移力等。

药物作为客分子经包合后，溶解度增大，稳定性提高，液体药物可粉末化，可防止挥发性成分挥发，掩盖药物的不良气味或味道，调节释放速率，提高药物的生物利用度，降低药物的刺激性与毒副作用等。

常用的包合材料有环糊精、胆酸、淀粉、纤维素、蛋白质、核酸等。制剂中最常用的是环糊精及其衍生物。

包合物能否形成及其稳定性，主要取决于主、客分子的立体结构和二者的极性，被包合的有机药物应该满足以下条件之一：药物分子的原子数大于 5；如果具有稠环，稠环数应小于 5；药物分子量在 100～400 之间；水中溶解度小于 10g/L，熔点低于 250℃；无机药物大多不适合用环糊精包合。

包合物的制备方法有：

(1) 饱和水溶液法（重结晶法、共沉淀法） 将环糊精配成饱和水溶液，加入药物（难溶性药物可用少量丙酮或异丙醇等有机溶剂溶解）混合 30min 以上，使药物与环糊精形成包合物后析出，且可定量将包合物分离出来。在水中溶解度大的药物，其包合物仍可部分溶解于溶液中，此时可加入某些有机溶剂，以促使包合物析出。

(2) 研磨法 将 β-环糊精与 2～5 倍量的水混合，研匀，加入药物（难溶性药物应先溶于有机溶剂中），充分研磨成糊状物，低温干燥后，再用适宜的有机溶剂洗净，干燥即得。

(3) 冷冻干燥法 此法适用于制成包合物后，易溶于水、且在干燥过程中易分解、变色的药物。所得成品疏松，溶解度好，可制成注射用粉末。

(4) 喷雾干燥法 此法适用于难溶性、疏水性药物，如用喷雾干燥法制得的地西泮与 β-环糊精包合物，增加了地西泮的溶解度，提高了其生物利用度。

(5) 中和法 先制成环糊精和药物的碱性（或酸性）水溶液，再逐次加入酸（或碱）便形成包合物沉淀析出。比如，萘普生 β-环糊精包合物的制备。取萘普生 1g 溶于 50mL 的 1mol/L 氢氧化钠中，加入 β-环糊精 5g，搅拌至溶液澄清，加入 1mol/L 盐酸中和，剧烈搅拌，抽滤，以水反复洗涤，室温干燥 48h。

其他还有超临界二氧化碳法、液-液包封法和气-液包封法等。

6.1.13.3　3D 打印技术

3D 打印是 20 世纪 80 年代开始兴起的一项制造技术，它是通过计算机辅助设计软件将二维图像如 X 射线成像、核磁共振成像、计算机断层成像等转换成三维数据，再通过特定的成型设备，将粉末、液体或者丝状材料通过层叠方式打印成所需的三维产品。3D 打印技术制备工艺简单、灵活、适用性强、重复性好。由于其工艺过程均由计算机设计和控制，因此生产规模和批次对最终产品的影响较小，近年来被越来越多地应用于药剂学领域（制成速释、缓控释制剂、植入剂等）。

2015 年 7 月末，首款采用 3D 打印技术制备的左乙拉西坦速溶片获得美国食品药品监督管理局（FDA）上市批准，用于癫痫症的治疗。该片剂内部孔隙率大，少量水即可使之在很短时间内崩解和迅速起效，这种片剂也使得高剂量的药品不再难以吞咽。

与其他制剂工艺相比，3D 打印技术的独特之处是其数码设计和逐层叠加工艺，也因此在以下三个方面具有特殊优势：①能够制备具有复杂结构的制剂产品（高孔隙率的速溶制剂、具有多层次梯度浓度释放调节剂的缓释控释制剂、复杂形状的制剂）；②有利于实现个性化药品的生产；③实现应急按需打印。

在药物制剂生产领域，为了确保药品的稳定性和剂量的准确性，现在应用较多的 3D 打印技术通常是在较温和的条件下（避免高温、高压等条件）进行，主要包括液粉打印技术、熔融沉积成型技术以及挤出打印技术。

液粉打印工艺流程见图 6-13。

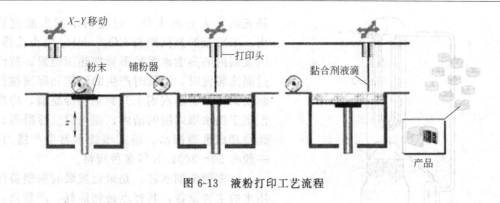

图 6-13　液粉打印工艺流程

6.2　药物制剂生产设备

6.2.1　液体灭菌制剂生产设备

6.2.1.1　水处理设备

水处理设备主要有介质过滤（石英砂、活性炭等），膜滤（聚丙烯膜、醋酸纤维素膜、聚砜纤维膜等），离子交换（强型、弱型交换树脂）和蒸馏四大类设备。过滤设备主要用于浊度、色度大和悬浮物多的液体的粗滤以及精滤；电渗析、离子交换或反渗透装置主要用于除硅和深度除盐；蒸馏设备可满足无菌无热原要求。

（1）微过滤器　一般的微过滤器的滤芯材料常用聚丙烯管式滤芯，超高分子聚乙烯 PE（或 PA）烧结微孔管及醋酸纤维等。滤芯（滤膜）上密布微孔，利用流体压力差过流原理（一般压强＞$0.1\sim0.15$MPa），使原水（料液）通过滤芯壁达到截留杂质的目的，具有除浊，脱色，滤清，除臭的作用，可截留粒径在 $0.5\sim10\mu$m 的微粒杂质，是制水系统中普遍应用的前处理设备。当原水内固体微粒粒径＞10μm 时，应使用活性炭、滤布、多介质过滤器进行水的预处理。

（2）电渗析器　选用异向离子交换膜，在直流电场的作用下，使离子定向迁移，并对原水中阴、阳离子进行选择性渗透，达到淡化除盐的目的。根据对水量、水质的不同要求，其装配形式（级、段、膜对数）也不同。该设备主要用于工业用水的淡化除盐，其脱盐率在 $60\%\sim92\%$ 范围，是深度脱盐前处理的主要设备，尤其当原水含盐量较高时，可用此法制备纯化水。

（3）离子交换设备　利用强酸性阴离子和强碱性阳离子交换树脂，在全封闭容器系统内，与原水中的带电杂质进行物理交换。离子交换可有效地除去水中带电物质，减少重金属离子的含量，是制水工程中深度脱盐的重要设备。出水水质电阻率复床一般在 $0.5\sim1$MΩ·cm。混床在 $1\sim5$MΩ·cm。多床组合时最高可达到 18MΩ·cm。

（4）反渗透装置　采用了膜分离技术，用大于渗透压的压力使原水（料液）通过半透膜而截流溶质，其渗透压的大小取决于原水（料液）的水况、温度等，一般压强在 $0.4\sim0.6$MPa。该装置具有去除微粒、病毒、热原、细菌、有机物的作用，不仅可制取纯水还能用于溶液的分离、浓缩等，是高纯水制取系统中的主要设备，也可用于制备注射用水。

（5）蒸馏水器　蒸馏法是我国药典收载的制备注射用水的法定方法，也是最经典的方法。蒸馏水器主要有塔式和亭式、多效和气压式。

a.塔式蒸馏水器：其主要包括蒸发锅、隔沫装置和冷凝器三部分（图 6-14）。首先在蒸发锅内加入大半锅蒸馏水或去离子水，然后打开气阀，由锅炉出来的蒸汽经蒸汽选择器除去夹带的水珠后，进入加热蛇形管，经热交换后变为冷凝液，经废气排出器流入蒸发锅内，以

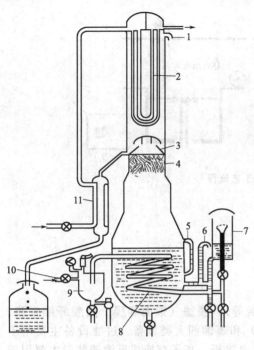

图 6-14　塔式蒸馏水器

1—排气孔；2—第一冷凝器；3—收集器；
4—隔沫装置；5—水位玻璃管；6—溢流管；
7—废气排出器；8—加热蛇管；9—蒸汽选择器；
10—蒸汽进口；11—第二冷凝器

补充蒸发失去的水分，过量的水则由溢流管排出，未冷凝的蒸汽则与 CO_2、NH_3 由小孔排出。蒸发锅内的蒸馏水受蛇形管加热而蒸发，蒸汽通过隔沫装置时，沸腾时产生的泡沫和雾滴被挡回蒸发锅内，而蒸汽则上升到第一冷凝器，冷凝后汇集于挡水罩周围的槽内，流入第二冷凝器，继续冷却成重蒸馏水。塔式蒸馏水器生产能力大，一般有 50～200L/h 等多种规格。

b. 多效蒸馏水器：是最近发展起来制备注射用水的主要设备，其特点是耗能低，产量高，质量优。多效蒸馏水器由圆柱形蒸馏塔、冷凝器及一些控制元件组成（图 6-15）。去离子水先进入冷凝器预热后再进入各效塔内，以三效塔为例，一效塔内去离子水经高压蒸汽加热（130℃）而蒸发，蒸汽经隔沫装置进入二效塔内的加热室作为热源加热塔内蒸馏水，塔内蒸馏水经过加热产生的蒸汽再进入三效塔，作为三效塔的加热蒸汽加热塔内蒸馏水产生水。二效塔、三效塔的加热蒸汽冷凝和三效塔内的蒸汽冷凝后汇集于蒸馏水收集器而成为蒸馏水。效数更多的蒸馏水器的原理相同。多效蒸馏水器的性能取决于加热蒸汽的压力和级数，压力越大，则产量越高，效数越多，热利用率越高。

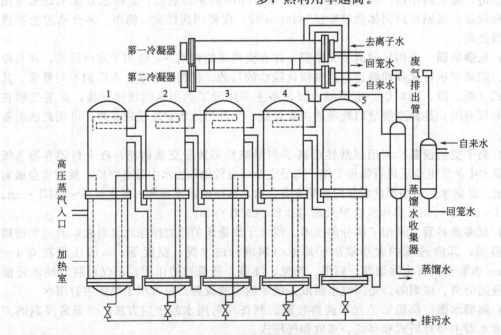

图 6-15　多效蒸馏水器

c. 气压式蒸馏水器：是利用离心泵将蒸汽加压，以提高蒸汽的利用率，而且无需冷却水，但耗能大，目前较少用。

6.2.1.2　注射液生产中的滤过装置

(1) 高位静压滤过装置　利用液位差所产生的压力进行滤过，该法压力稳定、质量好，但滤速较慢，适用于小量生产或在楼上配液通过管道到楼下滤过灌封。

(2) 减压滤过装置　此装置利用用真空泵抽真空形成的负压进行滤过，适用于各种滤器。此法压力不稳定，操作不当易使滤层松动，影响质量。一般可采用图 6-16 所示的滤过装置。

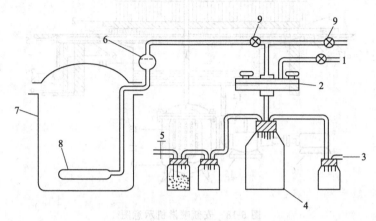

图 6-16　减压滤过装置

1—排气阀；2—膜滤器；3—抽气瓶；4—贮液瓶；5—进气口；6—滤球；7—配液缸；8—滤棒；9—阀

(3) 加压滤过装置　这种装置借助于离心泵或齿轮泵加压，使药液通过滤器进行过滤，见图 6-17。特点是压力大而稳定，滤速快，并可使全部装置处于正压，密闭性好，空气中杂质、微生物等不易进入滤过系统，药液可反复连续滤过，故滤过质量好，特别适用于大量生产。

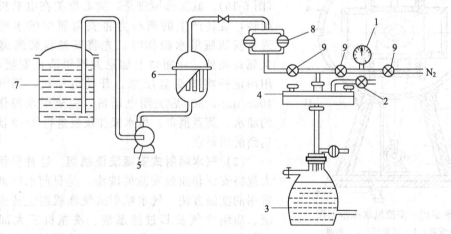

图 6-17　加压滤过装置

1—压力表；2—放气阀；3—贮液瓶；4—膜滤器；5—离心泵；6—滤器；7—配液缸；8—滤球；9—阀

6.2.1.3　洗瓶设备

目前国内药厂使用的安瓿洗涤设备有三种：

(1) 喷淋式安瓿洗涤机组　这种机组由喷淋机、甩水机、蒸煮箱、水过滤器及水泵等机件组成。喷淋机主要由传送带、淋水板及水循环系统组成（图 6-18）。工作时，安瓿全部以口向上方向整齐排列于安瓿盘内，在冲淋机传送带的带动下，进入隧道式箱体内接受顶部淋水板中的纯化水喷淋，使安瓿内注满水，再送入安瓿蒸煮箱内热处理约 30min，经蒸煮处理后的安瓿，趁热用甩水机将安瓿内水甩干。这种方式生产效率高，设备简单，曾被广泛采用。但存在占地面积大、耗水量多、洗涤效果欠佳等缺点。

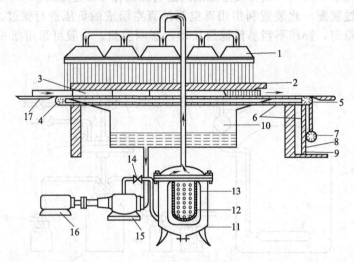

图 6-18　安瓿喷淋机示意图

1—多孔喷头；2—尼龙网；3—盛安瓿的铝盘；4—链轮；5—止逆链轮；6—链条；7—偏心凸轮；
8—垂锤；9—弹簧；10—水箱；11—滤过器；12—涤纶滤袋；13—多孔不锈钢胆；
14—调节阀；15—离心泵；16—电动机；17—轨道

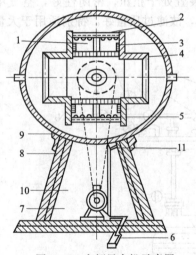

图 6-19　安瓿甩水机示意图

1—安瓿；2—固定杆；3—铝盘；
4—离心架框；5—丝网罩盘；6—刹车踏板；
7—电动机；9—机架；10—皮带；11—出水口

甩水机由外壳、支承机架、离心框架、固定杆、不锈钢丝网罩盘、电动机与传动机、刹车装置等构成（图 6-19）。其工作原理是：离心框架在电动机带动下旋转，旋转产生的离心力将安瓿瓶中的水甩出。在进行安瓿瓶甩水操作时，先将安瓿盘装满离心框架且瓶口朝外，在瓶口上加尼龙网罩防止安瓿被甩出，用固定杆将安瓿盘压紧。开动电动机，调节转速在400r/min，30s 后关闭电动机，完成甩水操作。安瓿的灌水、蒸煮消毒、甩水操作反复进行 2～3 次，即可达到清洁要求。

（2）气水喷射式安瓿洗涤机组　这种机组适用于大规格安瓿和曲颈安瓿的洗涤，是目前水针剂生产上常用的洗涤方法。气水喷射式洗涤机组主要由供水系统、压缩空气及其过滤系统、洗瓶机三大部分组成（图 6-20）。药厂一般将此机安装在灌封工序前，组成洗、灌、封联动机，气水洗涤程序自动完成。

气水喷射式安瓿洗瓶机组的工作过程是：空压机将空气压入水洗罐水洗，水洗后的空气经活性炭柱吸收后，再经陶瓷环吸附和布袋过滤器过滤得到洁净空气。将洁净空气通入储水罐中对水施加压力的高压水，高压水再次经过布袋过滤器过滤后，与洁净空气一道进入洗瓶机中，再通过针头喷射进安瓿瓶中，在短时间内即可将安瓿瓶清洗干净。气水喷射式安瓿洗瓶机组的关键设备是洗瓶机，而关键技术是洗涤水和空气的过滤。洗瓶机由进瓶斗、移瓶机件、气水阀、出瓶斗、电动机及变速箱组成。进瓶斗

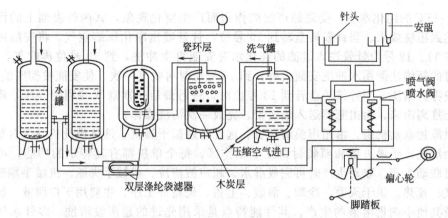

图 6-20 气水喷射式安瓿洗瓶机组示意图

中的安瓿瓶在拨轮作用下有序地进入往复摆动槽板中,随后落入移动齿盘上并被送到针头架位置,下移后针头插入安瓿,同时气、水两阀打开对安瓿进行二水二气冲洗和吹净,然后针头架上移针头离开安瓿瓶,同时水气关闭,完成二水二气洗瓶工序。

(3) 超声波安瓿洗涤机组 该机洗瓶效率及效果均很理想,符合 GMP 的生产技术要求,为自动电气控制,是工业上广泛应用的安瓿瓶清洗设备。该机由 18 等分原盘、针盘、上下瞄准器、装瓶斗、推瓶器、出瓶器、水箱等机件构成,其工作原理是建立在空化效应基础之上的。空化效应可形成超过 100MPa 的瞬间高压,其强大的能量连续不断冲撞被洗对象表面,使污垢迅速剥离,从而达到清洗目的。它具有清洗洁净度高、清洗速度快等特点。特别是对盲孔和各种几何形状物体,洗净效果独特。现也有采用气水喷射洗涤与超声波洗涤相结合的洗涤机。

图 6-21 为 18 工位连续回转超声波洗瓶机工作原理示意图。工作时,将安瓿置于装瓶斗由输送带送进一排安瓿瓶(18 支),经推瓶器依次推到针鼓转盘 1 号位,当针鼓转盘转到 2 号位时,瓶底紧靠转盘底座,同时针管向安瓿瓶内注水。从 2 号位到 7 号位,安瓿瓶处于温

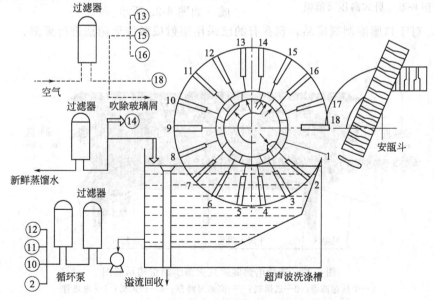

图 6-21 18 工位连续回转超声波洗瓶机工作原理图

1—引瓶;2—注循环水;3～7—超声波空化;8,9—空位;10～12—循环水冲洗;13—吹气排水;
14—注新蒸馏水;15,16—吹净化气;17—空位;18—吹气送瓶

度为 60～65℃ 的纯化水中，受到超声波的作用而产生空化现象，其内外表面上的污垢被冲击剥离达到粗洗效果。当针鼓转盘转到 10 号位，针管喷出净化压缩空气，将安瓿内的污水吹净，在 11、12 号位针管注入过滤的纯化水对安瓿再次冲洗，到 13 号位再吹气，14 号位注入滤过的新鲜注射用水冲洗安瓿内壁，到 15 号位时再吹气一次，使安瓿被彻底洗至洁净，这一阶段称为精洗。当针鼓转盘转到 18 号位时，进行最后一次通气并利用气压，将安瓿从针管架上推离出来，由出瓶器送入输送带，完成一次清洗操作。

洗烘灌封联动机组：由超声波清洗机、远红外杀菌干燥机、液体灌轧机共三台单机所组成，分为清洗、干燥灭菌和灌装封口三个工作区，每个单机都有其特定的功能，可单机使用，也可联动生产。联动生产时可完成淋水、超声波清洗、机械手夹瓶、机械手翻转瓶、冲水、冲气、预热、烘干灭菌、冷却、灌装、上盖、轧盖等工序。主要用于口服液、抗生素瓶水针剂及其他小剂量溶液的生产。其性能特点是采用先进的超声波清洗、多针水气交替冲洗、石英管远红外辐射灭菌、多头灌装与封口等生产工艺和技术，结构紧凑，占地面积小。

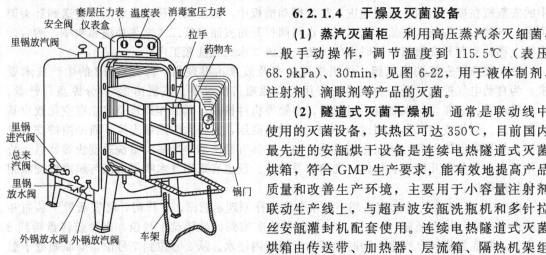

图 6-22　卧式高压灭菌柜

6.2.1.4　干燥及灭菌设备

(1) 蒸汽灭菌柜　利用高压蒸汽杀灭细菌，一般手动操作，调节温度到 115.5℃（表压 68.9kPa）、30min，见图 6-22，用于液体制剂、注射剂、滴眼剂等产品的灭菌。

(2) 隧道式灭菌干燥机　通常是联动线中使用的灭菌设备，其热区可达 350℃，目前国内最先进的安瓿烘干设备是连续电热隧道式灭菌烘箱，符合 GMP 生产要求，能有效地提高产品质量和改善生产环境，主要用于小容量注射剂联动生产线上，与超声波安瓿洗瓶机和多针拉丝安瓿灌封机配套使用。连续电热隧道式灭菌烘箱由传送带、加热器、层流箱、隔热机架组成，如图 6-23 所示。

另外，对于口服液制剂成品，现在有的已采用辐射或微波灭菌法进行灭菌。

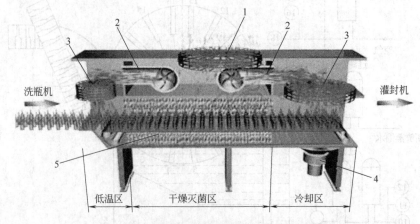

图 6-23　连续电热隧道式灭菌烘箱结构示意图
1—中效过滤器；2—送风机；3—高效过滤器；4—排风机；5—电热管

6.2.1.5　灌封设备

安瓿灌封机是注射剂生产所用的关键设备，根据每次灌封的安瓿数可分为双针灌封机、四针灌封机、六针灌封机，根据国家规定，现在注射剂车间都采用拉丝安瓿灌封机。根据每次灌装液体体积的数量，拉丝安瓿灌封机可分为 1～2mL、5～10mL、20mL 等几种机型。拉丝安瓿灌封机的主要部件有送瓶机构、灌装机构及封口机构。

安瓿送瓶机构：主要部件是固定齿板和移动齿板（图 6-24）。其工作过程是：梅花盘由链条带动，每旋转 1/3 周即可将 2 支安瓿推至固定齿板上，固定齿板由上下两条组成，每条齿板的上端均设有三角形槽，安瓿与水平线成 45°夹角以上下端放置在三角形槽中。移瓶齿板由上下两条齿形板构成，其齿间距与固定齿板相同，其齿形为椭圆形。移瓶齿板通过连杆与偏心轴相连，在偏心轴带动移瓶齿板向上运动的过程中，将安瓿从固定齿板上托起，然后超过固定齿板三角形槽的齿顶，接着偏心轴带动移瓶齿板前移 2 格，将安瓿重新放入固定齿板中并空程返回。因此，偏心轴转动一周，固定齿板上的安瓿将向前移动 2 格，随着偏心轴的转动，安瓿将不断前移，并依次通过灌注区和封口区，完成灌封过程。在偏心轴的一个转动周期内，前 1/3 个周期用来使移瓶齿板完成托瓶、移瓶和放瓶动作，在后 2/3 个周期内，安瓿在固定齿板上滞留不动，以便完成灌注、充氮和封口等操作。通过瓶斗前的舌板，在移动齿板推动的惯性作用下，安瓿转动 40°，并成竖直状态进入瓶斗。

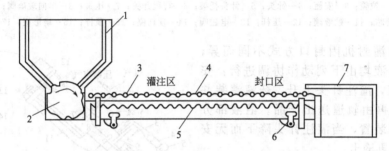

图 6-24　安瓿灌封机送瓶部分结构与工作原理示意图

1—安瓿斗；2—梅花盘；3—安瓿；4—固定齿板；5—移瓶齿板；6—偏心轴；7—出瓶斗

灌装机构：主要由凸轮杠杆装置、吸液灌液装置和缺瓶止瓶装置组成，见图 6-25。待灌装药液储存于贮液瓶中，当压杆顺时针摆动时，压簧使针筒芯向上运动，针筒的下部产生真空，药液被吸入针筒。当压杆逆时针摆动而使针筒向下运动时，药液经管路及伸入安瓿内的针头注入安瓿，完成药液灌装操作。为提高制剂稳定性，常在给安瓿灌装药液后再充入氮气或其他惰性气体。充气针头与灌装药液针头并列安装于同一针头托架上，灌装完药液后立即充入氮气。当灌装液体的工位缺安瓿瓶时，拉簧将摆杆下拉，并使摆杆触头与行程开关触头接触，行程开关闭合，电磁阀开始动作，把伸入顶杆座的部分拉出，导致顶杆顶不了压杆，从而不能使压杆动作，达到停止灌装的目的。

封口机构：由压瓶装置、加热装置和拉丝装置组成，见图 6-26。压瓶装置主要由压瓶滚轮、拉簧、摆杆、压瓶凸轮和涡轮蜗杆箱等部件构成。压瓶滚轮的作用是防止拉丝钳拉安瓿颈时发生移动。加热装置的主要部件是燃气喷嘴，所用燃气一般是煤气、氧气和压缩空气组成的混合物，其氧化焰温度可达 1400℃左右。拉丝装置主要由钳座、拉丝钳、气阀和凸轮等部件组成。钳座上设计有导轨。拉丝钳可上下移动。通过凸轮和气阀，可控制进入拉丝钳管路的压缩空气流量，从而可控制钳口的张合。当灌注了药液的安瓿瓶被移至封口共位时，压瓶凸轮及摆杆连动压瓶滚轮将安瓿压住，由于涡轮蜗杆箱的转动带动滚轮旋转，使安瓿在固定位置自转，喷嘴喷出的高温火焰对其瓶颈均匀加热直至熔融，此时，拉丝钳沿导轨下移，钳住安瓿头部并上移，把熔融的瓶口玻璃拉成丝头，使安瓿封口。在拉丝钳上移到一定位置时，钳口再次启闭两次，拉断并甩掉玻璃丝头，完成封口操作。已封口的安瓿由压瓶凸轮和摆杆拉开压瓶滚轮，被移动齿板送出。

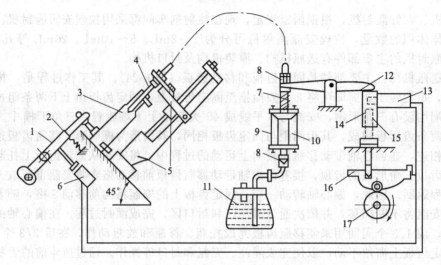

图 6-25　安瓿灌封机灌装部分结构示意图

1—摆杆；2—拉簧；3—安瓿；4—针头；5—针头托架；6—行程开关；7—压簧；8—单向玻璃阀；9—针筒；
10—针筒芯；11—贮液罐；12—压杆；13—电磁阀；14—顶杠座；15—顶杆；16—扇形板；17—凸轮

　　安瓿自动灌封机因封口方式不同而异，但它们灌注药液均由下列动作协调进行：安瓿传送至轨道，灌注针头上升、药液灌装并充气，封口，再由轨道送出产品。灌液部分装有自动止灌装置，当灌注针头降下而无安瓿时，药液不再输出。

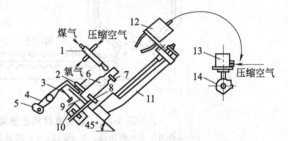

图 6-26　安瓿灌封机封口部分结构示意图

1—燃气喷嘴；2—压瓶滚轮；3—拉簧；4—摆杆；
5—压瓶凸轮；6—安瓿；7—固定齿轮；8—滚轮；
9—半球形支头；10—涡轮蜗杆箱；11—钳座；
12—拉丝钳；13—气阀；14—凸轮

　　我国已有洗、灌、封联动机和割、洗、灌、封联动机，生产效率得到很大提高。安瓿洗灌封联动机是一种将安瓿洗涤、烘干灭菌以及药液灌封三个步骤联合起来的生产线，见图 6-27。联动机由安瓿超声波清洗机、安瓿隧道灭菌箱和多针拉丝安瓿灌封机三部分组成。其主要特点是生产全过程是在密闭或层流条件下工作，符合 GMP 要求，采用先进的电子技术和微机控制，实现机电一体化，使整个生产过程达到自动平衡、监控保护、自动控温、自动记录、自动报警和故障显示，减轻了劳动强度。

6.2.1.6　大输液生产设备

　　玻璃瓶装大输液生产线包括：理瓶机、洗瓶机、灌装设备及封口设备等。生产联动线流程为：玻璃输液瓶由理瓶机理瓶后，送入外洗机，刷洗瓶的外表面，然后由输送带送入玻璃瓶清洗机，洗净的玻璃瓶直接进入灌封机，灌满药液后经过盖膜、胶塞机、翻胶塞机、轧盖机等封口设备封口并灭菌，再经灯检、贴签及包装后成为成品。

　　(1) 理瓶机　理瓶机的作用是将拆包取出的输液瓶按顺序排列起来，并逐个送至洗瓶机。常见的有圆盘式理瓶机和等差式理瓶机。

　　圆盘式理瓶机：如图 6-28（a）所示，当低速旋转的圆盘上装有待洗的大输液瓶时，圆盘中的固定拨杆将运动着的瓶子拨向转盘周边，并沿圆盘壁进入输送带至洗瓶机上。

　　等差式理瓶机：由等速和差速两台单机组成，见图 6-28（b）。等速机是数条平行等速传送带，由同一动力的链轮带动，传送带将玻璃瓶送至与其相垂直的差速机输送带上。差速

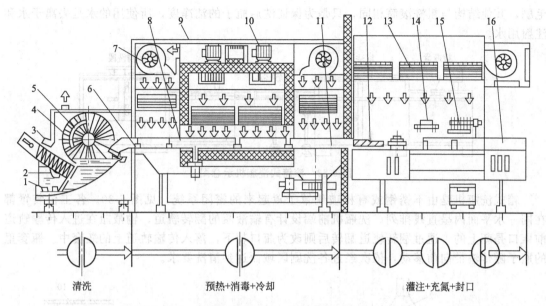

图 6-27　安瓿洗涤、烘干、灌封联动机结构示意图

1—水加热器；2—超声波换能器；3—喷淋水；4—冲水、汽喷嘴；5—转鼓；6—预热器；
7,10—风机；8—高温灭菌区；9—高效过滤器；11—冷却区；12—不等距螺杆分离；
13—洁净层流罩；14—充气灌药工位；15—拉丝封口工位；16—成品出口

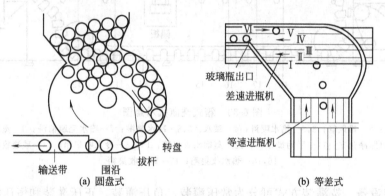

图 6-28　理瓶机示意图

机工作时，第 1、2 条以较低等速运行，第 3 条速度加快，第 4 条速度更快，并且玻璃瓶在各输送带和挡板的作用下，成单列顺序输出；第 5 条速度较慢且方向相反，其目的是将卡在出瓶口的瓶子迅速带走，差速是为了在输液瓶传送时，不形成堆积而保持逐个输送的目的。

(2) 洗瓶机　洗瓶机有滚筒式和箱式两种。滚筒式洗瓶机由一组粗洗滚筒和一组精洗滚筒组成，见图 6-29。每组均由前滚筒和后滚筒组成，每个滚筒设有 12 个工位，一般滚筒是水平左右方向安装，这样既便于送瓶机送瓶，又便于清洗后的瓶向下一道工序移动。在组与组之间用长传输带连接，粗洗机组可以设置在非洁净区内，精洗机组要设置在洁净区内，这样精洗后的输液瓶不会被污染。其清洗过程一般是：载有玻璃瓶的滚筒转动到设定的位置时，碱液注入瓶内，当带有碱液的玻璃瓶处于水平位置时，毛刷进入瓶内刷洗瓶内壁 3s，随后毛刷退出。滚筒转到下两个工位时，喷液管再次对瓶内注入碱液冲洗，当滚筒转到进瓶通道停歇位置时，进瓶拨轮同步送来的待空瓶将冲洗后的瓶子推向后滚筒进行常水外淋、内刷、内冲洗完成粗洗操作。经粗洗后的瓶子被传输带送入精洗滚筒进行精洗。精洗滚筒没有毛刷，其他结构与粗洗滚筒相同，只是为保证洗后瓶子的洁净度，所使用的水是去离子水和注射用水。

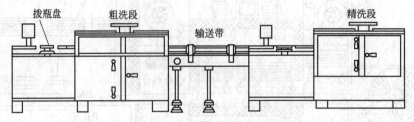

图 6-29　滚筒式洗瓶机示意图

箱式洗瓶机是由不锈钢或有机玻璃罩子罩起来的密闭系统，见图 6-30。各工位装置都在同一水平面内呈直线排列。洗瓶机前端设计有输液瓶的翻转轨道，输液瓶在进入传输轨道前瓶口是朝上的，通过翻转轨道翻转后则改为瓶口朝下，落入传输轨道上的瓶套中。瓶套里的瓶子随传输带向前移动，依次经过各洗刷区域而达到清洗要求。

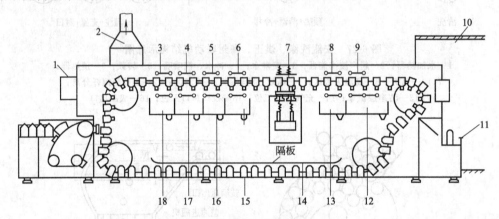

图 6-30　箱式洗瓶机示意图

1—控制箱；2—排风管；3,5—热水喷淋；4—碱水；6,8—冷水喷淋；7—喷水毛刷清洗；9—蒸馏水喷淋；
10—出瓶净化室；11—手动操作杆；12—蒸馏水收集箱；13,15—冷水收集箱；14—残液收集箱；
16,18—热水收集箱；17—碱水收集箱

(3) 灌装设备　按灌装方式可分为常压灌装、负压灌装、正压灌装和恒压灌装；按计量方式可分为流量定时式、量杯容积式、计量泵注射式三种。

量杯式负压灌装机：主要由药液量杯、托瓶装置及无级变速装置组成。其工作过程是：盛料桶中装有 10 个计量杯，量杯与灌装头橡胶套（瓶肩定位套）之间用硅橡胶管连接起来，玻璃瓶由螺杆式输瓶器经拨瓶星轮送入转盘的托瓶装置，托瓶装置由圆柱凸轮控制升降，当输液瓶回转到灌装处，灌装头套住瓶肩形成密封空间，通过真空管路抽真空，药液负压流进瓶内。

计量泵注射式灌装机：是通过注射泵对药液进行计量，利用活塞的压力将药液充填到容器中。有 2 头、4 头、6 头、8 头等多种填充头配置，机型有直线式和回转式两种。

(4) 封口设备　我国使用的封口形式有翻边形橡胶塞和"T"形橡胶塞，胶塞的外面再覆盖铝盖并扎紧。常用封口机有塞胶塞机、翻盖机、轧盖机。

以上介绍的是大输液玻璃瓶的洗、灌、封设备。随着新型药物包装材料的开发成功，在大输液玻璃瓶生产过程中，国内外大多数厂家已经在使用塑料瓶灌装大输液，所采用的设备与玻璃瓶的洗、灌、风设备有共通的工作原理，技术上更加先进，广泛地采用了超声波清洗

技术，把塑料瓶子的吹塑过程、清洗过程、灌装过程、封口过程联合起来，设计成体积小、工作效率高、清洗彻底的洗灌封一体机，完全满足了 GMP 对大输液灌装设备的安全性要求。

6.2.1.7　粉针剂设备

(1) 西林瓶洗瓶机

a. 毛刷洗瓶机　主要由输瓶转盘、旋转主盘、刷瓶机构、翻瓶轨道、机架、水气系统、机械传动系统以及电气控制系统等组成，如图 6-31 所示。

毛刷洗瓶机在工作时，玻璃瓶瓶口朝上成组地送入输瓶转盘中，整理排列成行输送到旋转主盘的齿槽中，经过淋水管时瓶内灌入洗瓶水，圆毛刷在上轨道斜面的作用下伸入瓶内刷洗瓶内壁，此时瓶子在压瓶机构的压力控制下不能转动。随着主盘旋转运动，瓶子脱离压力机构控制后开始自转，经过固定的长毛刷和底部的月牙刷时，瓶子外壁及底部得到刷洗。当旋转主盘继续旋转，毛

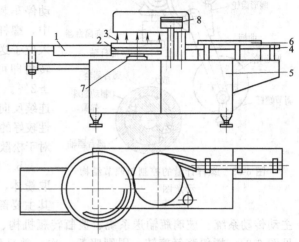

图 6-31　毛刷洗瓶机结构示意图

1—输瓶转盘；2—旋转主轴；3—刷瓶机构；4—翻瓶轨道；
5—机架；6—水气系统；7—机械传动系统；8—电气控制系统

刷上升脱离旋转主盘，玻璃瓶被旋转主盘推入螺旋翻瓶轨道，在推进过程中瓶口翻转向下，进行离子水和注射用水两次冲洗，再经洁净压缩空气吹干，而后翻瓶轨道将玻璃瓶再翻转使瓶口向上，洗净的西林瓶仍然以整齐的竖立状态出瓶并被送入下一道工序。

b. 超声波洗瓶机　主要由超声波水池、冲瓶传送装置、冲洗部分和空气吹干等部分组成。工作时空瓶先被浸没在超声波洗瓶池里，经过超声处理，然后再直立地被送入多槽式轨道内，经过一个翻瓶机构将瓶子倒转，瓶口向下倒插在冲瓶器的喷嘴上，由于瓶子是间歇式地在冲瓶隧道内向前运动，其间共经过多次（一般有 8 次）冲洗步骤，最后再由冲瓶器将瓶翻转到堆瓶台上。洗净的西林瓶经过高效空气过滤的净化空气冷却后，立即送入灌装工序进行药品灌装。

(2) 粉针分装机　常用的有两种设备：一种为螺杆分装机，另一种为气流分装机。两种设备都按粉体体积计量灌装。

a. 螺杆式分装机　工作原理是利用螺杆间歇旋转，按计量要求将药物定量装入西林瓶，见图 6-32。螺杆计量的控制与调节结构见图 6-33。

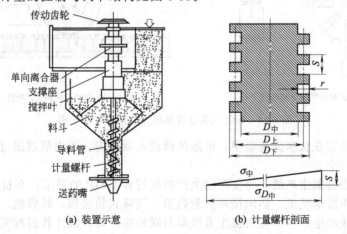

(a) 装置示意　　　　(b) 计量螺杆剖面

图 6-32　螺杆式分装机工作原理示意图

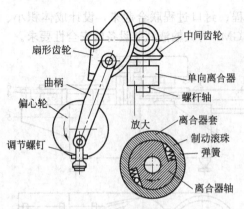

图 6-33　螺杆计量的控制与调节结构示意图

螺杆式分装机由进瓶转盘、定位星轮、饲料器、分装头、胶塞振荡饲料器、盖塞机构和故障自动停车装置所组成。其工作过程是：粉剂置于料斗中，螺杆转动时，药物被沿轴线输送到药嘴处并落入位于送药嘴下方的药瓶中，精确地控制螺杆的转角即可控制装填数量，其容积计算精度可达到±2%。为使粉剂加料均匀，料斗内还有一搅拌桨，连续反向旋转以疏松药粉。螺杆式分装机适用于流动性较好的药粉，其优点是装量调节范围较大，缺点是对于松散、黏性、颗粒不均匀的药粉则很难分装。

b.气流分装机　其工作原理是利用真空定量吸取粉体，再通过净化干燥压缩空气吹入西林瓶中。其主要部件由粉剂分装系统、盖胶塞机构、床身及主动传动系统、玻璃瓶输送系统、拨瓶转瓶机构、真空系统、压缩空气系统几大部分组成，见图 6-34。搅粉桨每旋转一周则吸粉一次，并且协助将下落药粉装进粉剂分装头的定量分装孔中。当真空接通后，药粉被吸进分装孔，在粉剂隔离塞阻挡下空气逸出，之后在分装头回转 180°至装粉工位时，净化压缩空气通过吹粉阀门将药粉吹入瓶中，因分装盘后与分装孔数相同且和装粉孔相通的圆孔，靠分配盘与真空和压缩空气相连，实现分装头在间歇回转中的吸粉和卸粉。气流式分装机的优点是分装速度快，装量误差小，性能稳定，而且适用于分装流动性较差的药粉，目前抗生素粉针剂的分装均采用此类设备；缺点是不适用于小剂量产品的分装。

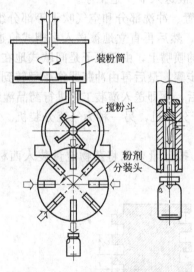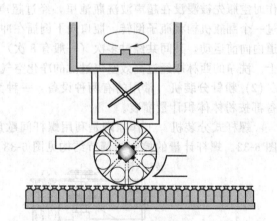

(a) 粉针气流分装系统　　　(b) 气流分装机工作程序

图 6-34　粉针气流分装系统及工作程序示意图

经处理后的胶塞在胶塞振荡器中，由振荡盘送入导轨内，再由吸塞通过胶塞卡扣在盖塞点，将塞塞入瓶口中。

(3) 抗生素粉针剂生产线　为使药物生产过程符合 GMP 的要求，在抗生素粉剂分装生产实践中，把超声波清洗机、热风循环灭菌烘箱、气流式粉装机、轧盖机、灯检机、贴标签机等单机组合成联动生产线，称为抗生素洗灌封联动生产线。其工作过程是：瓶子先采用超声波粗洗，再经离子水、注射用水压力冲洗，然后再进入热风循环灭菌烘箱内灭菌，转入气流式分装机分装药粉，定量灌注药粉后，经轧盖、灯检、不干胶贴标签等工序，生产出抗生素粉针剂品。

6.2.1.8　混悬剂与乳剂生产设备

混悬剂与乳剂的制备常用到的设备有：搅拌乳化装置、胶体磨、高压均质机、超声波乳化装置等。这里主要介绍胶体磨和高压均质机。

(1) 胶体磨　有多种形式，如竖式、卧式、封闭式胶体磨等（图 6-35）。其中竖式胶体磨适用于黏度较大的半固体制剂和液体制剂的制备；封闭式胶体磨可用于无菌操作。

(2) 高压均质机　高压均质机主要由高压均质腔和增压机构成。高压均质腔是设备的核心部件，其内部特有的几何结构是决定均质效果的主要因素。分为第一代碰撞型[图 6-36(a)和(b)]和第二代对射型[图 6-36(c)]。在增压机的作用下，高压溶液快速通过均质腔，物料会受到高速剪切、

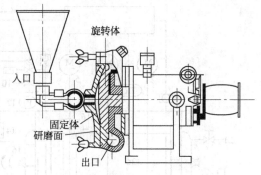

图 6-35　胶体磨工作过程示意图

高频振荡、空穴现象和对流撞击等机械力作用和相应的热效应，使粗乳变成乳滴更加细小均匀的乳剂。制备静脉乳剂时，常用高压均质机。

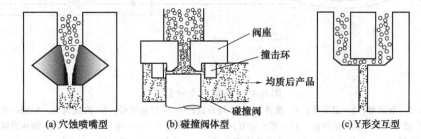

(a) 穴蚀喷嘴型　　　　(b) 碰撞阀体型　　　　(c) Y形交互型

图 6-36　高压均质机工作原理示意图

6.2.2　半固体制剂生产设备

6.2.2.1　软膏搅拌机

熔融法制备软膏时，熔合过程在蒸汽夹层加热容器中进行（图 6-37）。由蜂蜡、石蜡、硬脂醇和分子量较高的 PEG 等组成的软膏基质熔合时，应将熔点最高的组分先在所需的最低温度加热熔化，再在不断搅拌冷却过程加入其他组分，直至冷凝。

6.2.2.2　三滚筒软膏机

熔融法制备软膏时常用三滚筒软膏机，其工作原理如图 6-38，软膏通过滚筒间隙时受到挤压和研磨，从而固体药物被研细且与基质混合均匀，使软膏细腻。

图 6-37　软膏搅拌机

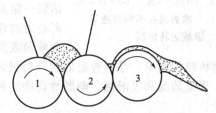

图 6-38　滚筒旋转方向示意图

6.2.2.3　新型真空软膏机

新型真空软膏机（图 6-39）内有三组搅拌：①主搅拌（20r/min），是刮板式搅拌器，可避免软膏黏附于罐壁；②溶解搅拌（1000r/min），可快速将各种成分粉碎、搅混，有利于投料时固体粉末的溶解；③均质搅拌（3000r/min），内带转子和定子，起到胶体磨的作用，搅拌叶的高速转动，把膏体中的颗粒打得很细，粒度可达到 $2\sim15\mu m$。

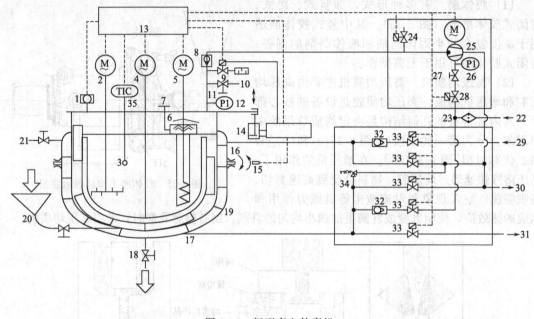

图 6-39　新型真空软膏机

1—视镜；2—溶解器；3—温度计；4—搅拌器；5—均质机；6—液膜分配器；7—磨缝调节；8,32—止回阀；
9—自动排气阀；10—消声器；11—真空调节开关；12—真空表；13—电开关装置；14—液压升降；
15—液压倾斜；16—进汽出水口；17—进水排冷凝水口；18—出料；19—导流板；20—加料；21,31—排汽；
22—进水；23—水过滤器；24—自动通气阀；25—真空泵；26—压力表；27—水调节器；28,33—电磁阀；
29—进汽；30—排水；34—安全阀

6.2.3　固体制剂生产设备

6.2.3.1　粉碎设备

（1）球磨机　由机座、电机、减速器、球磨缸和研磨球组成。在不锈钢或陶瓷的圆筒中装入一定数量的不同大小的钢球或瓷球，使用时将物料装入圆筒中密封，用电机带动。当圆筒转动时，圆球被带动上升到一定高度后呈抛物线落下，产生撞击和研磨，使物料粉碎，球磨机要求有适当的转速 [图 6-40（a）]，才能使圆球沿壁运行到最高点落下，产生最大的撞击力和良好的研磨作用；如转速太低，圆球不能达到一定高度落下 [图 6-40（b）]，或转速太快，圆球受离心力的作用，沿筒壁旋转而不落下 [图 6-40（c）]，都会减弱或失去粉碎作用。

(a) 转速适当　(b) 转速太慢　(c) 转速太快
图 6-40　球磨机在不同转速下
圆球运转情况

球磨机结构简单，是最普遍的粉碎机械之一。其结构简单，密闭操作，粉尘少，常用于剧毒药、贵重药品和吸湿性、刺激性药物的粉碎，还可用于无菌粉碎。但粉碎效率低，粉碎时间较长。

（2）振动磨　是在球磨机基础上改进的一种超细粉碎设备，振动磨筒体在转动的同时还有强烈振动，这使得研磨介质之间、研磨介质与筒体之间产生强烈的冲击、摩擦和剪切作用，在短时间内将物料研磨成细小粒子。

（3）冲击式粉碎机　对物料的作用力以冲击力为主，适用于脆性、韧性物料以及中碎、细碎、超细碎等物料。典型的粉碎结构有锤击式（图 6-41）和冲击柱式（图 6-42）。

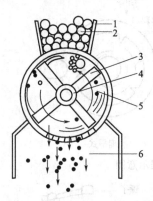

图 6-41　锤击式粉碎机示意图

1—料斗；2—原料；3—锤头；

4—旋转盘；5—未过筛颗粒；6—过筛颗粒

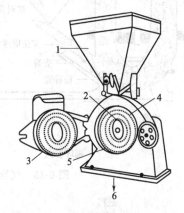

图 6-42　冲击柱式粉碎机示意图

1—料斗；2—转盘；3—固定盘；

4—冲击柱；5—筛盘；6—出料

锤击式粉碎机有高速旋转的旋转轴，轴上安装有数个锤头，机壳上有衬板，下部有筛板，当物料由加料斗进入粉碎室时，由于高速旋转的锤头的冲击力和剪切作用以及被抛向衬板的撞击力等作用而被粉碎，细粉通过筛板出料，粗料继续粉碎。

冲击柱式粉碎机在高速旋转的转盘上有固定的若干圈冲击柱，与转盘对应的固定盖上也固定有若干圈冲击柱，物料由加料斗沿中心轴方向进入粉碎机，由于离心作用从中心部位被甩向外壁，受到冲击柱的作用而粉碎，细粒由底部筛孔出料，粗粒在粉碎机内重复粉碎。

（4）气流粉碎机（流能磨）　目前工业上常用的有循环管式气流粉碎机、扁平式气流粉碎机等，见图 6-43。气流粉碎机一般由加料装置、喷嘴、粉碎室、叶轮分级器、旋风分离器、除尘器、排风机、电控系统组成。气流粉碎机利用高压气流（700～1000kPa）的压缩空气通过喷嘴沿切线进入粉碎室时产生超音速气流，使药物颗粒间以及颗粒与器壁间碰撞而产生强烈粉碎作用，流体可以是空气、蒸汽、惰性气体。由于粉碎过程中高压气流膨胀吸热，产生明显的冷却作用，可以抵消粉碎产生的热量，适用于抗生素、酶、低熔点及不耐热物料的粉碎，可获得 $5\mu m$ 以下的微粉，并可进行无菌粉碎。

6.2.3.2　筛分设备

制剂工程中常用的筛分设备多采用筛网运动方式，将欲分离的物料放在筛网面上，并使粒子运动，与筛网面接触，使小于筛孔的粒子漏到筛下。筛分设备有振荡筛、旋动筛、滚筒筛、多用振动筛等，振荡筛和旋动筛示意图如图 6-44 所示。

（1）振荡筛　振荡筛在电机的上轴及下轴各装有不平衡重锤，上轴穿过筛网与其相连，筛框以弹簧支撑于底座上，上部重锤使筛网产生水平圆周运动，下部重锤使筛网发生垂直方向运动，故筛网的振荡方向有三维性，使用时将物料加在筛网中心部位，筛网上的粗料由上部排出口排出，筛分的细料由下部的排出口排出。振荡筛单位筛面处理能力大，分离效率高，维修费用低，重量轻，占地面积小，得到广泛应用。

（2）旋动筛　旋动筛是把物料放入最上部的筛上，盖上盖，固定在摇动台上摇动和振荡数分钟，即可完成对物料的分级。可用电机带动，水平旋转的同时定时地在上部锤子的敲打下进行

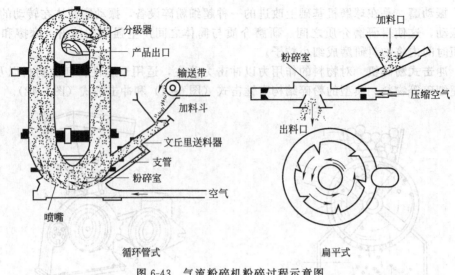

图 6-43 气流粉碎机粉碎过程示意图

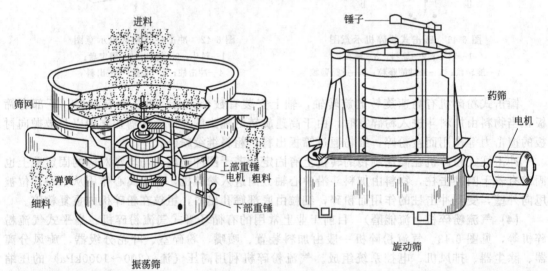

图 6-44 筛分设备示意图

上下振荡。处理量少时可用手摇动。常用于测定粒度分布或少量剧毒药、刺激性药物的筛分。

6.2.3.3 混合设备

固体的混合设备大致分为两大类，即容器旋转型和容器固定型。

(1) 容器旋转型混合机 容器旋转型是靠容器本身的旋转作用带动物料上下运动而使物料混合的设备。其形式多样，有水平圆筒形、倾斜圆筒形、V 形、双锥形，还有高效三维混合机等，见图 6-45。

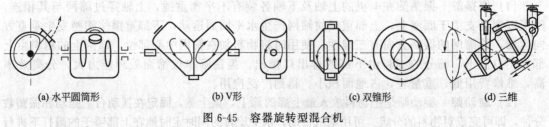

(a) 水平圆筒形   (b) V形   (c) 双锥形   (d) 三维

图 6-45 容器旋转型混合机

a. 水平圆筒形混合机 是筒体在轴向旋转时带动物料向上运动，并在重力作用下物料往下滑落的反复运动中进行混合。总体混合以对流、剪切混合为主，而轴向混合以扩散混合为主。该混合机的混合度较低，但结构简单、成本低。操作中最适宜转速为临界转速的70%~90%；最适宜充填量或容积比（物料体积/混合机全容积）约为30%。

b. V 形混合机 由两个圆筒成 V 形交叉结合而成。交叉角 α 为 80°~81°，直径与长度之比为 0.8~0.9。物料在圆筒内旋转时，被分成两部分，再使这两部分物料重新汇合在一起，这样反复循环，在较短时间内即能混合均匀。本混合机以对流混合为主，混合速度快，在旋转混合机中效果最好，应用非常广泛。操作中最适宜转速可取临界转速的 30%~40%；最适宜充填量为 30%。

c. 双锥形混合机 是在短圆筒两端各与一个锥形圆筒结合而成，旋转轴与容器中心线垂直。混合机内的物料运动状态与混合效果类似于 V 形混合机。

d. 高效三维混合机 该混合机有一个主动轴和一个被动轴，每个轴带有一个万向节，在两个万向节之间设有混合容器，与两个万向节相连的混合容器与两个轴空间交叉并垂直，分别随万向节绕主动轴和被动轴进行公转。当主轴转一周时混合容器在两空间交叉轴上下颠倒 4 次，物料也随之翻倒 4 次，因此物料在混合中除被抛落、平移外还做翻动运动，使物料在没有离心力作用下进行充分混合。高效三维混合机能使物料在三维空间轨迹中运动，湍动作用加速了物料的扩散和流动，翻动作用克服了离心力的影响，消除了密度偏析现象，物料不易产生积聚，由于强烈的湍流运动和缓慢的翻转运动，使物料在混合容器内的混合无死角，克服了传统混合机混合效率较差的问题。混合均匀度可达 99.9%，装载系数达 80%。

(2) 容器固定型混合机 容器固定型混合机是物料在容器内靠叶片、螺带或气流的搅拌作用进行混合的设备。常用的混合机介绍如下。

a. 搅拌槽型混合机 由断面为 U 形的固定混合槽和内装螺旋状二重带式搅拌桨组成，混合槽可以绕水平轴转动以便于卸料，如图 6-46（a）所示。物料在搅拌桨的作用下不停在上下、左右、内外的各个方向运动，从而达到均匀混合。混合时以剪切混合为主，混合时间较长，混合度与 V 形混合机类似。这种混合机亦可适用于造粒前的捏合（制软材）操作。

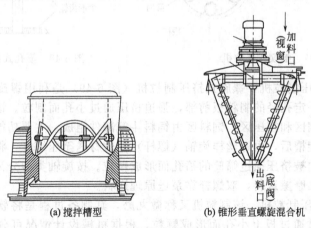

(a) 搅拌槽型　　(b) 锥形垂直螺旋混合机

图 6-46 容器固定型混合机

b. 锥形垂直螺旋混合机 由锥形容器和内装的一个至两个螺旋推进器组成，如图 6-46（b）所示。螺旋推进器的轴线与容器锥体的母线平行，螺旋推进器在容器内既有自转又有公转，自转的速度约为 60r/min，公转的速度约为 2r/min，容器的圆锥角约为 35°，充填量约为 30%。在混合过程中物料在推进器的作用下自底部上升，又在公转的作用下在全容器内产生涡旋和上下循环运动。该种混合机的特点是：混合速度快，混合度高，能达到均匀混合，混合所需动力消耗较其他混合机少。

6.2.3.4　制粒和微丸设备

（1）湿法制粒设备　湿法制粒设备分为挤压式制粒机、转动式制粒机、流化床式制粒机、喷雾制粒设备、复合型制粒机等。

a. 挤压式制粒机　是将软材用强制挤压的方式通过具有一定大小的筛孔进行制粒的方法。现有多种形式的制粒设备。

（i）摇摆式制粒机　摇摆式制粒机的主要结构如图 6-47 所示。加料斗的底部与一个半圆形的筛网相连，筛网内有一按正、反方向旋转的转子（转角为 20°左右），在转子上固定有若干个棱柱形的刮粉轴。把湿料投于加料斗，借助转子正、反方向旋转时刮粉轴对物料的挤压与剪切作用，使物料通过筛网而成粒。摇摆式制粒机生产能力低，对筛网的摩擦力较大，筛网易破损，常应用于整粒中，但本设备结构简单、操作容易，目前国内药厂中仍广泛应用。

（ii）篓孔式挤压制粒机　该制粒机是摇摆式颗粒机的改良机型，把摇摆式制粒机底部筛网改为圆柱形的垂直筛网，结构如图 6-48 所示，传统摇摆式制粒时，颗粒直接从底部筛孔中垂直下落，而篓孔式制备的颗粒是水平挤压过筛网。把多孔圆柱式筛网垂直安装的作用是使物料随重力作用流入制备室时能较顺利地处于挤压刀片和筛网之间，保证制粒的连续化进行。筛网外部设计有颗粒收集流动槽，流动槽连续不断地慢慢转动，把挤出颗粒集中到一个出口处，进入下一段工序。

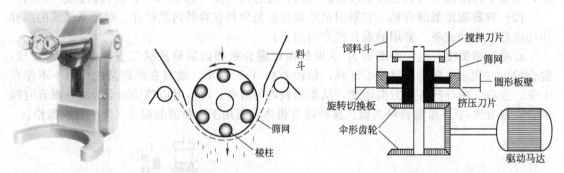

图 6-47　摇摆式制粒机　　　　　　　图 6-48　篓孔式挤压制粒机示意图

（iii）螺旋式挤压制粒机　螺旋式挤压制粒机（图 6-49）是利用螺旋杆的转动推力，把软材压缩后输送至一定孔径的制粒板前部，强迫挤压通过小孔而制粒。该机械分成三个功能区，即饲料区、压缩区和挤压区。饲料区由饲料斗等部件组成，主要功能是把软材引入螺旋槽中。软材进入螺旋槽后，由螺丝样旋轴（螺杆）把软材送至压缩区，将物料挤压到右端的制粒室，在制粒室内被挤压通过筛筒的筛孔而形成颗粒。按旋轴类型分为单螺杆和双螺杆挤压制粒机，单螺杆靠摩擦送料，双螺杆靠泵送原理送料。

（iv）滚压式挤压制粒机　该制粒机又称微丸磨，其制备过程是将软材投入滚轴与环形小孔板之间挤压软材通过板上小孔而形成颗粒，根据机械设计情况可分为三种类型：内置型、外置型和上置型。

内置型滚压式挤压制粒机（图 6-50）是把一个或多个滚轴安装在圆柱形小孔板内侧，每个滚轴和外部圆柱形小孔板绕着各自的轴同方向转动，把处于滚轴与小孔板之间的软材挤压通过小孔，在孔板外部一定距离处安装适合的刮刀，及时刮下粘连在小孔外部的挤出物。

外置型滚压式挤压制粒机是把一个或多个滚轴安装在环形小孔板外部，环和滚轴转动方向相反。软材从上方进入滚轴和环形板中间挤压通过小孔进入环形板中。

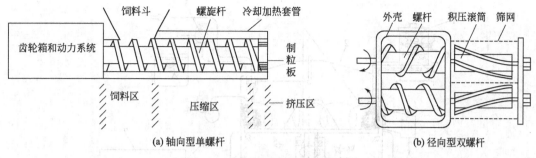

图 6-49　螺杆式挤压制粒机示意图

上置型滚压式挤压制粒机是把一个或多个滚轴安装在多孔板上部，这一机械与研磨器相似，更适合硬度大物料的制粒。在多孔板下部装有刮刀，软材从制备室上部投入，被滚轴挤压通过底部小孔板而完成制粒过程。

上述介绍的几种均为挤压式制粒机，有以下特点：①颗粒的粒度由筛网（或筛筒）的孔径大小调节，粒径可在 0.3mm 以上较大范围内调节；②颗粒的粒度分布较窄；③ 由于经过湿式捏合制粒，所以制成的颗粒强度较大；④制备粒度小的颗粒时，挤压阻力大，容易破损筛网。

b. 转动制粒设备　是在药物粉末中加入黏合剂，在转动、摇动、搅拌等作用下使粉末结聚成球形粒子即微丸的方法。

（ⅰ）圆筒旋转制粒机和倾斜旋转锅制粒机　圆筒旋转制粒机和倾斜旋转锅制粒机（图 6-51）多用于药丸的生产，可制备 2～3mm 以上大小的药丸，但由于粒度分布较宽，操作多为凭经验控制，在使用过程中受到一定限制。

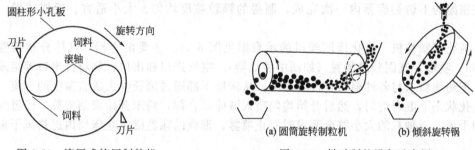

图 6-50　滚压式挤压制粒机　　　　　图 6-51　转动制粒设备示意图

转动制粒过程经历母核形成、母核成长、压实三个阶段。①母核形成阶段：在粉末中喷入少量液体使其润湿，在滚动和搓动作用下使粉末聚集在一起形成大量母核，在中药生产中称为起模；②母核成长阶段：母核在滚动时进一步压实，并在转动过程中向母核表面将一定量的水和药粉均匀喷撒，使药粉沉积于母核表面，如此反复多次，可得一定大小的药丸，在中药生产中称此为泛制；③压实阶段：在此阶段停止加入液体和药粉，在继续转动过程中多余的液体被挤出表面或未被充分润湿的沉积层中，从而颗粒被压实形成具有一定机械强度的微丸。

（ⅱ）离心转动制粒机　离心转动制粒机制粒过程示意图见图 6-52。

在固定容器内，物料在高速旋转的圆盘作用下受到离心作用而向器壁靠拢并旋转，物料被从圆盘周边吹出的空气流带动，在向上运动的同时在重力作用下往下滑动落入圆盘中心，落下的粒子重新受到圆盘的离心旋转作用，从而使物料不停地做旋转运动，有利于形成球形颗粒（微丸）。黏合剂向物料层斜面上部的表面定量喷雾，靠颗粒的激烈运动使颗粒表面均

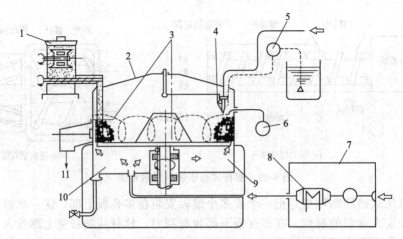

图 6-52　离心转动制粒机制粒过程示意图

1—供粉机；2—定子盖；3—定子和转子；4—喷浆系统；5—恒流泵；6—湿度感应器；

7—压缩空气系统；8—热交换器；9—空气缝；10—空气腔；11—出料口

匀润湿，并使散布的药粉或辅料均匀附着在颗粒表面层层包裹，如此反复操作可得所需大小的球形颗粒。调整在圆盘周边上升的气流温度可对颗粒进行干燥。

c. 高速搅拌制粒机　高速搅拌制粒机示意图见图 6-53，操作时，根据处方把药粉和各种辅料加入制粒容器中，盖上盖，先搅拌混合均匀后再加入黏合剂，在高速旋转的搅拌器的作用下将物料翻动、混合、分散甩到器壁上，同时在切割刀的作用下将物料进一步绞碎、切割成均匀颗粒，一般经 8～10min 即可得到较均匀的粒子。制粒完成后，由气动阀打开容器底部的出料阀，湿颗粒自动放出，进入干燥器进行干燥。高速搅拌制粒机可使物料的混合、制粒在密闭的不锈钢容器内一次完成，制得的颗粒粒度均匀、大小适宜、近似球形、流动性好。

d. 流化床制粒机　流化床制粒机的示意图见图 6-54。主要由容器、气体分布装置（如筛板等）、喷嘴、气固分离装置（如图中袋滤器）、空气进口和出口、物料排出口等组成。操作时，把药物粉末与各种辅料装入容器中，从床层下部通过筛板吹入适宜温度的气流，使物料在流化状态下混合均匀，然后开始均匀喷入液体黏合剂，粉末开始聚结成粒，经过反复的喷雾和干燥，当颗粒的大小符合要求时停止喷雾，形成的颗粒继续在床层内送热风干燥，出

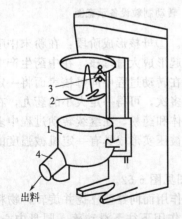

图 6-53　高速搅拌制粒机示意图

1—容器；2—搅拌桨；
3—切割刀；4—出料口

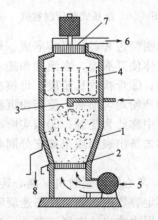

图 6-54　流化床制粒机示意图

1—容器；2—筛板；3—喷嘴；4—袋滤器；
5—空气进口；6—空气排出口；7—排风机；8—物料出口

料送至下一步工序。由于在一台设备内可完成混合、制粒、干燥等过程，所以兼有"一步制粒机"之称。一步制粒机还可以用于包衣操作。

流化床制粒的特点是：①在一台设备内进行混合、制粒、干燥，甚至是包衣等操作，简化工艺、节约时间、劳动强度低；②制得的颗粒为多孔性柔软颗粒，密度小、强度小，且颗粒的粒度分布均匀、流动性和压缩成形性好。

e. 喷雾制粒设备　喷雾制粒是将药物溶液或混悬液喷雾于干燥室内，在热气流的作用下使雾滴中的水分迅速蒸发以直接获得球状干燥细颗粒的方法。该法在数秒钟内即完成药液的浓缩与干燥，原料液含水量可达 70%～80% 以上。以干燥为目的时叫喷雾干燥；以制粒为目的时叫喷雾制粒。图 6-55 为喷雾制粒的流程示意图。料液由贮槽 7 进入雾化器 1 喷成液滴分散于热气流中，空气经蒸汽加热器 5 及电加热器 6 加热后沿切线方向进入干燥室 2 与液滴接触，液滴中的水分蒸发，液滴经干燥后成固体细粉落于器底，可连续出料或间歇出料，

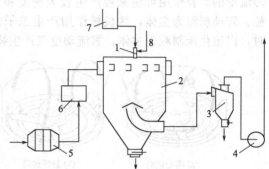

图 6-55　喷雾制粒流程示意图
1—雾化器；2—干燥室；3—旋风分离器；
4—风机；5—蒸汽加热器；6—电加热器；
7—料液贮槽；8—压缩空气

废气由干燥器下方的出口流入旋风分离器 3，进一步分离固体粉粒，然后经风机 4 过滤放空。

料液的喷雾是靠雾化器来完成的，因此雾化器是喷雾干燥制粒机的关键零件。常用的雾化器有三种型式，即压力式雾化器、气流式雾化器、离心式雾化器。

热气流与雾滴流向的安排主要根据物料的热敏性、所要求的粒度、粒密度等来考虑。常用的流向安排有并流型、逆流型、混合流型。

喷雾制粒法的特点是：①由液体直接得到粉状固体颗粒；②热风温度高，但雾滴比表面积大，干燥速度非常快（通常只需数秒至数十秒），物料的受热时间极短，干燥物料的温度相对低，适合于热敏性物料的处理；③粒度范围在 $30\mu m$ 至数百微米，堆密度在 $200\sim 600kg/m^3$ 的中空球状粒子较多，具有良好的溶解性、分散性和流动性。缺点是设备高大、汽化大量液体，因此设备费用高、能耗大；黏性较大，料液易粘壁使其使用受到限制，需用特殊喷雾干燥设备。

喷雾干燥制粒法在制药工业中得到广泛的应用与发展，如抗生素粉针的生产、微型胶囊的制备、固体分散体的研究以及中药提取液的干燥等都利用了喷雾干燥制粒技术。

近年来开发出喷雾干燥与流化制粒结合在一体的新型制粒机。由顶部喷入的药液在干燥室经干燥后落到流化制粒机上制粒，整个操作过程非常紧凑。

f. 复合型制粒设备　复合型制粒机是搅拌制粒、转动制粒、流化床制粒等不同制粒技术结合在一起，使混合、捏合、制粒、干燥、包衣等多个单元操作在一个机器内进行的新型设备。如搅拌和流化床组合的搅拌流化床型，转盘和流化床组合的转动流化床型，搅拌、转动和流化床组合在一起的搅拌转动流化床型制粒设备等。

（i）搅拌转动流化制粒机　搅拌转动流化制粒机综合了搅拌、转动、流化制粒的特征，具有在制粒过程中不易出现结块、喷雾效率高、制粒速度快等优点。该装置容器的下部设有部分开孔的皿状旋转盘，其上部装有能独立旋转的搅拌桨和切割刀，上升气流由旋转盘上的通气孔和盘外周边的间隙进入容器内使床层流化，喷枪安装于流化层上部或侧面，容器顶部设有高压逆洗式圆筒状袋滤器。可用于颗粒的制备、包衣、修饰、球形化颗粒的制备等。图 6-56 表示 SFC 型搅拌转动流化制粒机的四种不同功能示意图。（a）离心运动：转盘的离心旋转运动可以获得高密度的球形制粒物；（b）悬浮运动（环隙操作）：从转盘的气孔和周边

缝隙上升的气流使物料悬浮，使颗粒松软、堆密度小；（c）混合操作（旋转）：由搅拌桨的转动使物料产生旋转运动，并在转盘的离心力和空气流的悬浮等混合作用下使物料产生高浓度的、均匀的流动状态，可进行精密制粒、包衣、干燥等过程；（d）切割操作（整粒）：对吸湿性较强的粉体进行制粒时易出现结块。器壁上安装的切割刀具有破碎、分散作用，与旋转流动的综合作用可使颗粒产生较大密度和不定形状。制备致密的球形颗粒时，以搅拌制粒、转动制粒为主体，靠机械作用产生粒子的自转、公转等运动；制备轻质的不规则颗粒时，以流化床制粒为主体，靠流动空气产生物料的悬浮运动。

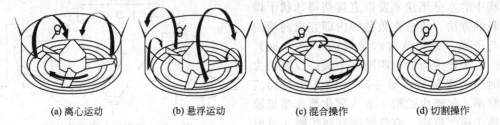

(a) 离心运动　　　(b) 悬浮运动　　　(c) 混合操作　　　(d) 切割操作

图 6-56　SFC 型搅拌转动流化制粒机的四种功能示意图

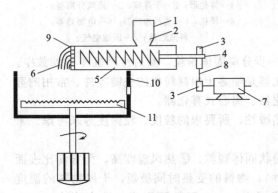

图 6-57　挤出滚圆制粒机制粒过程示意图
1—料斗；2—软材；3—皮带轮；4—螺杆；
5—挤出机；6—面条状挤出物；7—马达；8—皮带；
9—筛板；10—圆筒；11—尖齿式滚圆盘

（ⅱ）挤出滚圆制粒（微丸）设备　挤出滚圆制粒设备结合了挤压制粒和离心滚圆操作，先由挤压式制粒机挤出条状物料，再放入高速旋转的滚圆盘内，被滚圆盘上的尖齿分割切断成长径比约为 1：1 的短圆柱颗粒，然后在摩擦力、离心力、气流浮力的综合作用下，球化成均匀的微丸。图 6-57 为挤出滚圆制粒机制粒过程示意图。

g. 热熔挤出制粒设备　热熔挤出制粒主要是通过单螺杆（图 6-58）或是双螺杆挤出机来进行，双螺杆挤出机与单螺杆挤出机相比更有优势，在双螺杆挤出机中，物料的平均滞留时间短，分布范围窄，所有物料在机筒内的运动过程相同，在高剪切力和捏合力的作用下，物料混合充分，较低速度挤出还可防止原料过热，从而极大地提高了产品的质量和生产效率。热熔挤出机采用多段式精确温控加热，以确保热熔工艺的准确性、重现性，该设备集混合、加压、挤出于一体，可确保主药与辅料完全融合。热熔挤出机具有独特切断制粒机构，可一步制得十分均匀的颗粒。实现了在一台设备上进行混合、造粒和成型，具有工序少、能耗小、成本低、产率高、连续化生产的特点。可用于固体分散体制备，将难溶性药物与助溶辅料经热熔制粒，可大大提高药物的释放度及生物利用度；可直接制备缓释颗粒，将药物与高分子缓释材料一起热熔制粒，可一步制得十分均匀的缓释颗粒，可制成其他缓释制剂；还可用于口感不好药物的掩味，将药物与掩味的高分子材料一起热熔制粒后粉碎，掩味效果很好，为了进一步制备口服液、干混悬剂或口崩片奠定基础。

h. 热熔喷雾制粒机　热熔喷雾制粒机（图 6-59）可进行热熔喷雾制粒和冷冻喷雾干燥。其热熔喷雾制粒过程及原理为：将物料槽内的物料、辅料充分混合熔融，通过恒压恒流装置输送至冷冻室顶部的两流体气流式喷嘴，在冷冻室内被空气压缩机产生的压缩空气雾化成微小的雾滴，与经过超低温冷冻的空气充分接触，进行传热交换，完成固化过程，部分固化后的产品沉降到干燥室底部的粉料杯内，从雾化冷冻室排出的尾气在旋风分离器内完成气固分

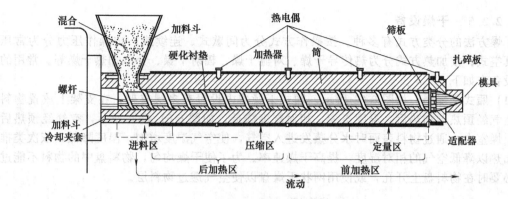

图 6-58 单螺杆挤出机结构图

离，产品被收集到粉料杯内，尾气通过引风机排入大气。通过电器控制系统，可以根据不同的产品性能要求调节进风温度、排风温度、料液给料量、压缩空气流量、引风机风量等参数。其冷冻喷雾干燥过程及原理为：将溶剂法制备的料液，通过蠕动泵输送至干燥室顶部的两流体气流式喷嘴，在干燥室内被空气压缩机产生的压缩空气雾化成微小的雾滴，与经过电加热器加热的热空气充分接触，进行传热传质，完成干燥过程。如使用水溶剂，由于进入空气经过低温冷冻除湿，在工作相同温度下，具有更好的蒸发能力，生产效率更高，因蒸发带来的冷却效果更明显，即使在处理对温度非常敏感的物质也能适应。如使用有机溶剂，热负荷可降至更低，同时排放气体通过低温冷凝后可实现有机溶剂回收。

(2) 干法制粒设备 干法制粒是将药物和辅料的粉末混合均匀、压缩成大片状或板状后，粉碎成所需大小颗粒的方法。干法制粒压片法常用于热敏性物料、遇水易分解的药物。该法靠压缩力使粒子间产生结合力，其制备方法有压片法和滚压法。

a.压片法 是利用重型压片机将物料粉末压制成直径为 20～25mm 的胚片，然后破碎成一定大小颗粒的方法。

b.滚压法 是利用转速相同的两个滚动圆筒之间的缝隙，将药物粉末滚压成板状物（图 6-60），然后破碎成一定大小颗粒的方法。操作流程为：将药物粉末投入料斗中，用加料器将粉末送至压轮进行压缩，由压轮压出的固体胚片落入料斗，被粗碎轮破碎成块状物，然后依次进入具有较小凹槽的中碎轮和细碎轮进一步破碎制成粒度适宜的颗粒，最后进入振荡筛进行整粒。粗粒重新送入继续粉碎，过细粉末送入料斗与原料混合重复上述过程。

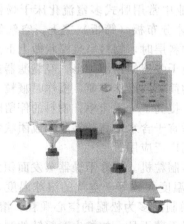

图 6-59 热熔喷雾制粒机示意图

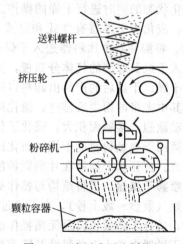

图 6-60 滚压式干法制粒机

6.2.3.5　干燥设备

干燥方法的分类方式有多种。按操作方式分为间歇式、连续式；按操作压力分为常压式、真空式；按加热方式分为热传导干燥、对流干燥、辐射干燥、介电加热干燥等。常用的干燥设备有如下。

(1) 厢式干燥器　如图6-61所示，厢式干燥器内设置有多层支架，在支架上放置物料盘，空气经预热器加热后，温度不变，相对湿度降低，如图6-61（b）所示，空气经预热后进入干燥室内，通过物料表面时水分蒸发进入空气，使空气湿度增加，温度降低，依次类推反复加热以降低空气的相对湿度，提高干燥速率。为了使干燥均匀，物料盘中的物料不能过厚，必要时在物料盘上开孔，或使用网状干燥盘以使空气透过物料层。

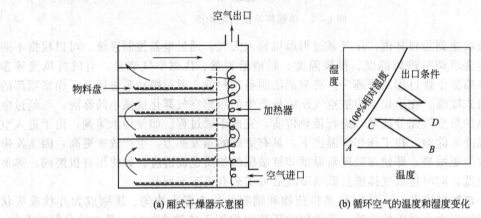

(a) 厢式干燥器示意图　　　　　(b) 循环空气的温度和湿度变化

图6-61　厢式干燥器工作原理示意图

厢式干燥器多采用废气循环法和中间加热法。废气循环法是将从干燥室排出的废气中的一部分与新鲜空气混合重新进入干燥室，不仅提高设备的热效率，同时可调节空气的湿度以防止物料发生龟裂或变形。中间加热法是在干燥室内装有加热器，使空气每通过一次物料盘能得到再次加热，以保证干燥室内上下层盘内的物料干燥均匀。

厢式干燥器为间歇式干燥器，其设备简单，适应性强，适用于小批量生产物料的干燥。缺点是劳动强度大、热量消耗大等。

(2) 流化床干燥器　此方法为热空气以一定速度自下而上穿过松散的物料层，使物料形成悬浮流化状态的同时进行干燥的操作。物料的流态化类似于液体沸腾，因此生产上也叫沸腾干燥器。流化床干燥器有立式和卧式，在制剂工业中常用卧式多室流化床干燥器，如图6-62所示。将湿物料由加料器送入干燥器内多孔气体分布板（筛板）之上，空气经预热器加热后吹入干燥器底部的气体分布板，当气体穿过物料层时，物料呈悬浮状做上下翻动的过程中得到干燥，干燥后的产品由卸料口排出，废气由干燥器的顶部排出，经袋滤器或旋风分离器回收其中夹带的粉尘后排空。流化床干燥器结构简单，操作方便，操作时颗粒与气流间的相对运动激烈，接触面积大，强化了传热、传质，提高了干燥速率；物料的停留时间可任意调节，适用于热敏物料的干燥。流化床干燥器不适宜于含水量高、易黏结成团状物料，要求粒度适宜。流化床干燥器在片剂颗粒的干燥中得到广泛应用。

(3) 喷雾干燥器　设备结构与操作见前面的喷雾制粒机。喷雾干燥器蒸发面积大、干燥时间非常短（数秒～数十秒），在干燥过程中雾滴的温度大致等于空气的湿球温度，一般为50℃左右，适合于热敏物料及无菌操作的干燥。干燥制品多为松脆的空心颗粒，溶解性好。如在喷雾干燥器内送入灭菌料液及除菌热空气可获得无菌干品，如抗生素粉针的制备、奶粉的制备都可利用这种干燥方法。

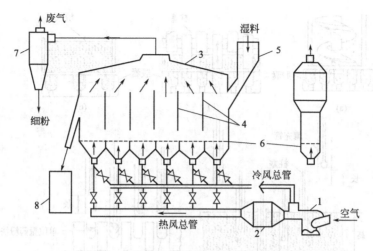

图 6-62　卧式多室流化床干燥器示意图

1—风机；2—预热器；3—干燥室；4—挡板；5—料斗；6—多孔板；7—旋风分离器；8—干料桶

(4) 冷冻干燥机　冷冻干燥（也称升华干燥）是将含有大量水分的物料（溶液或混悬液）先冻结至冰点以下（通常为 −40～10℃），然后在高真空下加热，使水分从冰中直接升华干燥的方法。适用于对湿热敏感、不稳定的药物。

(5) 红外干燥器　此方法是利用红外辐射元件所发射的红外线对物料直接照射而加热的一种干燥方式（图 6-63）。红外线是介于可见光和微波之间的一种电磁波，其波长范围在 0.72～1000μm 的广阔区域，波长在 0.72～5.6μm 区域的称近红外，5.6～1000μm 区域的称远红外。

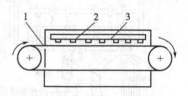

图 6-63　红外干燥装置示意图
1—传送装置；2—红外线
辐射器；3—反射集光装置

红外线辐射器所产生的电磁波以光速辐射至湿物料，当红外线发射频率与物料中分子运动所固有的频率相匹配时引起物料分子的强烈振动和转动，在此过程中分子间的激烈碰撞与摩擦产生热，因而达到干燥的目的。

红外线干燥时，由于物料表面和内部分子同时吸收红外线，故受热均匀、干燥快、质量好。缺点是电能消耗大。

(6) 高频电磁干燥器　干燥器内设置一种高频交变电磁场，使湿物料中的水分子迅速获得热量而汽化，从而进行干燥的介电加热干燥器。此法具有多种优点，如颗粒由内部向外部加热，受热均匀，干燥速度快，能耗低，干燥过程能按颗粒中留存的水分，加以自动调节，干燥温度一般小于 40℃，特别适合热敏药物颗粒的干燥。

6.2.3.6　胶囊剂生产设备

(1) 硬胶囊剂填充机　填充方式可归为四种类型（图 6-64）：(a) 型是由螺旋钻压进物料；(b) 型是用柱塞上下往复压进物料；(c) 型是自由流入物料；(d) 型是在填充管内，先将药物压成单位量药粉块，再填充于胶囊中。从填充原理看，(a)、(b) 型填充机对物料要求不高，只要物料不易分层即可；(c) 型填充机要求物料具有良好的流动性，常需制粒才能达到；(d) 型适于流动性差但混合均匀的物料，如针状结晶药物、易吸湿药物等。

(2) 软胶囊剂生产设备

a. 滴制法　由具有双层滴头的滴丸机（图 6-65）完成。以明胶为主的软质囊材（一般称为胶液）与药液，分别在双层滴头的外层与内层以不同速度流出，使定量的胶液将定量的药液包裹后，滴入与胶液不相混溶的冷却液中，由于表面张力作用使之形成球形，并逐渐冷

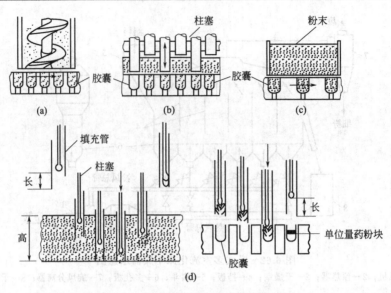

图 6-64 硬胶囊剂填充机的类型示意图

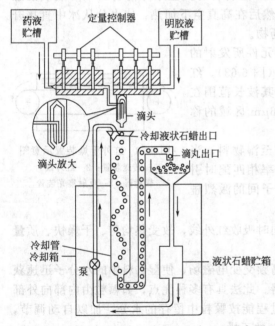

图 6-65 软胶囊（胶丸）滴制法生产过程示意图

却、凝固成软胶囊，如常见的鱼肝油胶丸等。滴制中，胶液、药液的温度、滴头的大小、滴制速度、冷却液的温度等因素均会影响软胶囊的质量，应通过实验考察、筛选适宜的工艺条件。

b.压制法　将胶液制成厚薄均匀的胶片，再将药液置于两个胶片之间，用钢板模或旋转模压制软胶囊。目前生产上主要采用旋转模压法，其制囊机及模压过程参见图 6-66（模具的形状可为椭圆形、球形或其他形状）。

6.2.3.7　片剂生产设备

(1) 压片机　常用压片机按其结构分为单冲压片机和旋转压片机；按压制片形分为圆形片压片机和异形片压片机；按压缩次数分为一次压制压片机和二次压制压片机；按片层分为双层压片机、有芯片压片机等。

a.单冲压片机　单冲压片机的主要结构见图 6-67，其主要组成有：①加料器——加料斗、饲粉器；②压缩部件——一副上、下冲和模圈；③各种调节器——压力调节器、片重调节器、推片调节器。压力调节器连在上冲杆上，用以调节上冲下降的深度，下降越深，上、下冲间的距离越近，压力越大，反之则小；片重调节器连在下冲杆上，用以调节下冲下降的深度，从而调节模孔的容积而控制片重；推片调节器连在下冲杆上，用以调节下冲推片时抬起的高度，使恰与模圈的上缘相平，由饲粉器推开。

单冲压片机的压片过程是：①上冲抬起，饲粉器移动到模孔之上；②下冲下降到适宜深度，饲粉器在模上摆动，颗粒填满模孔；③饲粉器从模孔上移开，使模孔中的颗粒与模孔的上缘相平；④上冲下降并将颗粒压缩成片，此时下冲不移动；⑤上冲抬起，下冲随之抬起到与模孔上缘相平，将药片从模孔中推出；⑥饲粉器再次移到模孔之上，将模孔中推出的片剂

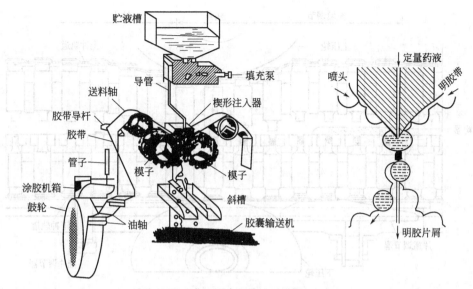

图 6-66 自动旋转制囊机旋转模压示意图

推出，同时进行第二次饲粉，如此反复进行。

b.旋转式多冲压片机 旋转式压片机的主要工作部分有：机台、压轮、片重调节器、压力调节器、加料斗、饲粉器、吸尘器、保护装置等。机台分为三层，机台的上层装有若干上冲，在中层的对应位置上装着模圈，在下层的对应位置上装着下冲，见图 6-68。上冲与下冲各自随机台转动并沿着固定轨道有规律地上、下运动，当上冲与下冲随机台转动，分别经过上、下压轮时，上冲向下、下冲向上运动，并对模孔中的物料加压；机台中层的固定位置上装有刮粉器，片重调节器装于下冲轨道的刮粉器所对应的位置，用以调节下冲经过刮粉器时的高度，以调节模孔的容积；用上下压轮的上下移动位置调节压缩压力。

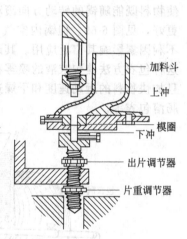

图 6-67 单冲压片机主要构造示意图

旋转式压片机的压片过程如下。①填充：当下冲转到饲粉器之下时，其位置最低，颗粒填入模孔中；当下冲行至片重调节器之上时略有上升，经刮粉器将多余的颗粒刮去；②压片：当上冲和下冲行至上、下压轮之间时，两个冲之间的距离最近，将颗粒压缩成片；③推片：上冲和下冲抬起，下冲将片剂抬到恰与模孔上缘相平，药片被刮粉器推开，如此反复进行。

旋转式压片机有多种型号，按冲数分有 16 冲、19 冲、27 冲、33 冲、55 冲、75 冲等。按流程分单流程和双流程两种。单流程仅有一套上、下压轮，旋转一周每个模孔仅压出一个药片；双流程有两套压轮、饲粉器、刮粉器、片重调节器和压力调节器等，均装于对称位置，中盘转动一周，每副冲压制两个药片。

旋转式压片机具有饲粉方式合理、片重差异小；由上、下冲同时加压，压力分布均匀；生产效率高等优点。如 55 冲的双流程压片机的生产能力高达 50 万片/h。目前压片机的最大产量可达 80 万片/h。全自动旋转压片机，除能将片重差异控制在一定范围外，对缺角、松裂片等不良片剂也能自动鉴别并剔除。

(2) 包衣设备

a.普通包衣锅和埋管包衣锅 包衣锅的轴与水平面的夹角为 30°～50°，在适宜转速下，

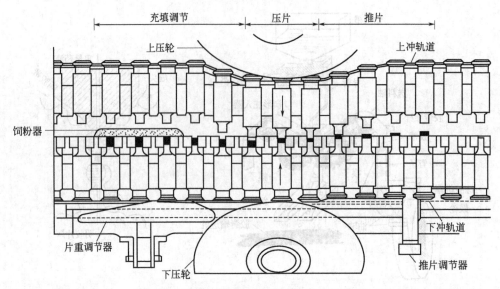

图 6-68　旋转式多冲压片机工作过程示意图

使物料既能随锅的转动方向滚动，又能沿轴的方向运动，做均匀而有效的翻转，使混合作用更好，见图 6-69。但锅内空气交换效率低，干燥慢；气路不能密闭，有机溶剂污染环境等不利因素影响其广泛应用。其改良方式为在物料层内插进喷头和空气入口，称埋管包衣锅，这种包衣方法使包衣液的喷雾在物料层内进行，热气通过物料层，不仅能防止喷液飞扬，而且加快物料的运动速度和干燥速度。倾斜包衣锅和埋管包衣锅可用于糖包衣、薄膜包衣以及肠溶包衣等。

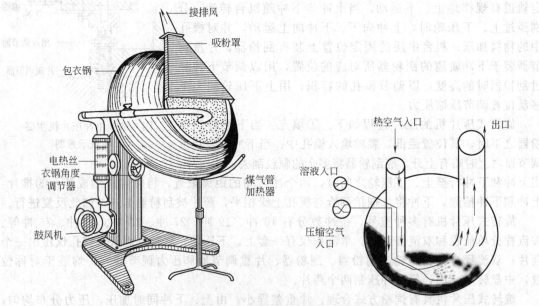

图 6-69　普通包衣设备与埋管包衣示意图

　　b. 高效包衣机　高效包衣机是为改善传统倾斜型包衣锅的干燥能力差的缺点而开发的新型包衣机，其工作原理是将被包衣的片芯放置于包衣机的滚筒内，通过可编程序控制系统，使之不断、连续、重复地做出复杂的轨迹运动，在运动过程中，由控制系统进行可编程序控制，按工艺顺序及参数的要求，将包衣液经喷枪自动地以雾状喷洒在片芯表面，同时由热风柜提供经 10 万级过滤的洁净热空气，穿透片芯空隙层，片芯表面已喷洒的包衣液和热空气充分接触并逐步干燥，废气由滚筒底部经风道由排风机经除尘后排放，从而使片芯形成坚固、光滑的表面薄膜。高效包衣机包衣效果好，干燥速度快，已成为包衣装置的主流。

高效包衣机按锅型结构和热交换形式可分为有孔包衣机和无孔包衣机，有孔包衣机又可分为网孔式和间隔网孔式。有孔包衣机的热交换效率高，主要用于中西药片剂、较大丸剂等的有机薄膜衣、水溶薄膜衣和缓、控释包衣。无孔包衣机的热交换效率较低，常用于微丸、小丸、滴丸、颗粒制丸等包制糖衣、有机薄膜衣、水溶薄膜衣和缓、控释包衣。

（ⅰ）网孔式高效包衣机　网孔式高效包衣机的工作原理示意图见图 6-70（a），包衣锅的整个圆周都带有 $\phi 1.8 \sim 2.5 \text{mm}$ 圆孔。经过滤并被加热的净化空气从锅的右上部通过网孔进入锅内，热空气穿过运动状态的片芯间隙，由锅底下部的网孔穿过，再经排风管排出。由于整个锅体被包在一个封闭的金属外壳内，因而热气流不能从其他孔中排出。热空气流动的途径可以是逆向的，也即可以从锅底左下部网孔中通入，再经右上方风管排出。前一种称为直流式，后一种称为反流式。这两种方式中片芯分别处于"紧密"和"疏松"的状态，可根据品种的不同进行选择。

（ⅱ）间隔网孔式高效包衣机　间隔网孔式高效包衣机开孔的部分不是整个圆周，而是按圆周的几个等份的部分。图中是 4 个等份，沿着每隔 90°开孔一个区域（网孔区），并与四个风管联结。工作时 4 个风管与锅体一起转动。由于 4 个风管分别与 4 个风门连通，风门旋转时分别间隔地被出风口接通每一管路而达到排湿的效果。这种间隙的排湿结构使锅体减少了打孔的范围，减轻了加工量。同时热量也得到了充分利用，节约了能源，不足之处是风机负载不均匀，对风机有一定影响。

（ⅲ）无孔式高效包衣机　无孔式高效包衣机是指锅的圆周没有圆孔，其热交换形式目前有两种：一是将布满小孔的 2~3 个吸气桨叶浸没在片芯内，使加热空气穿过片芯层，再穿过桨叶小孔进入吸气管路内被排出。进风管引入干净热空气，通过片芯层，再穿过桨叶的网孔进入排风管并被排出机外，见图 6-70（b）；二是采用了一种较新颖的锅型结构，见图 6-70（c），目前已在国际上得到应用。其流通的热风是由旋转轴的部位进入锅内，然后穿过运动着的片芯层，通过锅的下部两侧，被排出锅外。这种新颖的无孔式高效包衣机之所以能实现一种独特的通风路线，是靠锅体前后两面的圆盖特殊的形状。在锅的内侧绕圆周方向设计了多层斜面结构。锅体旋转时带动圆盖一起转动，按照旋转的正反方向产生两种不同的效果。当正转时（顺时针方向），锅体处于工作状态，其斜面不断阻挡片芯流入外部，而热风却能从斜面处的空挡中流出。当反转时（逆时针方向），此时处于出料状态，这时由于斜面反向运动，使包好的药片沿切线方向排出。

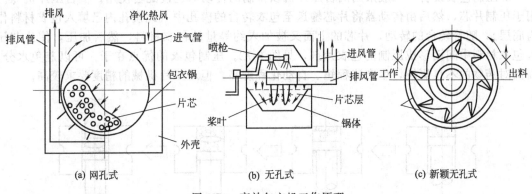

图 6-70　高效包衣机工作原理

c.转动包衣装置　是在转动造粒机的基础上发展起来的包衣装置，见前面转动法制粒机。转动包衣装置的特点是：①粒子的运动主要靠圆盘的机械运动，不需用强气流，防止粉尘飞扬；②由于粒子运动激烈，小粒子包衣时可减少颗粒间粘连；③在操作过程中可开启装置的上盖，因此可以直接观察颗粒的运动与包衣情况；④缺点是由于粒子运动激烈，易磨损颗粒，不适合脆弱粒子的包衣；干燥能力相对较低，包衣时间较长。

d. 流化包衣装置　流化包衣的方法是由 Wurster 在 1953 年首创的，20 世纪 60 年代末开始应用于生产。流化包衣的基本原理是经预热的洁净空气以一定速度经气体分布器进入，使流化床上的片剂（或颗粒、微丸等）悬浮于气流中，上下翻腾处于流化（沸腾）状态；与此同时，喷入的包衣溶液会均匀分布于片剂表面，溶剂随热空气迅速挥散，从而在片剂表面留下薄膜状的衣层。实际生产中较多用于小颗粒物料的包衣。

流化包衣装置分为流化型、喷流型、流化转动型，见图 6-71。

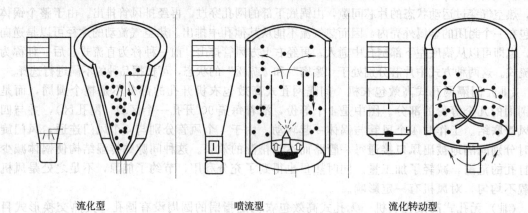

流化型　　　　　　　喷流型　　　　　　　流化转动型

图 6-71　流化包衣装置类型示意图

流化型包衣装置的构造以及操作与流化制粒设备基本相同。流化包衣装置的特点是：粒子的运动主要依靠气流运动，因此干燥能力强，包衣时间短；装置为密闭容器，卫生安全可靠。缺点是依靠气流的粒子运动较缓慢，因此大颗粒运动较难，小颗粒包衣易产生粘连。

喷流型包衣装置的特点是：喷雾区域粒子浓度低，速度大，不易粘连，适合小粒子的包衣；可制成均匀、圆滑的包衣膜。

流化转动型包衣装置的特点是：粒子运动激烈，不易粘连；干燥能力强，包衣时间短，适合比表面积大的小颗粒包衣。缺点是设备构造较复杂，价格高；粒子运动过于激烈易磨损脆弱粒子。

e. 压制包衣设备　一般采用两台压片机以特制的传动器连接配套使用。一台压片机专门用于压制片芯，然后由传动器将片芯输送至包衣转台的模孔中（此模孔内已填入包衣材料作为底层），随着转台的转动，片芯的上面又被加入约等量的包衣材料，然后加压，使片芯压入包衣材料中间而形成压制的包衣片剂，见图 6-72。压制包衣的优点在于：可以避免水分、高温对药物的不良影响，生产流程短、自动化程度高，但对压片机械的精度要求较高。

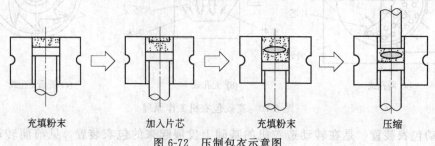

充填粉末　　　　　加入片芯　　　　　充填粉末　　　　　压缩

图 6-72　压制包衣示意图

6.2.3.8　栓剂生产设备

栓剂的大生产通常采用自动化、机械化装置进行操作。灌注、冷却、取出等过程均由机器来完成，自动化程度高，如旋转式制栓机（图 6-73）。操作时，先由涂刷或喷雾装置对模具进行润滑，并将混合好的物料加入料斗，保持恒温和持续搅拌下完成注模，待栓剂冷却凝固后，削去溢出部分。已凝固的栓剂转至抛出位置时，栓模自动打开，并被钢制推杆推出，栓模重新闭合，开始新的生产周期。

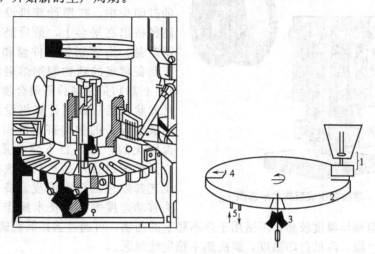

图 6-73　自动旋转式制栓机示意图

1—饲料装置及加料斗；2—旋转式冷却台；3—栓剂抛出台；4—刮削设备；5—冷冻剂入口及出口

6.2.4　3D 打印设备

目前用于制备药物制剂的 3D 打印设备主要有液粉打印、挤出打印和熔融挤出成型设备。

液粉打印系统主要由打印头、铺粉器、工作台等组成，见图 6-74。打印时按照"分层制造，逐层叠加"的原理制备所需的产品。打印流程是先通过铺粉器将粉末铺散在工作台上，再由打印头按照截面轮廓数据和计算机设计的路径与速度滴加药液或黏合剂，对粉末进

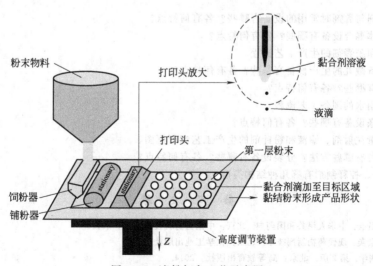

图 6-74　液粉打印工艺示意图

行黏结，干燥固化后，工作台下移并重复以上过程，直至形成目标产品形状。通过调节粉末层厚度、液滴直径、液滴流速、打印头移动速度、行间距、打印层数等工艺参数，可获得不同性质的制剂产品。该技术精度高，适用于粉末状原料，所得产品孔隙率大，机械性能较低。

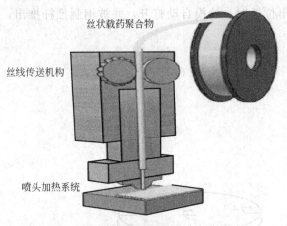

丝状载药聚合物

丝线传送机构

喷头加热系统

图 6-75　熔融沉积成型技术示意图

挤出打印技术是将原辅料粉末和黏合剂混合均匀后制得的软材加入到成型设备的打印头中，按照计算机设计的处方量和路径挤出在平台上，最后经过干燥获得所需产品。由于制备条件温和、快速，适用于制备常规的药物制剂熔融沉积成型技术（图 6-75）是先将载药聚合物加热使其呈熔融丝状，然后根据计算机设计的模型参数从成型设备的尖端挤出沉积到平台上，降温固化后，工作台下移并重复以上过程，直至形成目标产品形状。该技术所涉及的工艺参数包括挤出温度、挤出速度、打印头移动速度等。该技术操作简单，产品机械性能较好，但操作温度较高，不适用于热不稳定的药物，可通过选择低玻璃化温度辅料和加入增塑剂等手段，降低打印温度，解决热不稳定性问题。

【本章小结】　首先对各种剂型的生产原理和工艺进行了阐述，包括液体制剂中的低分子和高分子溶液剂、混悬剂、乳剂，气雾剂、喷雾剂与粉雾剂，半固体制剂中的软膏剂，固体制剂中的散剂、颗粒剂、胶囊剂、片剂、丸剂与微丸剂、滴丸剂、膜剂和栓剂，注射剂。其后是介绍口服缓、控释制剂，靶向给药系统，微球与微囊，纳米粒，脂质体，经皮给药系统，以及固体分散、包合和 3D 打印技术等内容，最后用较大篇幅对各种制剂的机械和设备进行介绍。

思　考　题

1. 制备混悬剂与乳剂时常用的设备有哪些？各有何特点？
2. 常用的固体混合设备有哪些？各有何特点？
3. 简述片剂和胶囊剂的生产工艺流程。
4. 制粒和制备微丸的生产设备有哪些？各有何特点？
5. 包衣设备有哪些？各有何特点？
6. 简述注射用水的制备工艺流程。
7. 安瓿的洗涤设备有哪些？各有何特点？
8. 写出小容量注射剂、输液和粉针剂的生产工艺流程框图。
9. 粉针剂制备有哪些方法？分装设备有哪些？各有何特点？
10. 口服缓释、控释制剂有哪几种结构类型？

参　考　文　献

[1]　国家药典委员会. 中华人民共和国药典. 北京：中国医药科技出版社，2015.
[2]　袁其朋，赵会英. 现代药物制剂技术. 北京：化学工业出版社，2005.
[3]　张志荣. 药剂学. 第 2 版. 北京：高等教育出版社，2014.
[4]　唐燕辉. 制剂工程. 北京：高等教育出版社，2007.

［5］　陈庆华，张强. 药物微囊化新技术及应用. 北京：人民卫生出版社，2008.

［6］　Lakkireddy H R，Bazile D. Building the design，translation and development principles of polymeric nanomedicines using the case of clinically advanced poly（lactide（glycolide））-poly（ethylene glycol）nanotechnology as a model：An industrial viewpoint. Advanced Drug Delivery Reviews，2016，107：289-332.

［7］　Hörmann K，Zimmer A. Drug delivery and drug targeting with parenteral lipid nanoemulsions—A review. Journal of Controlled Release，2016，223：85-98.

［8］　Cagel M，et al. Polymeric mixed micelles as nanomedicines：Achievements and perspectives. European Journal of Pharmaceutics and Biopharmaceutics，2017，113：211-228.

［9］　郑俊民. 经皮给药新剂型. 北京：人民卫生出版社，2006.

［10］　Prausnitz M R. Microneedles for transdermal drug delivery. Adv Drug Delivery Rev，2004，56：581.

［11］　Yu L. Amorphous pharmaceutical solids：Preparation，characterization and stabilization. Advanced Drug Delivery Review，2001. 48：27-42.

［12］　HuÈlsmann S，et al. Melt extrusion：from process to drug delivery technology. Eur J Pharm Biopharm，2002，54：107.

［13］　Brewster M E，et al. Cyclodextrins as pharmaceutical solubilizers. Adv Drug Delivery Rev，2007，59：645.

［14］　Goyanes A，et al. 3D printing of modified-release aminosalicylate（4-ASA and 5-ASA）tablets. Eur J Pharm Biopharm，2015，89：157-162.

［15］　王雪，等. 3D 打印技术在药物高端制剂中的研究进展. 中国药科大学学报，2016，47（2）：140-147.

［16］　Norman J，et al. A new chapter in pharmaceutical manufacturing：3D-printed drug products. Advanced Drug Delivery Reviews，2017，108：39-50.

第 7 章　连续制造技术及设备

【本章导读】　连续制造技术正在成为药业未来技术竞争和产业保护的新焦点。本章着重介绍了连续制造的基本概念，连续制造技术的原理与设备及研究进展，并展望了连续制造技术的发展前景。通过对本章的学习，可以系统掌握连续制造的概念，深刻理解连续制造技术在制药工程领域的应用，并可为制药生产技术提供新思路和新方法。

7.1　连续制造技术概述

连续制造（continous manufacture），是指一进一出的过程，不断地有原料被添加到生产过程中，与此同时产品以一定速度被生产出来。分批制造（batch manufacture），是指在同一生产周期中，用同一批原料、同一个生产方法生产出来的一定数量的一批制品，在规定限度内，它具有同一性质（均一性）和同一质量。

传统上采用分批制造来生产药物产品。在这种生产过程中，材料经过一步处理后通常进行离线测试作为加工工程中的控制并在它们被送去下一个加工过程前贮藏起来。如果过程品质控制中材料没有达到质量要求，可能被放弃或者在特定的环境下，在进入下一个加工步骤前被重新加工。在连续制造过程中，每个加工步骤过程中的生产材料均被直接、连续地送到下一步做进一步的加工。每个加工过程均需要制造可靠的、有可接受特性的中间材料和产品。延长特定的单元操作的加工时间（例如合成、结晶、混合、干燥等）来达到期望的质量，对于连续制造来说，它可能影响中断下游的单元操作。连续制造相比于分批制造，因此也通常设计更高水平的加工设计来确保足够的过程控制和产品质量。分批制造和连续制造的流程图如图 7-1 所示，分批制造最后才能得到产物，且每一步都是单独操作，连续制造是随着原料的投入，产品也随之流出，持续添加原料，可以持续得到产品，以达到连续的过程。

2008 年 Roberge 等[2] 指出连续制造在生产过程中具有较高的灵活性。2011 年，Schaber 等[3] 对分别用分批制造和连续制造来生产 API 进行了经济分析，以年产 2000 t 片剂的 API 药物为例，对比分批生产，连续生产产率高出 10%，且节约 10% 的成本。在一些情况下，即使收益率连续生产低于分批生产，连续生产仍然节约了劳动力、材料处理等其他费用。2012 年 Poechlauer 等[4] 调查发现，基于连续制造的诸多优点，很多制药公司会选择连续制造方法来生产药物，同时政府也表示支持。同时对于许多工业放大实验，连续制造或半连续制造是必不可少[5]。

美国食品和药物管理局（FDA）指出连续制造能确保提供高品质的药物。连续处理具有很大的潜力来解决药物生产过程中的敏捷性问题、灵活性及成本。连续制造在过去十年内有了明显的进步。同时，FDA 表明会支持连续制造[1,6]。

7.2　连续制造技术研究进展

早在 1900 年工业革命前后就已经出现了最早的连续制造雏形，连续制造被用在生铁的高炉冶炼当中。将矿石、燃料和助熔剂连续填充进高炉，连续接触熔化的生铁和炉渣，去除

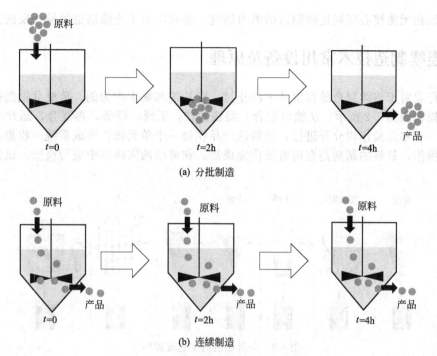

图 7-1　分批制造与连续制造的流程示意图[1]

硅和硅氧化的化学反应同时在炉里连续发生。随着现代技术的进步，石油精炼、基础化工、合成纤维、化肥加工、制浆造纸、冶金精炼、天然气加工、中水处理、浮法玻璃等制造业也陆续实现了连续制造。

对于制药行业，对连续制造的探索从 20 世纪 90 年代初开始，为了规避工艺方法带来的各种问题，德国就已有连续制粒和连续干燥的注册专利，并且尝试投入了生产。而当时在化工厂的连续合成技术，也使得不少原料药工厂开始了"半连续"加工进程。2000 年前后，在线清洗和在线除菌的技术让药品生产向在线继续过渡。2010 年前后，在线控制和监测方法在设备上的嵌入与整合技术发展快速，质量源于设计（QbD）概念也让建模预测和实验设计等方法更好地与制药生产过程联结起来。

制药行业在连续制造业的发展，在欧美国家，Vertex 是第一个申报连续制造制剂产品的公司。Vertex 在波士顿地区耗资 3000 万美元，建起一座 4000ft² （合 372m²）的连续制造工厂，用以支持这份以连续制造方法生产的治疗囊性纤维化药品申请。Novartis 与顶尖工程师云集的 MIT 签订一项为期 10 年，价值 6500 万美元的投资，通过借助 MIT 实验室的博士生、博士后、研究员、教授等的科研力量，结合 Novartis 的科学家在生产领域的经验，共同开展连续制造在工程、工艺和控制方面的开发和研究。目前，MIT 的试点实验室已完成使命，Novartis 在瑞士建起"网球场大小"的连续制造车间，用于开发和生产从起始物料到制剂的完全连续制造片剂 （end-to-end）。英国连续制造控制技术中心 （ICT CMAC, Intelligent Decision Supportand Control Technologies for Continuous Manufacturing and Crystallisation of Pharmaceuticals and Fine Chemicals） 成立于 2011 年，由包括剑桥在内的 7 所研究机构的 13 名学者发起，通过企业资助的化学、工程、控制博士后、博士、硕士项目的培训和实验，开展制药和精细化工领域的连续制造和连续结晶研究，2014 年筹备起研究用车间，并与多个跨国药企合作。位于波多黎各的 Johnson & Johnson 工厂也在开展研发和准备生产工作，已向 FDA 申报连续制造的 HIV 药品 Prezista。此外，Genzyme、Amgen 等公司也纷纷准备建厂和研发工作。在中国，海正药业对速释片剂的连续制造研究，以及东富龙对喷雾冻干机在无菌核心区域连续制造的潜力研究，是我国对于连续制造领域开发的先行者。

7.3 连续制造技术常用设备及原理

制药行业对于连续制造的探索从未停止过，以片剂药物生产为例，传统分批制造方法的基本单元操作如图7-2所示，从物料混合，湿法制粒，干燥，研磨，再混合，压片到最后的包衣，每一个单元操作均分开进行，物料或产品在每一个单元操作完成后统一收集，转至下一个单元操作，最终的制剂是在所有操作完成后，在离线的实验室中进行检验，试剂生产用时较长。

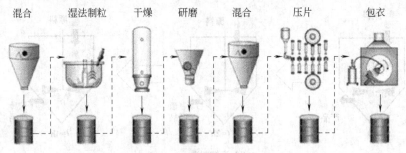

图7-2 分批制造的工艺流程图

与传统生产方法，即分批制造相比，同样混合、制粒、压片和包衣的操作，连续制造通过设备和控制系统设计，使得每个单元操作之间物料或产品不间断地通过。实时监测和控制粒度分布、多组分含量均匀度、压片后片重及硬度等参数，及时反馈及调整数据参数，最终结合物料的物理和化学性质，模拟出用于放行的溶解度模型，对包衣后的制剂进行实时放行检验，具体操作如图7-3。连续制造具有物料或产品在每个单元操作之间持续流动，生产过程实时监测和在线评估，实际生产用时短的特点。

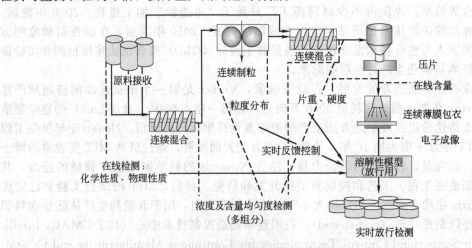

图7-3 连续制造的工艺流程图

设备选型是指购置设备时，根据生产工艺要求、市场供应情况和技术上先进、经济上合理，生产上适用的原则，以及按照可行性、维修性、操作性和能源供应等要求，进行调查和分析比较，以确定设备的优化方案。连续制造技术同样要根据此原则来选择设备。选择具有节能高效，经济方便，实用可行，符合GMP生产等优点的设备。设备尽可能选择同一厂家的产品，这样在设备可互连性、协议互操作性、技术支持和价格等方面都更有优势。从这个角度来看，产品线齐全、技术认证队伍力量雄厚、产品市场占有率高的厂商是首选。其产品经过更多用户的检验，产品成熟度高，而且这些厂商出货频繁，生产量大，质保体系完备。

7.4　连续制造技术应用及发展前景

连续制造技术在制药工程领域有广泛的应用。制药工程领域对于连续制造的探索从未停止过。图 7-4 是典型的制药工厂连续生产 API 的流程图。2013 年，Sen 等[7] 利用综合工艺模型优化连续生产 API 的纯化过程，优化后得到最优的结晶冷却步骤，过滤压力参数，干燥空气温度和混合转速，经过连续制造的各单元操作后，得到最优的 API 晶体，具体流程图如图 7-5 所示。2013 年，Mascia 等[8] 利用连续制造技术生产一种 API 阿利克仑半富马酸，是一种常用的原料药。生产阿利克仑半富马酸的整个过程从一种中间体开始，经过化学反应，分离，结晶，干燥，制剂到最后药物成品，具体反应过程如图 7-6 所示。利用如图 7-7 所示的工艺流程，可实现每年 10^6 片生产量，每小时最多可产 100g 阿利克仑半富马酸。

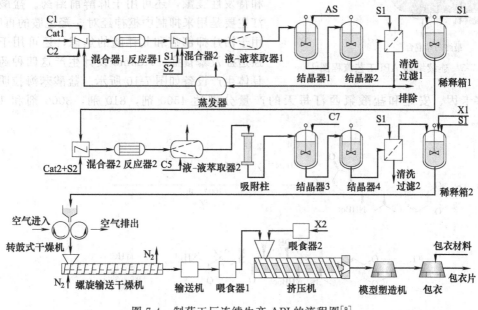

图 7-4　制药工厂连续生产 API 的流程图[9]

2015 年，Jolliffe 和 Gerogiorgis[10] 利用连续制造方法模拟生产布洛芬，一种非甾体抗炎药（NSAID），用来止痛，退烧和消炎。此药物在 1961 年由博姿公司的史都华·亚当斯（Stewart Adams）发明并获得专利。目前主要的生产方式仍是化学合成，如何高效地化学合成布洛芬是 Jolliffe 研究的目的所在，图 7-8 是在模拟生产布洛芬的流程图，在此流程图的基础上，每年可生产 50kg 布洛芬。2016 年，Jolliffe 和 Gerogiorgis[11] 同样利用了此方法来生产青蒿素，青蒿素及其衍生物是现今所有药物中起效最快的抗恶性疟原虫疟疾药。使用青蒿素及其衍生物来治疗恶性疟原虫疟疾是全球范围内的标准方法。青蒿素的主要来源是中药黄花蒿。1969～1972 年，科学家屠呦呦领导的 523 课题组发现并从黄花蒿中提取了青蒿素，屠呦呦也因此获得 2011 年拉斯克奖临床医学奖和 2015 年诺贝尔医学奖。从中药中提取青蒿素，受到很多因素的限制，首先是资源有限，其次提取条件要求较高。目前已可以通过化学方法合成得到青蒿素，Jolliffe 采用了连续制造这种方法来模拟生产青蒿素，模拟生

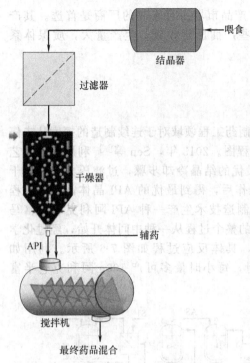

图 7-5 连续结晶 API 工艺流程图[7]

产流程图如图 7-9，使得青蒿素的年产量达 100kg。

2016 年 Adamo 等[12] 利用连续制造的方式生产一系列 APIs，包括盐酸苯海拉明、盐酸利多卡因、安定和盐酸氟西汀。除各种过敏症状，盐酸苯海拉明具有抑制中枢神经的作用，同时具有镇静、防晕动、止吐及抗胆碱作用，可缓解支气管平滑肌痉挛。用于各种过敏性皮肤疾病，如荨麻疹、虫咬症；亦用于晕动症、恶心、呕吐。盐酸利多卡因为酰胺类局麻药，血液吸收或静脉给药，对中枢神经系统有明显的兴奋和抑制双相作用，随着剂量加大，同时具有抗惊厥作用。安定主要用于焦虑、镇静催眠，还可用于抗癫痫和抗惊厥，缓解炎症引起的反射性肌肉痉挛等，治疗惊恐症，肌紧张性头痛，可治疗家族性、老年性和特发性震颤，还可用于麻醉前给药。盐酸氟西汀主要是用来抑制中枢神经对 5-羟色胺的再吸收，用于治疗抑郁症和其伴随的焦虑，还可用于治疗强迫症及暴食症。Adamo 设计生产这四种药物的具体生产设备如图 7-10 所示。盐酸苯海拉明、盐酸利多卡因、安定和盐酸氟西汀每天的产量分别达 4500 剂，810 剂，3000 剂和 100～200 剂。

图 7-6 阿利克仑半富马酸的化学合成步骤[8]

连续制造技术为实现连续制药提供了可能，现阶段趋向于利用连续制造技术大规模生产药物制剂。连续制药具有一定的灵活性，且质量能够得到实时监测。在过程开发和制药行

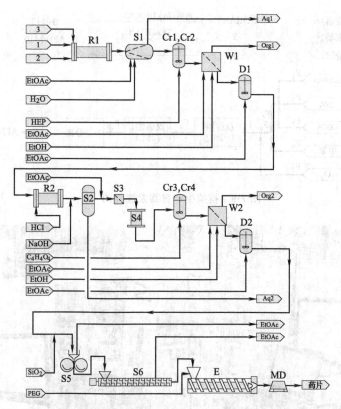

图 7-7　阿利克仑半富马酸的连续生产工艺流程图[8]

（过程流程图包括主要单元操作：R—反应器；S—分离设备；Cr—结晶设备；

W—过滤器或者清洗设备；D—稀释设备；E—提取器；MD—成型器）

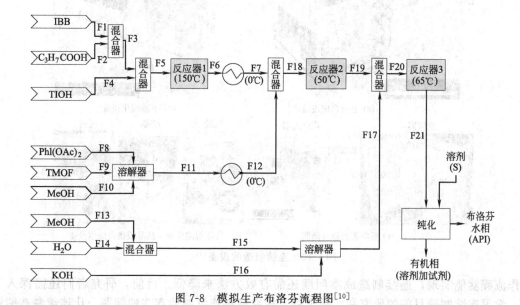

图 7-8　模拟生产布洛芬流程图[10]

业，连续制造占据有巨大的优势。但是，连续制造同样也存在许多问题，例如，生产过程中产品损失量较大，有些产品实时监测困难等，卫生消毒也对生物制剂的连续生产方式提出了很高的、但又必须保证、必须满足的要求。同时，很多产品生产工艺复杂，并非简单的连续

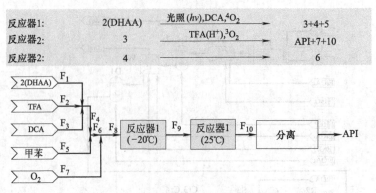

$$
\begin{aligned}
\text{反应器1:} &\quad 2(\text{DHAA}) &\xrightarrow[\ \ \ \ ]{\text{光照}(hv),\text{DCA},^4\text{O}_2} &\quad 3+4+5 \\
\text{反应器2:} &\quad 3 &\xrightarrow{\text{TFA}(\text{H}^+),^3\text{O}_2} &\quad \text{API}+7+10 \\
\text{反应器2:} &\quad 4 &\xrightarrow{\ \ \ \ \ } &\quad 6
\end{aligned}
$$

图 7-9　模拟生产青蒿素流程图[11]

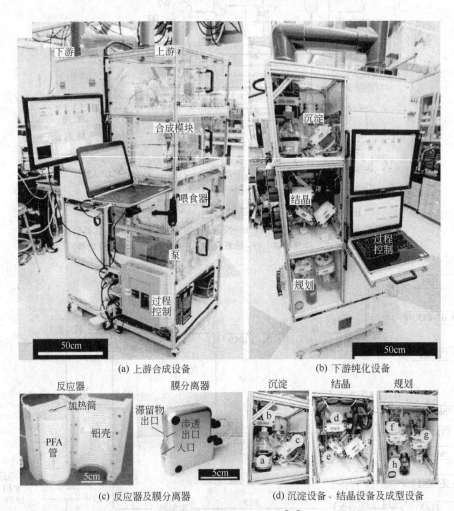

(a) 上游合成设备　　　　　　　(b) 下游纯化设备

(c) 反应器及膜分离器　　　　(d) 沉淀设备、结晶设备及成型设备

图 7-10　连续制造的设备[12]

操作流程就能实现，连续制造成本问题还需有效方法来降低。目前，研究者们还需深入了解、学习连续制造目前的研究和实践进展，探究解决连续制造存在的问题，让连续制造能够有效实现药物生产。

【本章小结】　本章涉及连续制造的基本概念，连续制造技术的原理与设备，连续制药技术的研究进展。对于连续制药技术，要求在掌握基本原理的基础上能够设计合理的连续制药设备。对于连续制药技术研究进展则需要读者了解即可。

本章重点：①了解连续制造的基本概念；②掌握连续制药技术的原理与设备；③掌握连续制药与分批制药的区别及目前连续制药技术的局限性；④了解连续制药技术研究进展。

思 考 题

1. 简述连续制造技术的概念。
2. 连续制造技术与分批制造技术相对比，优势和劣势体现在哪些方面？
3. 说明连续制造技术在设备选型方面有什么要求？
4. 对于本章中所讲述的连续制药生产设备，选择一种，谈谈它们的优缺点。
5. 举例说明连续制造技术在制药工程领域的应用。
6. 选取一种药物，设计出其连续生产的工艺流程图。
7. 简述连续制药近些年的进展。
8. 连续制造技术目前的局限性主要体现在哪些方面？
9. 目前连续制药技术还面临哪些挑战？
10. 对连续制造技术未来的发展，你有什么建议？

参 考 文 献

[1] Lee S L, O'Connor T F, Yang X, et al. Modernizing pharmaceutical manufacturing: from batch to continuous production. Journal of Pharmaceutical Innovation, 2015 (10): 191-199.

[2] Roberge D M, Zimmermann B, Rainone F, et al. Microreactor technology and continuous processes in the fine chemical and pharmaceutical industry: is the revolution underway? Organic Process Research & Development, 2008 (12): 905-910.

[3] Schaber S D, Gerogiorgis D I, Ramachandran R, et al. Economic analysis of integrated continuous and batch pharmaceutical manufacturing: a case study. Industrial & Engineering Chemistry Research, 2011 (50): 10083-10092.

[4] Poechlauer P, Manley J, Broxterman R, et al. Continuous processing in the manufacture of active pharmaceutical ingredients and finished dosage forms: an industry perspective. Organic Process Research & Development, 2012 (16): 1586-1590.

[5] Leuenberger H. New trends in the production of pharmaceutical granules: batch versus continuous processing. European journal of pharmaceutics and biopharmaceutics, 2001 (52): 289-296.

[6] Plumb K. Continuous processing in the pharmaceutical industry: changing the mind set. Chemical Engineering Research and Design, 2005 (83): 730-738.

[7] Sen M, Rogers A, Singh R, et al. Flowsheet optimization of an integrated continuous purification-processing pharmaceutical manufacturing operation. Chemical Engineering Science, 2013 (102): 56-66.

[8] Mascia S, Heider P L, Zhang H, et al. End-to-End Continuous Manufacturing of Pharmaceuticals: Integrated Synthesis, Purification, and Final Dosage Formation. Angewandte Chemie International Edition, 2013 (52): 12359-12363.

[9] Benyahia B, Lakerveld R, Barton P I. A plant-wide dynamic model of a continuous pharmaceutical process. Industrial & Engineering Chemistry Research, 2012 (51): 15393-15412.

[10] Jolliffe H G, Gerogiorgis D I. Process modelling and simulation for continuous pharmaceutical manufacturing of ibuprofen. Chemical Engineering Research and Design, 2015 (97): 175-191.

[11] Jolliffe H G, Gerogiorgis D I. Process modelling and simulation for continuous pharmaceutical manufacturing of artemisinin. Chemical Engineering Research and Design, 2016.

[12] Adamo A, Beingessner R L, Behnam M, et al. On-demand continuous-flow production of pharmaceuticals in a compact, reconfigurable system. Science, 2016 (352): 61-67.

第8章 药品包装设备

【本章导读】 药品包装是药品生产的一个重要环节。本章从药品包装的概念、作用与意义入手，围绕药品包装技术、包装材料、包装设备等内容采用图例与文字叙述相结合的形式进行系统有序的介绍。本章主要内容包括：药品包装材料的种类，药品包装设备的分类，常见药品包装设备的结构及其原理，我国药品包装设备的发展现状和发展趋势。

8.1 药品包装概述

国家标准《包装通用术语》中对包装机械的定义是："完成全部或部分包装过程的机器，包装过程包括充填、裹包、封口等主要包装工序，以及与其相关的前后工序，如清洗、堆码和拆卸等。此外，还包括盖印、计量等附属设备。"

包装是药品生产重要的组成部分，药品包装的作用和地位已引起生产厂家、商家和消费者的高度重视。只有选择恰当的包装材料和包装方式，才能真正有效地保证药品质量和消费者的用药安全。传统的式样单一、忽视效益的药品包装，已经逐步被注重美观、讲究经济实用的包装所取代。药品包装设计得越精致，包装的质量越高，消费者越能感知药品具有较高质量。

8.1.1 药品包装分类及作用

药品包装分为以完整而良好地将药品提供给消费者为目的的商业包装（亦称原始包装或内包装）和以安全运输为目的的运输包装（亦称工业包装或外包装）两大类。

药品包装的作用具体分为以下几点：

① 保护药品安全可靠。药品包装的保护作用包含两个方面：其一是内包装对药品质量的保护。一些药品见光易分解变质或吸湿易变性等，内包装的作用之一就是避免这些不利因素对药品的影响。其二是外包装对药品在储存和运输中起到安全保护作用。药材在贮存和运输中发生碰撞是难免的，只要不是人为破坏，一般性的碰撞在外包装的保护下是很难波及内包装的，进而造成药品破损和不必要的经济损失。

② 便于消费者使用。通常在药品内包装上注有处方、主治范围、用法与用量、规格、剂型、储存条件、生产批号、有效期等，同时在内包装里附有使用说明书，这对于消费者来说，使用起来极为方便。

③ 方便装卸搬运，有利于堆垛贮存，便于点数交接。

④ 增加商品价值。在市场经济条件下，药品包装是实现商品使用价值并增加商品价值的一种手段。众所周知，药品包装不同，价格各异，即便是同一厂家生产的同种药品，精装的也比简装的价格昂贵。许多药品，尤其是名优品牌的产品，在包装上采用了高科技的防伪技术后，使药品的附加值大大增加，药品价格同步大幅上升。

8.1.2 药品包装材料

(1) 药品对包装材料的要求 与普通包装材料的要求不同，理想的药品包装材料应能满足以下要求[1]。

① 保证药品质量特性和成分的稳定　药品包装材料最主要的功能就是能够保证药品的质量特性和各种成分的稳定性，在保质期内不会发生任何形式的化学成分的改变、流失和被污染等现象。因此，要根据药品及制剂的特性来选用不同的包装材料。首先，药品包装材料必须具有安全、无毒、无污染等特性；其次，药品包装材料必须具有良好的物理化学和微生物方面的稳定性，在保质期内不会分解老化，不吸附药品，不与药品之间发生物质迁移或化学反应，不改变药物性能。

② 适应流通中的各种要求　药品生产出来后需要经过贮存、运输等各个流通环节才能到达患者手中，每个环节的气候条件、流通周期、运输方式、装卸条件等各不相同甚至有很大的差异。因此，药品的包装材料还要与流通环境相适应。既要有一定的耐热性、耐寒性、阻隔性等物理性能，以满足流通区域中的温度、湿度变化的要求；又要有一定的耐撕裂、耐压、耐戳穿、防跌落等机械性能，以防止装卸、运输、堆码过程中各种形式的破坏和损伤。

③ 具有一定的防伪功能和美观性　为防止假冒伪劣药品、保证药品的纯正，药品包装材料应具有一定的防伪能力，患者通过包装材料可以方便地辨别药品的真假。包装材料的美观在一定程度上会促进药品的销售，同时还能使患者心情愉快，有助于身体健康的好转和恢复，因此药品包装材料需有较好的印刷和装饰性能。

④ 成本低廉、方便临床使用且不影响环境　药品包装材料应选择原料来源广泛、价格低廉且具有良好加工性能的材料，以降低药品包装的成本，从而降低药品的价格；还要方便临床使用，以利于提高医务人员的工作效率；丢弃后不会对环境造成影响，能自然分解，易于回收。

(2) 药品包装材料的选择　科学选用药品包装容器和材料是充分发挥药品包装作用的前提和基础。药品包装的容器和材料的种类繁多，常见的有玻璃制品，塑料制品、纸制品、木制品、金属制品、棉、麻及草制品、复合材料和衬垫捆扎等辅助材料，它们各有优缺点，在选择使用时，应遵循以下几个原则：

① 包装要适应药品的理化性质　根据药品的理化性质，选用适当的容器与包装材料，如选用遮光容器、密闭容器、密封容器、熔封容器等，以达到保护药品质量之目的。凡怕冻、怕热的药品在不同时节发运到不同地区时，其运输包装须采取相应的防寒或防热措施；凡直接接触药品的包装材料、容器（包括油墨、黏合剂、衬垫、填充物等）必须无毒、与药品不发生化学作用、不发生组分脱落或迁移到药品当中，除腺抗生素原料用的周转包装容器外，其他均不得重复使用。

② 包装要坚实牢固　包装容器和材料要坚实牢固，包括三个方面：一是包装箱本身要坚实，具有一定的耐压强度；二是箱内要垫足衬垫材料，不留空隙，搬运时，箱内无撞击声，箱外要订牢捆紧，能经受装卸运输过程中的振动和冲击；三是外包装要具有一定的防潮性能。

③ 包装的外形结构与尺寸要合理　包装的结构要符合内容物的外形，如盛装固体药品要用大口容器，盛装液体药品宜用小口容器，且内容物不应少于容器体积的 3/4，也就应多于容器体积的 7/8，以便充分利用包装容积，其尺寸应与装载、运输工具（如托盘、集装箱、车辆）的尺寸呈一定比例，以充分利用装载运输工具的容积；包装物的体积要便于装卸、搬运和适应机械操作并争取向包装标准化方向过渡。

④ 要注重降低包装成本　药品包装要在达到保护药品质量和美观的前提下，力求降低包装成本。做到不该花的钱，坚决不花，不该省的钱，也坚决不省，力争用一分钱办两分钱的事。不能一味追求促销，无限度增加包装费用，把负担转嫁给广大消费者。鉴于我国科学技术还不十分发达，木材资源又较短缺，故应大力提倡以纸和塑料代替木材作为主要的包装

材料。

此外，药品包装材料还应满足透明，光泽度好，易开封的要求。

8.1.3 药品包装设备分类及组成

药品包装设备是指能完成全部或部分产品和商品包装过程的设备。包装设备有多种分类方法。药品包装设备按包装机械的功能分为充填机械、罐装机械、裹包机械、封口机械、贴标签机械、清洗机械、干燥机械、杀菌机械、捆扎机械、集装机械、多功能包装机械，以及完成其他包装作业的辅助包装机械；按包装的自动化程度分为全自动包装机、半自动包装机；按包装产品的类型分为专用包装机、多用包装机、通用包装机。所谓包装生产线，即由数台包装机和其他辅助设备联成的能完成一系列包装作业的生产线。

一般药品包装设备由七个要素组成，分别为：①机身，用于固定保护有关零件及美化外观；②药品计量、传送装置，用于对药品进行计量，整理，并把整理好的药品传送到下一个单元；③包装材料整理及供送系统，指将包装材料进行定长切断或整理排列，并逐个输送至锁定工位的装置；④包装执行单元，是将药品进行填充、封口、贴标等包装操作的单元；⑤成品输出单元，是将已包装好的药品从包装机上卸下，并排列整齐、输出，某些设备是利用主传送系统或成品自重卸下；⑥动力机及传送系统，指将动力机的动力和运动传递给执行单元和控制元件，使之实现预定动作的装置；⑦控制系统，是由自动和手动装置等组成，是包装机的重要组成部分，包括包装过程及参数控制，包装质量故障与安全控制等。

8.1.4 药品包装设备的发展趋势

我国包装界专家对该行业发展趋势作出预测，并希望包装设备企业能采取积极的对策。

(1) 包装设备技术含量日趋增加 我国现有的一些包装设备技术含量不高，而国外已将很多先进技术应用在包装设备上，如远距离遥控技术（包括监控）、步进电机技术、自动柔性补偿技术、激光切割技术、信息处理技术等，这使产品的性能得到大幅度的提高，包装企业应积极引进这些新技术，改进国产设备。专家同时强调指出，仅仅这样做是不够的，因为包装设备是应用高新技术较快的产品。一旦某项技术有突破，首先是在包装设备中得以应用，因而应主动加快高新技术的应用，提高技术含量，才是根本出路。

(2) 包装设备市场日趋垄断化 目前，我国除了瓦楞纸箱包装设备和一些小型包装机有一定规模和优势外，其他包装设备几乎不成体系和规模，特别是市场上需求量大的一些成套包装生产线，如液体灌装生产线、饮料包装容器成套设备、无菌包装生产线、香烟包装生产线等，在世界包装市场上均被几家大包装设备企业（集团）所垄断。专家预测，随着国外企业进入我国市场，国内一些无竞争力的包装设备企业将被国外企业收购、兼并或破产，一些包装产品将被几家大企业所垄断，并且垄断的范畴逐渐从香烟、饮料包装设备产品扩大到其他包装设备产品。

(3) 包装设备零部件生产专业化 国际包装界十分重视提高包装设备和整个包装系统的通用能力。所以包装设备零部件生产专业化是发展的必然趋势。很多零部件不再由包装设备厂生产，而是由一些通用的标准件厂生产，某些特殊的零部件由高度专业化的生产厂家生产，很可能这些零部件厂不生产成套包装设备，而真正有名的包装设备厂将可能是组装厂，这是因为包装设备很多控制部件与结构部件与通用设备相同，可以借用。我国目前包装行业，小而全、大而全的格局与专业化的发展趋势非常不适应，应尽快调整这种不合理的企业整体结构。

(4) 走向多功能与单一高速两极化 包装设备的最终目的在于提高生产率和产品多样化。这就使得包装设备产品规格朝着两极化方向发展，即多功能与单一高速。随着我国加入 WTO，多功能是为适应不断变化的市场需求而开发的。不同产品的包装，要求能在一套包装设备上完成，而且只需在局部控制或操作上稍加变换便可完成不同结构形式的包装。除了上述几种发展趋势外，各种新的包装材料和技术也将不断应用于包装设备领域。

8.2 固体制剂包装设备

包装是固体制剂生产的最后一道工序。从包装设计和剂型对包装机械的适应性要求，片剂和胶囊剂的包装类型分为三类：①条带状包装，亦称条式包装，其中主要是条带状热封合包装（SP）；②泡罩式包装（PTP）；③瓶包装或带之类的散包装。

药物制剂的条带状热封合包装（SP）和泡罩式包装（PTP）都是把片剂或胶囊剂有规则地封装在两张包装材料的薄片之间。PTP 或 SP 包装机包装出一张张的板片，再将其 5～10 板叠加在一起，在横形枕形包装机上捆扎成枕形包装，然后装进纸盒里，称其为装内盒；又以 5 包或 10 包内盒为单元加以捆扎（捆包）后再装进纸盒，即装外盒；最后装进瓦楞纸箱。

8.2.1 自动制袋装填包装机

自动制袋装填包装机用于包装颗粒冲剂、片剂、粉状以及流体和半流体物料。具有直接用卷筒状的热封包装材料自动完成制袋、计量和充填、排气或冲气、封口和切断等多种功能。其包装材料是由纸、玻璃纸、聚酯膜镀铝与聚乙烯膜复合而成的复合材料，并利用聚乙烯受热后的黏结性能完成包装袋的封固功能。

自动制袋装填包装机按总体布局分为立式和卧式两大类，按制袋的运动形式分为连续式和间歇式两大类。

下面主要介绍在冲剂、片剂包装中应用广泛的立式自动制袋装填包装机的结构和工作原理。

国内立式自动制袋装填包装机有立式间歇制袋中缝封口包装机、立式连续制袋三边封口包装机、立式双卷膜制袋和单卷膜等切对合成形制袋四边封口包装机。

立式连续制袋装填包装机有多种型号，适用于不同物料以及多种规格范围的袋型。但其外部及内部结构基本相似，以下介绍其共同的结构和包装原理。

典型的立式连续制袋装填包装机总体结构如图 8-1 所示[2]。整机包括七大部分：传动系统、薄膜供送装置、袋成形装置、纵封装置、横封及切断装置、物料供给装置以及电控检测系统。

卷状的、热封的复合包装袋通过两个带密齿的挤压辊将其拉近，当挤压辊相对旋转时，包装袋向下拉送。挤压辊间歇转动的时间依据所需的袋长度调节。平展的包装袋经过折带夹在幅宽方向对折而成袋。折带夹后部与落料通道相连。每当一段新的包装袋折成袋后，落料溜道里落下一定量的药物，挤压辊可同时作为纵缝热压辊，此时混合器只有一个水平热压板，当挤压辊旋转时，热压板后退一段微小的距离。当挤压辊停歇时，热

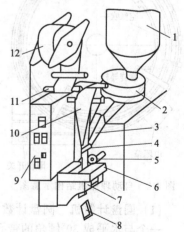

图 8-1 立式连续制袋装填
包装机结构示意图

1—料；2—加料器；3—落料溜道；
4—折带夹；5—挤压辊；6—热合器；
7—冲裁器；8—成品制袋；9—控制箱；
10—包装带；11—张紧辊；12—包装带辊

压板水平前移，将带顶封固，同时可作为下一个袋底，称为横缝封固。如挤压辊内无加热器时，在挤压辊下方有另一对加热辊，单独完成纵缝热压封固，之后在冲裁器处被水平裁断，一袋成品药袋落下。这类包装机若配置不同形式的计量装置就有着不同应用。当以容积计量时，可用于装颗粒药物，当用旋转模板计数装置时，可装片剂胶囊；此外还有电子秤计量、电子计数器计量装置等。

8.2.2　瓶装包装机

瓶包装有包装材料材用量少，成本低，包装空间小等特点，而且具备药品保质期长，包装和运输成本低，仓库占用小等诸多优点，至今仍然占有主导地位。

瓶装生产线是以粒计的药物装瓶机械完成的过程，主要包括理瓶机构、输瓶轨道、数片头、塞纸机构、理盖机构、旋盖机构、贴签机构、打批号机构、电器控制部分等。既可连续生产操作，又可单机独立使用。

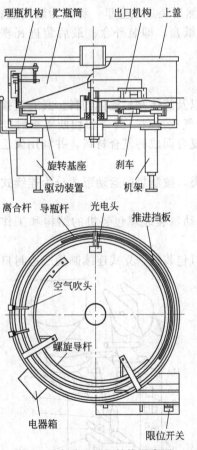

图 8-2　自动理瓶机结构示意图

8.2.2.1　自动理瓶机

自动理瓶机结构示意图如图 8-2 所示[3]，主要由机架、驱动装置、贮瓶筒、螺旋导杆、理瓶机构、出口机构、刹车、电器箱、光电控制系统等组成，适用于圆瓶的整理。自动理瓶机具有使瓶子自动理齐，定向输出至自动生产线；瓶体整理机构造简单实用，动作可靠，平稳，噪声低；采用红外线光电检测，自动化程度高，而且操作简单，适用性广，调整方便等特点。

当杂乱无章的塑料瓶被倒入贮瓶筒后，启动理瓶机，此时塑料瓶便沿着螺旋导杆上至旋转理瓶机构的各个工位，经整理后的塑料瓶均开口向上被送到灌装机的输送带上等待灌装。

自动理瓶机常见的故障主要有两方面：一是理瓶转盘卡住，其原因可能为：料斗内瓶的数量太多、出瓶口调整不当、摩擦盘压力过松，可通过减少一次加入瓶的量、调整出瓶挡条的高低及开挡多少、调整传动部分的弹簧帽使摩擦盘压力增大等方法解决；二是理瓶后瓶口向下，其原因可能为：吹气压力过低、吹气嘴角度过斜，可通过增大吹气压力或吹气喷嘴角度解决。

8.2.2.2　自动计数机

自动计数机是瓶用包装生产线的主要关键设备，自动计数机构的成败决定了固体制剂包装能否满足生产工艺要求。目前工厂广泛使用的数粒（片、丸）计数机构主要有两类：原盘计数机构和光电计数机构。

（1）圆盘计数机　圆盘计数机是机械式的固定计数机构，结构如图 8-3 所示[3]。

一个与水平成 30°倾角的带孔转盘，盘上开有几组小孔，每组的孔数依据每瓶的装量数决定。在转盘下面有一个固定不动的托盘 4，托盘不是一个完整的圆盘，而具有一个扇形缺口，其扇形面积只容纳转盘上的一组小孔。缺口的下面紧连着一个落片斗 3，落片斗下口直抵装药瓶口。转盘的围墙具有一定高度，其高度要保证倾斜转盘内可积存一定量的药片或胶囊。转盘上的小孔形状应与待装药粒形状相同，且尺寸稍大，转盘的厚度要满足小孔内只能容纳一粒药的要求。转盘速度为 0.5～2r/min，不能过高，因为要与输送带上瓶子的移动频率相匹配，若太快将产生过大离心力，不能保证转盘转动时，药粒在盘上靠自重滚动。当每组小孔随转盘旋至最低位置时，药粒将埋住小孔，并落满小孔。当小孔随转盘向高处旋转时，小孔上面堆叠的药粒靠自重将沿斜面滚落到转盘的最低处。

为了保证每个小孔均落满药粒和使多余的药粒自动滚落，常需使转盘不是保持匀速旋转，为此将图中的手柄 8 扳向实线位置，使槽轮 9 沿花键滑向左侧，与拨销 10 配合，同时将直齿轮 7 及小直齿轮 11 托开。拨销轴受电机驱动匀速旋转，而槽轮 9 则以间歇变速旋转，因此使转盘抖动着旋转有利于计数准确。

为了使输瓶带上的瓶口和落片斗下口准确对位，利用凸轮 14 带动一对撞针，经软线传输定瓶器 17 动作，使将到位附近的药瓶定位，以防药粒散落瓶外。

当改变装瓶粒数时只需更换带孔转盘即可。

（2）光电计数机　光电计数机利用一个旋转平盘将药粒抛向转盘周边，在周边围墙开缺口处，药粒将被抛出转盘。光电计数机的结构示意图如图 8-4 所示[3]，在药粒由转盘滑入药粒溜道 6 时，溜道上设有光电传感器 7，通过光电系统将信号放大并转换成脉冲电信号，输入到具有"预先设定"及"比较"功能的控制器内。当输入的脉冲数等于认为预选的数目时，控制器的磁铁 11 发出脉冲电压信号，磁铁动作，将通道上的翻板 10 翻转，药粒通过并引导入瓶。

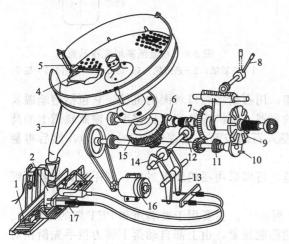

图 8-3　圆盘计数机结构示意图

1—输瓶带；2—药瓶；3—落片斗；4—托盘；
5—带孔圆盘；6—螺杆；7—直齿轮；8—手柄；9—槽轮；
10—拨销；11—小直齿轮；12—蜗轮；13—摆动杆；
14—凸轮；15—大蜗轮；16—电机；17—定瓶器

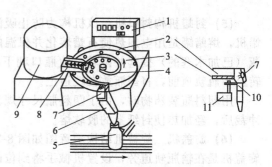

图 8-4　光电计数机结构示意图

1—控制器面板；2—围墙；3—旋转平盘；
4—回形拨杆；5—药瓶；6—药粒溜道；
7—光电传感器；8—下料溜板；
9—料桶；10—翻板；11—磁铁

对于光电计数装置，根据光电系统的精度要求，只要药粒尺寸足够大，反射的光通量足以启动信号装换器就可以工作。这种装置的计数范围远大于模板式计数装置，在预选设定中，根据瓶装要求（1～999 粒）任意设定，不需更换机器零件，即可完成不同装量的调整。

（3）输瓶机　在装瓶机上的输瓶机由理瓶机和输瓶轨道两部分组成。在装瓶机上的输瓶机构多是采用直线、匀速、常走的输送带，输送带的走速可调。由理瓶机送到输瓶带上的瓶子，各具有足够的间隔，因此输送到计数器的落料口前的瓶子不该有堆积现象。在落料口处多设有挡瓶定位装置，间歇挡住待装的空瓶和放走装完药物的满瓶。

也有许多装瓶机是采用梅花轮间歇旋转输送机构输瓶的，如图 8-5 所示[4]，梅花轮间歇转位、停位准确。数片盘及运输带连续运动，灌装时弹簧顶住梅花盘不动，使空瓶静止装料，灌装后凸块通过钢丝控制弹簧松开梅花轮使其运动，带走瓶子。

（4）自动塞纸机　为防止贮运过程中药物相互磕碰，造成破碎、掉沫等现象，常用洁净碎纸条或纸团、脱脂棉等充填瓶中的剩余空间。在装瓶联动机或生产线上单设有塞纸机。自动塞纸机是将卷纸筒上的纸自动拉出、剪断，再塞进瓶中压紧药片。常见的塞纸机有两类：一类是利用真空吸头，从裁好的纸中吸起一张纸，然后转移到瓶口处，由塞纸冲头将纸折塞入瓶；另一类是利用钢钎扎起一张纸后塞入瓶内。采用卷盘纸塞纸流程如图 8-6 所示[4]，卷盘纸拉开后，呈条状由送纸轮向前输送，并由切刀切成条状，最后由塞杆塞入瓶内。塞杆有两个，一个主塞杆，一个副塞杆。主塞杆塞完纸，瓶子到达下一个工位，副塞杆重复塞一次，以保证塞纸的可靠性。

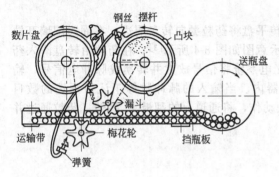

图 8-5　梅花轮间歇旋转输送机结构示意图

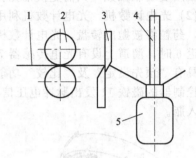

图 8-6　卷盘纸塞纸流程示意图
1—条状纸；2—送纸轮；3—切刀；4—塞杆；5—瓶子

（5）封蜡机构封口机　该机构为防止吸潮，用石蜡将瓶口封固的机械。它包括熔蜡罐及蜡机，熔蜡罐是用电加热使石蜡熔化并保温的容器，蜡机构是利用机械手将输瓶轨道上的药瓶（已加木塞的）提起并翻转，使瓶口朝下浸入石蜡液面一定深度（2~3mm），然后再翻转至输瓶轨道前，将药瓶放在轨道上。

用塑料瓶装药物时，由于塑料瓶尺寸规范，可以采用浸树脂纸封口，利用模具将胶模纸冲裁后，经加热使封纸上的胶软熔。

（6）旋盖机　旋盖机结构示意图如图 8-7 所示[5]。主要用于玻璃瓶和 PET 瓶的螺纹盖。旋盖机是在输瓶轨道旁，设置机械手将到位的药瓶抓紧，由上部自动落下转力扳手先衔住对面机械手送来的瓶盖，再快速将瓶盖拧到瓶口上，当旋拧至一定松紧时，转力扳手自动松开，并回升到上停位，这种机构当轨道上没有药瓶时，机械手抓不到瓶子，转力扳手不下落，送盖机械手也不送盖，直到机械手抓到瓶子时，下一周期才重新开始。

8.2.3　铝塑泡罩包装机

药用铝塑泡罩包装机又称热塑成型泡罩包装机，是将药品包括片剂、丸剂或颗粒剂、胶囊等置于吸塑成型的塑料硬片的凹坑即泡罩或水泡眼内，再用一张经过凹版印刷并涂有保护剂和黏合剂的铝箔与该塑料硬片粘接热封而合成，从而使药品得到安全和保护。

与瓶装药品相比，泡罩包装最大的优点是便于携带，可以减少药品在携带和服用过程中造成的污染，而且泡罩包装在气体阻隔性、透湿性、卫生安全性、生产效率、剂量准确性和延长药品的保质期等方面也具有明显优势，是当今制药行业应用最为广泛、发展最快的软包装材料之一，也是目前我国药品固体剂型的主要包装形式。由于药品的泡罩包装保护性能好，生产速度快，成本较低，贮存占用空间小，质轻，运输耗能小，给消费者提供了一次剂量的药品包装，既方便又经济，而且由于泡罩包装可在铝箔上印有文字说明，发药者在多种片剂的发放中可避免错药、混药的发生。因此，泡罩包装作为一种主流药品包装方式，深受

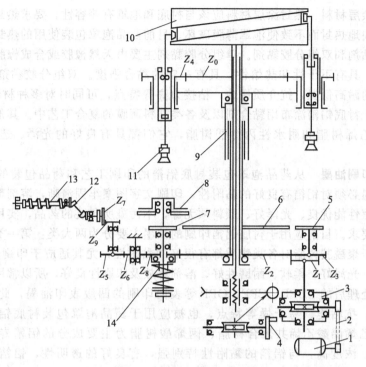

图 8-7 旋盖机结构示意图

1—电机；2—V 形带；3—蜗轮减速器；4—升降调节手柄；5—出瓶拨轮；6—中心拨轮；7—进瓶拨轮；

8—取盖盘；9—滑键；10—凸轮；11—旋盖头；12—万向联袖节；13—供瓶螺杆；14—安全离合器

制药企业与消费者的欢迎。

8.2.3.1 药品泡罩包装材料

药品泡罩包装所用的材料主要有塑料薄片材料、衬底材料、热封涂层材料及衬底印刷油墨等。

(1) 塑料薄片材料 药品泡罩包装常用的硬质塑料片材主要有聚氯乙烯、聚偏二氯乙烯以及一些复合材料等。目前应用量最大的是聚氯乙烯硬片。硬质聚氯乙烯薄片的透明度和光泽感好。用于药品包装的聚氯乙烯薄片对树脂的卫生要求较高，必须使用无毒聚氯乙烯树脂、无毒改性剂和无毒热稳定剂。聚偏二氯乙烯的高分子密度大，结构规整，结晶度高，具有极强的气体密封性，优异的阻湿能力，良好的耐油、耐药品和耐溶剂性能，对空气中的氧气、水蒸气、二氧化碳气体具有优异的阻隔性能，以相同厚度的材料来比较，聚偏二氯乙烯对氧气的阻隔性能是聚乙烯的 1500 倍，是聚丙烯的 100 倍，是聚酯的 100 倍，阻水蒸气及氧气的能力均优于聚乙烯。同时聚偏二氯乙烯材料的封口性能、冲击强度、抗拉强度耐用性等各项指标均能满足药品等泡罩包装的特殊要求。所以聚偏二氯乙烯是今后泡罩包装用材料的发展方向之一。药品泡罩包装用复合塑料硬片有 PVC/PVDC/PE，PVDC/OPP/PE，PVC/PE 等，包装要求阻隔性和避光的药品，可采用塑料薄片与铝箔复合材料，如 PET/铝箔/PP、PET/铝箔/PE 的复合材料。

(2) 衬底材料 药片和胶囊的泡罩包装衬底常用带涂层的铝箔，铝箔采用纯度 99％的电解铝，经过压延制作而成。铝箔具有高度致密的金属晶体结构，无毒无味，有优良的遮光性，有极高的防潮性、阻气性和保味性，能最有效地保护被包装物，在药品泡罩包装中应用十分广泛。衬底的表面应整洁、有光泽、印刷适应性好，能牢固地涂布热封涂层，以保证热封涂层熔融后，可将衬底和泡罩紧密地结合在一起。

(3) 热封涂层材料 热封涂层材料应该与衬底和泡罩有兼容性，要求热封温度应相对低些，以便能很快地热封而不致使泡罩薄膜破坏。目前药品泡罩包装使用的热封涂层材料主要分为单组分胶黏剂和双组分胶黏剂。单组分胶黏剂主要由天然橡胶或合成橡胶以及硝棉、丙烯酸酯类组成，具有不干性和热熔性，具有一定的黏合强度。双组分胶黏剂主要是聚氨酯胶，具有较好的耐高低温，抗介质侵蚀，粘接力高等特点，可同时对多种材料起粘接作用。其已广泛应用于衬底铝箔涂布用黏合剂以及各类塑料薄膜的复合工艺中。其他常用热封涂层材料有耐溶性乙烯树脂和耐水性丙烯酸树脂，它们都具有良好的光泽、透明性和热封合性能。

(4) 衬底印刷油墨 从药品泡罩包装衬底铝箔的印刷工艺和药品包装的特殊要求上考虑，其印刷油墨必须对铝箔有良好的黏附性，印刷文字图案牢固清晰，溶剂释放性好，耐热性能好，耐摩擦性能优良、光泽好、颜料须无毒，不污染所包装的药品，实用黏度应符合铝箔印刷的工艺要求。目前应用于衬底铝箔印刷的油墨主要分为两大类：第一类是醇溶型聚酰胺类油墨。由于聚酰胺树脂对各类物质都有很好的黏附性，尤其适应于印刷聚烯烃类薄膜，加上分散性好、光泽好、柔软、耐磨性好，溶剂释放及印刷性良好，所以常用于调配各种专用塑料薄膜经处理后的 LDPE、CPP、OPP 等表面印刷的凹版表印油墨，此种油墨具有光泽好、用途广、抗粘连、易干燥等特点，也被应用于药品泡罩包装衬底铝箔印刷；第二类油墨是以氯乙烯醋酸乙烯共聚合树脂、俩烯酸树脂为主要成分的铝箔专用油墨。其特点是色泽鲜艳，浓度高，与铝箔的黏附性特别强，有良好的透明性，铝箔的金属光泽再现性优异，通过调整其混合溶剂组成，适应铝箔表面印刷需要，将会更多地应用于衬底铝箔印刷。

8.2.3.2 泡罩式包装机

由于塑料膜大多具有热塑性，在成型模具上先使其加热变软，利用真空或正压，将其吸（吹）塑成与待装药物外形相近的形状及尺寸的凹泡，再将单粒或双粒药物置于凹泡中，以铝箔覆盖后，用压辊将无药物处（即无凹泡处）的塑料膜及铝箔挤压粘接成一体。根据药物的常用剂量，将若干粒药物构成的部分（多为长方形）切割成一片，就完成了铝塑包装的过程。在泡罩包装机上需要完成薄膜输送、加热、凹泡成型、加料、印刷、打批号、密封、压痕、冲裁等工艺过程，如图 8-8 所示[6]。

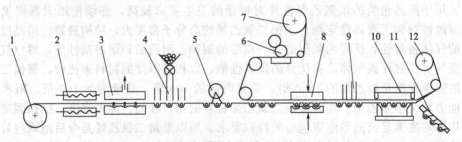

图 8-8 泡罩式包装机工艺流程示意图

1—塑料膜辊；2—加热器；3—成型；4—加料；5—检整；6—印字；7—铝箔辊；8—热封；
9—压痕；10—冲裁；11—成品；12—废料辊

泡罩式包装机根据自动化程度、成型方法、封接方法和驱动方式等的不同可分为多种机型。泡罩式包装机按照结构形式可分为平板式泡罩包装机、滚筒式泡罩包装机和辊板式泡罩包装机三大类。

但它们的组成部件基本相同，如表 8-1 所示。

表 8-1　泡罩包装机的组成与分类

加热部	直接加热:薄膜与加热部接触,使其加热 间接加热:利用辐射热,靠近薄膜加热
成型部	用压缩空气成型:间歇或连续传送的平板形 真空形成:负压成型,连续传送的滚筒形
充填部	自动充填 手动充填(异形片等形状复杂物品)
封合部	平型封合,间歇传送 滚筒缝合,连续传送
驱动部	气动驱动 凸轮驱动、旋转
薄膜盖板	卷筒(铝箔、纸)薄膜进给 硬板纸(从料斗把硬板纸放在已成型的树脂薄膜上)
机身部	墙板型 箱体型

泡罩式包装机各组成部分的具体介绍如下。

(1) 薄膜输送　包装机上设置有若干个薄膜输送机构,其作用是输送薄膜并使其通过上述摇杆各工位,完成泡罩包装工艺。国产各类泡罩包装机采用的输送机构有槽轮机构、凸轮-摇杆机构、凸轮分度机构、棘轮机构等,可根据输送位置的准确度、加速度曲线和包装材料的适应性进行选择。

(2) 加热　根据包装材料将成型膜加热到能够进行热成型加工的温度。对硬质 PVC 而言,较容易成型的温度范围为 $110\sim180℃$。此范围内的 PVC 薄膜具有足够的热强度和伸长率。温度的高低对热成型加工效果和包装材料的延展性有影响,因此要求对温度控制相当准确。国产泡罩包装机加热方式有辐射加热和传导加热。

(3) 成型　使塑料膜成形的动力有两种:一种是正压成型;一种是真空成型。正压成型是靠压缩空气形成 $0.3\sim0.6MPa$ 的压力,使塑料(如圆的、长圆的、椭圆的、方的、三角形的等)产生塑料变形。模具的凹槽底部设有排气孔,当塑料膜变形时,凹槽内的空气由排气孔排除,以防该封闭空间内的气体阻碍其变形。为使压缩空气的压力有效地施加于塑料膜上,加气板应设置在对应于模具的位置上,并且应使加气板上的通气孔对准模具的凹槽,如用真空吸塑时,真空管线应与凹槽底部的小孔相通。与正压吹塑相比,真空吸塑成型的压力差要小,正压成型的模具多制成平板形,在板状模具上开有成排、成列的凹槽,平板的尺寸规格可根据生产能力要求确定。

(4) 加料　向成型后的塑料凹槽中充填药物可以使用多种形式的加料器,并可以同时向一排(若干个)凹槽中装药,常用图 8-10 所示的旋转隔板加料器及图 8-10 所示的弹簧软管加料器[6]。可以通过严格的机械控制间隙的单粒下料于塑料凹槽中;也可以一定速度均匀地铺散式下料,同时向若干排凹槽中加料。在料斗与旋转隔板间通过刮板或固定隔板限制旋转隔板的凹槽或孔洞,只落入单粒药物。旋转隔板的旋转速度应与带泡塑料膜的移动速度匹配,即保证膜上每排凹槽均落入单粒药物。塑料膜上有几列凹泡就需相应设置有足够旋转隔板长度或个数。对于图 8-9 所示[6] 左侧的水平轴隔板,有时不设软皮板,对于塑膜宽度上两侧必须设置围堰及挡板,以防止药物落到膜外。

图 8-10 所示[6] 的弹簧软管多用不锈钢细丝缠绕的密纹软管,常用于硬胶囊剂的铝塑泡

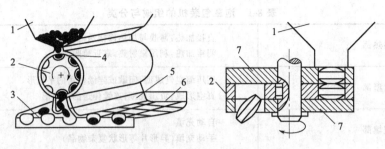

图 8-9　旋转隔板加料器结构示意图

1—加料斗；2—旋转隔板；3—带泡塑料膜；4—刮板；5—软皮板；6—围堰；7—固定隔板

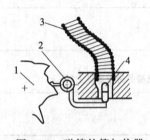

图 8-10　弹簧软管加热器
结构示意图

1—棘轮；2—卡簧片；
3—弹簧软管；4—待装药物

罩包装，软管的内径略大于胶囊外径，可以保证管内只贮存单列胶囊[3]。应注意保证软管不发生死弯，以保证胶囊在管内流动畅通，通常借助整机的振动，使软管自行抖动，可使胶囊总堆贮于下端出口处。如图所示的卡簧机构形式很多，可以利用棘轮间歇拨动卡簧启闭，来保证每次掀动，只放行一粒胶囊，也可以利用间隙往复运动启闭卡簧，每次放行一粒胶囊。在机构设置中，常是一排软管，由一个间歇机构保证联动。

(5) 检整　利用人工或光电检测装置在加料器后边及时检查药物填落的情况，必要时可以人工补片或拣取多余的丸粒。较普遍使用的是利用旋转软刷，在塑料膜前进中，伴随着慢速推扫。由于软刷紧贴着塑料膜工作，多余的丸粒总是赶往未充填的凹泡方向，又由于软刷推扫，空缺的凹泡也必会填入药粒。

(6) 印刷　当成卷的铝箔引入机器将要与塑料膜压合前，铝塑包装中的药品名称、生产厂家、服用方法等应向患者提示的标注都需印刷到铝箔上。机器上向铝箔印刷的机构同样需有一系列（如匀墨轮、钢质轮、印字板等）机构。印刷中应用无毒油墨，还应具有易干的特点，并确保字迹清晰、持久。

(7) 密封　当铝箔与塑料膜相对合后，靠外力加压，有时还需伴随加热过程，利用特制的封合模具将二者压合。为确保压合表面的密封性，结合面上以密点或线状网纹封合，使用较低压力即可保证压合密封，还可利用热冲打印批号。

(8) 压痕　一片铝塑包装药物可能适用于服用多次，为了使用方便，可在一片药物上冲压出易裂的断痕，在服用时方便将一片药物断裂成若干小块，每小块为可供一次服用量。

(9) 冲裁　将封合后的带状包装成品冲裁成规定的尺寸（即一片片大小）称为冲裁工序。为了节省包装材料，不论是纵向还是横向，冲裁刀的两侧均是每片包装所需的部分。

8.2.3.3　平板式泡罩包装机

平板式泡罩包装机的工艺流程图如图 8-11 所示[7]。平板式泡罩包装机的主传动动力多采用变频无级调速电动机。PVC 片通过预热装置预热软化至 120℃左右。在成型装置中吹入高压空气或先以冲头顶成型再加高压空气成型泡窝；PVC 片通过上料机时自动填充药品于泡窝内，在驱动装置作用下进入热封装置，使得 PVC 片和铝箔在一定温度和压力下密封，最后由冲裁装置冲裁成规定尺寸的板块。

平板式泡罩包装机的特点为：

① 热封时，上下模具平面接触，为保证封合质量，要有足够的温度和压力以及封合时间，否则不易实现高速运转。

② 热封合消耗功率较大，封合牢固程度不如下面要介绍的滚筒式的封合效果好，适用

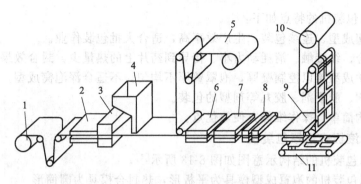

图 8-11　平板式泡罩包装机示意图

1—薄膜卷筒；2—加热；3—成型；4—充填物料；5—覆盖膜卷筒；6—热封；
7—打批号和压撕断线；8—薄膜输送；9—冲切；10—废料卷筒；11—输送机

于中小批量药品包装和特殊形状药品包装。

③ 泡窝拉伸比大，泡窝深度可达 35mm，满足大蜜丸、医疗器械行业的需要。

④ 生产效率一般为 800～1200 包/h，最大容量尺寸可达 200mm 左右，深度可达 90mm。

8.2.3.4　辊筒式泡罩包装机

辊筒式泡罩包装机示意图如图 8-12 所示[7]。其采用的泡罩成型模具和热封模具均为圆筒形。塑模的成型及封合均是在带凹槽的滚筒上进行的，也有成型和下料在滚筒上进行、封合在平面上进行的。传动均为回转运动。其工作流程为卷筒上的 PVC 片穿过导向辊，利用辊筒式成型模具的转动将 PVC 片匀速放卷，半圆弧形加热器对紧贴于成型模具上的 PVC 片加热到软化程度，成型模具的泡窝孔型转动到适当的位置与机器的真空系统相通，将以软化的 PVC 片迅速吸塑成型。已成型的 PVC 片通过料斗或上料机时，药片填充至泡窝。连续转动的热封合装置中的主动辊表面上制有与成型模具相似的孔型，主动辊拖动装有药片的 PVC 泡窝片向前移动，外表面带有网纹的热压辊在主动辊上面，利用温度和压力将盖材（铝箔）与 PVC 片封合，封合后的 PVC 泡窝片利用一系列的导向辊间歇运动，通过打字装置时在设定的位置打出批号，通过充裁装置时充裁成产品板块，由输送机传送到下道工序，完成泡罩包装作业。

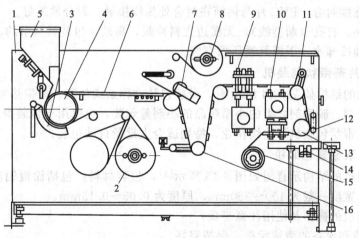

图 8-12　辊筒式泡罩包装机示意图

1—机体；2—薄胶卷筒；3—远红外加热器；4—成型装置；5—料斗；6—监视平台；7—热封合装置；8—薄膜卷筒；
9—打字装置；10—冲裁装置；11—可调式导向辊；12—压紧辊；13—间歇进给辊；14—输送机；15—废料辊；16—游辊

辊筒式泡罩包装机的特点如下：

① 真空吸塑成型、连续包装、生产效率高，适合大批包装作业。

② 瞬间封合、线接触、消耗动力小、传导到药片上的热量少，封合效果好。

③ 真空吸塑成型难以控制壁厚，泡罩壁厚不均匀，不适合深泡窝成型。

④ 适合片剂、胶囊剂、胶丸等剂型的包装。

⑤ 具有结构简单、操作维修方便等优点。

8.2.3.5　滚板式泡罩包装机

滚板式泡罩包装机的结构示意图如图 8-13 所示[7]。

滚板式泡罩包装机的泡罩成型模具为平板形，热封合模具为圆筒形。

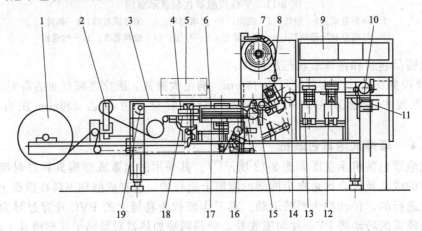

图 8-13　滚板式泡罩包装机结构示意图

1—PVC 支架；2,14—张紧辊；3—充填台；4—成型上模；5—上料机；6—上加热器；7—铝箔支架；
8—热压辊；9—仪表盘；10,19—步进辊；11—冲裁装置；12—压痕装置；13—打字装置；15—机架；
16—PVC 送片装置；17—加热工作台；18—成型下膜

滚板式泡罩包装机的特点为：

① 采用了平板式成型模具，压缩空气成型，泡罩的壁厚均匀、坚固，适合于各种药品包装。

② 滚筒式连续封合，PVC 片与铝箔在封合处为线接触，封合效果好。

③ 高速打字、打孔（断型线），无横边废料冲裁，高效，包装材料节约，泡罩质量好。

④ 上模具通冷却水，下模具通压缩空气。

8.2.3.6　片剂带状包装机

带状包装机的结构如图 8-14 所示[8]，带状包装亦称条式包装、条带热封合包装、SP 包装，主要用于片剂、胶囊剂之类的小型药品的小剂量包装，也可用于包装少量的液体、粉末或颗粒状药品。带状包装机可连续作业，特别适合大批量自动包装。

8.2.3.7　双铝箔包装机

双铝箔包装机的结构示意图如图 8-15 所示[8]，包装材料：包括涂覆铝箔、铝塑复合膜或纸塑复合膜，宽度一般为 100～350mm，厚度为 0.05～0.15mm。

双铝箔包装机的操作及使用注意事项：

① 检查环境和设备的清洁状态，保持完好。

② 将模轮松开，包装材料（注意涂覆层或塑料层向内）分别按适当顺序送入模轮中央，对齐，调紧模轮，将包装材料挤住，固定。

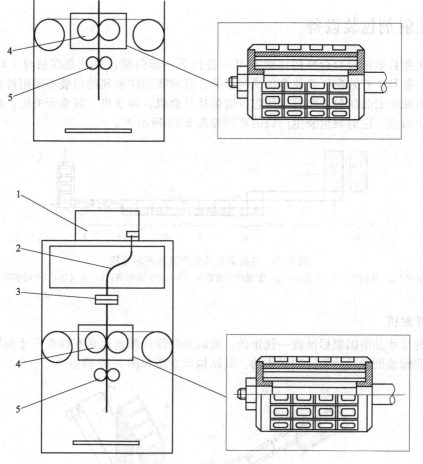

图 8-14　片剂带状包装机结构示意图

1—贮片装置；2—方形弹簧；3—控片装置；4—热压轮；5—切刀

③ 接通电源，设定包装规格；设定包装印刷内容及位置。

④ 设定预热辊热封温度，开始加热。

⑤ 待预热辊达到预热温度，开机运行，注意慢速运行。

⑥ 检查印刷内容是否准确、印刷位置是否合适，及时调整。检查热封情况，并调节预热辊温度，直至封口四边平直，牢固。

⑦ 加料，开机运行。逐渐加快设备运行速度，检查包装封合状态，随设备运行速度加快适当提高封合温度，控制设备在稳定状态下运行。

⑧ 包装结束，停机。停机顺序：设备运行速度调至 0→停止加料→停止加热→切断电源开关。

⑨ 清洁设备和环境。

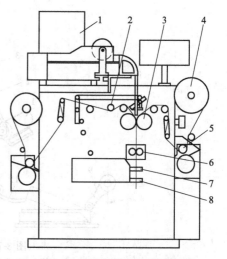

图 8-15　双铝箔包装机结构示意图

1—振动给料；2—预热辊；3—模轮；
4—包装材料；5—印刷装置；6—切割机构；
7—压痕切线器；8—裁切机构

8.3　注射剂包装设备

　　经过灭菌且质量检验合格的注射剂可以进行下一步包装，也就是在瓶身上印写药品名称、含量、批号、有效期，并装盒加说明书等。目前我国注射剂的包装多采用机器与人工相配合的半机械化安瓿印包生产线，印包机应包括开盒机、印字机、装盒开关机、贴标签机四个单机联动而成。注射剂包装生产线的流程如图 8-16 所示[9]。

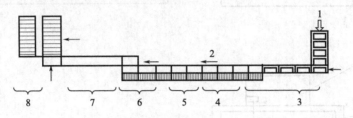

图 8-16　注射剂包装生产线流程示意图

1—贮盒输送带；2—传送带；3—开盒区；4—安瓿印字理放区；5—放置说明书；6—关盖区；7—贴签区；8—捆扎区

8.3.1　开盒机

　　安瓿的尺寸是由国家标准统一规定的，所以装安瓿的纸盒也是有标准尺寸和规格的。开盒机是按照标准纸盒尺寸设计和运作的。其结构示意图如图 8-17 所示[9]。

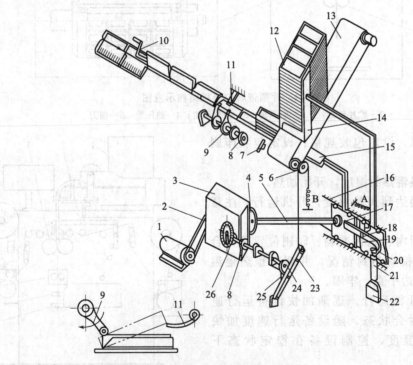

图 8-17　开盒机结构示意图

1—马达；2—皮带轮；3—变速箱；4—曲柄盘；5—连杆；6—飞轮；7—光电管；8—链轮；9—翻盒爪；10—翻盒杆；11—弹簧片；12—贮盒；13—贮盒输送带；14—推盒板；15—往复推盒板；16—滑轨；17—滑动块；18—返回钩；19—滑板；20—限位销；21—脱钩器；22—牵引吸铁；23—摆杆；24—凸轮；25—滚轮；26—伞齿轮；A—大弹簧；B—小弹簧

在开盒机上有两个推盒板组件 14、15，它们均受滑轨 16 约束。装在贮盒输送带 13 尽头的推盒板 14 靠大弹簧 A 的作用，可将成摞的纸盒推到与贮盒输送带相垂直的开盒台上，但平时由与滑板 19 相连的返回钩 18 被脱钩器 21 上的斜爪控制，推盒板并不动作。往复推盒板 15 下面的滑动块 17 受连杆 5 带动，将不停地做往复运动，其往复行程即是一支盒长。受机架上挡板作用，往复推盒板每次只推光电管 7 前面的，是一摞中最下面的与开盒台相接触的一支盒子。

当最后一支盒子被推走后，光电管 7 发出信号使牵引吸铁 22 动作，脱钩器 21 的斜爪下移，返回钩 18 与脱钩器脱离，大弹簧 A 将带动推盒板 14 推送一摞新的纸盒到开盒台上。当推盒板 14 向前时，小弹簧 B 将返回钩拉转，钩尖抵到限位销 20 上，同时返回钩另一端与滑动块上的撞轮接触。届时滑动块 17 受连杆 5 作用已开始向后运动，并顶着推盒板 14 后移，返回钩 18 的钩端将滑过脱钩器的销子斜面，将返回钩锁住。当滑块再次向前时，返回钩将静止不动。

在间歇运动的联动线上，经常巧妙地运用类似方法，而省去许多曲柄连杆结构的重复设置。

往复推盒板 15 往复推送一次，翻盒爪在链轮 8 的带动下就旋转一周。被推送到开盒台上的纸盒，在一对翻盒爪 9 的压力作用下，使盒底上翘，并越过弹簧片 11。当翻盒爪转过头时，盒底的自由下落将受到弹簧片 11 的阻止，只能张着口被下一个盒子推向前方。前进中的盒底在将要脱开弹簧片下落的瞬间，遇到曲线形的翻盒杆 10 将盒底张口进一步扩大，直到完全翻开，至此开盒机的工作已经完成。翻开的纸盒由另一条输送带送到印字机下，等待印字及印字后装盒。翻盒爪的材料和几何尺寸要求很严格。翻盒爪需有一定的刚度和弹性，既要能敲开盒口，又不能压坏纸盒，翻盒爪的长度太长，会使旋转受阻，太短又不利翻盒动作。

8.3.2　印字机

在注射剂完成灌装、检验后，需在安瓿瓶体上用油墨清楚地印上药品名称、产品批号、有效日期等，以确保使用安全。

安瓿印字机除完成在瓶体上印字外，还要完成将印好的安瓿摆放在纸盒里的工作。安瓿印字机的结构示意图如 8-18 所示[10]。

两个反向转动的送瓶轮按着一定速度将安瓿逐个从安瓿盘输送到推瓶板前，完成送瓶。印字轮的转速及推瓶板和纸盒输送带的前进速度需要协调一致。做往复间歇运动的推瓶板 11 每推送一支安瓿到印字轮 4 下，也相应地将另一个已经印好字的安瓿推送到开盖的纸盒 2 内。匀墨轮 8 上的油墨由人工加上。通过对滚，由钢质轮 7 将油墨滚匀并传送给橡皮上墨轮 6。随之油墨即滚加在字轮 5 上，带墨的钢质字轮再将墨迹转印给印字轮 4。

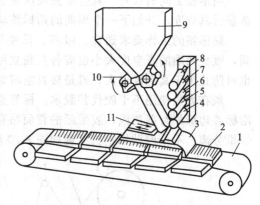

图 8-18　安瓿印字机结构示意图

1—纸盒输送带；2—纸盒；3—托瓶板；
4—印字轮；5—字轮；6—上墨轮；7—钢质轮；
8—匀墨轮；9—安瓿盘；10—送瓶；11—推瓶板

由安瓿盘的下滑轨道滚落下来的安瓿将直接落到镶有海绵垫的托瓶板 3 上，以适应瓶身粗细不均匀的变化。推瓶板 11 将托瓶板 3 及安瓿同步送至印字轮 4 下。滑动着的印字轮在压住安瓿的同时也拖着其反向运动，油墨字迹就印到安瓿上了。

由于安瓿与印字轮滚动接触只占其周长的1/3，故全部字必须在小于1/3安瓿周长范围内分布。通常安瓿上需印有三行字，其第一二行是厂名、剂量、商标、药名等字样，是用铜板排定，固定不变的。而第三行是药品的批号，则需使用活版铅字，准备随时变动调整，这就使字轮的结构十分复杂而需紧凑。

使用油墨印字的缺点是容易产生糊字现象。这需要控制字轮上的弹簧强度适当，方能保证字迹清晰。同时油墨的质量也十分重要。

8.3.3 贴标签机

图8-19为贴标签机的结构示意图，其作用为向装有安瓿的纸盒上贴标签[10]。

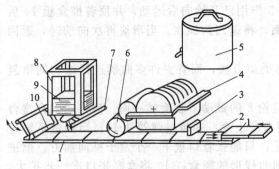

图8-19 贴标签机结构示意图

1—纸盒；2—推板；3—挡盒板；
4—胶水槽；5—胶水贮槽；6—上浆滚筒；
7—真空吸头；8—标签架；9—标签；10—压辊

悬空的挡盒板3将装有安瓿及说明书的纸盒阻挡在传送带前端，挡板下方的推板2在做间歇往复运动。当推板向右运动时，空出一盒长使纸盒下落在工作台面上。在工作台面上的纸盒是一只只相连的，因此推板每次向左运动时，推送的是一串纸盒，同时向左移动一个盒长。胶水槽4内贮有一定液面高度的胶水。由电机经减速后带动的大滚筒回转时将胶水带起，再借助一个中间滚筒可将胶水均匀分布在上浆滚筒6的表面上。上浆滚筒6与左移过程中的纸盒相遇时，自动将胶水滚涂于纸盒表面上。做摆动的真空吸头7摆至上部时吸住标签架上的最下面一张，当真空吸头向下摆动时将标签一端顺势拉下来，同时做摆动的另一个压辊10恰从一端将标签压贴在纸盒盖上，此时真空系统切断，真空消失。由于推板2使纸盒向前移动，压辊的压力即将标签从标签架8上拉出并被滚压平贴在纸盒盖上。

当推板2向右移时，真空吸头及压辊也改为向上摆动，返回原来的位置。此时吸头又重新获得真空度，开始下一个周期的贴标签动作。

贴标签的工作要求送盒、吸签、压签等动作协调。两个摆动件的摆动幅度需能微量可调，吸头两端的真空度大小也需各自独立可调，方可保证标签及时吸下，并不致贴歪。另外也可防止由于真空度过大，或是接真空时太猛而导致的两张标签同时吸下。

现在大量使用不干胶代替胶水，标签直接印制在背面有胶的胶带纸上，并在印刷时预先沿标签边缘划有剪切线，胶带纸的背面贴有连续的衬纸，所以剪切线并不会使标签与整个胶带纸分离。不干胶贴标签机原理如图8-20所示。

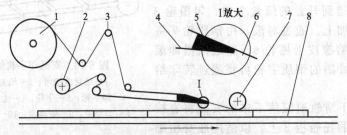

图8-20 不干胶贴标签机原理

1—胶带纸轮；2—卷带轮；3—张紧轮；4—剥离纸；5—剥离刃；6—标签纸；7—压签滚轮；8—纸盒

　　印有标签的整盘胶带纸装在胶带纸轮上，经过多个中间张紧轮 3，引到玻璃刃 5 前。由于玻璃刃的突然转向，刚度大的标签纸保持前身的状态，被压签滚轮 7 压贴在输送带上不断前进的纸盒上。衬纸是柔韧性较好的纸，被预先引到衬纸轮上，衬纸轮的缠绕速度应与输送带的前进速度协调，即随着衬纸轮的直径变大，其转速相应降低。

　　已印好的标签在使用前还需专门打印批号和药品失效期，所以还需用标签印字机，其功能和结构同于安瓿印字机，只是印字位置不必像安瓿那样准确，之前的输送比安瓿麻烦一些，在此不再介绍。除此之外还有纸盒捆扎机或大纸箱封箱设备等，这里也不再一一叙述。

8.3.4　喷码机

　　喷码机在制药行业的包装工艺上的应用越来越广泛。喷码机的作用是将所有设定的文字、数字等喷印在药品包装纸盒或纸箱上，避免贴签造成的不利因素，从而提高生产效率。下面以 CCS-L 型连续式喷码机为例做一简略介绍。

　　CCS-L 型连续式喷码机可喷印 32 点阵的高品质文字，适用于多种工业（例如食品业、饮料业、卷纸业、家用化工用品与制药行业等），能满足不同的喷印要求。

　　喷码机的特点：①自动喷嘴密封 226 点阵的高品质文字。②印字速度最大可达 1515 文字/s，可喷印 JIE 第一和第二标准日本汉字、平假名、片假名、英文、数字符号、简体中文。用户可自制图案。③印墨可回收，减少溶剂消耗量。④机器停顿时印墨仍自动循环。⑤触摸屏输入数据，操作简单，能防尘、防水，有高电压保护。

　　喷印原理如图 8-21 所示[10]。加压过的印墨从喷嘴喷射，此时依据所加一定周波数的振动，使其形成安定的印墨滴。产生的印墨滴根据喷印数据，在带电电极处充电，带电的印墨滴按各自的带电量在偏向电极的静电场中偏向，在印字对象上形成文字。不需要印字的印墨滴因在带电电极处不带电，所以不受偏向电极的影响，直接飞入导墨嘴，由回收泵回收，再次用

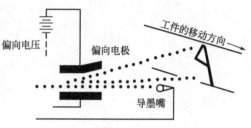

图 8-21　连续式喷码机喷印原理

于印字。设在带电电极旁的检知电极用于测出印墨滴所带电荷量来检查带电量是否正常，从而判断印墨滴的生产是否正常。

　　喷码机的结构：喷码机主要由 CCS 主机、触摸屏、喷头和喷头电缆组成。CCS 主机驱动控制喷头的电子电路和向喷头供给印墨的墨循环系统，触摸屏进行印字内容的编辑和印字条件的设定，喷头是向喷印物件喷印文字的部件。喷头电缆是喷头和主机连接的部件。

　　CCS-L 型连续式喷码机为防止喷嘴部分的印墨干固化，在运行终止时采用了用导墨嘴密封喷嘴的自动喷嘴密封机构。

　　【本章小结】　本章涉及常见的药品包装设备，详细介绍了药品包装材料的种类，固体制剂包装设备和注射剂包装设备的种类、结构以及作业流程等。并初步探讨了我国药品包装设备的发展现状和发展趋势。

　　本章重点：①了解常见的药品包装材料种类；②了解药品包装设备的分类，掌握各类包装设备的结构及其原理；③了解药品包装设备的发展趋势。

思 考 题

　　1.试述药品包装的作用和功能。

2. 药品包装材料主要有哪些?

3. 试述药品包装材料选择标准有哪些?

4. 药品包装设备主要分哪几种?

5. 泡罩包装机分为哪几类? 各有什么特点?

6. 说明泡罩包装机的工艺流程。

7. 固体制剂包装设备分为哪几类? 各有何优缺点。

8. 试述药品包装设备的发展趋势。

参 考 文 献

[1] (美) 丹尼斯·简克 (Dennis Jenke). 药品与包装材料的相容性:可提取物与浸出物相关安全性研究 [M]. 北京:化学工业出版社, 2012.

[2] 朱宏吉, 张明贤. 制药设备与工程设计 [M]. 北京:化学工业出版社, 2010.

[3] 孙智慧. 药品包装学 [M]. 北京:轻工业出版社, 2015.

[4] 邓才彬, 王泽. 药物制剂设备 [M]. 北京:人民卫生出版社, 2009.

[5] 朱国民. 药物制剂设备 [M]. 北京:化学工业出版社, 2013.

[6] 李连进. 包装机械选型设计 [M]. 北京:化学工业出版社, 2013.

[7] 谢淑俊. 药物制剂设备 (下) [M]. 北京:化学工业出版社, 2005.

[8] 唐燕辉. 制剂工程 [M]. 北京:高等教育出版社, 2007.

[9] 孙怀远. 药品包装技术与设备 [M]. 北京:印刷工业出版社, 2008.

[10] 程怡, 傅超美. 制药辅料与药品包装 [M]. 北京:人民卫生出版社, 2014.

第9章 药厂车间工艺设计

【本章导读】 制药车间的设计与一般的化工设计有相同的方法和技巧，与此同时，作为一种特殊商品，其生产企业必须执行我国《药品生产质量管理规范》（GMP）。本章着重介绍制药车间与 GMP 相关的设计内容，制药车间设备选型与车间布置的基本方法，并给出了制剂车间布置实例。对基础设计的物料衡算、能量衡算仅做简单介绍。

药厂车间设计是一项综合性很强的工作，是由工艺设计和非工艺设计（包括土建、设备、安装、采暖通风、电气、给排水、动力、自控、概预算、经济分析等专业）所组成。工艺设计工作仅仅是工程建设程序中诸多阶段工作中的一个阶段。设计阶段与其他各阶段有着密切关系。对项目建设全局的了解有助于工艺人员在项目建设中与其他部门和专业进行有效沟通协调。

药厂或车间进行新建或改造时，从准备、决策、设计、施工到竣工、验收整个过程中的各阶段及其先后顺序，称为建设程序。一般项目的程序包括以下步骤，其中前 5 项是开工建设之前的一系列工作，又称为基本建设前期工作，与设计工作关系最为紧密。

(1) 提出项目建议书 建议书的基本内容和深度如下：①项目的目的、必要性和依据；②市场预测，包括国内外所供应市场的需求预测及预期的市场发展趋势、销售和价格分析，进口情况或出口可能性；③产品方案应包括主产品及综合利用、副产品情况；④工艺、技术情况和来源，其先进性与可靠性，主要设备的选择研究；⑤原料、材料和燃料等资源的需要量和来源；⑥环境保护，根据建设项目的性质、规模、建设地区的环境现状，对建设项目建成投产后可能造成的环境影响进行简要说明；⑦建设厂址及交通运输条件；⑧投资估算和资金筹措、资金来源，要说明可能性；⑨工程周期和进度计划；⑩效益估计，包括经济效益和社会效益估算、企业财务评价、国民经济评价、投资回收期以及贷款偿还期的估算。

(2) 进行可行性研究 建设项目可行性研究是指运用多学科研究成果对建设项目投资决策前进行技术经济论证。其主要任务是论证新建或改扩建项目在技术上是否先进、成熟、适用，在经济上是否合理。一般按下列步骤进行调研和考虑编制报告书文件：①根据项目建议书和委托人意见，开展可行性研究阶段的调研工作；②对产品需求、价格、竞争能力、原材料、能源、运输条件、环境保护等各项技术经济工作进行实际调查了解，经过分析研究分别作出评价；③根据调查掌握的资料，设计出多种可供选择的方案，经过比较和评价，选出最优方案；④对优选出来的方案，分析论证其是否符合已批准的项目建议书要求，项目方案在设计和施工方面是否可以实现，在工程经济方面进行敏感性分析，从产品成本、价格、销量等不确定因素变化对企业收益率的影响上看项目抗风险能力；⑤根据上述调研材料和分析评价，编写可行性研究报告，详细论述项目建设的必要性、经济上和规模上的合理性、技术上的先进、适用性和可靠性，财务上的盈利性、合理性，建设上的可行性，为有关部门决策提供可靠的依据。

(3) 编制设计任务书 设计任务书又称计划任务书，是确定建设项目和建设方案的基本文件。它是根据可行性研究报告及其批复文件编制的。编制设计任务书阶段，要对可行性研究报告优选出的方案再深入研究，进一步分析其优缺点，落实各项建设条件和外部协作关系，审核各项技术经济指标的可靠性，比较、确定建设厂址方案，核实建设投资来源，为项目最终决策和编制设计文件提供依据。

（4）选择建设地点　建设场地（厂址）选择就是在建设地区内具体确定建设项目座落的位置。一般医药企业基建项目厂址选择要求环境无污染，工程地质条件良好，供水条件能满足生产、生活及消防需要。场地交通条件既要方便物资运输，又要与交通干道保持一定距离。

（5）进行勘察、设计　勘察工作是为查明建设场地的地形地貌、工程地质、水文地质，必须对场地进行测量、勘探、试验鉴定和研究评价，为项目决策、场址选择、工程设计和施工提供科学、准确的依据。勘察工作直接关系到工程建设项目的经济效益、环境效益和社会效益。设计工作应在国家政策、法令允许范围内，认真考虑企业的经济效益，加强经济论证、处理好经济与技术关系，使建设项目的技术经济指标达到或优于先进水平。设计中应加强节能、环保、职业安全卫生及消防等配套工程设计。

（6）进行建设准备。

（7）计划安排。

（8）组织工程施工。

（9）进行生产准备。

（10）竣工验收和交付生产。

建设项目一般按初步设计、施工图设计两个阶段进行；技术上复杂的建设项目，可按初步设计、技术设计和施工图设计三个阶段进行。车间（装置）初步设计深度应满足以下要求：①设计方案的比选和确定；②主要设备材料订货；③土地征用；④基建投资的控制；⑤施工图设计的编制；⑥施工组织设计的编制；⑦施工准备和生产准备等。施工图设计是根据已批准的初步设计及总概算为依据，它是为施工服务的，其中包括施工图纸、施工文字说明、主要材料汇总表及工程量。施工图设计的深度应满足以下要求：①设备材料的安排和非标准设备的制作；②施工图预算的编制；③施工要求等。

9.1　车间工艺设计 GMP 基础[1~3]

与一般化学品的制造相似，药品应按一定工艺顺序完成制造，从这个角度上说，药厂同样属于流程工厂，其设计与一般的化工设计有相同的方法和技巧。同时，作为一种"不使消费者承担安全、质量和疗效风险"的特殊商品，其生产企业必须执行我国《药品生产质量管理规范》（GMP）。当然，除了 GMP 以外，制药车间设计还应了解我国《药品管理法》、药典，建筑、空调、电气、安全、劳动保护、给排水、环境保护、劳动安全等相关管理规范要求，才能设计出合格、合理的生产车间。本节介绍与设计相关的 GMP 基础内容，以便在设计中理解和运用相应方法满足 GMP 要求。

9.1.1　GMP 初识

从 1963 年的第一部 GMP 诞生至今，国际上在对药害事件的不断总结中，得出药品质量早已不仅仅涉及其生产者，而是要求在药品设计、制造、销售、使用的各个环节对药品质量予以保证。为此形成了一整套质量保障体系：GDP（Good Designing Practice），GRP（Good Researching Practice），GLP（Good Laboratory Practice），GCP（Good Clinic Practice），GMP（Good Manufacturing Practice），GSP（Good Supply Practice），GUP（Good Using Practice），GAP（Good Agricultural Practice），以保证影响药品质量的所有要素都处于受控状态。我们常说的 GMP 只是其中与药品生产相关的一部分，是药品在生产过程中的质量保证体系。

《药品生产质量管理规范》又称《最佳生产工艺规范》[Good Manufacturing Practices for Drugs（GMP）]，是指从负责指导药品生产质量控制的人员和生产操作者的素质到生产厂房、设施、建筑、设备、仓储、生产过程、质量管理、工艺卫生、包装材料与标签，直至成品的贮存与销售的一整套保证药品质量的管理体系。GMP 通过从生产的各角度防止混淆、污染、差错，以控制生产药品的质量。其中混淆、污染、差错的概念与我们通常理解的有所差别。

GMP 中规定的混淆就是两种不同的产品或同种而不同批号的产品，或同种/同批而用不同包材的产品混在一起。生产中的"批"指经过一个或若干个加工过程生产的具有预期均一质量和特性的一定数量的原辅料、包装材料或成品。GMP 中给出了以下剂型的批次建议：

① 口服或外用的固体、半固体制剂在成型或分装前使用同一台混合设备一次混合所生产的均质产品为一批；口服或外用的液体制剂以灌装（封）前经最后混合的药液所生产的均质产品为一批。

② 容量注射剂以同一配液罐最终一次配制的药液所生产的均质产品为一批；同一批产品如用不同的灭菌设备或同一灭菌设备分次灭菌的，应可追溯。

③ 粉针剂以一批无菌原料药在同一连续生产周期内生产的均质产品为一批。

④ 冻干产品以同一批配制的药液使用同一台冻干设备在同一生产周期内生产的均质产品为一批。

⑤ 眼用制剂、软膏剂、乳剂和混悬剂以同一配制罐最终一次配制所生产的均质产品为一批。

⑥ 连续生产情况下，批必须与生产中具有预期均一特性的确定数量的产品相对应，批量可以是固定数量或固定时间段内生产的产品量。

因此，混淆与"批"的概念息息相关，生产中对每批产品予以编号，还可以在批的基础上规定亚批编号。在工厂内，一个批号与此批产品的所有生产记录对应，一旦一批产品发生问题，可以从销售渠道迅速停止相应批号的销售，同时可以在工厂记录中了解产品问题的原因。批号使得药物从生产到销售具有可追溯性。

GMP 中规定的污染指在某种产品中混入了其他原辅料、污秽、灰尘、昆虫、包材的残渣、微生物等异物，包括物理、化学、生物和微生物污染等。生产中的污染除了直接的外源性污染外还包括药品之间的污染，即交叉污染，这种污染的控制在多产品生产的车间、多粉尘制药过程以及特种药物设计中需要格外注意。

GMP 中规定的差错指人、设备或过程的错误或意外。GMP 在控制差错上的思想基于"每个人都会犯错、设备、过程也可能发生意外。这些意外或错误如果不依靠外力，不可避免。必须通过有效方法，发现差错，纠正差错。"有数据显示人为差错大约在全部差错中占 15%，其造成的原因主要有：① 人员心理、生理疲劳、精神不够集中等引起；② 工作责任心不够；③ 工作能力不够；④ 培训不到位。GMP 企业通过管理、培训、操作规范要求来避免人员差错。

GMP 基本内容涉及人员、厂房、设备、卫生条件、起始原料、生产操作、包装和贴签、质量控制系统、自我检查、销售记录、用户意见和不良反应报告等方面。在硬件方面要有符合要求的环境、厂房、设备；在软件方面要有可靠的生产工艺、严格的管理制度、完善的验证系统等。其主要内容概括起来有以下几方面：

人：训练有素的生产人员、管理人员，合理的人员组织机构；

机：可靠的设施、设备及其使用、管理和记录；

料：合格的原辅料、包装材料的使用、管理与质量控制；

环：合适的生产环境及管理；

法：经过验证的操作规程，文件规程体系、使用和管理。

GMP 要求药品生产者在生产中控制影响产品质量的各方面，通过严格执行标准操作规程（SOPs, Standard Operating Procedures）及相关生产规程，对生产的一切行为做到有章可循，照章办事，有案可查，彻底避免混淆、污染和差错的发生，以保证药品的质量。要达到这种有效控制，对于一个生产工厂或车间来讲，只有从设计开始，从各方面把握 GMP 的相应原则进行设计，才有可能更加完善。从这个意义上，GMP 从业人员提出的"质量源于设计，质量源于生产"的口号很好地反映了设计过程对于药品生产质量的重要意义。

9.1.2　暖通空调系统

制药车间暖通空调系统是包含温度、湿度、空气（净化）清净度以及空气循环的控制系统，被称为 HVAC（Heating Ventilation Air-conditioning and Cooling）。与一般的空气调节系统不同的是，HVAC 在制药生产区为生产提供一定的洁净级。HVAC 被称为药厂的"肺"，是制药工业的一个关键系统，它对制药过程能否实现向患者提供安全有效的产品具有重要的影响。

生产车间的洁净等级最早是电子行业因发现尘埃颗粒造成电子产品质量不稳定提出的，1951 年高效空气过滤器（HEPA）和 1961 年层流洁净室这两项里程碑式关键技术的诞生，使得在生产特定区域进行洁净控制成为可能，并逐渐广泛应用到军用、电子、医药、食品、化妆品等行业。大多数药品生产有无菌或控菌要求，制药车间的空气调节系统对此提供基础保障。

（1）洁净级　在药品生产过程中，环境空气中的悬浮颗粒物可能带来外源的物理、化学污染，以及药品间的交叉污染，空气中的微生物则直接带来微生物污染。为此，GMP 通过对药品生产环境的空气中悬浮粒子和微生物的控制，对环境分为 A、B、C、D 四个级别。各级别空气悬浮粒子和微生物的标准如表 9-1 和表 9-2 所示。

表 9-1　洁净级的空气悬浮粒子标准

级别	静态		动态	
	每立方米空气尘粒最大允许数			
	$\geqslant 0.5\mu m$	$\geqslant 5\mu m$	$\geqslant 0.5\mu m$	$\geqslant 5\mu m$
A 级	3520	20	3520	20
B 级	3520	29	352000	2900
C 级	352000	2900	3520000	29000
D 级	3520000	29000	不作规定	不作规定

表 9-2　洁净级的微生物的标准

级别	浮游菌 /(cfu/m³)	沉降碟(ϕ90mm) /(cfu/4h)	接触碟(ϕ55mm) /(cfu/碟)	5 指手套 /(cfu/手套)
A 级	<1	<1	<1	<1
B 级	10	5	5	5
C 级	100	50	25	—
D 级	200	100	50	—

根据厂房中运行的过程，厂房的状态分为三种：

空态（as-built）指厂房设施已经建成，所有动力接通并运行，但无生产设备、材料及人员。

静态（as-rest）指设施已经建成，生产设备已经安装，并按业主及供应商同意的状态运行，但无生产人员。

动态（operational）指设施以规定的状态运行，有规定数量的人员在场，并在商定的状态下进行工作。

GMP 中规定洁净区的设计必须符合相应的洁净度要求，包括达到"静态"和"动态"的标准（2010 版第八条）。从表 9-1 和表 9-2 可以看出，不同洁净级下（除 A 级外），厂房动态、静态的悬浮粒子数据有很大差别，相差近 100 倍，显示当厂房中有人员、设备运动时，悬浮粒子数的控制更为困难。A 级下动态和静态悬浮粒子数相同，微生物控制也更严格，生产中称为无菌区。与此对应，将 B、C、D 级称为洁净区，非洁净级控制区称为一般区。

药物按控菌的要求分为控制菌、无菌两大类，无菌药品根据灭菌方法又分为灭菌和非最终灭菌两类。不同药品、不同工序，生产区应安排在合适的洁净度下以达到相应的控菌要求。例如，GMP 建议口服液体和固体、腔道用药（含直肠用药）、表皮外用药品生产的暴露工序区域及其直接接触药品的包装材料最终处理的暴露工序区域，应参照无菌药品附录中 D 级洁净区的要求设置。洁净级的选择并不是越高越好，而是对过程和工序选择适当的洁净级。GMP 建议最终灭菌的无菌药品按表 9-3 安排洁净级。为降低污染和交叉污染，厂房、生产设施和设备应根据所生产药品的特性、工艺流程及相应洁净度级别要求合理设计、布局和使用。根据产品特性、工艺和设备等因素选择适当的洁净度级别，而不是一味追求高洁净级别，不仅有利于厂房成本的大大降低，也有利于污染的良好控制。

表 9-3　最终灭菌产品的生产操作示例

C 级背景下的局部 A 级	高污染风险①的产品灌装（或灌封）
C 级	产品灌装（或灌封） 高污染风险②产品的配制和过滤 眼用制剂、无菌软膏剂、无菌混悬剂等的配制、灌装（或灌封） 直接接触药品的包装材料和器具最终清洗后的处理
D 级	轧盖 灌装前物料的准备 产品配制和过滤（指浓配或采用密闭系统的稀配） 直接接触药品的包装材料和器具的最终清洗

①此处的高污染风险是指产品容易长菌、灌装速度慢、灌装用容器为广口瓶、容器须暴露数秒后方可密封等状况；②此处的高污染风险是指产品容易长菌、配制后需等待较长时间方可灭菌或不在密闭容器中配制等状况。

(2) 空气净化和温湿度调节　进入洁净区的洁净空气有温、湿度的要求，A 级、B 级一般控制在 20～24 ℃，相对湿度在 45％～60％；C 级、D 级一般控制在 18～26℃，相对湿度在 45％～65％；一般区则控制在 26～27℃。净化空调系统要确保洁净室的洁净度必须设置三级过滤，初效、中效两级过滤器、空气调湿、调温装置被安排于中央空调机组中，洁净室末端高效送风口放置高效过滤器，过滤后的洁净风送入洁净室，同时洁净室单独设置独立的回风口（图 9-1）。

正确选用初、中、高效过滤器是洁净度达标的重要因素（表 9-4）：

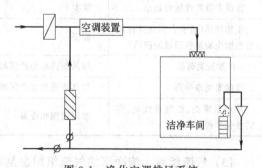

图 9-1　净化空调排风系统

▨过滤除尘装置；▯发尘设备；▷排风机；∅阀门

表 9-4 各种过滤器性能比较

级别	过滤对象/μm	滤材	除菌率/%	阻力/mmH₂O	滤速和安装位置
初效	>10	粗中孔泡沫塑料	<20	<3	0.4~1.2m/s,新风过滤
中效	1~10	中细孔泡沫塑料	20~50	<10	0.2~0.4m/s,风机后
亚高效	<5	玻璃纤维、短纤维滤纸	90~99.9	<15	0.01~0.03m/s,洁净室送风口
高效	<1	玻璃纤维、合成纤维	>99.91	<25	0.01~0.03m/s,洁净室送风口

初效滤器。主要是滤除大于 $10\mu m$ 的尘粒，用于新风过滤和对空调机组做保护，滤料为涤纶无纺布，它由箱体、滤料和固定滤料的框架三部分组成。当滤材积尘到一定程度，通过初效过滤段的压差报警装置提醒操作人员即时更换过滤器。初效过滤器用过的滤材可以水洗再生重复使用。

中效滤器。主要是滤除 $1\sim10\mu m$ 的尘埃颗粒，一般置于高效滤器前，风机之后，用于保护高效滤器。一般为袋式中效滤器，滤材为涤纶无纺布。

亚高效滤器。可滤除小于 $5\mu m$ 的尘埃颗粒，滤材一般为玻璃纤维制品。

高效过滤器（HEPA）。主要用于滤除小于 $1\mu m$ 的尘埃颗粒，一般装于净化空调通风系统末端，即高效送风口上，滤尘效率为 99.97% 以上，高效滤器的特点是效力高、阻力大。高效滤器一般能用 $2\sim3$ 年。高效滤器对细菌（$1\mu m$ 以上的生物体）的穿透率为 0.0001%，对病毒（$0.3\mu m$ 以上的生物体）的穿透率为 0.0036%，因此 HEPA 对细菌的滤除率基本上是 100%，即通过合格高效过滤器的空气可视为无菌。

为了节约成本，回风经处理后若不会引起污染和交叉污染，可以将回风与新鲜空气（新风）一起重新送入厂房。根据是否回风，分为全回风、部分回风和全新风三种，其中部分回风最为常见。为保证人员的生理要求新风比不应小于 15%，但是针对某些地区的独特气候特点（四季如春、全年湿度大），在固体制剂、头孢制剂、防爆车间、动物房等排风要求高的净化空调系统中可适当提高新风比。洁净室的送风量用换气次数（每小时进入空间的风量除以该空间的体积）描述，生产空间所需换气次数与空间的洁净级别（自净时间 $15\sim20min$）、冷热需求、安全要求、人员舒适度要求有关，一般参考常规值进行设计，但应分别对以上要求进行计算取最大值予以校核。GMP 对于一些高致敏药品或具有生物活性药品要求专用 HVAC 系统，不可回风，且排风必须经过净化（表 9-5）。

表 9-5 特殊药品的厂房与 HVAC 要求

项目	独立厂房	专用 HVAC 系统	排风经过净化
青霉素等高致敏性药品	需要	需要	需要
生物制品（如卡介苗或其他用活性微生物制备而成的药品）	需要	需要	需要
β-内酰胺类药品	与其他药品生产区域严格分开	需要	需要
性激素类避孕药	与其他药品生产区域严格分开	需要	需要
某些激素类、细胞毒性类、高活性化学药品	专用设施和设备	应专用,特殊情况下可采用阶段性生产方式共用	需要

(3) 气流组织 洁净室的气流组织也是净化环境实现的保证措施之一。气流组织有乱流方式或层流方式两种（图 9-2）。用高度净化的空气把车间内产生的粉尘稀释以达到一定的净化效果，叫做非层流方式（乱流方式）。用高度净化的气流作为载体，空气以层流方式流

经控制区，把粉尘排出，叫做层流（单向流）方式。B、C、D 级洁净级，可以通过空气的乱流稀释来达到。但更高的动态要求（如 A 级），就需要通过层流置换系统来达到了。

根据送回风位置的不同，层流方式又分为垂直层流和水平层流方式。从房顶方向吹入清洁空气通过地平面排出叫做垂直层流式；从侧壁方向吹入清洁空气，从对面侧壁排出叫做水平层流式。水平单向流洁净室比垂直单向流洁净室的造价低，但空气流动受到设备、过程的影响比垂直层流大，较少采用。现在较多使用的是非严格的垂直层流从房顶送入清洁空气，从侧壁排出 [图 9-2（b）]。为了降低厂房成本，可以在局部区域提供单向流空气（图 9-3）。局部单向流装置仅供一些需在局部洁净环境下操作的工序使用，如洁净工作台、层流罩及带有层流装置的设备（注射剂灌封机）等。局部单向流装置可放在 B 级、C 级环境内使用，这样既可达到稳定的洁净效果，又能延长高效过滤器的使用期限。

 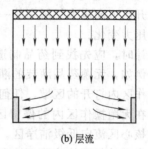

(a) 乱流　　　　　　　　　　　　　　(b) 层流

图 9-2　气流组织方式示意图

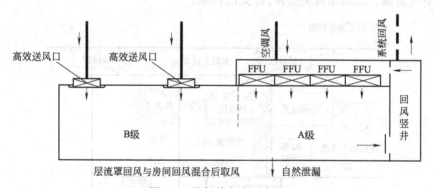

图 9-3　局部单向流示意图

单向流在生产车间中主要用于提供 A 级洁净度或进行污染控制，其气流来向称为上风向，气流去向称为下风向，污染粒子被气流从上风向带到下风向。因此，任何流向上的物体都将对下风向过程产生影响，这也是厂房动、静态粒子数据巨大差别的原因。气流的流速、气流的不均匀度、气流的平行度称为单向流的三要素。多种因素可能对单向流产生影响，例如车间内发生的冷、热过程，气流流向上放置的设备、设施，人员的存在和流动，甚至建筑层高，在进行设计时必须充分考虑这些内容对洁净区产生的影响。一个存在单向流的生产区仅有部分区域是受控的，图 9-4 显示了固体制剂车间局部单向流中的有效使用区域，需要控制的过程和设备应安排在受控区域内。

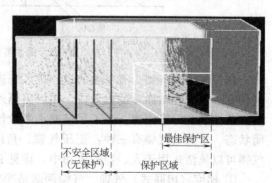

图 9-4　单向流生产区的受控区域

(4) 压差控制 气流组织可以保证房间内达到一定的洁净度，但操作中需要各房间之间有物料流动、人员交流、不同洁净级的连接，当小空间的门打开后洁净度肯定会受到影响。此时洁净度就靠另一个方法来保障——压差控制。通过调节小空间送、回风的量可以控制每个空间的压力，从而可以控制相邻空间的相对压力（即空间之间的压差），进而控制气流流动方向、控制并限制污染物在生产区的流动。控制房间压差（气流方向）对大多数生产操作的保护起着关键作用。

压差设计的要点如下：①洁净区与非洁净区间、不同等级洁净区间的压差应不低于 10Pa；②相同洁净度级别的不同功能区域（操作间）间应保持适当的压差梯度；③同一空气等级区域内的各洁净室间常常需要维持一定的压差，一般采用可控的 5Pa；④保持各房间正压，同时防止绝对压力超过 40Pa；⑤走廊应对污染源房间维持正压，以防止污染扩散；⑥生产区房间门的开启方向应为气压高的一方，以保证门的常闭状态，同时压差设计要考虑门开启引起室内的压力变化。

在进行压差设计时，应先找到药品制造过程中无菌要求高，对产品质量影响最大的区域，称为核心区。例如，无菌药品灌装的灌装点，灭菌后的小瓶/盖子进入无菌操作的区域，产品容器在无菌操作区内打开的区域，任何与产品容器相连接的区域，灭菌后的容器/包装以及设备接触表面在无菌操作区内的停留区域等（图 9-5）。找到核心区后进行生产区的气流设计，气流应从核心区流向低级洁净区。相邻房间的气流流向确定后，从外向内依次进行压力设计。注意各房间的气压均应高于大气压，同时防止绝对压力超过 40Pa，否则有可能导致大量空气泄漏、建筑结构失效及开/关门困难。

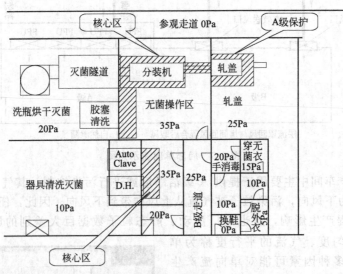

图 9-5　无菌灌装压差设计示意图

(5) 气锁 气锁为有单独的送、排风管道，通过门的渗漏在室内建立压差的较小空间。气锁室一般设在洁净室的出入口，用以阻隔外界或邻室气流，进行压差控制，主要用于区域的无菌控制和污染隔离。为了尽量减小微粒传递速度，气锁空间的所有门均应始终保持在关闭状态。常见的气锁有三种：正压气锁、负压气锁和梯度气锁（图 9-6 三种气锁室），各种气锁可以灵活运用于人、物的流动中，详见 9.1.4。

① 梯度（串联式）气锁　气锁两端洁净区间压差为 10~15Pa，气锁内形成压力连续梯

度，空气从高压侧流向低压侧，主要用于污染或有洁净要求的隔离，但无法同时满足控制污染和保持洁净隔离。常用于 B、C、D 级人、物进出洁净区的缓冲通道。

② 正压气锁　正压气锁压力大于两侧区域压力，开门后气锁空气可进入两侧区域，可用于既有隔离要求又有无菌要求的区域控制。正压气锁常用于隔离有污染（有毒有害，易燃易爆固体、气体）的操作，气锁中的空气进入左右区域，气锁内一般比两侧的高压侧压力高 5～8Pa（防止有害物时为 7.5Pa），气锁连接的两侧洁净区间压差为 10～15Pa。洁净走廊一般可设计为正压气锁，用于提供可靠的隔离。正压气锁也适用于两邻近区域不希望相互污染的情况。

③ 负压气锁　负压气锁的压力小于两侧连接区域，开门后两侧区域空气可进入气锁，但气锁对两侧的洁净度均不产生影响，也称为陷阱气锁。负压气锁特别适用于不同洁净度间的连接。负压气锁两侧连接的洁净区间压差为 10～15Pa，关门后室压应比低压侧压力低 5～8Pa。

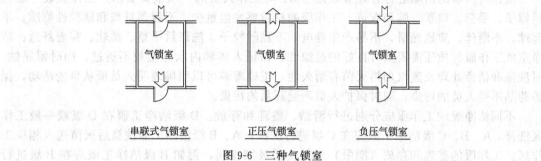

串联式气锁室　　　　　正压气锁室　　　　　负压气锁室

图 9-6　三种气锁室

9.1.3　制药用水

水在制药工业中是应用最广泛的工艺原料，用于药品的成分、溶剂、稀释剂等。制药工艺用水包含饮用水、纯化水和注射用水：

饮用水（Drinking Water）：符合中华人民共和国国家标准《生活饮用水卫生标准》。

纯化水（Purified Water）：饮用水经蒸馏法、离子交换法、反渗透法或其他适宜的方法制得的供药用的水，不含任何附加剂。

注射用水（Water for Injection）：纯化水经蒸馏所得的水。

无菌注射用水（Sterile Water for Injection）：注射用水按注射剂生产工艺要求灭菌制备所得。

我国 GMP 分别从化学物质、微生物、热源三方面对各种工艺用水提出了要求，并指出水需要依次处理为饮用水-纯化水-注射用水，并分级管理和使用。制药过程的不同过程，应根据需要，选择工艺用水（表 9-6）。在选择工艺用水时应注意，药品与直接接触包材使用同等级水，且纯化水不得用于注射剂的配制与稀释。

表 9-6　制药工艺用水的使用

工艺用水	用　途
饮用水	1.制备纯化水的水源；2.口服制剂瓶子等包装初洗；3.设备、容器的初洗；4.中药材的清洗，口服、外用普通制剂所用药材的浸润和提取
纯化水	1.制备注射用水（纯蒸汽）的水源；2.非无菌药品直接接触药品的设备、器具和包装材料最后一次洗涤用水；3.注射剂、无菌药品直接接触药品容器和包装（瓶子）的初洗；4.非无菌药品的配料；5.非无菌药品精制；6.中药注射剂、滴剂所用药材的提取溶剂
注射用水	1.无菌药品、原料药直接接触药品的包装材料的最后一次精洗用水；2.无菌原料药精制；3.注射剂、滴眼剂、无菌冲洗剂等配料用水

9.1.4 车间中的人与物

9.1.4.1 车间中人与人流

人是制药生产最大的污染源，洁净区内的微生物数量与洁净室里人员数量及活动程度有直接的关联。GMP 通过 SOPs 对工作人员的个人卫生习惯及着装、无菌操作习惯，清洁和消毒规程进行控制。关键区域的良好行为规范要求包括：①尽量减少进入洁净区的人数和次数；②消毒双手；③仅用无菌工、器具接触无菌物料；④缓慢和小心移动；⑤保持整个身体在单向气流通道之外；⑥用不危害产品无菌性的方式进行必要操作；⑦人员间应保持一段距离，人员的着装（包括无菌手套）不可相互接触；⑧进入关键区域后应定期检查着装，尤其在进行动作幅度较大的操作之后应确认头套、脚套是否穿戴紧密。

根据所从事的活动进行合理着装是 GMP 对工作人员的一项重要要求，工作服装一般包括帽子、手套、口罩、鞋和衣裤。工作服的材质要发尘量少、不脱落纤维和颗粒性物质；不起球，不断丝、质地光滑，不易产生静电，不黏附粒子、洗涤后平整、柔软、穿着舒适；洁净室的工作服材质还需要具有良好的过滤性，保证人体和内衣的尘粒不透过，同时耐腐蚀，对洗涤和消毒处理及蒸汽加热灭菌有耐久性。正确着装可以明确表明人员所从事的活动，保护药品不受人员的污染，同时保护人员不受药品的污染。

不同洁净级的工作服应分别进行清洁、整理和存放。D 级洁净工服在 D 级或一般工作区洗涤，A、B、C 级洁净工服应在 C 级进行洗涤，A、B 级洁净工服洗涤后灭菌送入相应工作区。工作服的整理和存放（期限）应与使用级别相同，例如 B 级洁净工服应在 B 级进行整理和存放。此外，GMP 要求凡有粉尘、高致敏物质、激素类、抗肿瘤类、避孕药、有毒、有害物质等操作岗位的工作服应分别存放、洗涤、干燥、灭菌。A、B 区工作服应每次进入更换或至少一班更换一次。

车间中人员流动设计应尽量使人员通过较短的距离到达自己所在岗位，尽量不穿越其他岗位，人员在车间的进出、更衣是进行人流控制的重要环节。进入洁净生产区的人员更衣通道，应根据生产性质、产品特性、产品对环境级别的要求等，设置相应的更衣设施，并且合理设计气流组织、设定压差和监控装置，以满足药品 GMP 对净化更衣的要求。

通常下列因素必须考虑到：

① 更衣房间的设置 将更衣的不同阶段用房间加以分开，如按换鞋（脱外衣）、穿洁净衣（穿无菌内衣、无菌外衣）、气锁（洗手、手消毒）等分几个房间。最后一间气锁，起到隔离更衣区和生产区气流的作用。

② 更衣的分级 我国 GMP 要求"更衣后段的静态级别与其相应洁净区的洁净级别一致"。而更衣的后段，指的是穿洁净衣（穿无菌外衣）及随后的气锁，这些区域的洁净级别与其服务的生产区级别一致。而更衣前段区域，作为净化更衣的辅助区，需送入经过 HEPA 过滤器过滤的空气、有一定的换气次数，有一定的压力梯度，但属于不分级区。部分区域可以采用 CNC，即 Controled Not Classified，又称控制不分级区。

③ 更衣区的压差值 更衣区域作为人员进出洁净生产区的通道，其压差（气流方向）基本从级别较高区域向级别较低区域流动。各相邻气锁房间之间的压差以 5Pa 为宜，这样累计后，洁净区与非洁净区之间的压差不会过高。只要将不同洁净区域以及洁净区与非洁净区之间的压差控制在大于 10Pa 即可，如压差太大，会造成空气通过门缝泄漏量的增大，同时对建筑隔断的强度要求也要增大。

④ 关于更衣区压差监测 由于更衣后段（穿洁净衣＋气锁）的洁净级别与生产区相一致，所以这两个区域必须监控其压差，故压差计将设置在这两个房间与其他区域之间。另外根据洁净区与非洁净区压差必须大于 10Pa 的要求，该区域与其更衣前段区域的压差值应该

大于 10Pa。

⑤ 关于退出通道设置　有两种情况需要设计独立于进入通道的退出通道：a.无菌药品，必要时可将进入和离开洁净区的更衣间分开设置；b.强效药品生产，如高致敏性、高活性、高毒性、或 LD_{50} 很小的药品，如需要限制药品暴露生产区的空气外泄，在更衣区域要设置退出通道并且通过负压阱，以阻隔生产区气流，将含产品空气彻底隔离。

人员的更衣程序与所进入的洁净区要求有关，图 9-7、图 9-8 为从普通区进入 C 级区的一般流程和布置示例。

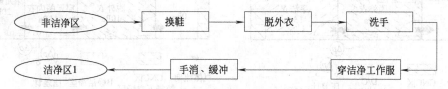

图 9-7　从普通区进入 C 级区的一般流程

与之相比，从一般区进入 B 级区，更衣流程则复杂得多，需要更多的缓冲间完成相应功能（图 9-9，图 9-10）。

针对强效药品，由于其空气中允许暴露量很小，为防止生产区含药品的气流通过更衣室通道泄漏，更衣最后的气锁按正压方式设计，更衣通道内设置专门退出通道，该退出通道按控制不立级（CNC）分区，空气均通过高效过滤器过滤，有一定换气次数和压差，并且对相邻房间为负压

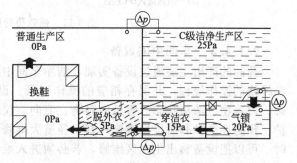

图 9-8　从普通区进入 C 级区的厂区布置

设计，以阻隔脱衣过程产生微粒被气流带出更衣区的可能（图 9-11）。

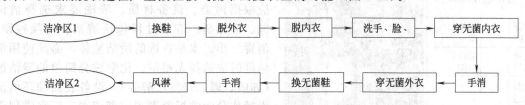

图 9-9　从普通区进入 B 级区的一般流程

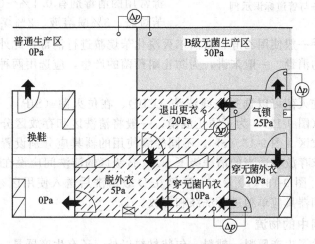

图 9-10　从普通区进入 B 级区的厂区布置

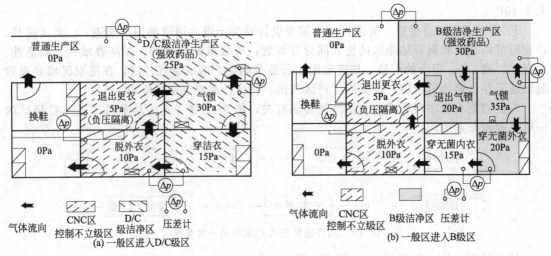

图 9-11　强效药的典型更衣布置

9.1.4.2　车间中的设备

药品的产出主要通过设备实现，洁净车间中运转的设备、设施需要有使用、清洁、维护和维修的操作规程，并保存相应的操作记录。设备与管路应有醒目标识，标明设备生产状态、内容物、清洁状态、管道内容物、流向、仪表校准信息等（图 9-12）。设备应有日常维护、预防性维护和阶段性维修计划，经重大维修的设备应进行重新确认或验证。在进行维修时，可以把设备移出生产区维修，若必须进入维修，维修人员最好不穿越厂区，而是通过维修通道从生产区外部进入作业。

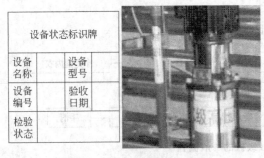

图 9-12　设备与管道标识示例

在生产中，设备清洁应选择适当的清洗、清洁设备方法，以避免这类设备成为污染源。应根据污染、设备材质、清洗要求选择清洁剂、消毒剂。清洁过程包括清洁、清除残留、消毒三步。水是首选的清洁液体，必须使用清洁剂时应选择无残留、化学成分简单的清洁剂（如酸、碱、75％乙醇等）。设备表面和环境消毒操作分为常规消毒和定期消毒。厂房常规消毒常用的消毒剂有 0.1％～0.2％新洁尔灭溴化苄烷胺、3％酚溶液、2％煤皂酚溶液、75％酒精等；设备表面、手一般使用乙醇、新洁尔灭溴化苄烷胺进行消毒；此外紫外线、臭氧常用于环境和气体管道的消毒。一般来讲，为防止耐药菌的产生，应选用两种以上的消毒剂更替操作。

设备器具的清洗灭菌可以选择在线清洗（CIP）、在位灭菌（SIP），也可以设计单独的器具清洁区来完成（图 9-13），为了防止混淆，一般将清洗区和存放区分开设置，甚至可以增加一个脏容器接收区［图 9-13（c）］。不同等级使用的器具应分别设置清洗区，清洗后的容器应根据使用要求存放在适当的洁净级下。A、B 级区的清洗间应设在 C 级下，清洗灭菌后送入 B 级区存放［图 9-13（b）］；C、D 级在 D 级清洗后送入使用区存放。对于易污染、含尘大的设备部件和器具应单独进行洗涤和存放。

9.1.4.3　车间中的物流

车间中的物料除了生产原料、辅料、包装材料以外，还有生产器具、工服、生产废物等

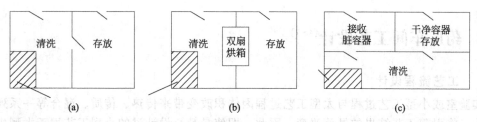

图 9-13 器具清洁区布置示例

生产辅助性物料（图 9-14），这些物料必须有序地在生产区流动，小心地避免发生污染、混淆和差错。避免物料差错的一个最重要方法就是详尽的物料标识。例如仓储区物料需要标识如下内容：物料名称、物料代码、接受批号、物料的质量状态（待验/合格/不合格/已取样）、有效期/复验期。中间产品需要标识：品名、物料代码、产品批号、重量/数量（毛重、净重）、生产工序、质量状态（待验/合格/不合格/已取样）。

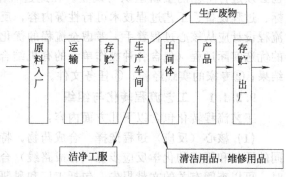

图 9-14 生产中的物料流

　　车间物流的有效设计，可以避免污染和差错的发生。在进行物流设计时一般把人、物进行分流，物料进行单向流动。一般来讲，尽量使物料在使用点进入生产区，而不是大量物料一起进入生产区，例如，包材的进入设置在包装区，这样可以避免差错的发生，也可以减少长距离运输，节约人力。在车间设置中间品仓库统一进行生产区中间品的管理，虽然增加了物料的流动，但有利于减少混淆的发生。生产废物应在生产区单独存放，并设计独立的送出通道，以避免混淆。

　　物料在进入生产区或跨越不同洁净级时需要进行消毒（图 9-15），并由气锁来完成这个过程（图 9-16）。传递少量物料时传递窗最为常见，传递窗是一个小型梯度气锁，内部有消毒装置［图 9-16（a）］。当物料需要灭菌时，安置在两个洁净级间的双扇门灭菌柜也可以作为物料传递通道。当大量物料进行跨洁净级传递时，则采用图 9-16（b）所示的负压气锁。

图 9-15 物料跨越洁净级的一般过程

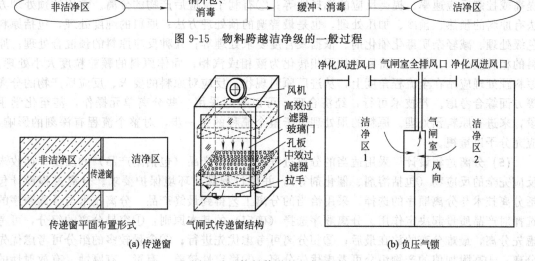

(a) 传递窗

(b) 负压气锁

图 9-16 物料传递的一般设计

9.2 药厂车间工艺设计[4~7]

9.2.1 工艺流程设计

实验室或小型工艺过程与大型工艺过程因体积改变带来传热、传质、混合等一系列问题和变化，将引起工艺结果的显著改变。因此，即使是精心设计过的小型工艺用于大型生产时也必须进行工艺的重新组织与调整。在此过程中需要考虑原料来源、产品、副产物技术指标、过程设备、工艺过程技术可行性等内容，反复考察和平衡过程的技术与经济因素。工艺流程设计应从核心过程着手，考虑全流程的优化，将实验室小型工艺转化为适用于工厂生产的优选实际过程（包含各种操作单元的有机结合）。其基础设计依据包括：①过程开发实验结果；②专家的实践经验；③任务文件。

9.2.1.1 工艺流程转化与组织

工艺流程转化包含以下几方面内容：

(1) 核心（反应）过程选择 合成药物，特别是大多数结构复杂的药物，往往可以从不同的原料和不同的化学反应步骤（合成路线）合成。因此，在着手设计一个产品的生产车间时，可以查阅有关的文献报告，包括工厂和科研单位的各种小型试验报告、中间试验报告和国外曾经发表过的一些有关文献，作为分析、研究和论证的第一步。对于制药工艺的核心（反应）过程，选择高收率与高选择性是尽可能减少废物排放与提高资源与能量利用率的关键因素。与此同时选择适用性、高选择性原料，绿色溶剂（规避工业危险溶剂和规范禁用溶剂），选择更为安全的反应过程。过程中是否有特殊要求的反应（如要求使用剧毒或要求较高的试剂，过程中使用大量易燃易爆溶剂等），高温、高压、高真空、深度冷冻等，需要特别处理的"三废"（废水、废气、废渣）将直接影响工艺的危险性和复杂程度，需要格外予以重视。核心（反应）过程选择以在安全、环保、健康的前提下，技术上先进可行，以经济上合理为最高目标。

(2) 反应器操作形式选择 根据过程特点进行反应器操作形式的选择，通过对浓度和停留时间的控制有效提高反应转化率和选择性。详见 9.2.1.2。

(3) 单元过程重组 根据生产实际情况和设备情况，对原工艺进行单元过程重组。

(4) 原料预处理 通过原料预处理达到以下作用：①有利于反应过程提高反应转化率、提高或控制反应速率、提高反应的选择性等；②有利于反应后产物的分离。常用的预处理方法有原料的预热、预冷、加压处理，也是最普遍的预处理方法；原料的纯度处理，包括原料色级处理、减轻杂质毒化催化剂、依据聚合度要求处理等；几种反应原料的预混合处理；原料的相转换处理，例如，将原料从固相转化为液相或汽相；固体原料的颗粒粒度大小处理。原料预处理应站在全流程角度上，从进厂原料现状、反应对原料的要求、反应后产物的分离等方面综合考虑。若技术可行，经济合理，可以考虑采用一些分离单元操作，甚至化学手段，来进行原料预处理。原料的预处理位于整个流程的第一步，对整个流程有深刻的影响，应充分予以重视。

(5) 分离过程设计 采用适当的分离过程可以提高产品（包括副产品）的质量，回收未反应完全的反应物（包括溶剂、催化剂等），并使过程满足环境保护要求。分离过程设计包括分离技术与分离顺序的选择，采用恰当的分离工艺得到最终产品。分离技术与分离顺序的选择对产品质量起决定作用。分离顺序选择（确定）的基本原则：①容易分离的组分，可考虑先分离，最难分离的放在最后；②相分离可考虑优先进行；③含量较多的组分可考虑优先分离；④高附加值的产物组分可考虑优先分离；⑤稳定性较差、有毒、有腐蚀、有放射性的组分可考虑优先分离。在了解分离技术的基础上，根据待处理物的特性挑选经济可行的成熟分离技术，可有效避免工程风险。

(6) 物质与能量综合利用 寻找流程内部可重复利用的能量和水源，加以利用，从而达到节能减耗的作用。最典型的例子是系统热能的综合利用，当系统中同时存在热流体需要降温、冷流体需要升温时，可以考虑用热流体对冷流体进行直接换热。当系统中有多个热流股和冷流股时，可以利用窄点技术对换热过程进行设计，以获得最佳换热设计。同样，系统中的位能和压力差也可以用来使流体自动移动到能量较低的位置，而不需要额外提供输送动力。例如，发酵罐的放罐过程往往通过位能进行输送。制药过程中的水用量很大，特别是各种污染程度的清洁用水，如果用水点 A 产生的清洗水可以被用水点 B 接受作为使用水，那么可以考虑 A 的清洗水作为 B 的使用水源。当然，这里需要特别注意是否存在交叉污染的情况，过程必须通过验证。在制剂工艺中这种方法不常见，但当厂区同时存在合成工艺和制剂工艺时，可以考虑水是否能重复进行利用的问题。

9.2.1.2 反应器的工程设计

对于实验室研发出的反应过程采用什么样的反应器在工业中予以实现？采用连续生产还是间歇生产？采用什么样的反应器更有利于反应过程和经济效益？反应器选择的本质是以适当的反应器体积提供适当的反应时间的问题，在选择反应器时应根据反应特点进行选择。

对于一个一级不可逆反应，速度常数 $K=1.0\text{min}^{-1}$，转化率达到 90% 时，不同辅助时间 t 下，间歇反应器体积 V_b 与全混流反应器体积 V_c 比值见表 9-7。可以看到对同一个反应，随着辅助时间的增加 V_b/V_c 也随之增加，且快反应比慢反应增加得更为剧烈。当反应速度慢、辅助时间相对较短时（如发酵过程），间歇反应器体积较小，此时选择间歇反应器可以减小设备投资。但当反应速度很快、辅助时间较长时，则不适合选择间歇反应器。

表 9-7 不同辅助操作时间下 V_b/V_c

V_b/V_c	$t=0\text{min}$	$t=5\text{min}$	$t=10\text{min}$
$K=1.0\text{min}^{-1}$	0.26	0.811	1.367
$K=10\text{min}^{-1}$	0.256	5.81	11.36

连续反应器常见的有两类：全混流反应器和管式-平推流反应器。图 9-17 显示了各级反应达到不同转化率时平推流与全混流反应器容积的比值。可以看到：对 0 级反应的两种反应器大小一样；除此之外，各级反应采用全混流反应器时体积均大于平推流反应器，且需要转化率越高，体积比值越小，即全混流比平推流越大得多；随着反应级数增大，要达到相同转化率，体积比值也越小。因此反应级数高、所需转化率高的反应过程，不适合选单级全混流反应器，此时多级串联全混流反应器可有效提高反应转化率、减少其体积，实际生产的串联数一般不超过 4 个。

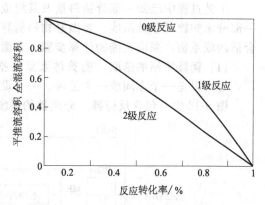

图 9-17 管式-平推流反应器与全混流反应器体积比较

以上仅就反应器大小引起的经济性进行了比较，表 9-8 是根据反应特点选择反应器的一点建议。当遇到复杂反应时，进行反应器选择还必须考虑原料转化率、过程选择性等多方面因素进行比较选择，同时要考虑投资者的经济条件和生产者的技术条件。尽管间歇操作的灵活性较大，是小型制剂车间常用的生产方式，但随着设备技术的发展，特别是各种隔离设备、自动转运设备的诞生，制剂工业中的连续生产过程也越来越多地被采用。

表 9-8　根据反应特点选择反应器建议

反应特点	间歇反应釜	管式反应釜	单个连续反应釜	多个(<4)连续反应釜
0 级反应		适合	适合	
反应级数高、转化率高	适合	非常适合		适合
气相或液相，反应速度快		适合		
液相反应，级数低，转化率要求不高			适合	
液相反应，速度慢，要求转化率高	适合			

在反应器从数升到数千升的变化中，在传热、传质过程的影响下，反应过程受到极大影响。因此无论是间歇的还是连续的反应过程，都必须经过一步步的中间放大的试验阶段，从中取得设计所需的数据进行反应器的设计。反应器的放大涉及的内容较多，诸如反应动力学，传递和流体流动的机理等，是一个十分复杂的过程。目前反应器的放大方法主要有：经验放大法、量纲分析法、时间常数法和数学模拟法。结合数学模拟的经验放大法可以达到更准确有效的放大效果。

9.2.2　物料衡算与能量衡算

物料衡算和热量衡算是其他设备、工艺计算的基础，一般有两种情况：一种是在已有装置上，利用实际操作数据进行计算核查，算出另外一些不能直接测定的物料量，由此对生产进行分析，发现问题，为改进生产提供途径；另一种是对新车间、新工段、新设备作设计，利用工厂已有的生产实际数据，进行分析比较，选择先进而又切实可行的数据作为新设计的指标，再根据生产任务计算原料、产品、副产品和废物料的数量，就可进一步计算设备尺寸、热负荷等。此外，通过计算，可加深对工艺过程的理解。制药车间物料衡算、能量衡算与一般化工设计方法相同，为简化内容，本章仅对其做简单介绍。

9.2.2.1　物料衡算

工艺过程中已知一部分物料量及其组成，根据物质不灭定律，通过物料平衡方法求取另一部分未知物料量及组成。要做好物料衡算必须选取恰当的体系；选取合适的基准量，找出合适的联系物，采取正确的计算步骤，下面就这几个方面进行叙述。

(1) 衡算体系的选取　衡算体系就是指研究的那一部分物质或目标，它可以是一个工厂，也可以是一个车间或一个工段、一个设备，甚至可以是一个点。

图 9-18 为一包含反应器、分离器的系统。

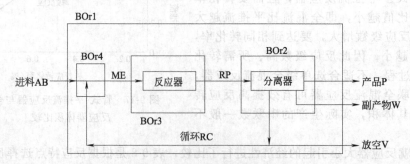

图 9-18　反应系统示意图

如果已知反应后气体及组成 RP，以及产品 P，副产物 W，放空 V，求循环 RC 时，则应选分离器为衡算体系，其边界为 BOr2，那么衡算物料式为：

$$[RP]=[P+W+V+RC]$$

式中，[RP] 表示进料 RP 的浓度；[P+W+V+RC] 表示出料 P，W，V，RC 的浓度之和。

则可求得循环量 RC。

若已知反应器进口量 ME，求反应器出口量 RP 时，则应选反应器为衡算体系，其边界为 BOr3。

若已知产品 P，副产物 W，放空 V，求进口量 AB 时，则应选整个系统为衡算体系，其边界为 BOr1，衡算物料式为：

$$[AB]=[P+W+V]$$

式中，[AB] 表示进料 AB 的浓度；[P+W+V] 表示出料 P，W，V 的浓度之和。

则可求得进口量 AB。

因此选择衡算体系时，未知量必须显示在衡算式内。但这个条件还不充分，如求反应器出口量 RP 时，既可选反应器即 BOr3 为衡算体系，也可选分离器 BOr2 为衡算体系。到底选哪一个，则要看已知哪些量，如果已知反应器进口量 ME 时，那就要选 BOr3 为衡算体系，因为未知量 RP 在这个体系衡算式内与已知量相联系。如果已知产品 P，副产物 W，放空 V，那就选 BOr2 为衡算体系。同样，求循环量 RC 时，既可选分离器 BOr2 为衡算体系，也可选结点 BOr4 为衡算体系，当已知进料 AB、反应器进口量 ME 时，那就选 BOr4 为衡算体系，其物料平衡式为：

$$[AB+RC]=[ME]$$

则可求得循环量 RC。

选择衡算体系的原则是未知量在该范围内显示于衡算式内，并且与已知量相联系，在后面的例题中可以看到如何应用这一原则。

(2) 衡算基准量的选择 基准量的选择在化工计算中具有重要意义。选择基准量包括一股物料流并确定其单位和数量。一般基准量的选取过程中，以数据齐全的物料流作为基准物料流。如果问题提出时，本身已包括物料流，则可以直接利用或选择另外的物料流，最后要换算为题目所要求的基准量。

在通常的设计计算中，基准量的数量单位大致选择以下几种：

① 单位时间处理量为基准 以一段时间（如 1h、1d 投料量或生产产品量）为计算基准量，这种基准量可直接联系到生产规模和设备设计，但是由于照顾到时间而进出物料量就不一定是便于运算的数字。

② 质量基准 当过程体系为液体、固体时，选择以千克、吨为单位质量作为基准量为宜。

③ 物质的量基准 有化学反应的过程，选取以物质的量为基准量更为方便，如以 1mol 或 100mol 为基准量，这既与化学反应计量数联系，又易换算为气体组成。

④ 体积基准 过程物料为气体时，选用体积量为基准，而且要换算为标准状态下的体积，如 1 标准立方米（m^3）、100 标准立方米（m^3）等，这样不仅排除了因温度、压力变化而带来的影响，而且可直接同物质的量单位联系。

⑤ 干湿基准 我们遇到的物料，不论是气态、液态还是固态，不含水分是极少的，因而在选用基准量时就有算不算水分在内的问题，若不计水分称为干基，计算水分称为湿基。如空气组成通常取含 O_2 为 21%、N_2 79%，这就是干基，如把水蒸气计算在内，O_2、N_2 的百分数就变了。

(3) 联系物质　在变化过程中，某一物质的数量在进出物料流中不变化，我们可以利用这种物质和另一些物质在组成中的比例关系，来计算未知量，我们称这种作为计算关系的物质为衡算联系物质。一般选择过程前后绝对数量不变而只是相对含量改变的物质作为联系物，如惰性物质。

(4) 混合、分离过程中的物料计算　制药生产过程中，一般分为两大类，即物理过程和化学加工过程。物理过程（混合、分离）的特点是过程的前后没有新的组成物生成，而只是在一个条件下，物质存在的状态发生了变化，因而，组成物的成分和相对数量也发生了变化，关于混合、分离过程的物料衡算，一般可分为四类：①已知物料最初组成及质量，当加入或分离出其中一个组成物后，求其物料的组成及质量；②已知物料最初及最后组成和数量，求加入或分离出的物料组成及数量；③已知物料最初及最后的组成，且已知加入或分离出的物料及组成，求物料最初及最后的数量；④已知最初数种物料的组成和最终物料的组成及数量，求最初各种物料的数量。

无论哪种类型，都要用物料平衡的方法来计算，计算时首先要明确题意，也要充分理解过程情况，已知什么？要求什么？理解题中的基本概念，利用一些基本定律，找出组成物的比例关系，选好衡算体系、基准量、联系物。还要按照一定步骤进行，才能避免差错，保证计算的准确性。

(5) 物料衡算的主要步骤

① 先画一过程示意图，在图上标明已知的有关数据，把欲求的未知项也加以标注，便于一目了然，使长篇叙述的文字、题意，简化在图上，计算时不易出错，比较方便，便于检查。

② 选择衡算体系、基准量、联系物，要适当，否则会使问题复杂化，造成计算困难。

③ 根据已知数量单位，进行必要的单位换算，要熟悉各物理量单位，牢固掌握常用单位之间的换算关系。

④ 根据选定的基准量、联系物，列物料平衡方程，进行计算，必要时可假设未知数。

⑤ 校核，计算结果出来后，对答案要进行核算，可以用因次核算，也可以另选基准做平衡计算，但最终结果应该是一致的。

(6) 带有化学反应过程的物料衡算　带有化学反应的过程，过程前后不仅组分发生改变，而且生成了新物质，此类为化学加工过程，化学反应物料的变化，是以定比定律为基础进行计算的。

定比定律：每种化合物的组成是一定的，即各元素间按一定比例化合，各元素在化合物中的量，必等于原子量的整数倍。

(7) 生产计算实例　在以上的物料衡算基本内容基础上，我们以制药生产计算实例来分析。在实际设计中的物料衡算，往往是从已知任务开始，先进行车间总物料衡算，再进行局部物料衡算。

[例 9-1]　制剂过程总物料衡算　车间年产片剂 3 亿片，包衣片规格为 0.4g/片。包装规格为铝塑包装 10 片/板，2 板/小盒，20 小盒/中盒，25 中盒/纸箱。

解：① 日产成品箱数的计算：$3 \times 10^8 \div 250 \div 10 \div 2 \div 20 \div 25 = 120$ 箱，损耗按 0.2% 计算，则损耗为 1 箱，6 盒中盒，121 小盒，242 板和 2420 片，故 日产 121 箱，3006 盒，60121 小盒，120242 板，1202420 片。

② 在铝塑包装之前，要经过包衣和干燥，损耗按 0.3% 计算，则未包衣前的日产片剂为 1206038 片，损耗的片剂为 3619 片。

③ 在包衣之前，片剂要经过压片，损耗按 0.3% 计算，则未压片前的日产片剂 1209667 片，损耗的片剂为 3629 片。

即压片前日需物料的质量为 1209667×0.3＝362900g＝362.9(kg)

④ 在压片前，物料要经过整粒和总混过程，损耗按 0.3％计算，

则整粒前日需物料的质量为 362.9÷(1－0.3％)＝364.0(kg)

损耗物料的质量为 1.1kg。

⑤ 在压片前，物料需要经过混合、制粒、沸腾、干燥等过程，设干燥能力为 65％，加入水的质量与物料的质量之比大约为 1:2，损耗按 0.5％计算，则混合前日需物料的质量为 347.2kg，加入水的质量为 212.8kg，损耗物料的质量为 2.8kg，所以水汽的质量为 193.2kg。

⑥ 在混合前，物料要经过粉碎、过筛、称量等过程，损耗按 1％计算，

则粉碎前的日需物料的质量为 347.2÷(1－1％)＝350.7kg，损耗的质量为 3.5kg，

即日需原辅料的质量为 350.7kg。

[例 9-2] 谷氨酸钠生产总物料衡算工艺流程简图见图 9-19。谷氨酸钠生产工艺指标见表 9-9。年产 10000t MSG（其中含 99％的 MSG 8000t，含 80％的 MSG 2000t），年工作 320 天。计算目标：日产纯 MSG 量；总物料衡算淀粉单耗、产率、利用率和损失；原辅料中间体单位时间（每天）消耗。

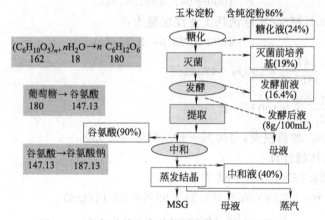

图 9-19 谷氨酸钠生产总物料衡算工艺流程简图

表 9-9 谷氨酸钠生产工艺指标

序号	生产工序	参数名称	技术指标
1	制糖（双酶法）	淀粉糖化转化率/%	≥98
2	发酵	产酸率/(g/100mL)	≥8.0
3	发酵	糖酸转化率/%	50
4	谷氨酸提取	提取收率/%	86
5	精制	精制收率/%	92
6	发酵	操作周期/h	<48

解：① 生产能力——日产纯 MSG 量。

年产 10000t MSG（其中含 99％的 MSG 8000t，含 80％的 MSG 2000t）折算为 100％的 MSG 为年产 9520t。

按每年生产天数 320 计，日产含 99％的 MSG 25t，含 80％的 MSG 6.25t。

折算为 100% 的 MSG 为日产 29.75t。

② 总物料衡算淀粉单耗、收率、利用率和损失。

以 1000kg 纯淀粉为基准：

1000kg 纯淀粉理论上能生产 100% MSG 的量为：

$$1000 \times 1.11 \times 81.7\% \times 1.272 = 1153.5(kg)$$

1000kg 纯淀粉实际上能生产 100% MSG 的量为：

$$1000 \times 1.11 \times 98\% \times 50\% \times 86\% \times 92\% \times 1.272 = 547.4(kg)$$

1000kg 工业淀粉（含量 86% 的玉米淀粉）生产 100% MSG 的量为：

$$547.4 \times 86\% = 470.8(kg)$$

以 1000kg 100% MSG 为基准：

生产 1000kg 100% MSG 理论上消耗纯淀粉量为：

$$1000 \div 1153.5 = 0.8669(t)$$

生产 1000kg 100% MSG 理论上消耗工业淀粉量为：

$$0.8669 \div 86\% = 1.008(t)$$

生产 1000kg 100% MSG 实际消耗纯淀粉量为：

$$1000 \div 547.4 = 1.827(t)$$

生产 1000kg 100% MSG 实际消耗工业淀粉量为：

$$1000 \div 470.8 = 2.124(t)$$

MSG 总收率：$\dfrac{547.4}{1153.5} \times 100\% = 47.45\%$

淀粉利用率：$\dfrac{1.008}{2.124} \times 100\% = 47.45\%$

生产过程中 MSG 的总损失：$100\% - 47.45\% = 52.55\%$

③ 原料及中间体的计算

淀粉用量为：$29.75 \times 2.124 = 63.19(t/d)$

糖化液纯糖量为：$63.19 \times 86\% \times 1.11 \times 98\% = 59.11(t/d)$

换算成含量 24% 的糖量为：$\dfrac{59.11}{24\%} = 246.4(t/d)$

发酵后糖量的计算：$59.11 \times 50\% \times \dfrac{100}{8} = 369.4(t/d)$

$$369.4 \times 1.06 = 391.6(t/d)$$

提取出谷氨酸（90%）的量：$59.11 \times 50\% \times 86\% \div 90\% = 28.25(t/d)$

谷氨酸废液量（以排出的废液含 0.7g/mL 谷氨酸计）

$$59.11 \times 50\% \times (1 - 86\%) \div 0.7\% = 591(m^3/d)$$

9.2.2.2 热量衡算

热量衡算是以能量守恒定律为基础，列出热量衡算方程式，在稳态情况下，收入热总和等于支出热总和，从一部分已知热量求取另一部分未知热量，以便了解热量的趋向，更合理地利用能量，当有其他形式的能量出现时，如电能，需换算为热能。

(1) 基准温度、基准相态 在热量衡算中，主要是热量的变化，而热量的变化与温度变化的大小、范围有关。例如有一杯 100℃的水，问其含多少热量，谁也无法回答，如果说这杯水是从 0℃开始升高 100℃需要多少热量，却可以给以答案。如果此水是从 25℃开始升到 100℃，则其所需的热量显然要比 0℃开始少些。也就是说同样 100℃的水，由于起始温度不同，则其热量变化是不一样的。又如从 0℃升到 100℃与 100℃升到 200℃，同样相差 100℃，但其热量变化也不相同，也无法比较。必须选择一个基准温度，这是一个比较基准，就是说输入系统的热量和自系统输出的热量应该有同一比较基准，这是人为选定的。基准温度意味着在该温度下热量为零。从零开始，高过基准温度才能显出热量来。犹如地理学上的海拔高度一样，各处都以同一海平面为基准面，为零测量，才能比较出高低。

基准温度是由我们选定的，选择恰当，能简化、方便计算。工程上都是以 0℃、18℃、25℃为基准温度，根据具体情况而定，主要有以下两方面考虑：

① 查得的数据。如反应热、汽化热、热容，在手册的图表上指出数据的基准温度，则可根据图表选择相同的基准温度。

② 能简化计算。例如原料入口多为大气温度 25℃，则选 25℃为基准温度时，则其显热为零，不必计算，可大大简化计算工作量。

在计算工作中涉及相变化时，必须设定基准相态。如水-水蒸气体系，基准相态是取液态还是气态，若取 0℃液态水为基准，则 0℃水的热量为零，而 0℃的水蒸气热量不是零，应考虑水蒸气冷凝为水时放出的热量。在计算过程中同一物料要取相同的基准相态。

(2) 热量衡算方程式及热量衡算步骤 根据能量守恒定律，对稳态体系，输入系统的热量总和等于输出系统的热量总和。

即

$$\sum Q_入 = \sum Q_出$$

在热量衡算中，无论有多少项热量，一般不外乎以下五种形式的能量出现在进、出口各项中：

① 进、出物料的显热

物料的显热＝物料的热容×物料量×（物料温度－基准温度）

注意：物料量的单位与热容的单位要对应。如热容的单位为 J/K，物料量应为 mol。热容的数值，应该是基准温度到物料温度间的平均热容。

② 在过程中发生化学反应时的反应热，放热为收入，吸热为支出。

化学反应热＝摩尔反应热×物料反应物质的量

摩尔反应热从手册中可查到，注意其温度要与基准温度一致。

③ 物理变化的潜热，注意相态。

潜热＝单位质量相变热×物质相变化的质量

④ 操作过程中，外加的热量或移去的热量，如电热、间壁加热或冷却，一般从外界条件计算或通过减差值计算，也就是以未知项出现在平衡方程式中求之。

⑤ 通过器壁向周围大气辐射传导损失的热量，可以有三种方法计算。

a. 通过减差值方法计算；

b. 题设损失百分率，如损失为总收入热量的 5%，即可按总收入热量计算得到；

c. 根据传热方程式计算（化工原理里介绍）

上述各项在一个具体计算题中不一定各项都有，但往往容易漏项，尤其是前热，最易使人忽略，应该特别注意。

在进行热量衡算时，也应有步骤地进行，步骤一般是：

① 必须先有物料衡算的数据，但有时先通过热量衡算才能求得物料的数据，有时两种衡算同时列成联立方程式解决。

② 绘出热量流程图，将收入与输出项目标在图上，注上查取得到的物性数据，如热容、反应热、潜热等。

③ 选取基准温度、基准相态。

④ 检查收入和支出热量的项目，明确题目要求的项目，可设定未知数。

⑤ 列出热量平衡方程式，必要时可列相互独立的联立方程组，解此方程式或方程组求得未知数。

⑥ 校核，必要时列出热量平衡表。

需要说明的是，物料衡算和能量衡算往往不是独立的，中间有很多单元过程，必须将二者联立方可解出正确的物料量和能量变化量。

9.2.3 制药设备选型

制药设备是制药生产的重要媒介，药品必须经设备生产出来，因此设备选型不仅仅关心设备处理量和产品质量能否达到要求，设备材质、操作方法、对空间和人员的要求、部件与设备清洗消毒方法、维护与维修方法都将对生产过程产生影响，如果其中有可能带来药品污染-交叉污染、混淆和差错，而不能及时发现并通过 SOPs 予以避免，终将带来企业的巨大损失。

设备能否用于制药生产，设备材质是第一个被考虑的因素。GMP 要求生产设备不得对药品有任何危害，与药品直接接触的生产设备表面应光洁、平整、易清洗或消毒、耐腐蚀，不得与药品发生化学反应或吸附药品，或向药品中释放物质而影响产品质量并造成危害。设备直接接触物料的金属材料一般使用 316L 不锈钢材质，不直接接触物料的金属材料使用 304 不锈钢制作，直接接触物料的非金属，例如，塑料、橡胶等聚合物，此类物质在工艺过程中自身不可释放出物质。另外尽可能减少设备与有机溶剂的接触，建议使用的物料为食品级的材料。设备所用的润滑剂、冷却剂等应尽可能使用食用级或与产品级相当的润滑剂，润滑剂、冷却剂等不得对药品或容器造成污染，与药品直接接触的润滑部位应使用食用级润滑油。设备的设计应便于清洗和维护；尽量避免出现死角；设备的设计、选型、安装、改造和维护必须符合预定用途，应尽可能降低产生污染、交叉污染、混淆和差错的风险，便于操作、清洁、维护，以及必要时进行的消毒或灭菌。

对设备材质使用、维修进行考察后，初步选定了设备类型，此时可以进行设备的选型计算。常规化工设备设计与选型的内容包括：①设备生产能力的确定；②设备数量计算；③设备主要尺寸的确定；④设备化工过程（换热、过滤、干燥面积等）计算；⑤设备传动搅拌和动力消耗计算；⑥设备结构的工艺计算；⑦支撑方式的计算选型；⑧壁厚的计算选择；⑨材质的选择和用量计算；⑩列出设备一览表。

因为制剂设备大多为定型设备，且以间歇设备为主，以下仅介绍间歇设备生产能力的确定和设备数量的计算。根据总物料能量衡算和局部物料能量衡算的结果，每个过程设备需要的总处理量即为已知。制药过程设备选型与其他过程不同的点是"批间不混"这一要求，请特别注意在设备选型中如何进行处理。

间歇设备选型计算基本公式如下：

单罐生产能力 $V_a\varphi$（体积）或 G（质量）

每天操作的总批数 $\alpha = V_0/(V_a\varphi) = Z/G$

设备每天每个设备可操作的批数 $\beta = 24/\tau$

设备个数 $NP = \dfrac{\alpha}{\beta} = \dfrac{V_0\tau}{24V_a\varphi}$

NP 圆整后为 N

后备系数 $\delta = N/(NP)$，δ 一般取 1.1~1.15

则：$N = NP\delta = \dfrac{V_0\tau}{24V_a\varphi}$

式中 V_0——昼夜内被加工的原料、半成品的容量；

V_a——一台设备的容量；

φ——设备的填充系数；

N——设备的操作台数；

Z——工段的日生产能力；

τ——$=\tau_0+\tau$，设备的每一个操作周期；

G——设备操作有效量。

一般在进行设备选型时有两种情况，一种是初步选定一种规格的设备，即 V_a 已知、总处理量 V_0 或 G_0 已知，求 N；另一种情况是在进行车间改造时由于占地有限，设备可容纳台数确定，即 N 已知、总处理量 V_0 或 G_0 已知，可求 V_a。

那么"批间不混"是如何处理的呢？前面我们讲过了，制剂过程的批的定义，我们以下称这些定义批的工序为"主工序"，如果主工序设备每天生产 n 批，其他工序设备的批次数与 n 相等（或为 n 的 2、3、4…K 倍），即主工序的 1 批产品，在其他工序用 1、2…K 批加工出来，这样，就能保证此批产品与其他批次不发生混淆。即各道工序每天生产总批数相等（或为主工序的整数倍）即可达到"批间不混"的要求。同时单元过程的辅助设备，例如，配料罐、计量槽、车间原料贮罐等，一般根据操作方便予以配套，例如，按每台反应釜配一个配料罐，一台罐下离心机，也可在互不影响的前提下两台反应釜共用一个配料罐。车间贮罐则根据物料量按班或（数）天进行设计。下面看一个例子。

[例 9-3]　对硝基氯苯经磺化、盐析制造 1-氯-4-硝基苯磺酸钠，磺化时物料总量为每天 5000L，生产周期为 12h；盐析时物料总量为每天 20000L，生产周期为 20h。若每个磺化器容积为 2000L，$\varphi=0.75$，求（1）磺化器个数与后备系数；（2）盐析器个数、容积（$\varphi=0.8$）及后备系数。

解：药物合成中以反应器-磺化器为主工序。

磺化器每天操作的总批数　　$\alpha=V_0/(V_a\varphi)=Z/G=5000/(2000\times0.75)=3.33$

每天每个釜可操作的批数　　$\beta=24/\tau=24/12=2$

设备个数　　　　　　　　　$NP=\dfrac{\alpha}{\beta}=1.67$

NP 圆整后为 $N=2$

后备系数　　　　　　　　　$\delta=N/(NP)=2/1.67=1.2$

按"批间不混"原则，盐析器每天操作批数应为磺化器的整数倍，这里取 1 倍。即盐析器每天也操作 3.33 批。

则盐析器容积为　$V_a=V_0/(\alpha\varphi)=20000/(3.33\times0.8)=7500(\text{L})$

单台盐析器每天操作批次数　$\beta=24/\tau=24/20=1.2$

设备个数　　　　　　　　　$NP=\dfrac{\alpha}{\beta}=3.33/1.2=2.78$

盐析器圆整 $N=3$，则后备系数 $\delta=N/(NP)=3/2.78=1.08$

[例 9-4]　青霉素提取工段萃取岗位每一班（8h/班，每天 3 班）处理发酵滤液 40m³，滤液效价为 17000u/mL。

设计依据：

① 丁酯按滤液量的 1/3.5 投料进行萃取，萃取产率为 98%。

② 用 10% 浓度的稀硫酸溶液调 pH 值至 1.9～2.1，已知 1m³ 滤液需耗用酸 60L。

③ 用 5%"1231"溶液作为去乳化剂，已知 1m³ 滤液耗用"1231"溶液 68L。

④ 萃取后废液中丁酯的浓度为 1.5%，供回收工段回收丁酯；在送回收工段前，用 40% 工业碱调废液 pH 值至 6.0～7.5，已知 1m³ 废液耗用碱液 0.6L。

解：物料计算：

① 丁酯用量

$$40 \times \frac{1}{3.5} = 11.428 \ (m^3)$$

丁酯密度为 0.882kg/L，丁酯质量 $11.428 \times 10^3 \times 0.882 = 10079.5$（kg）。

② 硫酸用量

$$10\%稀硫酸用量 \ 40 \times 60 = 2400 \ (L)$$

$$折算成 \ 92.5\% 工业硫酸用量 \frac{2400 \times 10\%}{92.5\%} = 259.5 \ (kg)$$

92.5% 工业硫酸密度为 1.83kg/L，则每批料液需工业硫酸体积为 259.5/1.83＝142（L）。

③ 去乳化剂"1231"用量

$$5\% \ "1231" 溶液用量 \ 40 \times 68 = 2720 \ (L)$$

$$"1231" 原液用量 \ 2720 \times 5\% = 136 \ (L)$$

④ 废液中重液体积 40＋2.4＋2.72＝45.12（m³）。

$$废液总体积 \ 45.12/(1-1.5\%) = 45.807 \ (m^3)$$

$$废液中丁酯体积 \ 45.807 \times 1.5\% = 0.687 \ (m^3)$$

⑤ 萃取液体积和效价

$$萃取液体积 \ 11.428 - 0.687 = 10.741 \ (m^3)$$

$$萃取液效价 = \frac{40 \times 10^6 \times 17000 \times 98\%}{10.741 \times 10^6} = 62043 \ (u/mL)$$

⑥ 中和废液用的 40% 碱液用量 45.807×0.6＝27.5（L）。

物料衡算见表 9-10。

表 9-10　物料衡算表　　　　　　　　　　　　单位：m³/班

进入提取分离系统		离开提取分离系统	
发酵液	40	废液	45.807
丁酯	11.428	萃取液	10.741
10%硫酸	2.4		
5%"1231"	2.72		
合计	56.548	合计	56.548

设备选型如下。

(1) 萃取机选型　由于滤液中含蛋白量较多，在萃取离心机内沉积固体量较多，需每班拆洗一次，每次拆洗时间为 2h，故实际可用于萃取操作的时间为 6h，则每小时进料量为

$$(45.807 + 10.741)/6 = 9.42(m^3/h)$$

国产 SC-500 型立式对向交流萃取机生产能力约为 5m³/h，选用萃取机台数

$$9.42 \div 5 \approx 2 \ (台)$$

(2) 10%稀硫酸配制罐　每天（三班）配一次，贮罐装液量为 2.4×3＝7.2（m³）。该罐装料系数为 0.8，则其容积为 7.2/0.8＝9（m³）。

(3) "1231"溶液配制罐　每班配一次溶液，装料系数为 0.8，则其容积为 2.72/0.8＝3.4（m³）。

(4) 40%碱液贮罐　以 7 天用量计，则 27.5×3×7＝577.5（L）。选用 1000L 搪瓷贮罐即可。

(5) 萃取机重料进料泵 每台萃取机重液进料量 $\frac{45.12}{2\times6}=3.76$（m³/h）。

选用 40F-40 耐腐蚀离心泵，每台萃取机配 1 台，加上备用 1 台，故共需 3 台泵。

设备一览表见表 9-11。

表 9-11 设备一览表

序号	设备名称	规格、容积	材质	台数
1	萃取机	SC-500 型,5m³/h		2
2	10%稀硫酸配制罐	9m³		1
3	"1231"溶液配制罐	3.4m³		1
4	40%碱液贮罐	1000L		1
5	萃取机重料进料泵	40F-40 耐腐蚀离心泵		3

在设备选型计算中，如果没有特殊要求，我们可以选择较少数目的大处理量设备或较多数目的小处理量设备。生产中的大处理量设备数量少，因而可以由更少的人工操作，但同时意味着高差错损失风险，一旦发生差错，损失更多的物料，因此对生产管理和操作人员素质有更高要求。而小容量设备，虽然要求操作人员多，但它具有生产灵活性高，对管理和人员要求相应低的优势，特别适合于管理水平相对低的生产者采用，也适合于产品产量弹性较大的企业。此外，两个相互衔接的间歇设备，例如，发酵罐每批发酵时间为38h，而与之相连的离心机批时间为30min，如果离心机只在放罐时工作，那么离心机会有很多非工作时间（死时间），可以通过增加一台发酵罐（如果需要，减小发酵罐的体积）减小设备体积、增加其工作批次数，以提高设备利用率。但考虑在两个过程之间增加贮罐以解除两过程的处理量偶联时，应格外注意贮罐的台数，以保持"批间不混"。

9.2.4 车间布置

9.2.4.1 车间布置的步骤

车间布置分为车间平面布置和立面布置，洁净车间布置的步骤如下。

① 在工艺流程框图上分别标出各步骤的洁净级别，并进行工段区域划分（图 9-20）。

② 对每个工段进行过程分析，包括：

a. 过程涉及的人、物、设备的操作及维修、过程特点和特殊要求（产尘；噪声；吸湿；爆炸；毒性）；

b. 过程所需的辅助区域及洁净度，按洁净度对过程采取同心圆布局（图 9-21）。

c. 列出每个工段进出各洁净区的所有人和物，初步安排工段位置（图 9-22）。

③ 根据设备位置关系初步考虑厂房层数，大致布置工段位置，绘制工段分布草图。

④ 考虑每个工段的人、物净化方案和物流（传递）详细方案。

⑤ 确定廊道形式，每个工段房间和辅助区域位置，总人物流。

⑥ 根据过程特点提出给排水、防爆、防火、照明、通风、除尘、防潮等要求，布置气流方向和其他相应设施。

⑦ 安排布置设备。

⑧ 布置辅助设施：洗衣房，实验室。标出给排水和空调要求。

⑨ 估计总面积，选定跨度、柱距、层数，层高，厂房外形。

⑩ 确定房间压力，给排水点，空调要求（层流）。

⑪ 画出布置图，比较和完善布置方案。

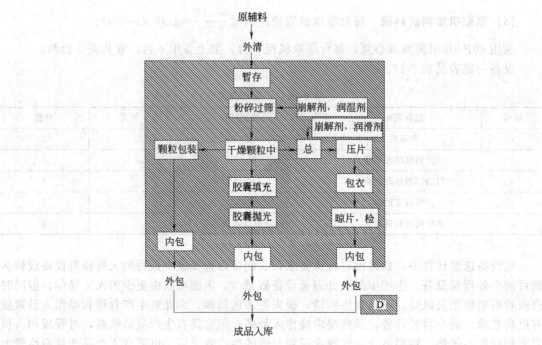

图 9-20 洁净区划分示例

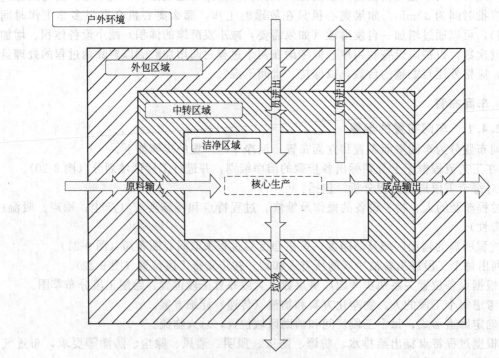

图 9-21 洁净区的同心圆布局

9.2.4.2 洁净车间布置的原则

洁净车间布置的原则如下。

① 划分洁净区域和洁净度级别,并进行合理布置。

a.车间应按工艺流程顺序布置,合理划分洁净区域和洁净度级别,多种产品时,考虑同

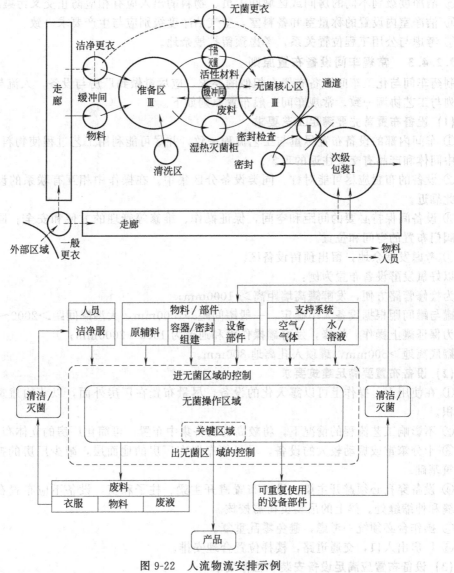

图 9-22　人流物流安排示例

时生产或不同时生产的可能性。

　　b. 不同生产工序操作必须有有效隔离，不得相互妨碍；不允许在同一房间同时进行不同品种或同品种不同规格的操作。

　　c. 在满足工艺要求的前提下，可减少洁净区域的建筑面积。

　　d. 洁净等级要求相同的房间应尽可能集中在一起，以利于通风和空调的布置。

　　e. 洁净等级要求较高的房间宜靠近空调室，并布置在上风向。

　　f. 一般考虑将洁净等级要求较高的房间布置在内侧或中心部位。

　　② 车间布置考虑洁污分流、人物分开、有菌无菌分开，尽量避免或减少人员、物料的往返和交叉。

　　③ 室内只存放与生产操作有密切相关的设备和物料，不允许无关人员及无关物料通过生产操作区。

　　④ 人员和物料净化室大小适宜，净化程序和洁净级别与生产要求相适应，人员入口和物料入口分开，物料运输路线尽可能短。设置安全出入口。

⑤ 洁净度级别不同的房间或区域间人员、物料的出入应有相应防止交叉污染的措施。

⑥ 洁净室内设置的称量室和备料室，空气洁净度级别应与生产要求一致。

⑦ 考虑与公用工程位置关系，考虑预留扩展余地。

9.2.4.3　常规车间设备布置原则

制药车间与化工车间设备布置有相似的要求，应尽量做到厂房与设备，人流与物流，设备排列与工艺协调一致。常规车间一般布置原则如下。

(1) 设备布置首先要满足工艺要求

① 车间内部的设备布置尽量与工艺流程一致，并尽可能利用工艺过程使物料自动流送，避免中间体和产品有交叉往返的现象。

② 设备的布置应尽可能对称。同类设备分区集中。在操作中相互有联系的设备应布置得彼此靠近。

③ 设备间保持必要的间距和空间，保证操作、维修等管理的方便和安全。同时考虑管道、阀门布置的空间和位置。

④ 考虑发展余地，留出预留设备区。

以好氧发酵设备布置为例：

为检修管路方便，发酵罐离墙距离 > 1000mm；

罐与罐间距根据设备大小确定，一般罐间距 > 1000mm，大型罐间距 > 2000~3000mm；

为保证罐上操作、检修，发酵罐操作面和通道为 1500~2000mm；

罐底离地 > 500mm，罐顶人孔离地 800mm。

(2) 设备布置要满足建筑要求

① 在使用上、操作上可以露天化的设备，尽量布置在厂房外面，以节约建筑物的面积和体积。

② 不影响工艺流程的情况下，将较高的设备集中布置，可简化厂房的立体布置。

③ 十分笨重或振动较大的设备，尽可能布置在厂房的地面层，减少厂房的振动，并避开建筑基础。

④ 设备穿孔必须避开主梁。设备布置避开主梁、柱子和窗，设备不应布置在建筑物的沉降缝和伸缩缝处。梁上的吊装负荷需校核。

⑤ 操作台必须统一考虑，避免零乱重复。

⑥ 厂房出入口，交通道路，楼梯位置合理安排。

(3) 设备布置应满足设备安装和检修要求

① 由于药厂的防污染和交叉污染要求高，需要经常对设备进行维护、检修、更换等，因此设备布置时，要考虑设备的安装、检修和拆卸的可能性及其方式、方法。

② 制剂设备最好考虑在非洁净区辅机间检修，一般采用与洁净车间一墙之隔的辅机间进行维修，如果可能，设备可以直接从生产区推出到辅机间维修，如果不行，维修人员可直接由辅机间进入设备点维修。

③ 必须考虑设备运入或搬出的方法和经过的通道。一般厂房内的大门宽度要比需要通过的设备宽 200mm 左右，比满载的运输设备宽 600~1000mm。

(4) 满足安全卫生要求

① 创造良好的采光条件，尽可能让工人背光操作。

② 高大设备避免靠窗设置，以免影响采光。

③ 高温、有毒过程的厂房加强自然通风或强制通风。

④ 防爆车间留有泄压孔或保证泄压面积、防爆墙，应加强通风，防静电。

⑤ 盛放腐蚀性介质设备的基础应加防护，并加大与墙、柱间的距离，或墙柱加防护。

9.3　制药车间布置实例解析[4]

9.3.1　固体制剂综合车间

含片剂、颗粒剂、胶囊剂的固体制剂综合车间设计规模为片剂 3 亿片/年，胶囊 2 亿粒/年，颗粒剂 2000 万袋/年，车间布置如图 9-23 所示。固体制剂综合生产车间药品暴露区域洁净级别为 D 级，由于片剂、胶囊剂、颗粒剂的生产前段工序一样，如混合、制粒、干燥和整粒等，因此将片剂、胶囊剂、颗粒剂生产线布置在同一洁净区内，这样可提高设备的使用率，减少洁净区面积，从而节约建设资金。在同一洁净区内布置片剂、胶囊剂、颗粒剂三条生产线，在平面布置时尽可能按生产工段分块布置，如将造粒工段（混合制粒、干燥和整粒总混）、胶囊工段（胶囊充填、抛光选囊）、片剂工段（压片、包衣）和内包装等各自相对集中布置，这样可减少各工段的相互干扰，同时也有利于空调净化系统合理布置。

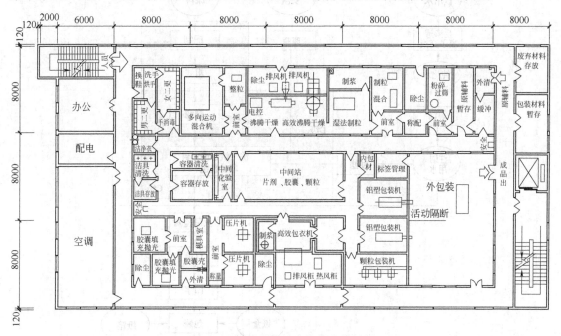

图 9-23　固体制剂综合车间布置示例

车间物流出入口与人流出入口完全分开，固体制剂车间为一个空调净化系统，一套人流净化措施。关键工位有：制药间的制浆间、包衣间因使用有机溶剂，需防爆；压片间、混合间、整粒总混间、胶囊充填、粉碎筛粉为粉尘量大的区域，除需除尘外，应考虑气流流向，必要时前室采用正压气锁进行污染控制。

洁净区内设置了与生产规模相适应的原辅料、半成品存放区，如颗粒中间站、胶囊间和素片中转间等，有利于减少人为差错，防止生产中混药。中间站布置方式有分散式和集中式两种。分散式中间站，为各个独立的中转间，邻近操作室，存取物料较为方便。这种方式操作间和中转间之间如果没有特别要求，可以开门相通，避免对洁净走廊的污染。分散式中间站的缺点是管理相对简单，在物料品种多而复杂的情况下发生差错的可能性大。集中式中间站，即整个生产过程中只设一个中间站，专人负责、划区管理，中间站对各工序半成品入站、验收、移交，并按品种、规格、批号加盖区别存放，必须有明显标志。此种布置优点是便于管理，能有效地防止混淆和交叉污染，但对管理者的要求较高。当采用集中式中间站时，生产区域的布局要顺应工艺流程，不迂回、不往返，并使物料传输距离最短。在本车间设计实例中采用的是集中式中间站。

9.3.2 最终灭菌小容量注射剂车间 GMP 设计

最终灭菌小容量注射剂生产过程包括原辅料的准备、配制、灌封、灭菌、质检、包装等步骤，其流程及环境区域划分见图 9-24。按照 GMP 的规定最终灭菌小容量注射剂生产环境分为三个区域：一般生产区、D 级洁净区、C 级洁净区。一般生产区包括安瓿外清处理、半成品的灭菌检漏、异物检查、印包等；D 级洁净区包括物料称量、浓配、质检、安瓿的洗烘、工作服的洗涤等；C 级洁净区包括稀配、灌封，且灌封机自带局部 A 级层流。洁净级别高的区域相对于洁净级别低的区域要保持 5～10Pa 的正压差。如工艺无特殊要求，一般洁净区温度为 18～26℃，相对湿度为 45%～65%。各工序需安装紫外线灯。

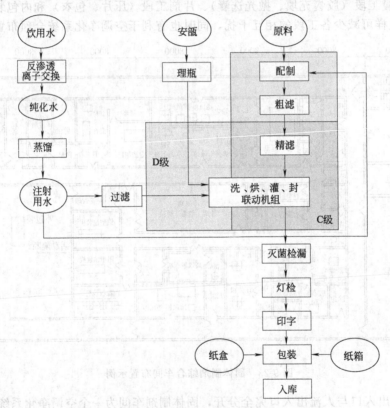

图 9-24 最终灭菌小容量注射剂洁净区划分示意图

车间设计要贯彻人、物流分开的原则。人员在进入各级别的生产车间时，要先更衣，不同级别的生产区需有相应级别的更衣净化措施。生产区要严格按照生产工艺流程布置，各级别相同的生产区相对集中，洁净级别不同的房间相互联系可设立传递窗或缓冲间，使物料传递路线尽量便捷、顺畅。物流路线的一条线是原辅料、物料经过外清处理，进行浓配、稀配；另一条线是安瓿瓶，安瓿经过外清处理后，进入洗灌封联动线清洗、烘干。两条线汇聚于灌封工序。灌封后的安瓿再经过灭菌、检漏、擦瓶、异物检查，最后外包成整个生产过程。

水针生产车间内地面一般做耐清洗的环氧自流坪地面，隔墙采用轻质彩钢板，墙与墙、墙与地面、墙与吊顶之间接缝处采用圆弧角处理，不得留有死角。水针生产车间需要排热、排湿的房间有浓配间、稀配间、工具清洗间、灭菌间、洗瓶间、洁具室等，灭菌检漏需考虑通风。厂房内设置与生产规模相适应的原、辅材料，半成品、成品存放区域，且尽可能靠近与其联系的生产区域，减少运输过程中的混杂与污染。存放区域内应安排待验区、合格品区和不合格品区；贮料称量室，并且要有利于包括空调风管在内的公用管线的布置。

图 9-25 是水针生产联动机组工艺车间布置图，采用浓配加稀配的配料方式，整体布局为一拖二型，即共用瓶子的粗、精洗工序，再分成两套灌封系统，适合多品种小批量生产。配料采用一次配制的方式。

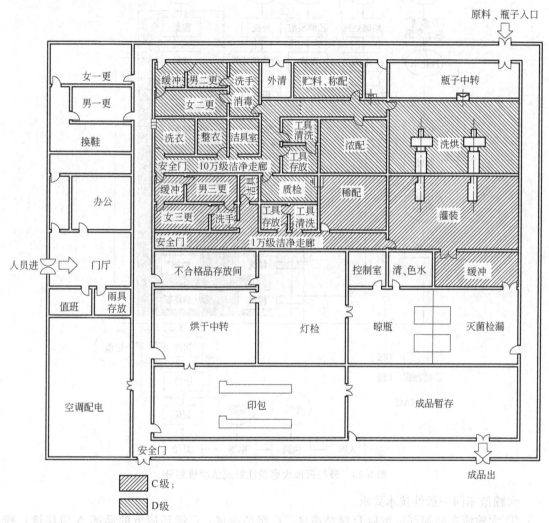

图 9-25　水针生产联动机组工艺车间布置图

9.3.3　最终灭菌大容量注射剂（大输液）车间

大输液的生产工艺是车间设计的关键，包装容器不同，其生产工艺也有差异。无论哪种包装容器其生产过程一般包括原辅料的准备、浓配、稀配、包材处理（瓶外洗、粗洗、精洗等）、灌封、灭菌、灯检、包装等工序。大输液生产分为一般生产区、D 级洁净区、C 级及局部 A 级洁净区。一般生产区包括瓶外洗、粒子处理、灭菌、灯检、包装等；D 级洁净区包括原辅料称配、浓配、瓶粗洗、轧盖等；C 级洁净区包括瓶精洗、稀配、灌封，其中瓶精洗后至灌封工序的暴露部分需 A 级层流保护（图 9-26）。生产相联系的功能区要相互靠近，以达到物流顺畅、管线短捷，如物料流向：原辅料称配-浓配-稀配-灌封工序尽量靠近。车间设计时合理布置人、物流，要尽量避免人、物流的交叉。人流路线包括人员经过不同的更衣进入一般生产区、D级洁净区、C级洁净区，进出车间的物流一般有以下几条：瓶子或粒子的进入、原辅料的进入、外包材的进入以及成品的出口。辅助用房包括C级工具清洗存放间、D级工具清洗存放间、化验室、洗瓶水配制间、不合格晶存放间、洁具室等。

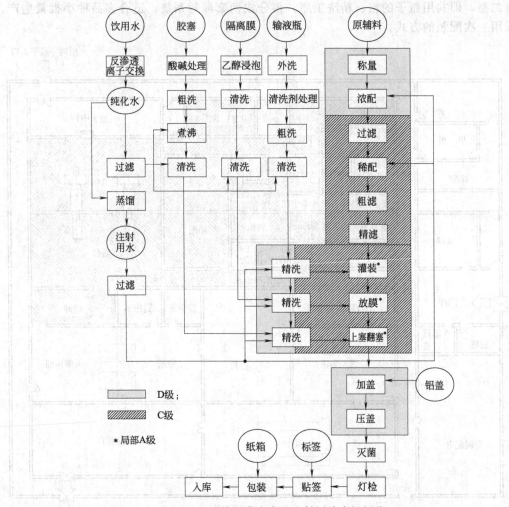

图 9-26　最终灭菌大容量注射剂洁净级划分

大输液车间一般性技术要求：

① 大输液车间控制区包括 D 级洁净区、C 级洁净区，C 级环境下的局部 A 级层流，控制区温度为 18～26℃，相对湿度为 45%～65%。各工序需安装紫外线灯。

② 洁净生产区一般高度为 2.7m 左右较为合适，上部吊顶内布置包括风管在内的各种管线并考虑维修需要，吊顶内部高度需为 2.5m。

③ 大输液生产车间内地面一般做耐清洗的环氧自流平地面，隔墙采用轻质彩钢板与墙、墙与地面、墙与吊顶之间接缝处采用圆弧角处理，不得留有死角。洁净生产区需用洁净地漏，A 区不得设置地漏。

④ 浓配间、稀配间、工具清洗间、灭菌间、洗瓶间、洁具室需排热、排湿，空调系统应考虑相应的负荷。洗瓶水配制间要考虑防腐与通风。

⑤ 不同环境区域要保持 5～10Pa 的压差，C 级洁净区对 D 级洁净区保持 5～10Pa 的正

压，D 级洁净区对一般生产区保持 5～10Pa 的正压。

玻璃瓶装大输液车间布置图（图 9-27），选用粗精洗合一的箱式洗瓶机，具体布置见图。

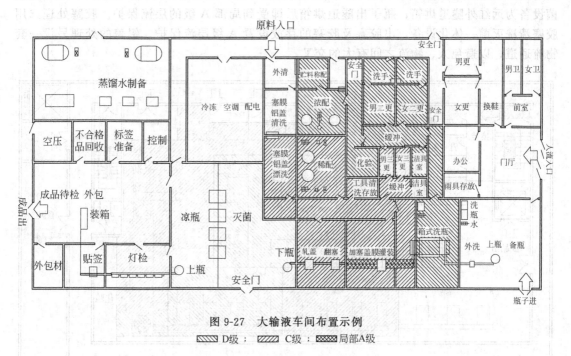

图 9-27 大输液车间布置示例

▨ D级；▨ C级；▨ 局部A级

9.3.4 无菌分装粉针剂车间 GMP 设计

粉针剂的生产工序包括：原辅料的擦洗消毒、西林瓶粗洗、精洗、灭菌干燥、胶塞处理及灭菌、铝盖洗涤及灭菌、分装、轧盖、灯检、包装等步骤，按 GMP 规定其生产区域洁净度级别分为 A 级、B 级和 C 级。其中无菌分装、西林瓶出隧道烘箱、胶塞出灭菌柜及其存放等工序需要局部 A 级层流保护，原辅料的擦洗消毒、瓶塞精洗、瓶塞干燥灭菌为 B 级，瓶塞粗洗、轧盖为 D 级环境。根据人、物流分开的原则，按照工艺流向及生产工序的相关性，有机地将不同洁净要求的功能区布置在一起，使物料流短捷、顺畅。粉针剂车间的物流基本上有以下几种：原辅料、西林瓶、胶塞、铝盖、外包材及成品出车间。进入车间的人员必须经过不同程度的更衣分别进入 B 级和 C 级洁净区（图 9-28）。

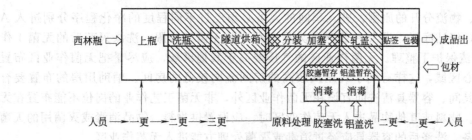

图 9-28 粉针剂车间人物流路线

▨ 局部A级；▨ B级；▨ C级

分针车间若无特殊工艺要求，控制区温度为 18～26℃，相对湿度为 45％～65％。各工序需安装紫外线灯灭菌。车间内需要排热、排湿的工序，一般有洗瓶区、隧道烘箱灭菌间、洗胶塞铝盖间、胶塞灭菌间、工具清洗间、洁具室等。级别不同洁净区之间保持 5～10Pa 的正压差，每个房间应有测压装置。如果是生产青霉素或其他高致敏性药品，分装室应保持相对负压。无菌分装粉针剂车间工艺布置示例见图 9-29，该工艺选用联动线生产，瓶子的灭菌设备为远红外隧道烘箱，瓶子出隧道烘箱后即受到局部 A 级的层流保护。胶塞处理选用胶塞清洗灭菌一体化设备，出胶塞及胶塞的存放设置 A 级层流保护。铝盖的处理另设一套物流通道，以避免人、物流之间有大的交叉。

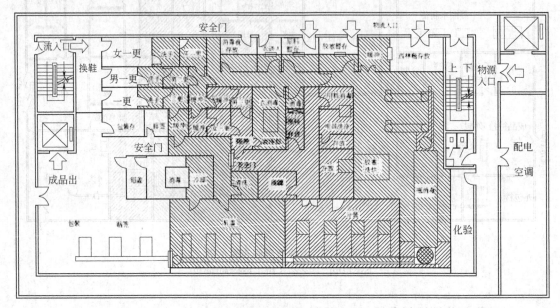

图 9-29　粉针剂车间工艺布置示例

▨▨ C级；▧▧ B级；▨▨ 局部A级

9.3.5　生物疫苗车间 GMP 设计

　　冻干粉针剂的生产工序包括：洗瓶及干燥灭菌、胶塞处理及灭菌、铝盖洗涤及灭菌、分装加半塞、冻干、轧盖、包装等。按 GMP 规定其生产区域空气洁净度级别分为 A 级、B 级和 C 级。其中料液的无菌过滤、分装加半塞、冻干、净瓶塞存放为 A 级或 B 级环境下的局部 A 级（无菌作业区）；配料、瓶塞精洗、瓶塞干燥灭菌为 B 级；瓶塞粗洗、轧盖为 C 级环境。

　　遵循人、物流分开的原则，进入车间的人员必须经过不同程度的净化程序分别进入 A 级、B 级和 C 级洁净区，进入 A 级区的人员必须穿戴无菌工作服，洗涤灭菌后的无菌工作服在 A 级层流保护下整理。无菌作业区的气压要高于其他区域，应尽量把无菌作业区布置在车间的中心区域，这样有利于气压从较高的房间流向较低的房间。辅助用房的布置要合理，清洁工具间、容器具清洗间宜设在无菌作业区外，非无菌工艺作业的岗位不能布置在无菌作业区内。物料或其他物品进入无菌作业区时，应设置供物料、物品消毒或灭菌用的灭菌室或灭菌设备。洗涤后的容器具应经过消毒或灭菌处理方能进入无菌作业区。

　　车间控制区温度为 18～26℃，相对湿度为 45%～65%。各工序需安装紫外线灯。若有活菌培养（如生物疫苗制品冻干车间），则要求将洁净区严格区分为活菌区与死菌区，并控制、处理好活菌区的空气排放及带有活菌的污水。空调系统活菌隔离措施根据室内洁净级别和工作区域内是否与活菌接触，冻干生产车间设置三套空调系统（图 9-30）：

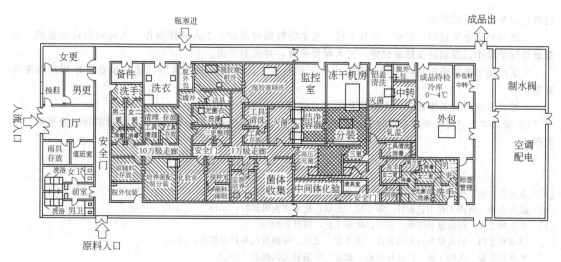

图 9-30　生物疫苗冻干车间

▨局部A级；▧B级；▨C级

① C 级净化空调系统。主要解决二更间、培养基的配制、培养基的灭菌以及无菌衣服的洗涤，系统回风，与活菌区保持 5～10Pa 的正压。

② B 级净化空调系统。该区域为活菌区，它主要解决接种、菌种培养、菌体收集、高压灭活、瓶塞的洗涤灭菌、工具清洗存放、三更、缓冲的空调净化。该区域保持相对负压，空气全新风运行，排风系统的空气需经高效过滤器过滤，以防止活菌外逸。

③ B 级净化空调系统和局部 A 级净化空调系统。主要解决净瓶塞的存放、配液、灌装加瓶塞、冻干、压塞和化验。该区域为死菌区，系统回风。除空调系统外，该车间在建筑密封性、纯化水和注射用水的管道布置、污物排放等方面的设计上也要有防止交叉污染的措施。

【本章小结】　本章涉及 GMP 及基本设计内容对 GMP 的相关内容，要求在理解基本原则的基础上能有意识地在设计中关注是否满足 GMP 要求。而对于基本设计内容则需要读者予以重点掌握。

本章重点：①了解 GMP 与车间布置相关的基本原则和理念，掌握 GMP 车间人、物流动的基本设计；②掌握物料衡算、能量衡算的基本方法和步骤；③掌握按照"批间不混"的原则，进行主要设备选型及配套设备的基本方法；④掌握 GMP 车间布置的基本方法和步骤，读懂车间布置实例。

思 考 题

1.请绘制尼莫地平口服固体片剂、胶囊剂、颗粒剂综合工艺流程图，并标出各工段洁净区等级，给出洁净等级的 GMP 依据。

2.请分别列出尼莫地平口服固体片剂工艺的粉碎、制粒、压片三个工段需要的所有物料和处理过程，分析其中是否存在危险物质、危险过程，并初步考虑防护措施。

3.请列出尼莫地平口服固体片剂工艺的工艺控制点及相应的控制方法。

4.请对尼莫地平口服固体片剂的压片机，从设备材料、使用、维修等方面进行设备选择和分析。

5.按年产尼莫地平 3 万片片剂、10 万颗胶囊剂、5 万袋颗粒剂进行总物料计算（自设片重、颗粒包装规格和一般操作损失），并计算各工段原辅料量，列出物料总表。

6.请对尼莫地平粉碎、制粒工段，分析工段涉及的所有物料，包括原辅料、操作辅助物料、工作服等物料进出车间的流动需求。

7.请对尼莫地平粉碎、制粒、压片工段，考虑物料临时堆放、工人具体操作、人和物的运动路线、设备维修维护操作，规划设备摆放位置、工人操作位置，并说明理由。

8.采用集中车间中转站的形式，请画出中转站与各工段物流关系示意图，并初步安排车间总体布置方案。

9.综合考虑所有工段物流、人流流动需求，规划车间详细物流方案。

10.请对以上尼莫地平口服固体制剂综合车间进行车间布置（含压差设计），并绘制车间布置平面、立面图。

参 考 文 献

[1] 余龙江主编. 生物制药工厂工艺设计. 北京：化学工业出版社，2008.
[2] 张珩主编. 制药工程工艺设计. 第2版. 北京：化学工业出版社，2013.
[3] 李亚琴主编. 药物制剂工程. 北京：化学工业出版社，2008.
[4] 周丽莉主编. 制药设备与车间设计. 第2版. 北京：中国医药科技出版社，2011.
[5] 吴思方主编. 生物工程工厂设计概论. 北京：中国轻工出版社，2017.
[6] 2010版药品生产质量管理规范及实施指南. 中国药品监督局，2010.
[7] 王静康主编. 化工设计. 第2版. 北京：化学工业出版社，2006.